# 误差理论与数据处理

## （第二版）

主　编　钱　政　王中宇

副主编　屈玉福　李　成　李庆波

科学出版社

北　京

# 内 容 简 介

测量是人类认识与探索自然的一种必不可少的重要手段，也是人类打开未来知识宝库的金钥匙。本书从测量、测试与计量等基本概念入手，考虑到参数测量结果的处理及测试系统的分析评价这两个不同的应用需求，并针对静态测量和动态测量以及等精度测量和不等精度测量的特点，在相应章节对相关知识点进行详细介绍，贯穿经典误差理论和现代误差理论的主线，最后一章引入科研案例的误差分析与数据处理，希望能够启发读者准确应用相关知识点来解决科学研究与工程实践中的实际问题。

本书可作为高等院校仪器类、机械类、电气类、电子信息类等相关专业的本科生教材，同时可作为计量、测试领域相关技术人员的参考书。

**图书在版编目(CIP)数据**

误差理论与数据处理 / 钱政，王中宇主编. —2 版. —北京：科学出版社，2022.10
ISBN 978-7-03-073516-4

Ⅰ. ①误… Ⅱ. ①钱… ②王… Ⅲ. ①测量误差-误差理论-高等学校-教材②测量-数据处理-高等学校-教材 Ⅳ. ①O241.1

中国版本图书馆 CIP 数据核字(2022)第 190399 号

责任编辑：毛 莹 余 江 / 责任校对：王 瑞
责任印制：赵 博 / 封面设计：迷底书装

**科 学 出 版 社** 出版
北京东黄城根北街 16 号
邮政编码：100717
http://www.sciencep.com
北京市金木堂数码科技有限公司印刷
科学出版社发行 各地新华书店经销
\*

2013 年 3 月第 一 版 开本：787×1092 1/16
2022 年 10 月第 二 版 印张：19
2025 年 1 月第八次印刷 字数：462 000
**定价：69.00 元**
(如有印装质量问题，我社负责调换)

# 前　言

人类认识和改造自然的过程就是持续对自然界各种现象进行测量与研究的过程。由于多种因素的影响，在测量过程中必然存在误差，通过对误差产生原因的分析就可以有效地消除或减小误差，从而提高测量水平，以便在最为经济的条件下获取最为理想的测量结果。因此，误差理论和数据处理的重要性得到了广泛认同。特别是在当今信息技术时代，任何科学实验和工程实践所获得的数据信息，必须经过合理的数据处理并给出科学的评价，才具有实际价值。

国内关于误差理论与数据处理的教材有很多，但都侧重于参数测量结果的误差分析与处理方面，而没有对测试系统误差分析与数据处理进行深入阐述。北京航空航天大学曾在20世纪80年代中期出版过类似教材，结合学校特色对航空航天测试系统静态和动态测试数据分析处理进行了较全面的论述，但是在误差分析基本理论方面涉及较少，并且经过多年的发展，误差分析理论也取得了很多新的研究成果。因此，在全面深入阐述近年来误差分析与数据处理最新研究成果的基础上，再结合学校自身的特色，将静态和动态测试系统误差分析与数据处理的方法也进行全面论述，不仅能够在误差分析的基本理论方面与国内其他高校的教材兼容，而且在测试系统误差分析与误差补偿方面也有着自身的鲜明特色，这就是本书编者所要追求的目标。另外，随着不确定度概念的提出、研究的深入以及广泛的应用，以不确定度分析为核心的现代误差理论得到快速发展，因此本书对这部分内容也进行了扩展。

本书是《误差理论与数据处理》（钱政 等，2013）的第二版。本次修订仍然保持了第一版教材的特点，即教材内容涵盖了参数测量结果和测试系统误差分析与数据处理的基本内容，并且仍然单列一章来全面介绍误差分析与数据处理的应用实例，强化学生理论与实践相结合的能力培养。本次修订做了如下调整：删除原第2章，将其核心概念与思想融入绪论中；将原第5章不等精度测量的内容和原第3章进行合并，调整为本书第2章，标题修改为"经典误差分析的基本方法"；丰富了原第5章不确定度的内容，增加了动态测量不确定度的介绍，调整为本书第3章，标题修改为"现代误差分析的基本方法"；原第6章和第7章的内容基本不变，分别调整为本书第4章和第5章；原第8章增加动态测试系统建模的内容，调整为本书第6章；原第4章测试系统误差分析与补偿增加案例分析，调整为本书第7章；原第9章的案例则进行大幅度调整，增加了具有北京航空航天大学特色的最新科研案例，调整为本书第8章。特别地，在每章都增加了实例，对学生巩固知识点提供更为有力的支撑。

本书按48学时编写，不同学校使用时可以根据课时要求进行筛选，原则上仪器类专业的学生需掌握全部内容，其他专业的学生可把第7章作为选修内容。除第8章外，每一章都有一定数量的习题，便于学生复习使用。书末的附录列出了常用的数表，可供教学时选用。

本书第一版2013年出版后得到了国内同行的鼓励和支持，开设的"误差理论与数据处理"课程 2023 年入选了第二批国家级一流本科课程,中、英文 MOOC 也先后在中国大学 MOOC 网站上线。在广泛搜集同行意见的基础上,教学团队讨论后形成了第二版编写的思路。第二版由团队负责人钱政教授和王中宇教授共同担任主编,其中,钱政教授编写第 2、7 章,王中宇教授编写第 1、3 章,屈玉福教授编写第 4、8 章,李成副教授编写第 6 章,李庆波副教授编写第 5 章。全书由钱政教授统稿。

党的二十大吹响了建设教育强国的号角,习近平总书记在 2023 年 2 月中共中央政治局第三次集体学习时强调"要打好科技仪器设备、操作系统和基础软件国产化攻坚战,鼓励科研机构、高校同企业开展联合攻关,提升国产化替代水平和应用规模,争取早日实现用我国自主的研究平台、仪器设备来解决重大基础研究问题"。作为支撑科学仪器发展的知识体系中的重要组成部分,本书与时俱进地修正和调整了部分内容,突出了现代误差分析与数据处理的内容,为读者开展高水平科学仪器研究提供了更为有力的支撑。

在本书出版之际,编者深切缅怀合肥工业大学的费业泰教授和天津大学的陈林才教授,他们为本书的早期版本提供了巨大支持;还要铭记上海交通大学吉小军教授的贡献,他参与了本书第一版的撰写工作,为本书能够不断完善奠定了坚实基础。

此外,编者还要感谢北京信息科技大学的刘桂礼教授、天津大学的贾国欣副教授和北京航空航天大学的郭占社副教授,感谢他们在本书的不同版本撰写过程中做出的贡献。最后,还要感谢全国仪器类专业的同行们,在选用本书第一版和使用中英文 MOOC 过程中提出了大量有益的建议,为本书第二版的顺利出版积累了丰富的素材。

由于科学技术的不断发展,加上编者水平有限,书中难免存在不足之处,恳请读者批评指正。

编 者
2023 年 12 月

# 目　　录

# 第1章 绪 论

人类在认识和改造世界的同时，需要不断地测量和研究自然界中的各种现象。测量是一种科学技术，同时也是工农业生产、工程应用、经济贸易以及日常生活中不可或缺的一项工作。测量的目的在于确定被测量的值。由于测量条件的不完善，如测量设备和测量方法的不理想、测量环境的影响以及测量人员能力的限制等因素，测量结果与真实情况之间不可避免地存在着差异，这种差异在数值上表现为误差。误差是普遍存在的，也是客观存在的，研究误差的目的不是使误差为零，而是把误差控制在一定的限度之内，或者在力所能及的范围内使之尽可能地小，这就是误差理论与数据处理发展的前提和基础。

误差理论与数据处理是评定测量结果或测试系统性能的关键环节，误差理论着重分析测量结果或测试系统性能偏离期望值的大小以及如何降低这种偏离的影响；数据处理则着重通过对测量结果或测试系统的分析获得内在联系。误差理论与数据处理的研究对于现代科学技术具有重要的意义。本章对误差理论与数据处理中的基本概念、术语进行介绍，旨在为后续章节的学习奠定基础。

## 1.1 计量检测的基本概念与意义

### 1.1.1 计量的基本定义与作用

#### 1. 计量的定义与特点

我国在历史上曾经称计量为"度量衡"，其原始含义是关于长度、容积和质量的测量，所使用的主要器具是尺、斗和秤。随着科学技术的进步，尽管"度量衡"的概念和内容在不断变化和充实，但是仍难以摆脱历史遗留的痕迹及其局限性，也难以适应科技、经济和社会发展的需要。从20世纪50年代开始，我国就逐渐以"计量"取代"度量衡"。可以说"计量"就是"度量衡"的发展，因此也有人称计量为"现代度量衡"。

为了认识"计量"，首先要了解"量"的基本概念。"量"是现象、物体或物质可以定性区别和定量表征的一种属性，这也是当前国际公认的说法。换言之，自然界的一切事物不仅是由一定的"量"组成的，而且是通过相应的"量"体现出来的。要认识自然、利用自然、改造自然，使之为人类造福，就必须对各种量进行分析和确认，既要分清"量"的性质，又要确定"量"的具体数值。"计量"正是达到这种目的的一种重要手段，所以计量是对"量"的定性分析和定量确定的完整过程。

在最新修订的 JJF 1001—2011《通用计量术语及定义》中，将"计量(metrology)"定义为实现单位统一、数值准确可靠的活动。需要注意的是定义的对象主体是"活动"而非"测量"。从这个定义出发，不难理解为什么唯有计量部门从事的测量才被称作"计量"，因为计量部门从事的测量是实现单位统一、数值准确可靠的活动。计量为如天文、气象、测绘等部门所从事的测量提供了实现单位的统一、数值准确可靠的基本保证，该保证是这些部门自身的测量活动所无法做到的。因此可以这样来理解，凡是保证"计量"这一类操作有效进行以及为实现单位统一、数值准确可靠的各项活动，都可称作计量工作。计量工作包括测量单位的统一，测量仪器、操作、数据处理等方法的研究，数值传递系统的建立和管理，以及与这些工作相关的法律和法规的制定与实施等。

计量是关于测量的一门科学，它涵盖了测量理论和实践的各方面，对于保障单位统一和测量数据准确可靠具有重要的意义。为了经济而有效地满足社会各界对测量的需要，应当从法制、技术和管理的各个方面开展计量工作。

计量的特点主要包括如下几方面。

1) 准确性

准确性是计量的基本特点，表征的是测量结果与被测量真实值之间的接近程度。严格地说，只有数值而无准确程度的结果不能称作测量结果。也就是说，计量不仅应明确给出被测量的具体数值，而且还应给出该数值的不确定度，即准确的程度。更严格地说，还应注明计量条件和影响计量结果的数值或范围，否则计量结果便不具备充分的社会实用价值。数值的统一也是指在一定准确程度内的统一。

2) 一致性

计量单位的统一是数值一致的重要前提。在任何时间、任何地点，采用任何方法、使用任何器具以及任何人进行计量，只要符合有关计量的基本要求，计量结果就应在给定的不确定度之内取得一致，否则计量将失去广泛的社会意义。计量的一致性不仅限于国内，而且在国际上更是如此。

3) 溯源性

实际工作中，由于测量目的和条件的不同，对测量结果计算的要求亦各不相同。为了使计量结果准确一致，所有的同种数值都必须由同一个计量基准或原始标准传递得出。换句话说，任何一个计量结果都应当能够通过连续的比较链，最终溯源到计量基准，这就是计量的可溯源性。"溯源性"是"准确性"和"一致性"的技术归宗，因为任何意义上的准确或一致都是相对的，是与当代科技水平和人们的认识能力密切相关的。也就是说"溯源"可以使计量科技与人们的认识相对统一，从而使计量的"准确性"和"一致性"得到技术保证。就一个国家而言，所有的数值都应溯源于国家计量基准；就国际而言，则应溯源于国际计量基准或约定的计量标准，否则一旦数值出自多源，那么不仅将无准确性或一致性可言，而且势必造成技术和应用中的混乱局面，甚至酿成严重的后果。

4) 法制性

计量本身的社会性就要求有一定的法治保障。也就是说计量数值的准确一致，不仅要有一定的技术手段，而且还要有相应的法律、法规的行政管理与约束，特别是在那些对国计民生有重大影响的计量领域，例如，医疗保健、环境保护以及贸易结算中的计量，就必须有法治保障作为依托，否则数值的准确性或一致性就不能实现，计量的作用也就无法发挥出来。

因此，计量与一般的测量是不同的，计量学是关于测量理论与实践的知识领域。测量是为了确定数值而进行的某种操作，通常不具备也无须具备上述的计量特点。所以测量属于一种具体的计量但不同于严格意义上的计量；也可以说计量是数值确切并且统一的测量。在实际工作或文献资料中，一般没有必要严格地将"计量"与"测量"区分开来。国内如此，国际亦如此。顺便提一下，在翻译外文资料时，例如，英文 measurement 可译为"测量"，也有译为"计量"的，这需要视具体情况而定。

**2. 计量的发展阶段**

从古代的"度量衡"发展到今天的"计量"，根据基准特点的不同，大致可以将计量的发展历史分为三个阶段。

1）古典阶段

计量的古典阶段是以权力和经验为主的初级阶段，没有或者缺乏充分的科学依据。作为最高依据的计量基准，在古代多采用人体的某一部分、动物的丝毛或某种能力、植物果实、乐器以及物品等。例如，我国古代的"布手知尺""掬手为升""十发为程""十程为分"；英国的"码"是英格兰国王亨利一世将其手臂向前平伸，从其鼻尖到指尖之间的距离；"英尺"是查理曼大帝的脚长；"英亩"是二牛同扼，一日翻耕土地的面积等。

2）经典阶段

一般认为 1875 年《米制公约》的签订是经典计量阶段的开始。随着科学技术的进步和社会生产力的发展，计量基准逐渐摆脱了利用人体、自然物体等的原始状态，进入了以科学为基础的发展阶段。由于科技水平的限制，这个时期的计量基准都是在经典理论指导下的宏观器具或现象。例如，根据地球子午线长度的 1/40000000，用铂铱合金制造出了长度基准——米原器；根据 $1dm^3$ 的水在其密度最大时的温度下的质量，用铂铱合金制造出了质量单位基准——千克原器；根据两根通电导线之间产生的作用力定义出了电流单位——安培；根据地球围绕太阳的转动周期确定的时间单位——秒等。

随着时间的推移，这类宏观的实物基准由于物理、化学以及使用中的磨损等原因，难免发生微小的变化。另外，由于基本原理和科学技术的限制，该类基准的准确度也难以大幅度提高，不能满足日益发展的社会需要，因此迫切需要研制更稳定、更精确的计量基准。

3）现代阶段

以经典理论为基础发展为以量子理论为基础，由宏观实物基准转化为微观量子基准，这就是计量进入现代阶段的标志。建立在量子理论基础上的微观自然基准或称量子基准，要比宏观实物基准更加精确、稳定和可靠。因为根据量子理论，微观世界的量只能是跃进式的改变，不可能发生任意的微小变化；同时同一类物质的原子和分子都是严格一致的，不随时间和地点发生变化，这就是微观世界的稳定性和齐一性。量子基准就是利用微观世界这种所固有的稳定性和齐一性建立起来的。2018 年 11 月 16 日，第 26 届国际计量大会通过的"修订国际单位制"决议，标志着国际测量体系中的基准有史以来第一次全部建立在不变的常数上，保证了国际基本单位的长期稳定性和全球通用性。

计量的意义在于其是研究测量的科学，是所有科学赖以生存和发展的支柱。从人们的日常生活、工业、商贸、医疗、国际贸易到尖端科学和高新技术领域，计量时时刻刻都得到了实际的应用。因此常说"发展科技，计量先行；离开计量，寸步难行"，就是这个道理。这既是计量从古至今始终受到高度重视的原因，也是计量学的发展成为各国科学家孜孜追求的重要原因。计量学总是利用世界最尖端的前沿科学技术复现出计量单位，进而建立计量标准，同时其又是支撑其他科学发展的技术基础。

虽然人人需要计量、处处利用计量，但是计量的意义和作用却并没有充分被人们认识和理解，这也是国际组织把每年的 5 月 20 日作为世界计量日的原因之一。我国政府非常重视计量的基础性工作，在 1986 年 7 月 1 日颁布实施了《中华人民共和国计量法》，这就以法律的形式保障了计量工作的顺利实施。

### 1.1.2 量值传递与计量检定概述

#### 1. 量值传递概述

将计量基准所复现的单位量值，通过计量检定或其他传递方法传给下一等级的计量标准，并依次逐级地传递到工作中的计量器具，保证被测对象的量值准确、一致，这个过程称为量值传递。由国家最高标准来统一各级计量标准，然后由各级计量标准来统一计量器具的量值，是保证计量器具合格的重要手段，也是保证量值准确、可靠的基础。

用不同的计量器具对同一个量值进行计量，若要求计量结果在一定的准确度范围内达到统一，则称为量值的准确一致。量值准确一致的前提是计量结果必须具有"可溯源性"。通过一条具有规定不确定度的连续比较链，使测量结果或计量标准的值与规定的参考标准联系起来，通常与国家计量标准或国际计量标准联系起来。这种可供比较和联系的特性称为计量结果的可溯源性。用以计量的计量器具必须通过具有适当准确度的计量标准的检定；该计量标准又必须通过上一等级计量标准的检定；这样逐级向上追溯直至国家计量基准或国际计量基准。可见"溯源"的概念是量值"传递"概念的逆过程，量值传递与量值溯源都是保证量值准确一致的有效手段。

1) 量值传递与溯源方式

(1) 用实物标准进行逐级传递，是把计量器具送到高一等级计量标准的计量部门进行检定，因为是实物比对，所以是一种传统的量值传递方式，也是我国目前在长度、温度、力学、电学等领域常用的一种量值传递方式。根据《计量法》的有关规定，由计量检定机构或授权有关部门或企事业单位的计量技术机构(以下简称"上级计量检定机构")进行。

实物传递的缺点首先是成本较高，通过检定的计量器具经过运输后，很可能受到振动、撞击、温度等的影响而丧失原有准确度，并且只对送检的计量器具进行检定不能考核使用时的操作方法、操作人员的技术水平、辅助设备及环境条件；再者，对送检计量器具在两次周期检定之间缺乏必要的考核，因此很难保证日常测试中量值的准确可靠。但是用计量基准和计量标准进行逐级传递，仍然是目前量值传递中的主要方式。对于大型计量器具的现场检定，往往是在现场开展的。

(2) 用发放标准物质(Certified Reference Material，CRM)进行量值传递。标准物质就是在规定条件下具有高稳定性的物理、化学或计量学特征，并经正式批准作为标准使用的物质或材料。其作用主要包括：作为"控制物质"与被测试样同时进行质量分析；作为"标准物质"对新测量方法和仪器的准确度与可靠性进行评价；作为"已知物质"对新的测量方法及仪器的准确度和可靠性进行评价。

标准物质一般分为一级标准物质和二级标准物质。一级标准物质主要用于标定二级标准物质或检定高精度计量器具；二级标准物质主要用于检定一般计量器具。企业或法定计量检定机构根据需要均可购买标准物质，用于检定计量器具或评价计量方法。只有检定合格的计量器具才能投入使用。使用 CRM 进行传递具有许多优点，如可免去送检仪器、可快速评定并现场使用等，这种方式主要用于理化计量领域。

(3) 用发播标准信号进行量值传递。这种方式目前主要用于时间、频率和无线电计量领域。国家通过无线电台、电视台、卫星技术等发播标准的时间、频率信号，用户可直接接收并现场校准时间频率计量器具。因此，这种方式是最简便、迅速和准确的量值传递方式。

(4)使用传递标准全面考核(Measurement Assurance Program，MAP)的方式传递。美国国家标准局于 20 世纪 70 年代初在某些计量领域中采用了 MAP 的方式进行量值传递。这种方式确保参加 MAP 活动的计量技术机构的量值能更好地溯源到国家计量基准，用统计的方法对机构的校准质量进行控制，定量地确定校准的总不确定度并进行分析，能够及时发现问题，使误差尽量减小。

用 MAP 方式进行量值传递需要一定的条件，如标准必须可携带，必须具有良好的稳定性，被检单位要具有相应的条件等。

2)量值传递的基本要求和原则

量值传递可以分为直接传递和间接传递两种。间接传递一般在不能直接进行量值传递时采用，需要通过过渡指示器，通常称为过渡标准、传递标准或比对标准。关于过渡指示器的技术特性，在量值传递的技术文件中应当有明确和具体的规定。量值传递的基本要求和原则是精度损失小、可靠性高、简单易行。

3)量值传递与溯源的必要性

任何计量器具都具有不同程度的误差，只有在误差处于允许范围内时才能使用，否则将得到错误的计量结果。为了使新研制的、使用中的和修理后的各种形式的、分布于不同地区和不同环境的同一量值的计量器具，都能在允许的误差范围内工作，计量基准和量值传递过程是不可或缺的。这是因为：

(1)如果没有计量基准、标准及进行量值传递或溯源，将会造成计量工作的混乱无序，最终使计量无法进行；

(2)对于新研制的或修理后的计量器具，必须用适当等级的计量标准来确定其计量特性是否合格；

(3)对使用中的计量器具，由于磨损、使用不当、维护不良、环境影响或零件、部件内在质量的变化等引起其计量特性的变化，其计量指标仍然要保持在允许的范围内，就需要通过适当的计量标准来确定其示值和其他量值特性。

**2. 计量检定概述**

计量检定是为了评定计量器具的性能指标、确定其是否合格所开展的工作。计量检定的适用范围是《中华人民共和国依法管理的计量器具目录》中的所有计量器具。

实施计量检定的原则为经济合理、就地就近。所有正式检定都必须严格按照有关计量检定规程进行，具体要求如下。

(1)检定就是评定计量器具的计量性能是否符合法定要求，确认其是否合格所进行的全部工作。因此需要首先查明和确认计量器具是否符合法定要求的程序，包括检查、加标记和(或)出具检定证书。

(2)检定具有法制性，检定的对象是《中华人民共和国依法管理的计量器具目录》中的计量器具，包括计量标准器具、工作计量器具，可以是实物量具、测量仪器和测量系统。

(3)法定要求是指按照《中华人民共和国计量法》对依法管理的计量器具的技术和管理要求，这些要求反映在国家计量检定相应的规程中。

计量检定规程是为检定器具而制定的技术法规，对规程适用范围、计量器具名称、计量性能、检定项目、检定方法、检定条件、检定数据的处理以及检定周期等都有明确规定，在实际工作中必须遵循这些检定的具体步骤和条件的具体要求。计量检定规程每隔一段时间便需要重新审定和修改一次，这个时间一般为3~5年，以便适用所检定的计量器具型号的改进和技术性能的进步。

1) 计量检定的特点

(1) 检定的对象是计量器具，而不是一般的工业产品。

(2) 检定目的是确保量值的统一和准确可靠，主要作用是评定计量器具的计量性能符合法定要求。

(3) 检定的结论是确定计量器具是否合格，是否允许使用。

检定具有计量监督管理的性质，即具有法制性。法定计量检定机构或授权的计量技术机构出具的计量检定证书，在社会上具有特定的法律效力。

2) 计量检定分类

按管理环节可以将计量检定分为首次检定、后续检定、周期检定、修理后检定、周期检定有效期内的检定、进口检定和仲裁检定；按管理性质可以分为强制检定和非强制检定。

3) 检定测试中的主要参数

(1) 计量器具的准确度。检定时一般用基本误差表达，指的是计量器具在规定的正常工作条件下所具有的误差，也称为固有误差。

(2) 正常工作条件。检定规程或计量器具说明书中规定的工作条件。由于超出规定的正常工作条件时会产生附加误差，因此在检定时应努力创造正常工作条件，以免误判。

(3) 计量器具的稳定度。在规定工作条件内计量器具保持计量特性恒定的一种能力，可以按时间分为短期稳定度和长期稳定度。短期稳定度好的计量器具，其计量的重复性必定很好；长期稳定度一般指计量器具在检定周期内保持其计量特性恒定的能力。由于修正值只能消除受检计量器具的系统误差，而消除不了随机误差的影响，因此不允许对稳定度差的器具给出修正值，以免造成可修正使用的假象。

(4) 计量重复性。在相同的计量条件下，对同一被计量的量进行连续多次测量时，其计量结果之间的一致程度。计量的重复性通常用随机不确定度进行估计。

4) 检定测量的基本条件

(1) 检定标准。标准器具是检定测试的基础。对标准器具的要求是：精度按一定级别优于被检器具、接入被检器具时对被检器具的示值无可察觉影响或影响可确定。间接检测时对过渡标准的主要要求有性能稳定、重复性好，对标准和被检器具具有相同的响应和相关工作特性。

(2) 检测方案。保证标准量值有效传递的重要前提，应当尽可能选择精度损失小、可靠性高、简单易行的检测方案。

(3) 辅助设备。根据确定的检测方案选配合适的辅助设备，同时还要尽量避免引入附加误差，以确保检测方案的顺利实施。

(4) 环境条件。对计量器具的环境条件要求比其他设备更加严格，这是由于环境条件可显著地影响计量器具的工作特性，因此在检定结果中尽可能消除环境因素的影响。

(5) 数据处理方法。检定测试的重要环节，因为经过数据处理之后给出的结果反映着检测结果的最终精度。

# 1.2　测量的基本概念及其作用

人类为了认识世界与改造世界，需要不断地对自然界的各种现象进行测量和研究。通俗地讲，计量是建立标准的过程，而测量是和标准进行比较的过程。之所以要先讲计量再讲测量，是因为只有标准建立之后，才能开展行之有效的测量。

## 1.2.1　测量和测量过程的基本定义

测量(measurement)是人类揭示自然界物质的运动规律、描述物质世界的重要手段。测量的定义是以确定量值为目的的一组操作，该操作可以通过手动的或自动的方式来进行。从计量学的角度上讲，测量就是利用实验的手段，把待测量与已知的同类量进行直接或间接的比较，并且将已知量作为计量单位，以求得二者之间比值的过程。测量就是用实验手段对客观事物获取定量信息的全过程。

测量是将被测量与标准量进行比较的一种操作。通俗地说，测量就是借助仪器设备，用某一计量单位的标准量把被测量的大小定量地表示出来，确定被测量是计量单位的多少倍或几分之几。被测量的测量结果是用标准量的倍数和标准量的单位表示的。测量的必要条件是标准量、被测量和操作者。因此测量结果是一组数据及其相应的单位，必要时还要给出测量所用的具体仪器或量具、测量方法和测量条件等。

凡是能够做到准确、定量的实验都属于测量活动。与实施该测量有关的一组相互关联的资源、活动和影响量统称为测量过程(measurement process)。这些资源包括实施测量中使用的测量设备、测量程序和操作者，也包括准备测量所需的资金、技术和设施等。在实施测量的整个活动中，应认真对待对测量结果有影响的量，即影响量。总之，测量可以视为一种通过实验手段来获得对某客观事物定量信息的过程。因此在接受一项具体的测量任务时，必须从开始设计和制定测量方案起，一直到完成测量任务的整个过程中，都要认真对待与实施该测量有关的一切资源、活动和影响量。只有充分、合理地用好了测量资源，把握住影响测量结果的一切要素，才能确保测量任务的圆满完成。

一个完整的测量过程应当包括测量单位、被测量、测量方法(包括测量器具)和测量精度四部分。下面逐一对各部分进行说明。

1)测量单位

测量单位简称单位，是以定量表示同种量的数值而约定采用的特定值。国家标准规定采用以国际单位制(SI)为基础的"法定计量单位制"。

2)被测量

被测量主要指几何量，包括长度、角度、表面粗糙度以及形位误差等。由于几何量的特点是种类繁多、形状各异，因此对其特性、被测参数的定义以及标准等都必须研究清楚并且熟练掌握，以便确定相应的测量方法。

3)测量方法

测量方法是指在进行测量时所用的按类叙述的一组操作程序，就几何量测量而言，则是根据被测参数的特点，如公差值、尺寸、重量、材质、数量等，通过分析某一参数与其他参数之间的关系，最后确定如何对该参数进行测量的操作方法。测量方法可以广义地理解为测量原理、测量器具(亦称计量器具)和测量条件(环境和操作者)的总和。

4)测量精度

测量精度是指测量结果与真实值间的一致程度。在任何测量过程中，都不可避免地存在着测量误差；误差大说明测量结果偏离真实值远、准确度低。对于每个测量值都应给出相应测量误差的范围，以说明其可信赖的程度，因此准确度和误差是一个问题的两个方面。由于存在测量误差，任何测量结果都要通过一定程度的近似值表示。

任何测量结果都存在一个不确定程度的问题，其原因需要从整个测量过程中的一些环节因素分析，可能包括被测量自身定义的不完善、测量环境带来的影响量、测量资源各环节引入的误差以及对测量结果所用的近似处理；还包括人为的抽样局限性、复现不理想以及对系统误差的修正不完善等。当然，测量资源引入的误差源还可细分为测量仪器和辅助设备、测量人员的操作、测量的程序等。在计量检定工作中还关心不同实验室之间的测量差异，这与测量环境和测量资源也是密切相关的。

综上，对于一个测量问题，从开始建立测量和测量误差模型起，到进行误差分析，做出是否合格的判定，确定优化的测量误差模型，直至最终给出满意的测量结果评定，这一系列涉及测量精度的问题都应当在整个测量过程中通盘考虑，并努力做到可以反馈控制。

## 1.2.2 测量方法的分类

在实际测量活动中，为满足不同被测对象的要求，依据不同的测量条件有着各种不同的测量方法。为满足不同被测对象的要求，所用的测量方法也是多种多样的，需要结合实际测量部门的需求灵活选用。测量方法的分类方式很多，下面分别予以介绍。

1)按测量结果的获取方式分类

按测量结果的获取方式，测量可分为直接测量、间接测量和组合测量。

直接测量是指将被测量与标准量直接进行比较的测量，或者用经过标准量标定了的仪器对被测量进行测量。被测量的测量结果可以直接由测量仪器的输出(读数)得到，而不再需要经过数值的变换或计算。例如，当用万用表测量电阻、电压、电流时，万用表的读数即为被测量的值等。

间接测量是指通过直接测量与被测量有函数关系的量，利用函数关系求得被测量值的一种测量方法。例如，当用游标卡尺测量大尺寸轴工件的直径时，因卡尺的量程不够，可以采用测量弦长与矢高的方法，通过计算间接地得到工件的直径。对于经验公式拟合的问题，是从设定的测量模型出发，通过测得若干个测量点的数据，采用回归统计的方法求得设定模型中的未知参量，实际上也属于间接测量的问题。

组合测量是指使用直接测量或间接测量测得一些被测量的值，将这些测得值与相对应的被测量按照一定的方式进行组合，通过求解联立方程得到被测量的值，亦称联立测量。为了提高测量的准确度，组合测量直接测得量的个数一般多于被测量的个数，通过表征被测量特征的数学模型计算得到被测量的值。例如，通过最小二乘法进行数据处理获得对被测量的最佳估计。这种测量方法可以在不提高计量器具准确度的情况下提高被测量的准确度，因此是对间接测量的一种推广。例如，电阻的串联测量、电容的并联测量以及砝码两两之差的测量等，都是常见的组合测量方式。

2) 按被测对象在测量过程中所处的状态分类

按被测对象在测量过程中所处的状态, 测量可分为静态测量和动态测量。

静态测量是指在测量过程中的被测量可以认为固定不变或基本不变, 不需要考虑时间因素对测量结果的影响。日常工作中大多数的接触测量一般都是静态测量, 静态测量中的被测量和测量误差可以当作随机变量来处理。

动态测量是指被测量在测量期间随时间或其他影响量发生变化且这种变化不可忽略, 如对弹道轨迹的测量、环境噪声的测量等。动态测量必须考虑时间变化对测量结果的影响, 可以作为随机过程进行处理。

3) 按测量条件是否发生变化分类

按测量条件是否发生变化, 测量可分为等精度测量和不等精度测量。

等精度测量是指测量时, 测量仪器、测量方法、测量条件和操作人员都保持不变, 对同一被测量在短时间内进行的多次重复测量。如果有理由认为各次测量结果之间具有相同的信赖程度, 那么就可以按等精度测量进行处理。

不等精度测量是指测量仪器、测量方法、测量条件或操作人员中的某一个或几个因素发生变化, 使得测量结果的信赖程度发生变化。对于不等精度测量的数据, 需要考虑不同因素的影响效果, 即"权", 并进行相应的处理。一般可以认为, 测量结果的权越大, 该次测得值的可靠性越大, 它在最终测量结果中所占的比重也就越大。

等精度测量和不等精度测量在测量实践中均普遍存在。在一般情况下, 等精度测量的意义更为直观; 但有时为了验证某些结论、研究新的测量方法、检定不同的测量仪器, 也有必要进行不等精度测量。

4) 按照被测量的属性分类

按照被测量的属性, 测量可分为电量测量和非电量测量。

电量测量是指电子学中有关量的测量, 包括表征电磁能的量, 如电流、电压、功率、电场强度、噪声等; 表征信号特征的量, 如频率、相位、波形参数等; 表征元件和电路参数的量, 如电阻、电容、电感、介电常数等。

非电量测量是指非电子学中的量, 如温度、湿度、压力、气体浓度、机械力、材料光折射率等非电学参数的测量。随着科学技术的发展与学科之间的相互渗透, 特别是为了自动测量的需要, 有些非电量都要设法通过适当的传感器, 转换为属于电量的电信号进行测量。因此在非电量测量领域也要了解一些电量测量的基本知识。

5) 按照对测量结果的要求分类

按照对测量结果的准确度要求不同, 测量可分为工程测量和精密测量。

工程测量是指对测量精度要求不高的测量。用于这种测量的仪器和设备的灵敏度与准确度相对比较低, 对测量环境也没有严格的要求, 仅需给出一定的测量结果且测得值比较稳定即可。此外, 还有一种工程测量是指不需要精细考虑测量误差的测量, 用于这种测量的仪器和设备, 在产品检定书或铭牌上标注有测量误差的极限值。因此往往把标注的测量误差极限值作为单次测量结果的误差。在生产现场和科学实验中所进行的测量大多为工程测量。

精密测量对测量精度的要求比较高, 用于这种测量的仪器和设备需要具有相应的灵敏度与准确度, 示值误差的大小需要经过计量检定或校准。在相同条件下对同一被测量进行多次重复测量，进而基于测量误差的理论和方法给出合理的测量结果，包括最佳估计值及其分散性。在有的场合还需要根据约定的规范，对测量仪器在额定工作条件和工作范围内的准确度指标是否合格做出合理判定。精密测量一般是在符合一定测量条件的实验室内进行，测量的环境和其他条件均比工程测量更加严格，所以又称为实验室测量。

6）根据被测量性质分类

按照被测量的性质不同，测量可分为时域测量、频域测量和数据域测量。

时域测量主要测量被测量随时间的变化规律。例如，用电子示波器测量正弦信号的频率和振幅，测量脉冲信号的上升沿、下降沿、脉宽、占空比等参数。

频域测量主要测量被测量与频率之间的关系。例如，用频谱分析仪分析信号的频谱、用频率特性测试仪测量放大器的幅频特性和相频特性等。

数据域测量也称为逻辑量测量，主要对数字量进行测量。例如，采用具有多个输入通道的逻辑分析仪，可以同时观测许多单次并行的数据；对于微处理器地址线、数据线上的信号，既可以显示时序波形，也可以用 0、1 显示逻辑状态。

实际测量中经常使用前三种分类方法，在无法使用直接测量时可以考虑间接测量；而当测量精度要求比较高时可以考虑不等精度测量；进行静态测量还是动态测量则取决于被测量是否有随时间快速变化的特点。

除了上述几种常见的分类方法外，还有其他的分类方法。例如，根据测量方法，分为偏差式测量法、零位式测量法和微差式测量法；根据测量的自动化程度，分为自动测量和手动测量；根据被测量的距离，分为现场测量和远距离测量；根据测量仪器的敏感元件是否与被测量接触，分为接触测量和非接触测量等。

在工程应用中的具体被测对象形式多种多样，操作环境和工作流程各不相同。在选择测量系统时需要考虑各方面因素的综合影响。

## 1.2.3 测量系统

为了实现测量这种以特定对象的属性和量值为目的的操作，整个测量过程需要在相应的测量系统上完成。对于一个完整的测量系统来说，测量过程包括对被测对象的特征量进行识别、检出、变换、分析、判断和显示等环节，如图 1.2.1 所示。

图 1.2.1　典型的测量过程

一个完整测量系统的组成通常包括以下几部分。

（1）测量仪器（equipment）：用于获得测量结果的特定装置。

（2）测量人员（operator）：从事测量和管理工作的专业技术人员。

（3）被测对象（object）：承载着某些待求取特征量的特定物体。

（4）测量程序和测量方法（procedure & methods）：在测量过程中操作、传输、控制的一种手段。

一个完整的测量系统除了"测"和"量"的基本功能之外，还包括对测量过程的操作控制、数据传输和分析处理等环节。在测量过程中，需要完成信息的提取、信号的转换存储与传输、信号的显示和记录、信号的处理与分析等。其中，信息的提取是通过传感器完成的；信号的转换、存储与传输是通过中间转存装置完成的；信号的显示和记录是通过显示器、指示器、各类磁存储器或者半导体存储器和记录仪完成的；信号的处理与分析是通过数据分析仪、频谱分析仪或者计算机等实现的。

对于某个测量对象，由于测量参数、量程、频段及传输形式的不同，往往需要采用不同的测量方法，还可能有很多不同的测量系统可供选择。不同测量系统得到的效果可能大致相同，也可能大不相同，关键取决于测量系统的具体性能。当然，同一种测量系统有时候也可以用于不同对象的测量。

测量系统的功能一般包括以下几种。

(1) 被测对象中的参数测量功能；

(2) 测量过程中的参数监测与控制功能；

(3) 测量数据的分析、处理和判断功能。

在使用理想的测量系统时，只会产生唯一"正确"的测量结果，而且该测量结果总是与某一个标准值相符合的。一个能产生理想测量结果的测量系统，应当具有零方差、零偏倚和被测产品错误分类为零概率的统计特性。

## 1.2.4　测量的作用和意义

测量的发展和提高是各国科学家孜孜不倦、永远追求的目标，是所有科学赖以发展的支柱。从人们的日常生活、工业、贸易、医疗，到最尖端的科学和高新技术领域，测量时时刻刻都得到了实际的应用和具体的体现，因此"没有测量，寸步难行"。

追求经济效益是现代商业社会中许多工作的出发点和基本目标。测量的经济效益除了检定、校准、检测的显性效益外，还体现在维护正常的经济、市场秩序，保证公平交易，打破技术性国际贸易壁垒，提高产品质量，正确评定科技水平等隐性方面。在工业发达国家，测量活动对国内生产总值(GDP)的贡献占 4%～6%，测量的投入/效益比达到 1/37～1/5)，可见测量的经济效益是非常明显的。测量在保证产品质量可靠与安全方面也起着重要的作用，加强测量是企业降低成本最容易实现的一种手段。以测量系统为技术支撑的仪器仪表产业是国民经济中的基础性、前瞻性和战略性产业，已经成为信息化和工业化深度融合的源头，对促进工业转型升级、发展战略性新兴产业、推动现代化国防事业建设、保障和提高人民生活水平等都发挥着重要的作用。

现代工业体系一旦离开了测量系统，就无法开展正常的安全生产，更难以创造巨额的产值和利润。例如，高铁、地铁等现代化高端装备的运营和维护，主要是通过测量系统定期检修实现的；我国在"十二五"期间，以测量系统为主要支撑的仪器仪表行业的总产值规模接近 1 万亿元；在重大工程项目的投入中，测量系统的资金预算平均占总投资的 10% 左右；运载火箭的试制费用主要是用于测量系统的购置。由此可见，测量系统已经成为促进当代生产力发展的关键环节。

测量不仅涉及各经济领域，也与人民的生活与安全息息相关。做好测量工作是坚持科学发展观、全面建成小康社会的必然要求。例如，日常生活中的柴、米、油、盐、酱、醋、茶七件事，涉及商用量器(如电子计价秤)的准确与否；水表、电表、燃油、燃气(煤气)、出租车里程，以及电信电话的计程、计时、计价，关系到诚信、公平、公正。涉及人们身体健康、表征人体生命现象的血压、红细胞和白细胞、心律、脉搏、心、脑、血管等生理指标监测的医疗卫生计量仪器的测量与诊断，则关系到人们的生命安全。例如，B 超、胸透的 X 射线机一旦测量不准确，可能会造成医生的误诊错判；放射治疗用的 X 射线和 γ 射线剂量测量不准或超过标准，轻者会烧伤肿瘤患者完好的细胞组织，重者会加速患者的死亡；分光光度计如果不准确，就会造成肝功能分析结果的不可靠，延误治疗的最佳时机。

在国民经济建设、国防科技建设和新兴科学探索等领域，都需要特定的测量系统。我国著名科学家钱学森先生曾经指出：信息技术包括测量技术、计算机技术和通信技术，测量技术是关键和基础。随着科学技术的发展和新技术的开发应用，特别是高端装备和国防尖端科学技术的迅速发展，测量已经从传统的简单比较方式被逐渐地赋予了新的内涵。例如，人类的深空探索使大尺寸测量手段从古代《孙子算经》的"步尺法"发展为非接触式的激光测量法；全球自动授时技术使人类从唐朝的"燃香计时"和汉代以前的"日晷计时"过渡到现代的"全光学原子钟计时"等。事实表明新技术的革新使得测量科学得到了快速发展；同时，新发展的测量科学又为新技术的革新注入了新的生机与活力。

测量科学处于整个科学技术体系的最前沿，与工业自动化、资源勘探、兵器工业、船舶工业、航空航天、安全防务、检验检疫、食品与环境安全、生命科学等多学科领域密不可分。在航天、航空、航海、导航、采矿、地震、电力、石化、轻纺、运输、气象、通信等方面都凸显出计量的重要作用。例如，跨海大桥的抗风和抗疲劳能力测量；大飞机的机翼抗弯曲和抗疲劳性能测量；火箭发动机点火的瞬时温度、冲击力与振动、燃料流量和推进力的测量；武器导气室的气体压力和温度、导弹燃气射流温度、爆炸与爆轰温度的测量；在轨空间站的对接和卫星姿态调整的视觉测量；深海可燃冰的储存量和纯度测量等。

随着科技水平的发展，测量系统已经渗透到具有工业互联网和工业物联网功能的高端智能装备中，具有决策层、管理层、操作层、控制层和现场层的流程工业和离散工业综合自动控制的仪器仪表中，具有面向流程工业和离散工业的智能传感器产品中，以及具有智慧城市功能的多种供应仪表中。从人类认识和改造自然开始，测量活动便已渗透到人们的生活、生产和科学探索等众多领域。测量活动不仅存在于传统的静态物理世界，还存在于微观、宏观和动态空间中。测量的目的是全面地认识客观事物，这就要求测量过程全面、系统、深入地描述客观世界与物理系统的内在性质、表现方式和发展过程，并且能够对测量结果进行高速、实时、准确地采集、记录、存储、回放和分析。

测量对于人类社会发展的促进作用是显而易见的，测量系统作为信息产业的重要分支，被誉为工业生产的"倍增器"、科学研究的"先行官"、军事装备的"战斗力"和社会生活中的"物化法官"，测量的应用遍及农业、轻工业、重工业和海、陆、空、天以及日常生活中的吃、穿、住、行等各个方面，已经成为一个国家科技水平和综合国力的综合体现，因此必须给予高度的重视和大力地发展。

# 1.3 误差的基本概念及误差分析的意义

## 1.3.1 误差的发展简史

我国很早就意识到了误差的存在,大家耳熟能详的"差之毫厘,失之千里"这句话,就明确指出了误差的重要性,其表明基础研究工作中的毫厘之差,发展下去就会造成很大的损失。而为了减小测量误差和提高测量精度,我国古代科学家曾做过大量工作。

以数学中圆周率π的计算为例:约 2000 年前,中国的古代数学著作《周髀算经》中有三周径一的说法,即当周长等于 3 时,直径等于 1,取圆周率约为 $\pi = 3$;汉代的张衡经过研究认为 $\pi = \sqrt{10} = 3.16$,已经准确到小数点后 1 位,误差为小数点后 2 位;祖冲之则进一步计算得到 $\pi = 355/113$,这个值比欧洲早出现了 1300 年。

意大利物理学家伽利略是近代科学实验的奠基人之一,其在开展科学实验的过程中发现了误差并意识到了误差的重要性,提出了"观测误差"的概念。之后,法国数学家费马提出了数学期望的概念。1733 年,法国数学家棣莫弗在讨论二项分布的极限形式时,发现了正态分布。这一个阶段是经典误差理论的起步阶段。

1794 年,德国数学家高斯根据误差理论提出了最小二乘法的数据处理方法,从谷神星轨道一段弧长的一系列测量值中,算出了这颗行星的最佳运行轨道和出没时间地点,后来天文学家在望远镜中果然找到了这颗小行星中的第一个成员即彗星。基于最小二乘法的数据处理方法得到了广泛认可和重视。1809 年,高斯公开发表了最小二乘法。1805 年,法国数学家勒让德也发表了同样的方法,但是缺乏严格的数学证明。最小二乘法的拟合效果优于其他方法的数学证明是高斯于 1829 年给出的。

最小二乘法是使标准差与方差成为分散性度量的基础。高斯指出当误差的期望非 0 而为某一正数 $k$ 时,必有某种原因导致唯独产生了正误差,或正误差较负误差易于产生。这就是系统误差或确定性误差的初始概念。

误差理论中的正态分布和最小二乘法,与概率论的发展密切相关。

1812 年,法国数学家拉普拉斯在《分析概率论》中最早给出了概率的定义,涉及观测误差理论,并且给出了二项分布极限为正态分布这一定理的证明。高斯与拉普拉斯对正态分布研究的贡献最大,因此正态分布亦称为高斯分布或高斯-拉普拉斯分布。

正态分布的广泛应用是基于中心极限定理的。中心极限定理指出,大量、独立和均匀的小误差影响之和为正态分布。中心极限定理是由数学家波利亚于 1920 年提出的,1922 年林德伯格及 1935 年费勒又将其进一步完善,林德伯格-费勒中心极限定理就是这样产生的。

天文测量、大地测量、机械测量和物理测量等的需要,特别是计量学的发展,促进了误差理论的建立。计量学需要精确的测量,并将量值溯源到国际单位制,因此除了需要研究随机误差外,还需要研究系统误差,这进一步促进了误差理论的发展。

苏联数学家马利科夫在 1949 年出版了《计量学基础》一书,对误差理论及其应用做了详细的阐述,介绍了偶然误差、系统误差和粗大误差的基本知识。该书成为当时最全面、最系统地介绍误差理论的学术专著,也是对经典误差理论的科学总结,极大地影响了我国

20 世纪 50 年代和 60 年代的计量测试实践活动。初期的经典误差理论仅有误差的基本概念和误差的统计分布，后来发现对测量值产生影响的某些因素是可以分开处理的，于是有了不同性质与特征的三种误差，即随机误差、系统误差和粗大误差。对于各种误差的处理，主要以统计理论为基础，以静态测量误差为研究对象，以服从正态分布为主的随机误差估计和数据处理方法为主，最后用测量误差来表征测量结果的质量。

随着社会和科学技术的不断发展，需要在更广泛的领域里进行越来越精密的定量测量活动，对测量结果评价的完备性和可靠性提出了更高要求。随着误差理论研究的深入发展，一些经典的概念逐渐被现代概念所取代、充实与完善，发展形成以不确定度分析为核心的现代误差理论。20 世纪 70 年代和 80 年代是现代误差理论形成和发展的重要时期。

### 1.3.2　误差的概念

测量误差(error of measurement)是指对一个量进行测量之后，所得到的测量结果与被测量的真实值之间的差异，简称误差。误差始终存在于一切测量过程和科学实验中，一切测量都存在着误差。

误差的定义式为

$$\Delta x = x - x_0 \tag{1.3.1}$$

式中，$\Delta x$ 为误差；$x$ 为测得值；$x_0$ 为被测量的真实值，常用约定真实值、相对真实值代替。

例如，测量三角形的三个内角之和的真实值应为 180°，若测量结果为 180°00′03″，则测量误差为 180°00′03″−180°=03″；用二等标准活塞压力计测量某压力，测量结果为 1000.2Pa；若用更精确的方法测得压力为 1000.5Pa，则后者为约定真实值，那么二等标准活塞压力计测量结果的误差为 1000.2Pa−1000.5Pa =−0.3Pa。

真实值(true value)是指一个物理量在一定条件下所呈现的客观大小或真实数值，又称为理论值或定义值。其在一定条件下总是客观存在的，但是在纯理论意义上的测量是不现实的，因此要确切给出真实值的大小十分困难。真实值一般分为理论真值、约定真值和相对真值三种。

理论真值仅存在于理论之中，如三角形的内角和恒为 180°、圆周角恒为 360°等。

约定真值(conventional true value)在计量学中又称为指定值，一般是由国家设立尽可能维持不变的实物标准或基准，以法令的形式指定其所体现的数值。例如，指定国际千克原器的质量为 1kg；光在真空中于 1/299792458s 内行进的距离为 1m 等。

相对真值(relative true value)是指在满足规定准确度的条件下，用更高精度的仪器或量具测量得到的数值来代替真值。在日常的测量工作中，由于所有仪器不可能都与国家标准进行比对，一般只能通过多级计量检定网进行一系列的逐级比对；在每一级的比对中，又是以上一级标准所体现的值作为近似真值，因此有时也称为参考值或传递值。

实际工作中也经常会使用修正值(correction)的概念，记为 $c$：

$$c = -\Delta x = x_0 - x \tag{1.3.2}$$

修正值与误差之间的绝对值相等但符号相反，因此将修正值加上测量结果就可以得到真值。修正值常以表格、曲线或公式的形式给出。在自动测量仪器中，可以预先将修正值编成程序存储在仪器中，仪器可以在测量的过程中对测量结果自动校正。利用修正值和测得值可以得到被测量的修正结果(correction result)，修正结果又称为实际值。

在测量工作中会广泛使用仪器和量具，仪器的示值误差、示值相对误差、示值引用误差等相关定义如下：

$$示值误差 = 示值-对应输入量的真值$$
$$示值相对误差 = 示值误差 / 示值 \tag{1.3.3}$$
$$示值引用误差 = 示值误差 / 满量程值$$

例如，某电压表的刻度范围为 0～10V，满量程值为 10V。如果测得在 5V 处所对应的输入量为 4.995V，则此时的示值误差为 5-4.995=0.005V，示值相对误差为 0.005/5=0.1%，示值引用误差为 0.005/10=0.05%。

若将测量结果与仪器的示值理解为得到值，将对应于输入量的真值理解为应得值，则可以将误差定义为误差=得到值-应得值。实际应用时对这个定义的需求如下。

(1) 在测量的过程中需要研究测量误差。

(2) 在数学计算中，为了避免复杂的计算，需要研究具有一定位数的有限位数值的舍入误差。例如，$\pi$ 的值取至小数点后两位为 3.14，舍入误差为 $3.14-\pi\approx-0.0016$。

(3) 在数学计算中有时还需要研究切断误差，以便用简单的有限项对实际或理论的无穷项级数进行取代分析。例如，当 $x$ 很小时，用 $x$ 近似 $\sin x$ 的切断误差绝对值小于 $|x|^3 / 6$。

(4) 在制造工业中经常需要研究加工误差，即实际加工出的量值与设计的预想量值之间的差异。

### 1.3.3　误差的分类

**1. 按表示形式分类**

按照误差的表示形式可以分为绝对误差、相对误差和引用误差。

1) 绝对误差

绝对误差(absolute error)记为 $\delta_x$：

$$\delta_x = x - x_0 \tag{1.3.4}$$

绝对误差不是误差的绝对值，其值可正可负，具有与被测量相同的单位，表示测量值偏离真值的程度。由于一般得不到真值，因此绝对误差难以计算。

在实际测量工作中，一般可以用多次测量的算术平均值代替真值。测量值与算术平均值之差称为偏差，又称为残余误差(residual error)，简称残差，记为 $v_x$：

$$v_x = x - \bar{x} \tag{1.3.5}$$

式中，$\bar{x}$ 为算术平均值。

绝对误差的特点是：绝对误差是一个具有确定的大小、符号及单位的量。其数值大小表明测得值偏离实际值的程度，偏离越大，则绝对误差也越大。符号表明测得值偏离实际值的方向，即测得值比实际值大还是小，若测得值大于实际值，则符号为正；反之为负。单位给出被测量的量纲，其与测得值和实际值的单位相同。此外，绝对误差不能完全说明测量的准确度。

2) 相对误差

相对误差是绝对误差与被测量真值之比。相对误差是一个无单位的数，即量纲为 1，

记为 $E$，常用百分数表示：

$$E = \frac{\delta_x}{x_0} \times 100\% \qquad (1.3.6)$$

由于在绝大多数情况下不能确定真值，实际上常用约定真值代替。或者在测量结果与真值比较接近时，也可以把误差和测量结果之比作为相对误差。例如，测量碳14的半衰期为5745年，利用更精确的测量方法得到的测量结果为5730年，可将后者视为真值，则绝对误差为15年，相对误差为15/5745=0.3%。

相对误差的特点是：相对误差只有大小和符号而无量纲，一般用百分数表示。相对误差常用来衡量测量的相对准确程度。相对误差越小，测量的准确度越高。对于有一定测量范围的测量仪器或仪表而言，绝对误差和相对误差都会随测量点的改变而变化，因此往往采用测量范围内的最大误差来表示仪器仪表的误差，即对于有多个量程的指示电表，常用引用误差表示其准确度。

3) 引用误差

引用误差又称为引用相对误差或满度误差，定义为在一个量程内的最大绝对误差与量程上限或全量程之比，记为 $r_a$：

$$r_a = \frac{\Delta}{B} \times 100\% \qquad (1.3.7)$$

式中，$\Delta$ 为测量仪器误差，一般指测量仪器的示值误差，或在某一量程内的最大绝对误差；$B$ 为测量仪器的特定值，一般称为引用值，通常是测量仪器的量程或上限。

引用误差是仪器仪表示值相对误差中比较简化、实用、方便的一种表示形式，可用于描述测量仪器的准确度高低。例如，电工仪表的准确度等级是根据引用误差来划分的。利用引用误差可以判别测量仪器是否合格。如果一台仪器有若干个刻度，在每一个刻度都有相应的引用误差，将其中绝对值的最大者称为最大引用误差。

将仪器允许最大引用误差百分数的分子称为精度的等级。我国电工仪表的准确度等级 $s$ 是按引用误差分级的。一般分为 0.1、0.2、0.5、1.0、1.5、2.5、5.0 七个等级，分别表示引用误差不超过的百分数。选定一个仪表等级后，用其测量某一被测量时产生的最大绝对误差和最大相对误差如下：

$$\delta_x = \pm x_m \times s\% \qquad (1.3.8)$$

$$r_x = \frac{\Delta x_m}{x} = \pm \frac{x_m}{x} \times s\% \qquad (1.3.9)$$

式中，$x_m$ 是仪表的量程上限；$s$ 是选定的仪表等级；$x$ 是被测量的测量结果。

可看到：绝对误差的最大值与仪表的量程上限 $x_m$ 成正比；且一旦选定仪表之后，被测量的值越接近量程的上限，则测量的相对误差越小，测量越准确。

在仪表的准确度等级和量程的选择方面，应当注意掌握几个基本原则：

(1) 不应单纯追求测量仪表准确度越高越好，而应根据被测量的大小，兼顾仪表的级别和量程上限合理地进行选择。

(2) 被测量的值应大于测量仪表量程上限的 $\frac{2}{3}$，即 $x > \frac{2}{3} x_m$，可以得到这种情况下测量的最大相对误差为

$$r_x = \pm \frac{x_m}{\frac{2}{3}x_m} \times s\% = \pm 1.5 s\%$$

可得测量误差不会超过测量仪表等级的 1.5 倍。

（3）在用高准确度的指示仪表来检定低准确度的指示仪表时，两种仪表的测量上限应当尽可能相等。

（4）在使用万用表的欧姆挡进行测量时，应尽可能使指针偏转到量程的中心位置。此时的测量误差最小。

**例 1.3.1**　检定一只量程上限为 300V 的 0.5 级电压表，检测时得到全量程内的最大示值误差为 0.9V。问：

（1）该电压表是否合格？

（2）当被测电压为 100V 左右时，该电压表与量程为 150V 的 1.0 级电压表相比较，选用哪一个更合适？

**解**　（1）由题意可知，最大示值误差 $\Delta = 0.9\text{V}$，量程 $B = 300\text{V}$，由式（1.3.7）可以得到该电压表的引用误差为

$$r_a = \frac{\Delta}{B} \times 100\% = \frac{0.9}{300} \times 100\% = 0.3\% < 0.5\%$$

因此该电压表符合 0.5 级电压表要求，合格。

（2）由式（1.3.9）可得，当使用量程为 300V 的 0.5 级电压表进行测量时：

$$r_1 = \frac{\Delta x_m}{x} = \pm \frac{x_m}{x} \times s\% = \pm \frac{300}{100} \times 0.5\% = \pm 1.5\%$$

当使用量程为 150V 的 1.0 级电压表测量时：

$$r_1 = \frac{\Delta x_m}{x} = \pm \frac{x_m}{x} \times s\% = \pm \frac{150}{100} \times 1.0\% = \pm 1.5\%$$

可以看到，如果量程选择适当，1.0 级电压表和 0.5 级电压表的测量准确度是一样的。考虑到成本随仪表等级增加，因此应当选择 1.0 级电压表进行测量。

**2. 按误差性质分类**

按照误差的性质可以分为系统误差、随机误差与粗大误差。

1）系统误差

系统误差（systematic error）是测量误差的分量，指在同一被测量的多次测量过程中保持相同绝对值和符号的误差，或在条件改变时以可预知的方式变化的误差。测量过程中往往存在系统误差，在某些情况下系统误差的数值还比较大。

重复测量条件下，系统误差在数值上等于对同一被测量进行无穷多次测量结果的平均值与被测量的真值之差。如果记测量结果为 $x$，无穷多次测量结果的平均值即期望为 $E(x)$，被测量的真值为 $\mu$，则可以将系统误差记为

$$\Delta l = E(x) - \mu \tag{1.3.10}$$

其期望和标准差分别为 $E(\Delta l) = c \neq 0, \sigma(\Delta l) = 0$。

系统误差属于确定性误差，即偏倚（bias）。

按照对系统误差掌握的程度，可以将系统误差分为已定系统误差和未定系统误差。对

于已定系统误差，由于误差的绝对值和符号已经确定，故可以设法予以修正；对于个别含有粗大误差的测量数据，经过判定之后也可以剔除；对于未定系统误差，由于误差的绝对值和符号不确定，因此无法进行修正。

按照变化规律，也可以将系统误差分为恒定系统误差和变值系统误差，其中变值系统误差又可分为线性系统误差、周期性系统误差和复杂规律系统误差。

系统误差具有一定的规律性，可以根据其产生的原因采取一定的技术措施，设法予以消除或者削弱，也可以对测量值进行必要的修正以减弱它的影响。

2）随机误差

在对同一被测量的多次测量过程中，测量误差的分量以不可预知的方式变化的误差称为随机误差（random error）。在数值上，随机误差是测量结果减去在重复性条件下对同一被测量进行无限多次测量结果的平均值。记测量结果为 $x$，随机误差 $\delta$ 可以表示为

$$\delta = x - E(x) \tag{1.3.11}$$

其期望与标准差分别为 $E(\delta) = E(x - E(x)) = 0$，$\sigma(\delta) \neq 0$。随机误差的大小和符号具有不确定性。

随机误差来自于许多难以控制的不确定随机因素，在测量过程中不可避免。这些随机因素包括空气的流动，温度的起伏，电压的波动，微小振动，电磁场的干扰，实验者感觉器官的分辨能力、灵敏程度和仪器的稳定性等。假设系统误差已经修正且被测量本身稳定，那么决定测量精度的主要因素就是随机误差。

在相同的条件下对同一被测量进行大量的重复测量，可以发现绝大多数的随机误差服从一定的统计规律。按照概率密度的分布特点可以分为正态分布和非正态分布两大类。可以用概率统计的方法处理随机误差，以获得最可靠的测量结果。通过增加测量次数可以减小随机误差的影响，但是不能完全消除随机误差。

3）粗大误差

明显超出规定条件下预期结果的误差称为粗大误差，也称为过失误差。粗大误差的数值比较大，明显地歪曲测量结果，应当按照一定的判决准则予以剔除。产生粗大误差的原因很多，可能是某些突发性的因素或疏忽、测量方法不当、操作程序失误、读错读数或单位、记录或计算错误等。

在误差理论的研究范畴中，粗大误差属于不允许存在的误差。在没有充分依据时，不能够仅凭主观意愿轻易地去掉含有粗大误差的测量数据，而应按照一定的统计准则判断后，慎重地予以剔除。判别粗大误差的方法有很多，常用的如 $3\sigma$ 准则、罗曼诺夫斯基准则、格拉布斯准则和狄克逊准则等，要避免测量结果受到粗大误差的影响。

需要注意的是，在一定的测量条件下，各误差之间是可以互相转化的。对于某项具体的误差，在一定的条件下可能表现为系统误差；在另一种条件下又可能表现为随机误差；反之亦然。如按一定基本尺寸制造的量块，由于存在制造误差，某一个具体量块的制造误差具有确定的数值，可以认为是系统误差，但对于一批量块而言，制造误差在一定的范围内又很可能是变化的，因此又成为随机误差。在使用某一量块时，如果没有检定出该量块的尺寸偏差，仅按照基本尺寸使用，那么制造误差就成为随机误差；一旦检定出该量块的尺寸偏差，当按实际尺寸使用时，制造误差又属于系统误差。掌握误差转化的特点有助于

将系统误差转化为随机误差，通过数据的统计处理减小随机误差的影响；或将随机误差转化为系统误差，通过修正的方法减小该系统误差的影响。因此，一个具体的误差究竟属于哪一类，应根据所考察的实际问题和具体条件，经过分析和实验之后确定。

**3. 按误差影响分类**

按照误差的数值(包括大小及符号)对测量结果的影响，可以分为确定性误差与不确定性误差。

1)确定性误差

在测量过程中，将各次测量结果依次进行排列，称为测量列。

对某一被测量进行 $n$ 次测量，假定测量列中各次测量误差的数值 $\delta$ 不变，均为不等于 0 的常数 $c$，即测量列 $\delta_i = c$，$(i=1,2,\cdots,n)$，则期望 $E(\delta) = c \neq 0$，标准差 $\sigma(\delta) = 0$。

常数 $c$ 的负值就是修正值，当不对该修正值进行修正(通常称为修正值不修正)时，就产生一个确定性误差。如果使用部门认为修正值甚小而无关紧要，并且一旦修正可能很麻烦时，就出现了修正值不修正的情况。如量块、角块、尺子和砝码等，尽管实际值有时已经通过检定得出，但使用部门或单位一般只使用它们的名义值。

确定性误差即常差。偏倚属于确定性误差。

2)不确定性误差

测量时设误差列 $\delta_1$，$\delta_2$，$\cdots$，$\delta_n$ 为随机变量 $\delta$ 的取值。假定 $\delta$ 的特征值为期望 $E(\delta) = 0$，标准差 $\sigma(\delta) \neq 0$。不确定性误差 $\delta$ 单次测量的数值 $\delta_i$ 可大可小、可正可负，但期望即平均值总为 0。因此，其是期望为 0 的随机变量或中心化的随机变量，具有标准差和半不变量、偏态及峰态等特征量。

不确定性误差是可以用不确定度表征的误差，不确定度用于表示对符号未知的可能误差的评价。

3)单向误差

确定性误差加不确定性误差为单向误差，用 $\delta$ 表示，可分解为

$$\delta = E(\delta) + (\delta - E(\delta)) \tag{1.3.12}$$

式中，$E(\delta)$ 为 $\delta$ 的期望，是一个确定性的误差，期望非 0、标准差为 0；$\delta - E(\delta)$ 为中心化的 $\delta$，是一个不确定性的误差，期望为 0、标准差非 0。从数值上看，$\delta - E(\delta)$ 的标准差就是 $\delta$ 的标准差。

实际工作中的单向误差可能具有正负号，一般称有一定符号的单向误差为定号误差。在测量过程中，修正值通常是通过公式计算出来的，计算公式可能带有不确定度，这时如果测量结果有修正值，由于修正值带有不确定度，当修正值不修正时就会形成单向误差。

### 1.3.4　误差的来源

在测量的过程中，误差的来源是多方面的，很多因素可能产生测量误差。在分析和计算测量误差时，不可能、也没有必要将所有因素及其引入的误差逐一计算出来，而是要着重分析引起测量误差的主要因素。

**1. 测量设备误差**

测量设备误差主要包括标准量具误差、仪器误差和附件误差。

1）标准量具误差

标准量具误差是指以固定形式复现标准数值的器具，如标准量块、标准砝码和标准电阻等，它们本身体现的数值不可避免地存在误差，并将直接或间接地反映到测量结果中，进而形成测量装置误差。减小标准量具误差的方法是在选用基准器件时尽量使误差小一些。一般要求基准器件的误差占总误差的 1/10～1/3。

2）仪器误差

仪器误差包括的范围很广。仪器仪表直接或间接地将被测量和已知量进行比较，例如，在设计测量仪器时，采用近似原理而带来的测量原理误差、组成仪器零部件的制造误差与安装误差引入的固定误差、仪器出厂时标定不准确带来的标定误差、因读数分辨力有限造成的读数误差、模拟式仪表刻度的随机性引入的刻度误差、数字式仪器的量化误差、仪器内部噪声引起的误差、元器件老化与疲劳及环境变化造成的稳定性误差、仪器响应滞后引起的动态误差等，都属于仪器误差。

装置误差是指测量装置在制造过程中由于设计、制造、装配、检定等的不完善，以及在使用过程中由于元器件的老化、机械部件磨损和疲劳等因素而使设备所产生的误差。测量装置误差按表现形式分为机构误差、调整误差和量值误差。

机构误差是指设备在机理和结构方面存在的误差，如等臂天平的不等臂、线纹尺的分划质量低、量块表面的平面度误差、螺旋测微仪的空行程、零件连接间隙产生的隙动等。仪器或量具未能调整到理想状态，如不垂直、不水平、偏心或定向不准等产生调整误差。量值误差是由指示仪表、各种膨胀系数的测量误差等导致的误差；或量值随时间变化的不稳定性，如激光波长的长期稳定性与短期稳定性、尺长的时效性、电阻的老化、晶体频率的长期漂移、量值的不均匀（如硬度块上不同位置处的不同硬度）等所引起的误差。

减小上述误差的主要措施是要根据具体的测量任务，选取正确的测量方法，合理地选择测量设备，尽量满足设备的使用条件和要求。

3）附件误差

附件误差是指测量仪器的附件和附属工具产生的误差，如由测长仪的标准环规制造误差引入的测量误差等。

**2. 测量方法误差**

测量方法误差是由测量方法不完善、测量理论不严密或采用近似公式等引起的误差。测量方法误差包括测量过程中对实际影响因素所引起的误差未能全面考虑，如电测量中的绝缘漏电、引线电阻的压降和平衡线路中的灵敏阈等；或者对某些计算过程或方法进行了不恰当的简化等。例如，用卷尺测量大型圆柱体的直径，再通过计算求出圆柱体的周长，由于圆周率 $\pi$ 只能取近似值，因此将会引入误差。

**3. 测量环境误差**

测量环境误差是由各种环境因素与规定的标准不一致造成的误差，或在空间上的梯度及其随时间的变化引起测量设备的量值变化、机构失灵和相应位置改变等引起的误差。例如，在激光波长的比较测量中，空气的温度、湿度、尘埃、大气压力等都影响空气的折射率，进而影响激光的波长并产生测量误差。电子测量中的环境误差主要来源于环境温度、电源电压和电磁干扰，高精度准直测量中的气流、振动也有一定的影响。

通常将测量仪器在规定的工作条件下所具有的误差称为基本误差，超出此条件的误差称为附加误差。减小测量环境误差的主要方法是改善测量条件，对各种环境因素加以控制，使测量条件尽量符合仪器要求，但这是以付出一定的经济代价为基础的。

**4. 测量人员误差**

由测量者主观因素，如技术熟练程度、生理与心理因素、反应速度和固有习惯等引起的误差称为人员误差。即使在同一条件下使用同一台仪器进行重复测量，也可能得出不同的结果。例如，记录某一信号时，测量者有滞后或超前的趋向；对准标志读数时习惯偏向某一方向等。

为了减小测量人员误差，要求测量人员认真了解测量仪器的特性和测量原理，熟练掌握测量规程，精心进行测量操作，并正确处理测量结果。

**5. 被测量的误差**

被测量定义的不完善、被测量定义实现不理想等产生的误差称为被测量的误差。对被测量非代表性的抽样或被测量本身的变化有时也应当作为误差因素考虑。

总之，误差的来源复杂多样，在进行测量和计算测量结果时，要对上述几个方面的误差进行全面分析，力求做到不遗漏、不重复。对误差来源的研究是测量精度分析的依据，也是减小测量误差和提高测量精度的必经之路。

## 1.3.5 误差分析的目的及意义

实践证明，只要进行测量，就会存在误差。当对同一量做多次重复测量时，经常发现测量结果不完全一致，原因在于测量设备不完善、测量环境不理想、测量人员水平有限或被测量不确定等，使测量结果与真值之间存在差异，这是误差存在的普遍性，即误差存在原理。

测量误差在生产实践、科学研究中极为重要。随着人们认知的深入和能力的提高，尽管可以将误差减小到一定的范围内，但始终不能做到完全没有测量误差。虽然人们在不同时期研究误差的内容并不相同，但是误差却始终客观地存在着。研究误差的目标并不是使误差为零，而是把误差控制在要求的限度之内，或是在力所能及的范围内使其达到最小。

误差分析的意义在于以下几方面。

1) 认识误差的规律，正确地处理数据

测量数据受误差的影响，因此只有认清误差的规律，才能充分利用数据的有效信息，得出在一定条件下更接近真值的最佳结果。通过对误差性质的认识，充分地分析测量误差产生的原因，尽可能减小测量误差的影响。

2) 合理评价测量结果的误差

测量结果的质量或水平是通过误差来表述的。误差越小，质量越高，水平越高，使用价值越高；反之，误差越大，质量越低，水平越低。

例如，美国航空喷气发动机公司在研制发动机时发现，制造仪器的误差与不确定度每降低 $0.25\sigma$，每台发动机的生产成本就可以节约 120 万美元。医疗设备或仪器的不确定度如果不可靠，就会使人体承受过大或过小的药量或放射剂量，过大时可能造成死亡，过小时则达不到治疗的目的。在航空航天系统中，频率的不确定度一旦不可靠便会使导航失去联系，燃料重量的不确定度、不可靠会使卫星或火箭发射因推力不当而失败。

在实际工作中经常发现因误差与不确定度不符合要求而使仪器退货的情况，所以正确分析仪器的误差与不确定度是至关重要的。

3）完善地进行实验设计

正确地组织实验过程，合理地设计仪器或选用仪器，适当地使用测量条件或方法，以便在成本最低、时间最短的情况下得出预期的结果。

4）深刻了解自然和认识事物的规律

例如，瑞利在采用不同的来源和方法制取氮气时，分别测量了由化学法制得的氮和大气提取的氮的密度，两者的密度之差远大于不确定度，瑞利认为两种方法制得的氮不一样，故测得的密度之间存在系统误差。基于这个分析，最终他发现大气中还存在惰性气体，后来他通过将大气提取氮的密度加以修正，就得到了与化学法制氮密度相一致的结果。

# 1.4　测量结果的评价及处理

现代误差理论拓宽了研究和应用的范畴，弥补了经典误差理论所存在的不足，是融静态测量误差与动态测量误差于一体、随机误差与系统误差于一体、测量数据与测量方法或测量仪器于一体，以及多种误差分布于一体的误差分析与数据处理的新理论。开展误差分析的前提是对测量数据的正确处理和对测量结果的正确评价，只有在正确地处理测量数据和评价测量结果后，误差分析的后续工作才能顺利展开。

## 1.4.1　测量结果的评价

测量结果的评价通常用测量精度和测量结果的不确定度来表征。

### 1. 测量精度评价的常用术语

1）精密度（precision）

测量的精密度是指在相同条件下，对被测量进行多次重复测量，测量值之间的一致或符合程度。从测量误差的角度来看，精密度反映的是测量值中的随机误差。精密度高，不一定正确度高。也就是说尽管测量值的随机误差小，但其系统误差不一定也小。

2）正确度（trueness）

测量的正确度是指被测量的测量值与真值的接近程度。从测量误差的角度来看，正确度反映的是测量值的系统误差。正确度高，不一定精密度高。也就是说尽管测量值的系统误差小，但其随机误差不一定也小。

3）精确度（accuracy）

测量的精确度也称准确度，是指被测量的测量值之间的一致程度及其与真值之间的接近程度，即精密度和正确度的综合。从测量误差的角度来看，精确度是测量值的随机误差和系统误差的综合反映。通常说的测量精度或计量器具的精度，是指精确度而非精密度，实际上"精度"已成为"精确度（准确度）"在习惯上的简称。实际工作中对计量结果的评价多是综合性的，只有在某些特定的场合才仅对精密度或正确度单独做出评价。

下面以如图 1.4.1 所示的打靶弹着点为例，进一步阐述上述三个概念的含义。

图 1.4.1 中，用靶心表示真值的位置，黑点为每次打靶后测量值的位置。图 1.4.1(a)表示射击的准确度高但精密度较差，即偶然误差较大；图 1.4.1(b)表示射击的精密度高但准确度较差，即系统误差较大；图 1.4.1(c)表示的是精密度和准确度都比较好，称为精确度

高，这时偶然误差和系统误差都比较小。在 JJF 1001—2011《通用计量术语及定义》中强调，"精确度"和"正确度"不是一个量，不能用数值表示，"精密度"通常表示不精密的程度，以数字的形式表示，如规定测量条件下的标准偏差等。

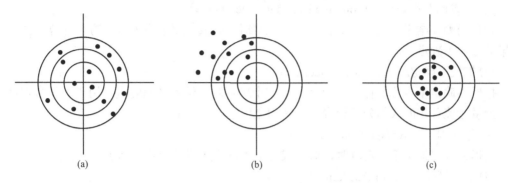

(a)　　　　　　　　　(b)　　　　　　　　　(c)

图 1.4.1　正确度、精密度和精确度示意图

1994 年，美国国家标准与技术研究院在 NIST1297 报告中指出，ISO 3534 定义精密度为：在规定条件下，所得独立结果之间的一致程度，精密度概念包含重复性（repeatability）和再现性（reproducibility），而精密度常仅指重复性。重复性为在相同测量条件下，对相同被测量进行连续多次测量所得结果间的一致程度。这里的相同条件是指相同测量程序、相同观测者、相同条件下用相同仪器、短期内重复。再现性为在测量条件改变的情况下，对相同被测量所得结果之间的一致程度，改变条件可含测量原理、测量方法、观测者、测量仪器、参考标准、地点、使用条件、时间等的改变。

测量仪器自身存在的误差是影响测量准确度的重要因素，因此全面了解测量仪器的性能指标，对于提高测量准确度至关重要。常用的主要指标如下：

（1）稳定性（stability）。

稳定性指测量仪器保持计量特性随时间恒定的一种能力。稳定性可以用几种方式定量表示，如某计量特性变化了一定的量所经过的时间等。

（2）仪器示值误差（error of indication of a measuring instrument）。

仪器示值误差指测量仪器的示值与对应输入量真值之差。由于真值不确定，故在实际应用中常采用约定真值。

（3）偏移（bias of a measuring instrument）。

偏移指测量仪器示值的系统误差，通常用适当次数重复测量示值误差的平均进行估计。

（4）仪器的最大允许误差（maximum permissible errors of a measuring instrument）。

给定测量仪器的规范、规程等所允许的误差极限值，有时也称为最大允许误差限。

**2. 测量不确定度的常用术语**

测量不确定度是测量结果中无法修正的部分，是评价测量水平的一个重要质量指标。不确定度大，则测量结果的使用价值低；不确定度小，则测量结果的使用价值高。

（1）标准不确定度（standard uncertainty）。

它指以标准差表示测量结果的不确定度。

（2）A 类评定（type A evaluation）。

它指由观测列的统计分析所做的不确定度评定。

(3)B 类评定(type B evaluation)。

它指由不同于观测列的统计分析所做的不确定度评定。

(4)合成标准不确定度(combined standard uncertainty)。

它指当测量结果由若干个其他量的值求得时，按其他量的方差或协方差计算出的测量结果的标准不确定度。

(5)扩展不确定度(expanded uncertainty)。

扩展不确定度也称展伸不确定度，是一个确定测量结果区间的量，用于表示合理地赋予被测量之值分布的大部分可望含于此区间之中。

(6)包含因子(coverage factor)。

它指为求得扩展不确定度时，对合成标准不确定度所乘的数字因子。

(7)自由度(degrees of freedom)。

求不确定度所用总和中的项数与总和的限制条件数，二者之差称为自由度。

(8)置信水准(level of confidence)。

置信水准也称包含概率或置信概率，是指在扩展不确定度确定的测量结果的区间内，合理地赋予被测量之值分布的概率。

置信水准与置信水平(confidence level)不同，国家标准中规定，当仅有 A 类评定时，置信水准才为置信水平。

(9)相对不确定度(relative uncertainty)。

不确定度除以测量结果的绝对值，称为相对不确定度。

### 1.4.2　测量结果的处理方法

在不同的应用条件下，测量结果处理方法的目的与任务不同。下面分别进行介绍。

1)参数测量结果的数据处理

在这种情况下，数据处理的目的是求出未知参数的数值并评定其所含有的误差。不同测量类型的数据处理方法往往不同。例如，直接测量的数学处理方法，在古典误差理论中是利用偶然误差的正态分布曲线(高斯曲线)引出一系列公式，计算未知参量的最可信赖值及其误差；对于间接测量，数学处理的任务则是根据已知函数关系求出未知参数，并根据各部分误差(误差分量)求出间接测量的误差；当测量结果中既有系统误差，又有随机误差时，还需要利用误差合成的相关理论求出综合误差指标。

2)测试系统标定实验的数据处理

在对传感器或测试系统进行静、动态标定实验时，数据处理的目的是建立测试系统的数学模型，计算性能指标，最后检查所建立的数学模型与实验结果间是否吻合。

从实验结果建立数学模型过程的实质是回归分析，回归分析完成了再计算性能指标。在静态标定中应当给出静态数学模型与静态性能指标；在动态标定中则应当给出动态数学模型与动态性能指标；如果再加上检查回归效果与误差补偿等问题，就是静、动态标定实验数据处理的基本任务。

对静态数学模型而言，常见的数学模型有直线方程、一般线性模型、多项式模型、各种指数和对数非线性模型等；动态参数模型则有两大类，即非参数模型和参数模型。由于动态测量可以从时域和频域两个维度进行分析，相应的动态数学模型也有时域和频域两种不同的表达形式。在频域内，频率响应属于非参数模型；在时域内，单位脉冲响应、单位阶跃响应属于参数模型。时域内的参数模型有微分方程、传递函数和状态方程等。

# 1.5 有效数字与数值运算

在测量结果和数值运算中，确定用几位数字来表示测量或数据运算的结果是一个十分重要的问题。由于任何测量都不可避免地存在测量误差，并且在数据处理中用到无理数时不可能取到无穷位，所以通常得到的测量数据和测量结果都是近似数，加之目前普遍采用计算机进行数据处理，计算机可以使计算精确到几乎无限多的小数位，经常造成测量结果以假乱真的现象。因为往往认为一个数值中小数点后面的位数越多越准确，或者计算结果保留的位数越多越准确。但实际上小数点的位数不决定准确度，只与所用单位的大小有关。例如，将某长度量表示为 76mm 或者 7.6cm 的准确度完全相同，由于这种长度测量仪器的精度只能达到 0.1mm 或 0.01cm，运算结果的准确度不会超过仪器允许的范围。因此测量仪器的精度或者灵敏度由仪器自身性质确定，而与保留的位数没有关系。

## 1.5.1 有效数字与有效位数

测量过程中为了获得准确的结果，不仅要进行准确测量，还要正确地记录和计算。正确记录指记录数字的位数，因为数字的位数不仅反映数字的大小，也反映测量的准确程度。通过测量得到测量值的近似数，其误差的绝对值不应超过近似数末位的半个单位，则该近似数从左边第一个非零数字到最末一位数字的全部数字，均可称为有效数字。

有效数字保留的位数不能随意丢弃或增加，应根据分析方法与仪器的准确度决定。一般测得的数值中只有最后一位是估读的。例如，在分析天平上称取试样 0.6000g，这不仅表明试样的质量为 0.6000g，还表明称量的误差在±0.0002g 之内。如果将质量记录成 0.60g，则表明该试样是在台称上称量的，称量误差为±0.02g。因此记录数据的位数不能任意增加或减少。又如，在上例的分析天平上测得称量瓶的重量为 11.4520g，说明测量结果有 6 位有效数字，最后一位是可疑的。因为分析天平只能称到 0.0002g，因此实际重量应当在 11.4520±0.0002g 的范围内。可以看到，无论计量仪器如何精密，其最后一位数总是估计出来的。因此有效数字就是保留最末一位不准确的数字，其余数字均为准确数字。有效数字与仪器的准确程度密切相关，其不仅表明数量的大小也反应测量的准确度。

### 1. 直接测量数据的有效数字

在实验中测得的数据都是近似值，通常测量时可读到仪表最小刻度的后一位数，末位数是估计值，是有效数字。例如，二等标准温度计的最小刻度为 0.1℃，但是可以读到 0.01℃，如 40.76℃，此时的有效数字为 4 位，而可靠数字仅为 3 位，最后 1 位是估计值，其是不可靠的。又如，读数为 40.8℃时，可以记为 40.80℃，表明有效数字为 4 位。

在科学与工程中，为了清楚地表示数值的精度与准确度，可将有效数字写出并在第二个有效数字后面加上小数点，数值的数量级用 10 的整数幂确定，这种记数方法称为科学记数法。例如，0.000388 可写作 $3.88 \times 10^{-4}$。又如，98100，有效数字为 4 位时可记为 $9.810 \times 10^{4}$；当有效数字为 2 位时可记为 $9.8 \times 10^{4}$。因为现存的数字无疑都是有效数字，所以科学记数法的好处是不仅便于辨认一个数值的准确度，而且便于运算。

在测量时该取几位有效数字，取决于对实验结果精确度的要求以及测量仪表本身的精确度。在测量工作中为了保证测量值的准确一致，测量结果宜带有不确定度；若给出的结果未带不确定度，则该结果的数字一般宜当作有效数字。

在书写包含不确定度的任一数字时，应按由左至右的顺序，使第一个非零的数到最后一个数都成为有效数字。例如，不确定度为 $0.5\times10^{-4}$ 的近似值 0.0023，不能随意写成 0.002300，因为 0.002300 的不确定度为 $0.5\times10^{-6}$。实际工作中，若给出的测量结果没有附带不确定度，一般应将该结果中的所有数字都作为有效数字。为了保证量值的准确、一致，测量结果应当附带不确定度。一般而言，测量不确定度可以仅保留两位有效数字。测量结果的末位与不确定度的末位对齐，保持在同一个量级。

**2. 非直接测量值的有效数字**

在实验中除了使用有量纲的数字外，还会碰到另一类没有量纲的常数，如 $\pi$、$e$、$g$ 等，以及某些因子，如 1/2 等。通常可以认为它们的有效数字位数是无限的，使用时取几位一般取决于计算所用的原始数据的有效数字的位数，计算原则是下面的数字舍入规则。

### 1.5.2 数字舍入规则

由于计算或其他的原因，当实验结果数值的位数较多时，需要将有效数字截取到要求的位数，即数字修约。

首先需要确定修约间隔，修约结果为该值的整数倍，即修约值为该值的整数倍。例如，指定修约间隔为 0.1，修约值应在 0.1 的整数倍中选取，相当于将数值修约到一位小数；又如，指定修约间隔为 100，修约值即应在 100 的整数倍中选取，相当于将数值修约到百数位。

根据国家标准《数字修约规则》的规定，通常采用"四舍六入五留双"法则，即当尾数≤4 时舍弃，尾数为 6 时进位；当尾数为 5 时，应看末位数是奇数还是偶数，当 5 前为偶数时应将 5 舍弃，当 5 前为奇数时应将 5 进位。

该法则的具体运用如下：

(1)若舍弃部分的数值，小于保留数字末位的 0.5，则留下部分的末位不变。

(2)若舍弃部分的数值，大于保留数字末位的 0.5，则留下部分的末位进 1。

(3)若舍弃部分的数值，恰为保留数字末位的 0.5，则留下部分的末位凑成偶数，即末位为奇数时加 1 变为偶数；末位为偶数时，则末位不变。

在对负数进行修约时，一般可以先修约成绝对值，然后加上负号。

为了便于记忆，这种舍入原则可简述为"小则舍，大则入；正好等于奇变偶。"下面给出几个具体的例子。

(1)将 28.175 和 28.165 处理成 4 位有效数字，分别为 28.18 和 28.16。

(2)若被舍弃的第一位数字大于 5，则其前一位数字加 1，如 28.2645 处理成 3 位有效数字时，其被舍弃的第一位数字为 6，大于 5，则处理后的有效数字应为 28.3。

(3)若被舍弃的第一位数字等于 5，而其后数字全为零，则视被保留末位数字为奇数或偶数(零视为偶)而定其进位或舍弃；当末位数是奇数时进 1，偶数时不进 1。例如，28.350 处理成 3 位有效数字时为 28.4，28.050 则处理成 28.0。

(4)若被舍弃的第一位数字为 5，而其后的数字并非全部为零时，则进 1。例如，28.2501

只取 3 位有效数字时，成为 28.3。

(5)若舍弃的数字包括几位数字时，不得对该数字连续修约。例如，2.154546 只取 3 位有效数字时应为 2.15，不得连续修约为 2.16，即 2.154546→2.15455→2.1546→2.155→2.16。

由于数字修约而引起的误差，称舍入误差，其等于修约数减原数。

以修约间隔 10 为例，对 1051～1059 中的原数进行修约，如表 1.5.1 所示。

表 1.5.1　对 1051～1059 按照间隔为 10 进行修约的结果

| 原数 | 1051 | 1052 | 1053 | 1054 | 1055 | 1056 | 1057 | 1058 | 1059 |
|------|------|------|------|------|------|------|------|------|------|
| 修约数 | 1050 | 1050 | 1050 | 1050 | ? | 1060 | 1060 | 1060 | 1060 |

不计 1055，则舍入后总和与舍入前总和不变，都是 4×(1050+1060)，如果 1055 舍入为 1060，将会使得修约结果增大。需要注意到 5 后的数可为奇或偶(0,1,2,3,4,5,6,7,8,9)，奇数和偶数出现的概率相等，均为 50%。因此采用(3)的修约规则，奇数情况下进 1 和偶数情况下不进 1 的概率相同，舍入规则将不会产生单向误差。

### 1.5.3　数据运算规则

前面根据仪器的准确度介绍了有效数字的意义和记录原则，在分析计算中有效数字的保留更为重要。通过运算后所得到的结果，其准确度不可能超过原始记录数据，所以一个数据在计算过程中位数的保留过多并不能提高精度，反而浪费时间；位数取得过少又会降低应有精度。运算中数字位数的取舍是由有效数字运算规则确定的。

(1)在加、减计算中，各运算数据以小数位数最少的数据位数为准，其余各数据可多取一位，但最后结果应与小数位数最少的数据小数位数相同。

例如，13.65、0.0082、1.634 三数相加时，应写为 13.65+0.008+1.634=15.292≈15.29。

(2)在乘、除法计算中，以有效数字最少的数为标准，将有效数字多的其他数字删至多其 1 位，然后进行运算，最后结果中的有效数字位数与运算前诸量中有效数字位数最少的一个相同。

例如，某实验中参与运算的三个数据分别为 603.21、0.32、4.011，运算的过程为

$$\frac{603.21\times0.32}{4.011}=\frac{603\times0.32}{4.01}=48.1\approx48$$

可见，603.21 有 5 位有效数字，0.32 有 2 位有效数字，4.011 有 4 位有效数字。在运算过程中应当使有效数字位数最少的 0.32 保持不变，将 603.21 和 4.011 分别取为 603 和 4.01，再将运算结果 48.1 的有效数字位数删减到 2 位，这样得到的最终结果为 48。

(3)在混合四则运算中，应按前述(1)和(2)规定的原则按部就班地运算，并获得最后结果。

例如，$14.2\times3.672+789.421\div3.796=14.2\times3.672+789.42\div3.796=52.14+207.96=260.10=260.1$。

(4)在乘方、开方计算中，其结果的有效数字位数应与其底数有效位数相等。

例如，$\sqrt{49}=7.0$，不能写成 $\sqrt{49}=7$；$4.0^2=16$，不能写成 $4.0^2=16.0$。

(5)在对数计算中，结果中尾数的有效数字位数与真数有效数字位数相同。

例如，$\lg1983=3.29732\approx3.2973$。

(6) 在指数计算中，结果中有效数字的位数与指数小数点后的有效数字位数相同（包括紧接小数点后面的 0），可用科学记数法表示。

例如，$10^{0.0035} = 1.0080916 \approx 1.008$。

(7) 三角函数的有效数字位数与角度有效数字的位数相同。

例如，$\sin 30°07' = \sin 30.12° = 0.501813 \approx 0.5018$。

(8) 在函数运算中，一般的处理原则为：先在直接测量量的最后一位有效数字位上取 1 个单位作为测量值的不确定度，再用函数的微分公式求出间接测量量不确定度最后一位所在的位置，最后由它确定间接测量量有效数字的位数。

例如，求圆的面积 $S = \pi \cdot \left(\dfrac{D}{2}\right)^2$，测得圆的直径 $D = 12.56$ mm。

**解**　根据直接测量量直径的值可计算出保留所有计算值的圆的面积为

$$S = \pi \cdot \left(\frac{D}{2}\right)^2 = 123.89967744 \ \text{mm}^2$$

取 $\Delta r = 0.01$，得　$\Delta S = \pi \cdot 2 \cdot \dfrac{1}{2} \cdot \dfrac{\Delta r}{r} \cdot S = 3.142 \times 2 \times \dfrac{1}{2} \times \dfrac{0.01}{12.56} \times 123.90 = 0.3$。

说明 $\Delta S$ 的可疑数字发生在小数点后面第 1 位，所以圆的面积取 $S = 123.9 \ \text{mm}^2$，为 4 位有效数字。

## 习　题

1-1　试述计量的特点。

1-2　计量学的分类有哪些？

1-3　什么是量值传递和量值溯源？它们的意义是什么？

1-4　什么是测量？测量的基本要素有哪些？

1-5　测量方法按不同的方式有哪些分类？

1-6　测量误差的分类有哪些？

1-7　误差的来源有哪些？

1-8　误差分析的作用和意义是什么？

1-9　引用误差和相对误差有什么关系？

1-10　测量某三角块的三个角度之和为 $180°00'04''$，试求测量的绝对误差和相对误差。

1-11　某台量程 150V 的电压表，测量某个电压的结果为 100V，用标准电压表测得该电压为 99.4V，求该电压表在测得值为 100V 时的绝对误差、相对误差和引用误差。

1-12　用两种方法分别测量 50mm 和 80mm，测量结果分别为 50.004mm 和 80.006mm，试评定两种方法测量精度的高低。

1-13　某 1.0 级电流表的满度值为 100μA，求测量值分别为 100μA、80μA 和 20μA 时的绝对误差和相对误差。

1-14　检定一只 2.5 级、量程上限为 100V 的电压表，发现在 50V 处误差最大，为 2V，而其他刻度处的误差均小于 2V，问这只电压表是否合格？

1-15　根据有效数字的数据运算规则，分别计算下列算式的结果：

(1) $696^2 =$　　(2) $\sqrt{3869} =$　　(3) $28.13 \times 0.037 \times 1.473 =$　　(4) $1513.2 + 34.7 + 7.326 + 0.0357 + 150.72 =$

# 第 2 章　经典误差分析的基本方法

任何测量都存在误差，为了提高测量精度，必须尽可能减小或消除误差，因此有必要对各种误差的性质、出现规律、产生原因、发现或消除的主要方法进行分析，以寻求改善测量过程的途径。分析方法主要有两种：一种是对获取的测量数据进行分析处理，计算得到相应的误差指标，这是本章的核心内容；另一种是分析误差在测试系统内部的传播规律，进而进行相应的分析与补偿，这个将在第 7 章中详细介绍。

本章首先对随机误差、系统误差和粗大误差的相关概念进行深入分析，之后分别对等精度测量和不等精度测量结果的误差分析方法进行介绍，接下来考虑到实际测量过程中不可避免地会遇到多种误差的合成以及误差的分配问题，因此将对误差合成与分配的基本方法进行介绍，最后对微小误差的取舍和最佳测量方案的确定问题进行讨论。

## 2.1　误差的基本性质与处理方法

绪论当中讲到，按照误差的特点与性质进行分类，误差可分为随机误差、系统误差和粗大误差，对其进行分析与处理是误差理论发展初期的迫切需求，经过不断丰富和完善，形成了经典误差分析的基本方法。

### 2.1.1　随机误差的基本概念与处理方法

本节内容为随机误差的基本概念与处理方法，通过对随机误差的产生原因、特点及处理方法的简要介绍，了解随机误差的分布特征，进而掌握算术平均值、单次测量的标准差、算术平均值的标准差和极限误差等指标的计算方法。

**1. 随机误差的基本概念**

1）随机误差

随机误差也称偶然误差，是指在相同条件下，多次测量同一量值时，绝对值和符号以不可预知方式变化的误差。

2）随机误差产生的原因

随机误差是由许多不能掌握、不能控制、不能调节、更不能消除的微小因素所构成的，虽然产生随机误差的原因很多，但主要可分为以下三个方面。

（1）测量装置方面的因素。由于测量仪器结构上不完善或零部件制造不精密，会给测量结果带来随机误差。例如，由于轴和轴承之间存在间隙，导致润滑油在一定的条件下会形成油膜不均匀现象，因此会给圆周分度测量带来随机误差。

（2）测量环境方面的因素。最常见的如实验过程中温度的波动、噪声的干扰、电磁场的扰动、电压的起伏和外界振动等。

（3）测量人员方面的因素。例如，操作人员对测量装置的调整、操作不当，如瞄准、读数不稳定等。

这些因素之间可能很难找到确定的关系，而且每个因素的出现与否，以及这些因素对测量结果的影响，都难以预测和控制。

3) 随机误差的特点

从统计意义来看，虽然某一个随机误差的出现没有规律性，也不能用实验的方法予以消除，但是如果进行大量的重复实验，可能发现它在一定程度上遵循某种统计规律。这样就有可能运用概率统计的方法对随机误差的总体趋势及其分布进行估计，并采取相应的措施减小其影响。常见的随机误差分布有多种，读者可以查阅相关文献来了解不同分布的特点。若以正态分布为例，则随机误差的出现服从以下统计规律。

(1) 单峰性。绝对值小的误差比绝对值大的误差出现的次数多。

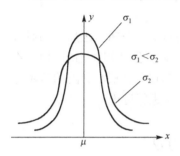

图 2.1.1　正态分布曲线

(2) 对称性。测量值与真值相比，大于或小于某量的可能性是相等的。

(3) 有界性。在一定的测量条件下，误差的绝对值不会超过一定的限度。

(4) 抵偿性。随机误差的算术平均值随测量次数的增加趋向于零。

需要强调的是，一定要深刻理解单峰性、对称性、有界性和抵偿性的物理意义，这对于准确理解后面随机误差的处理方法具有重要支撑作用。

正态分布曲线如图 2.1.1 所示。

$$y = \frac{1}{\sigma\sqrt{2\pi}}\exp\left\{-\frac{1}{2}\left(\frac{x-\mu}{\sigma}\right)^2\right\} \tag{2.1.1}$$

式中，$y$ 为概率密度函数；$x$ 为被测量的测量值；$\mu$ 为被测量的真值；$\sigma$ 为标准差。

通过图 2.1.1 可以看出，$\sigma$ 越大，则测量的数据越分散。

4) 减小随机误差的技术途径

(1) 测量前，找出并消除或减少产生随机误差的物理源。

(2) 测量中，采用适当的技术措施，抑制和减小随机误差。

(3) 测量后，对采集的数据进行适当处理，抑制和减小随机误差。例如，数据处理中常用低通滤波、平滑滤波等方法来消除中高频随机噪声，用高通滤波方法来消除低频随机噪声等。

**2. 处理方法**

1) 算术平均值

通过对随机误差特性的分析可以看出，通过多次测量求平均值的方法，能够使随机误差相互抵消。也就是说，采用算术平均值的方法，可以得到真值的最佳估计，因此通常情况下采用算术平均值作为最后的测量结果。

在等精度测量条件下，对某被测量进行 $n$ 次重复测量，测量值代数和除以测量次数 $n$ 而得到的值称为算术平均值：

$$\bar{x} = \sum_{i=1}^{n} x_i \bigg/ n \tag{2.1.2}$$

式中，$n$ 为测量次数；$x_i(i=1,2,\cdots,n)$ 对应了 $n$ 个测量结果。

基于随机误差的特点，算术平均值与被测量真值接近，若测量次数无限增加，则必然趋近于真值，因此将其作为测量结果的最佳估计。

根据误差定义有

$$\delta_i = x_i - \mu \tag{2.1.3}$$

式中，$\delta_i$ 为某次测量的误差；$x_i$ 为某次测量的测量值；$\mu$ 为被测量的真值。

可将式 (2.1.3) 调整为式 (2.1.4)：

$$\delta_i = x_i - u = [x_i - E(X)] + [E(X) - \mu] \tag{2.1.4}$$

式中，$E(X)$ 为测量结果的期望值（又称为数学期望值）。

可见，测量误差由两个分量组成。第一个分量为测量结果与数学期望值的偏离值，称为随机误差，其特点是：当测量次数趋于无限大时，随机误差的期望值趋于零。第二个分量为数学期望值与真值的偏差，称为系统误差。

通过式 (2.1.4) 可以得到如下结论：

(1) 重复条件下对同一被测量进行无限次测量，测量结果的平均值就是期望值。

(2) 随机误差等于误差减系统误差。

(3) 因为测量次数不可能做到无限次，因此只能确定随机误差的估计值。

总的来说，随机误差是指测量误差中数学期望为零的误差分量，而系统误差则是指测量误差中数学期望不为零的误差分量。

2) 测量的标准差

标准差作为衡量随机误差的关键指标，表征的是随机误差绝对值的统计均值。在国家计量技术规范中，标准差的正式名称是标准偏差，简称标准差，用符号 $\sigma$ 表示。当对一个参数进行有限次测量时，应视为测量总体的取样，求出的是标准差估计值，用 $s$ 表示，以区别于总体标准差 $\sigma$。为了便于教学描述，本书对标准差估计值仍用 $\sigma$ 表示，但是读者应对两者的区别有所了解。

(1) 单次测量的标准差。

测量列中单次测量值（任一测量值）的标准偏差定义为

$$\sigma = \sqrt{\frac{\sum_{i=1}^{n} \delta_i^2}{n}} \tag{2.1.5}$$

由于真差 $\delta_i$ 未知，因此式 (2.1.5) 是理论公式，标准差 $\sigma$ 只是一个理想定义。实际测量时常用残余误差 $v_i = x_i - \bar{x}$ 代替 $\delta_i$，可按照贝塞尔 (Bessel) 公式求得 $\sigma$ 的估计值：

$$\sigma = \sqrt{\sum_{i=1}^{n} v_i^2 / (n-1)} \tag{2.1.6}$$

(2) 算术平均值标准偏差。

如果在相同条件下对同一量值做多组重复的系列测量，每一系列测量都有一个算术平均值，由于误差的存在，各个测量列的算术平均值也不相同，它们围绕着被测量的真值有一定的分散，此分散说明了算术平均值的不可靠性，而算术平均值的标准差则是表征同一被测量的各个独立测量列算术平均值分散性的参数，可作为算术平均值不可靠性的评定标准，其计算方法如式(2.1.7)所示。

$$\sigma_{\bar{x}} = \sigma / \sqrt{n} \tag{2.1.7}$$

算术平均值标准差与单次测量标准差之比为 $1/\sqrt{n}$，当测量次数增加时，算术平均值的标准差趋近于零，算术平均值更加接近真值，意味着测量精度的提高，如图 2.1.2 所示。但是测量精度与测量次数的平方根成反比，如果想提升测量精度，必须增加测量次数，付出更多的劳动和成本。图 2.1.2 表明，当 $n>10$ 后，精度的提高非常缓慢，且次数的增加存在难以保证测量条件稳定的风险，会引入新的误差，因此通常情况下取 $n\leqslant 10$ 较为适宜。

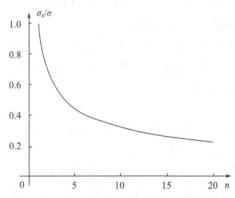

图 2.1.2　算术平均值标准差与测量次数的关系

**例 2.1.1**　用游标卡尺对某个尺寸测量 10 次，假定已消除系统误差和粗大误差，得到如下数据(单位为 mm)：

　　　75.01，75.04，75.07，75.00，75.03，75.09，75.06，75.02，75.05，75.08

求算术平均值及其标准差。

**解**　算术平均值的求解过程如表 2.1.1 所示，之所以计算残余误差之和，主要是用于验证算术平均值的计算结果是否正确，这个和为零时表明算术平均值计算正确。

表 2.1.1　算术平均值的求解过程

| 序号 | $l_i$/mm | $v_i$/mm | $v_i^2$/mm² |
|---|---|---|---|
| 1 | 75.01 | −0.035 | 0.001225 |
| 2 | 75.04 | −0.005 | 0.000025 |
| 3 | 75.07 | +0.025 | 0.000625 |
| 4 | 75.00 | −0.045 | 0.002025 |
| 5 | 75.03 | −0.015 | 0.000225 |
| 6 | 75.09 | +0.045 | 0.002025 |
| 7 | 75.06 | +0.015 | 0.000225 |
| 8 | 75.02 | −0.025 | 0.000625 |
| 9 | 75.05 | +0.005 | 0.000025 |
| 10 | 75.08 | +0.035 | 0.001225 |
| | $\bar{l}=75.045$ | $\sum_{i=1}^{10} v_i = 0$ | $\sum_{i=1}^{10} v_i^2 = 0.00825$ |

从表 2.1.1 中可得：单次测量的标准差为 $\sigma = \sqrt{\sum_{i=1}^{n} v_i^2 / (n-1)} = \sqrt{0.00825/9} \approx 0.0303\text{mm}$；

算术平均值的标准差为 $\sigma_{\bar{x}} = \sigma / \sqrt{n} \approx 0.0096\text{mm}$。

3）测量的极限误差

在测量方法和测量条件得到保证的情况下，被测量的测量结果不应超出某个范围，这就是极限误差的物理意义。极限误差又称为极端误差，实际测量时通常设定测量结果的误差不超过极限误差的概率为 $P$，根据这个概率即可依据相应的方法求取极限误差。

根据应用场合的不同，极限误差分为单次测量的极限误差和算术平均值的极限误差，单次测量的极限误差常用于分析测量结果的质量，用于剔除粗大误差；算术平均值的极限误差则常用于确定给定概率下算术平均值的置信区间。

（1）单次测量的极限误差。

由概率积分可知，随机误差正态分布曲线下的全部面积相当于全部误差出现的概率，因此随机误差在 $\pm\delta$ 内的概率为

$$P(\pm\delta) = \frac{1}{\sigma\sqrt{2\pi}} \int_{-\delta}^{\delta} \mathrm{e}^{-\frac{\delta^2}{2\sigma^2}} \mathrm{d}\delta = \frac{2}{\sqrt{2\pi}} \int_{0}^{Z} \mathrm{e}^{-\frac{z^2}{2}} \mathrm{d}Z = 2\phi(Z) \tag{2.1.8}$$

式中，$Z = \delta / \sigma$；$\phi(Z)$ 为正态概率积分。

若某随机误差在 $\pm Z\sigma$ 范围内出现的概率为 $2\phi(Z)$，则超出的概率为 $1-2\phi(Z)$，表 2.1.2 给出了几个典型 $Z$ 值情况下超出和不超出 $|\delta|$ 的概率。

表 2.1.2 不同 $Z$ 值下超出和不超出 $|\delta|$ 的概率情况表

| $Z$ | $|\delta| = Z\sigma$ | 不超出 $|\delta|$ 的概率：$2\phi(Z)$ | 超出 $|\delta|$ 的概率：$1-2\phi(Z)$ | 测量次数 | 超出误差次数 |
|---|---|---|---|---|---|
| 0.67 | $0.67\sigma$ | 0.4972 | 0.5028 | 2 | 1 |
| 1 | $1\sigma$ | 0.6826 | 0.3174 | 3 | 1 |
| 2 | $2\sigma$ | 0.9544 | 0.0456 | 22 | 1 |
| 3 | $3\sigma$ | 0.9973 | 0.0027 | 370 | 1 |
| 4 | $4\sigma$ | 0.9999 | 0.0001 | 15626 | 1 |

可以看到，随着 $Z$ 值的增加，超出 $|\delta|$ 的概率快速衰减，当 $Z=3$ 时，在 370 次测量当中只有 1 次超出设定的误差限值。由于一般测量中，测量次数很少超过几十次，因此可以认为绝对值大于 $3\sigma$ 的误差是不可能出现的，通常把这个误差称为单次测量的极限误差，即

$$\delta_{\lim} x = \pm 3\sigma \tag{2.1.9}$$

实际测量时，也可取其他 $Z$ 值来表示单次测量的极限偏差（通常情况下取 2～3），此时单次测量的极限误差可用式（2.1.10）表示：

$$\delta_{\lim} x = \pm Z\sigma \tag{2.1.10}$$

若已知单次测量的标准差 $\sigma$，依据设定的概率 $P$ 选定置信系数 $Z$，则可由式（2.1.10）求得单次测量的极限误差，这个结果通常用于粗大误差的剔除。

（2）算术平均值的极限误差。

由概率论可知，若测量值遵循正态分布，则其算术平均值及算术平均值误差也遵循正

态分布规律，因此测量列算术平均值极限误差的计算方法与单次测量相同，即

$$\delta_{\lim}\bar{x} = \pm Z_{\bar{x}}\sigma_{\bar{x}} \tag{2.1.11}$$

式中，$Z_{\bar{x}}$ 为置信系数，通常取 $2\sim3$；$\sigma_{\bar{x}}$ 为算术平均值的标准差。

**例 2.1.2** 对某长度量进行 10 次测量，测得数据如下（单位为 mm）：

802.40，802.50，802.38，802.48，802.42，802.46，802.39，802.47，802.43，802.44 求算术平均值及其极限误差。

**解** 按照算术平均值的定义可得 $\quad \bar{x} = \dfrac{\sum\limits_{i=1}^{10} x_i}{10} = 802.44 \, \text{mm}$

单次测量结果的标准差为 $\quad \sigma = \sqrt{\sum\limits_{i=1}^{10}(x_i - \bar{x})^2 / (10-1)} = 0.040 \, \text{mm}$

算术平均值的标准差为 $\quad \sigma_{\bar{x}} = \dfrac{\sigma}{\sqrt{n}} = 0.013 \, \text{mm}$

若按正态分布计算，取 $P=0.99$，则查附录 2 中附表 2.1 可得，此时对应的 $Z_{\bar{x}}=2.60$，算术平均值的极限误差为

$$\delta_{\lim}\bar{x} = \pm Z_{\bar{x}}\sigma_{\bar{x}} = \pm 0.013 \times 2.60 = \pm 0.03 \, \text{mm}$$

其他概率 $P$ 情况下的计算方法与此相同。

综上所述，测量标准差揭示了相同误差分布下分散的程度，但不能说明误差分布的界限。而测量极限误差反映的则是误差分布的界限，在极限误差的计算过程中，通常将用到的 $P$ 称为置信概率，并将定义在置信概率下误差分布的区间称为置信区间，如例 2.1.2 所示，此时算术平均值的置信区间为 $(-0.03\,\text{mm}, +0.03\,\text{mm})$。

4）随机误差的其他分布

前面的分析与计算方法均是针对正态分布而言的，正态分布是随机误差中最普遍的一种分布规律，但并不是唯一的分布规律。随着误差理论研究与应用的不断深入发展，发现有不少随机误差不符合正态分布，其实际分布规律可能是较为复杂的，下面介绍几种常见的非正态分布规律，读者需要重点掌握分布的特征以及对应标准差的计算方法。

（1）均匀分布。

均匀分布是经常遇到的一种分布，主要特点是误差有一个确定的范围，在该范围内，误差出现的概率处处相等，故又称为矩形分布或等概率分布。例如，仪器度盘刻度所引起的误差、仪器转动机构的空程误差、数据计算中的舍入误差等，均为均匀分布误差。

例如，对 100 个七位对数进行舍入，舍入到第五位，可得两个数字的舍入误差，将 100 个误差分为四组，每组 25 个误差，得到表 2.1.3。

表 2.1.3 对数表舍入后的误差分布规律

| 分类 | | 按对数表数据顺序 | | | | |
|---|---|---|---|---|---|---|
| | | 1~25 | 26~50 | 51~75 | 76~100 | 总和 |
| 按符号分 | 零误差 | 0 | 0 | 0 | 1 | 1 |
| | 正误差 | 14 | 12 | 12 | 12 | 50 |

续表

| 分类 | | 按对数表数据顺序 | | | | |
|---|---|---|---|---|---|---|
| | | 1~25 | 26~50 | 51~75 | 76~100 | 总和 |
| 按符号分 | 负误差 | 11 | 13 | 13 | 12 | 49 |
| | 共计 | 25 | 25 | 25 | 25 | 100 |
| 按绝对值分 | 0~10 | 5 | 9 | 9 | 5 | 28 |
| | 11~20 | 3 | 5 | 2 | 5 | 15 |
| | 21~30 | 9 | 3 | 3 | 2 | 17 |
| | 31~40 | 4 | 3 | 6 | 6 | 19 |
| | 41~50 | 4 | 5 | 5 | 7 | 21 |
| | 共计 | 25 | 25 | 25 | 25 | 100 |
| 误差平均值 | | +2.8 | +3.0 | −2.8 | −2.4 | +0.14 |

由表 2.1.3 可见，数值大的误差和数值小的误差出现次数接近相等，正误差和负误差出现的次数也接近相等。如果实验的次数很多，就会发现大误差和小误差以及正误差和负误差出现的概率相等，故舍入误差服从均匀分布。而且，舍入误差具有低偿的规律，即误差的算术平均值随着实验次数的增大而趋于零。

均匀分布的分布密度函数 $f(\delta)$ 和分布函数 $F(\delta)$ 分别为

$$f(\delta) = \begin{cases} \dfrac{1}{2a}, & |\delta| \leqslant a \\ 0, & |\delta| > a \end{cases} \tag{2.1.12}$$

$$F(\delta) = \begin{cases} 0, & \delta \leqslant -a \\ \dfrac{\delta + a}{2a}, & -a < \delta \leqslant a \\ 1, & \delta > a \end{cases} \tag{2.1.13}$$

其数学期望为

$$E = \int_{-a}^{a} \frac{\delta}{2a} \mathrm{d}\delta = 0 \tag{2.1.14}$$

方差(即标准差的平方)和标准差分别为

$$\sigma^2 = \frac{a^2}{3}$$
$$\sigma = \frac{a}{\sqrt{3}} \tag{2.1.15}$$

(2) 反正弦分布。

反正弦分布的特点是随机误差与某一角度呈正弦关系。例如，仪器度盘偏心引起的角度测量误差；电子测量中谐振的振幅误差等，均为反正弦分布。

反正弦分布的分布密度函数 $f(\delta)$ 和分布函数 $F(\delta)$ 分别为

$$f(\delta) = \begin{cases} \dfrac{1}{\pi} \dfrac{1}{\sqrt{a^2 - \delta^2}}, & |\delta| \leqslant a \\ 0, & |\delta| > a \end{cases} \tag{2.1.16}$$

$$F(\delta) = \begin{cases} 0, & \delta \leqslant -a \\ \dfrac{1}{2} + \dfrac{1}{\pi} \arcsin \dfrac{\delta}{a}, & -a < \delta \leqslant a \\ 1, & \delta > a \end{cases} \tag{2.1.17}$$

其数学期望为

$$E = \int_{-a}^{a} \frac{\delta}{\pi \sqrt{a^2 - \delta^2}} \, \mathrm{d}\delta = 0 \tag{2.1.18}$$

方差和标准差分别为

$$\begin{aligned} \sigma^2 &= \frac{a^2}{2} \\ \sigma &= \frac{a}{\sqrt{2}} \end{aligned} \tag{2.1.19}$$

(3) 三角形分布。

当两个误差限相同且服从均匀分布的随机误差求和时，其和的误差分布规律服从三角形分布，又称辛普森(Simpson)分布。例如，用代替法检定标准砝码、标准电阻时，两次调零不准所引起的误差，为三角形分布误差。

三角形分布的分布密度函数 $f(\delta)$ 和分布函数 $F(\delta)$ 分别为

$$f(\delta) = \begin{cases} \dfrac{a + \delta}{a^2}, & -a \leqslant \delta \leqslant 0 \\ \dfrac{a - \delta}{a^2}, & 0 < \delta \leqslant a \\ 0, & |\delta| > a \end{cases} \tag{2.1.20}$$

$$F(\delta) = \begin{cases} 0, & \delta \leqslant -a \\ \dfrac{(a + \delta)^2}{2a^2}, & -a < \delta \leqslant 0 \\ 1 - \dfrac{(a - \delta)^2}{2a^2}, & 0 < \delta \leqslant a \\ 1, & \delta > a \end{cases} \tag{2.1.21}$$

其数学期望为

$$E = 0 \tag{2.1.22}$$

方差和标准差分别为

$$\sigma^2 = \frac{a^2}{6}$$

$$\sigma = \frac{a}{\sqrt{6}}$$

$$(2.1.23)$$

必须指出，如果对两个误差限为不相等的均匀分布随机误差求和，则其和的分布规律不再是三角形分布，而是梯形分布。

表 2.1.4 给出了正态分布和一些常见的非正态分布及其置信区间结果。

表 2.1.4　常见误差分布规律及其置信区间

| 分布名称 | 图形 | 分布密度 | 方差 | $Z$ |
|---|---|---|---|---|
| 正态 | | $f(\delta) = \dfrac{1}{\sigma\sqrt{2\pi}} \mathrm{e}^{-\frac{\delta^2}{2\sigma^2}}$ <br> $\|\delta\| < \infty$ | $\sigma^2$ | $2.58 \sim 3$ |
| 均匀 | | $f(\delta) = \begin{cases} \dfrac{1}{2a}, & \|\delta\| \leqslant a \\ 0, & \|\delta\| > a \end{cases}$ | $\dfrac{a^2}{3}$ | $\sqrt{3} \approx 1.73$ |
| 反正弦 | | $f(\delta) = \dfrac{1}{\pi\sqrt{a^2 - \delta^2}}, \quad \|\delta\| < a$ | $\dfrac{a^2}{2}$ | $\sqrt{2} \approx 1.41$ |
| 三角 | | $f(\delta) = \begin{cases} \dfrac{a+\delta}{a^2}, & -a \leqslant \delta \leqslant 0 \\ \dfrac{a-\delta}{a^2}, & 0 < \delta \leqslant a \end{cases}$ | $\dfrac{a^2}{6}$ | $\sqrt{6} \approx 2.45$ |
| 直角 | | $f(\delta) = \dfrac{\delta + a}{2a^2}, \quad \|\delta\| \leqslant a$ | $\dfrac{2a^2}{9}$ | $\dfrac{3}{\sqrt{2}} \approx 2.12$ |
| 椭圆 | | $f(\delta) = \dfrac{\delta}{\pi a^2}\sqrt{a^2 - \delta^2}, \quad \|\delta\| \leqslant a$ | $\dfrac{a^2}{4}$ | $2$ |

上面介绍的是常见的随机误差分布规律，考虑到后面章节会讨论到随机变量的分析和计算问题，下面再简要介绍几种随机变量的分布规律。

（1）$\chi^2$ 分布。

令 $\xi_1, \xi_2, \cdots, \xi_\nu$ 为 $\nu$ 个独立变量，每个随机变量都服从标准化的正态分布。定义一个新的随机变量：

$$\chi^2 = \xi_1^2 + \xi_2^2 + \cdots + \xi_\nu^2 \tag{2.1.24}$$

随机变量 $\chi^2$ 称为自由度为 $\nu$ 的卡方变量，自由度数 $\nu$ 表示式（2.1.24）中独立变量的个数。

$\chi^2$ 分布的分布密度函数 $f\left(\chi^2\right)$ 如图 2.1.3 所示，公式如下：

$$f\left(\chi^2\right) = \begin{cases} \dfrac{2^{-\nu/2}\left(\chi^2\right)^{\nu/2-1}\mathrm{e}^{-\chi^2/2}}{\Gamma\left(\dfrac{\nu}{2}\right)}, & \chi^2 > 0 \\ 0, & \chi^2 \leqslant 0 \end{cases} \tag{2.1.25}$$

式中，$\Gamma\left(\dfrac{\nu}{2}\right)$ 为 $\Gamma$ 函数。

其数学期望为

$$E = \int_0^\infty \chi^2 \frac{2^{-\nu/2}}{\Gamma\left(\dfrac{\nu}{2}\right)}\left(\chi^2\right)^{\nu/2-1}\mathrm{e}^{-\chi^2/2}\mathrm{d}\chi^2 = \nu \tag{2.1.26}$$

方差和标准差分别为

$$\begin{aligned} \sigma^2 &= 2\nu \\ \sigma &= \sqrt{2\nu} \end{aligned} \tag{2.1.27}$$

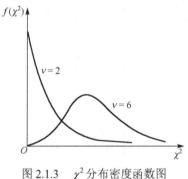

图 2.1.3　$\chi^2$ 分布密度函数图

由图 2.1.3 中的两条 $\chi^2$ 理论曲线可看出，当 $\nu$ 逐渐增大时，曲线逐渐接近对称。可以证明，当 $\nu$ 充分大时，$\chi^2$ 理论曲线趋近正态曲线，也就是说，$\nu$（自由度）的变化将引起分布曲线的相应改变。

（2）$t$ 分布。

令 $\xi$ 和 $\eta$ 是独立的随机变量，$\xi$ 是自由度为 $\nu$ 的 $\chi^2$ 分布函数，$\eta$ 是标准化正态分布函数，则定义新的随机变量为

$$t = \frac{\eta}{\sqrt{\xi/\nu}} \tag{2.1.28}$$

式中，$\nu$ 为自由度。

随机变量 $t$ 称为自由度为 $\nu$ 的学生氏变量（也叫 $t$ 变量）。

$t$ 分布的分布密度函数 $f(t)$ 如图 2.1.4 所示，公式如下：

$$f(t) = \frac{\Gamma\left(\dfrac{\nu+1}{2}\right)}{\sqrt{\nu\pi}\,\Gamma\left(\dfrac{\nu}{2}\right)}\left(1+\frac{t^2}{\nu}\right)^{-(\nu+1)/2} \tag{2.1.29}$$

其数学期望为

$$E = \frac{\Gamma\left(\dfrac{\nu+1}{2}\right)}{\sqrt{\nu\pi}\,\Gamma\left(\dfrac{\nu}{2}\right)}\int_{-\infty}^{\infty}\left(1+\frac{t^2}{\nu}\right)^{-(\nu+1)/2}\mathrm{d}t = 0 \tag{2.1.30}$$

其方差和标准差分别为

$$\begin{aligned}\sigma^2 &= \frac{\nu}{\nu-2}\\[2mm]\sigma &= \sqrt{\frac{\nu}{\nu-2}}\end{aligned} \tag{2.1.31}$$

$t$ 分布的分布密度曲线对称于纵坐标轴，可以证明，当自由度较小时，$t$ 分布和正态分布有明显区别，但当自由度 $\nu\to\infty$ 时，$t$ 分布曲线趋于正态分布曲线。

$t$ 分布是一种重要分布，当测量列测量次数较少时，极限误差的估计或者在检验测量数据的系统误差时经常用到该分布。

（3）$F$ 分布。

假定 $\xi_1$ 是自由度为 $\nu_1$ 的卡方分布函数，$\xi_2$ 是自由度为 $\nu_2$ 的卡方分布函数，定义新的随机变量为

$$F = \frac{\xi_1/\nu_1}{\xi_2/\nu_2} = \frac{\xi_1\nu_2}{\xi_2\nu_1} \tag{2.1.32}$$

随机变量 $F$ 称为自由度为 $\nu_1$、$\nu_2$ 的 $F$ 变量。

$F$ 分布的分布密度函数 $f(F)$ 如图 2.1.5 所示，公式如下：

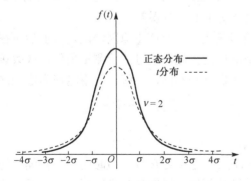

图 2.1.4　$t$ 分布的分布密度函数图

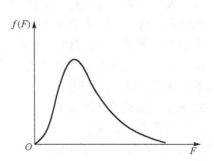

图 2.1.5　$F$ 分布的分布密度函数图

$$f(F) = \begin{cases} v_1^{v_1/2} v_2^{v_2/2} \dfrac{\Gamma\left(\dfrac{v_1 + v_2}{2}\right)}{\Gamma\left(\dfrac{v_1}{2}\right)\Gamma\left(\dfrac{v_2}{2}\right)} \dfrac{F^{v_1/2-1}}{(v_2 + v_1 F)^{\frac{v_1+v_2}{2}}}, & F \geqslant 0 \\[4mm] 0, & F < 0 \end{cases} \tag{2.1.33}$$

其数学期望为

$$E = \int_0^\infty F f(F)\mathrm{d}F = \frac{v_2}{v_2 - 2}, \quad v_2 > 2 \tag{2.1.34}$$

方差和标准差分别为

$$\sigma^2 = \frac{2v_2^2(v_1 + v_2 - 2)}{v_1(v_2 - 2)^2(v_2 - 4)}, \quad v_2 > 4$$

$$\sigma = \sqrt{\frac{2v_2^2(v_1 + v_2 - 2)}{v_1(v_2 - 2)^2(v_2 - 4)}}, \quad v_2 > 4 \tag{2.1.35}$$

$F$ 分布也是一种很重要的分布，在检验统计假设和方差分析中经常应用。

### 2.1.2　系统误差的概念与处理方法

2.1.1 节讲到的随机误差处理方法，前提是测量结果中没有系统误差。实际的测量过程中往往存在系统误差，因此对系统误差的产生原因、特点和分类方法进行分析与讨论，有助于大家对系统误差的发现方法和处理原则有更深入的了解，从而能够在实际的误差分析与处理过程中准确发现并有效抑制系统误差。

**1. 系统误差的基本概念**

在相同条件下对同一被测量进行多次测量的过程中，保持恒定或以可预知方式变化的测量误差分量称为系统误差。

基于系统误差的特点，可将其进一步定义为：对同一被测量进行大量重复测量所得测量结果的平均值与被测量真值之差。系统误差的大小表示测量结果与真值的偏离程度，反映测量的"正确度"，对测量仪器而言可称为偏移误差，例如，量块检定后的实际偏差，在按"级"使用此量块的测量过程中，这个偏差就是定值系统误差。

系统误差可以通过实验或分析的方法查明其变化规律及产生原因，确定数值后可在测量结果中予以修正；或在新的一次测量前，采取一定措施，通过改善测量条件，或改进测量方法，达到使之减小或消除的目的。但是与随机误差不同，系统误差不能依靠增加测量次数的办法使之减小或消除。

**2. 系统误差的来源与分类**

1) 系统误差的来源

(1) 工具误差，是由于所使用的测量工具结构不完善、零部件制造时的缺陷与偏差等因素所造成的。例如，尺子刻度偏大、微分螺丝钉的死程、温度计分度的不均匀、天平两臂不等长以及度盘的偏心等。

(2) 调整误差，是由于测量前未能将仪器或待测件安装在正确位置(或状态)所造成的。例如，使用未经校准零位的千分尺测量零件，使用零点调不准的电气仪表做检测工作等。

(3)习惯误差，是由于测量者的习惯所造成的。例如，用肉眼在刻度上估读时习惯性偏向一个方向；某些人在记录某个动态测量信号时，仅凭听觉鉴别时，在时间判断上习惯地提前或者错后等。

(4)条件误差，是由于测量过程中条件的改变所造成的。例如，测量工作开始与结束时的一些条件按一定规律发生变化(如温度、气压、湿度、气流、振动等)后带来的系统误差。

(5)方法误差，是由于所采用测量方法或数学处理方法的不完善而产生的。例如，在长度测量中采用了不符合"阿贝原则"的测量方法，或在计算时采用了近似计算方法；测量条件或测量方法不能满足理论公式所要求的条件等引起的误差。

2)系统误差的分类

系统误差的特点表现为它是固定的或服从一定的规律，因此可将系统误差分为恒定系统误差和可变系统误差两大类。

(1)恒定系统误差是指在整个测量过程中，误差符号和大小都固定不变的系统误差，也称为不变系统误差。例如，某尺子的公称尺寸为100mm，实际尺寸为100.001mm，产生的误差为–0.001mm，若按公称值使用，始终存在–0.001mm的系统误差。

(2)可变系统误差是指在整个测量过程中，误差的符号和大小都可能变化的系统误差，根据变化的特点又可以分为如下三类。

①线性变化的系统误差，是指测量过程中误差值随某些因素线性变化的系统误差。例如，刻度值为 1mm 的标准刻度尺，因存在刻画误差 $\Delta l\,(\mathrm{mm})$，每个刻度间距实际为 $1+\Delta l\,(\mathrm{mm})$，若用其测量某一物体，得到的值为 $k$，则被测长度的实际值为 $L=k(1+\Delta l)\,(\mathrm{mm})$，这样就产生了随测量值 $k$ 而变化的线性系统误差 $-k\Delta l$。

②周期性变化的系统误差，是指测量值随某些因素按周期性变化的误差。例如，当仪表指针的回转中心与刻度盘中心存在偏心值 $e$ 时，指针在任一转角 $\varphi$ 下由于偏心引起的读数误差 $\Delta L$ 即为周期性系统误差 $\Delta L=e\sin\varphi$。

③复杂规律变化的系统误差，是指在整个测量过程中，误差呈现出确定的且复杂的变化规律。例如，微安表的指针偏转角与偏转力矩不能严格保持线性关系，而表盘仍采用均匀刻度所产生的误差等。

**3. 系统误差的减小和消除**

由于多次重复测量无法减小系统误差的影响，因此系统误差具有潜伏性强的特点，会带来更大的危害性。在考虑如何提高测量精度时，应当首先分析和讨论测量过程中是否存在系统误差。然而，测量过程中形成系统误差的原因复杂多变，目前还没有能够适用于发现各种系统误差的普遍方法，只能通过对测量过程和测量仪器的全面分析，针对不同情况合理选择一种或几种方法加以校验，才能最终确定是否存在系统误差。

恒定系统误差对每个测量值的影响均为相同常量，对误差分布范围的大小没有影响，但是会使算术平均值产生偏移，通过对测量数据的分析观察，或用更高精度的测量仪器进行鉴别，即可相对容易地把这个误差分量分离出来并作修正。变值系统误差的大小和方向随测试时刻或测量值的不同大小等因素按确定的函数规律而变化，如果分析出变化规律，就可以在测量结果中进行修正。下面简要介绍常用的系统误差分析方法。

1)发现某些系统误差的常用方法

(1)实验对比法。主要用于发现恒定系统误差，其基本思想是改变测量条件。例如，量块按公称尺寸使用时，测量结果中就存在由于量块尺寸偏差而产生的不变系统误差，多次重复测量也不能发现这个误差，只有用高一级精度的量块进行对比测试时才能够发现。

(2) 理论分析法。主要通过定性分析来判断是否存在系统误差。例如，分析仪器所要求的工作条件是否满足，实验依据的理论公式所要求的条件在测量过程中是否满足等，如果这些要求没有满足，则测量结果中必然有系统误差。

(3) 数据分析法。主要通过定量分析来判断是否存在系统误差。一般可采用残余误差观察法、残余误差校验法、不同公式计算标准差比较法、计算数据比较法、$t$ 检验法、秩和检验法等。感兴趣的读者可以查阅有关误差理论方面的著作进行详细了解，实际应用时需要准确掌握每种方法的适用条件和计算步骤。

2) 消除和减少系统误差的方法

实际测量中，如果通过分析确认测量结果中存在系统误差，就必须进一步分析其产生原因，进而采取措施以减小或消除系统误差。由于测量方法、测量对象、测量环境及测量人员不尽相同，并不存在普遍适用的消除方法，下面简要介绍常用的消除方法。

(1) 从系统误差产生的根源上消除。这是消除系统误差最根本的方法，通过对实验过程中各个环节的认真分析，发现系统误差产生的原因，进而采取针对性的措施。例如，采用近似性较好且切合实际的理论公式，并尽可能满足理论公式要求的实验条件；选用满足测量要求的实验仪器，并严格保证仪器要求的测量条件；采用多人合作，重复实验的方法等。

(2) 引入修正项来消除系统误差。通过预先对仪器设备可能产生的系统误差因素进行全面分析，得到误差规律，提出修正公式或修正值，对测量结果进行修正。

(3) 采用能消除系统误差的方法进行测量。对于某种固定的或有规律变化的系统误差，可以采用如下方法进行消除。

①替代法。在测量过程中将被测量以等值的标准量进行替代，分别进行测量，并通过比较两次测量的数值，得到被测量的大小。

例如，在等臂天平上称重，被测量 $X$ 首先与媒介物重量 $Q$ 平衡，等臂天平臂长有误差，设长度分别为 $l_1$、$l_2$。则

$$X = \frac{l_2}{l_1}Q$$

因为 $l_1 \neq l_2$，所以若取 $X = Q$，将会带来固定不变的系统误差。采用替代法可以消除这个系统误差，具体过程是：移去 $X$，替代以质量已知的砝码 $P$，则天平重新平衡。

$$P = \frac{l_2}{l_1}Q$$

因此，$X = P$。

②正负误差补偿法。通过改变实验中的某一条件，使得恒定系统误差一次为正，一次为负，取两次之和的 1/2 为最终结果，测量结果即与系统误差无关。

例如，读数显微镜、千分尺等都存在空行程，这个误差就是系统误差，假定其为 $\Delta$。为了消除其影响，可从两个方向分别读数：第一次顺时针方向旋转，读取的测量结果为 $L_1$，则被测量的长度 $D_1 = L_1 + \Delta$；第二次逆时针方向旋转，读取的测量结果为 $L_2$，则被测量的长度为 $D_2 = L_2 - \Delta$；为了消除 $\Delta$ 的影响，即可取两次读数之和的 1/2 为最终结果 $D$，即

$$D = \frac{D_1 + D_2}{2} = \frac{L_1 + \Delta + L_2 - \Delta}{2} = \frac{L_1 + L_2}{2}$$

③换位抵消法。通过合理地开展测量，使得产生恒定系统误差的因素以相反的方向影响结果，从而抵消其影响。

仍以等臂天平为例，当两臂不等长时，通过改变被测物体的位置，如图 2.1.6 所示，也可消除系统误差的影响。

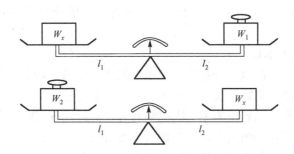

图 2.1.6　换位抵消法消除系统误差原理示意图

图 2.1.6 中，首先将被测物 $W_x$ 放在左侧，天平平衡，此时砝码质量为 $W_1$，之后被测物 $W_x$ 被放置在天平右端，平衡后的砝码质量为 $W_2$，通过计算可知，被测物 $W_x$ 最终的质量为

$$W_x = \sqrt{W_1 W_2}$$

此外，对称测量法、半周期偶数次测量法等也是行之有效的方法，大家可以参阅相关资料了解这些方法的原理，实际应用时采用哪种方法抑制或减小系统误差，需要根据具体的实验情况以及实验人员的经验来确定。

需要指出的是，无论采用哪种方法都不可能完全消除系统误差，只要将系统误差减小到测量误差允许的范围内，或者当系统误差对测量结果的影响小到可以忽略不计时，就可以认为系统误差已被消除。

### 2.1.3　粗大误差的概念与处理方法

前面分别介绍了随机误差和系统误差的基本概念与分析处理方法，本节对粗大误差的基本概念与处理方法进行介绍，旨在帮助大家在测量结果的分析处理时，能够准确发现并剔除粗大误差，从而提高测量精度。希望大家先思考一下，实际测量结果的分析处理过程中，三个误差分析与处理的内在关系是什么，先后顺序是什么，为什么？

**1. 粗大误差的基本概念**

粗大误差是指明显超出规定条件下预期的误差，也称疏忽误差或粗差。引起粗大误差的原因有很多，例如，错误读取示值；使用有缺陷的测量器具；测量仪受外界振动、电磁等干扰而发生的指示突跳等。

实际测量中，粗大误差的有无是衡量测量结果是否"合格""可用"的标志。含有粗大误差的测量值通常被称为异常值(坏值)，其存在会导致错误的分析结论，因此对测量结果进行分析处理时必须要剔除粗大误差。这也启示科研人员必须以严格的科学态度，认真地对待测量工作，才能从根源上杜绝粗大误差的产生。

随着误差理论的不断丰富和发展，目前对于明显异常的数据，通常采用离群值的概念来进行描述。国家标准中对于离群值的定义为：样本中的一个或几个观测值，它们离其他观测值较远，暗示它们可能来自不同的总体，按照显著性程度分为歧离值和统计离群值。歧离值是指在检出水平下显著，但在剔除水平下不显著的离群值，通常检出水平的取值为 $\alpha=0.05$；统计离群值是指在剔除水平下统计检验显著的离群值，通常剔除水平的取值为 $\alpha^*=0.01$。因此可以认为粗大误差的剔除一般是指统计离群值的检验与剔除。根据应用场合的不同或者应用时的约定，显著性水平可以进行相应的调整，进而用来进行粗大误差的剔除。

**2. 粗大误差的判断准则**

在一列重复测量所得的测量数据中，经系统误差修正后，如果有个别数据与其他数据有明显差异，则很可能含有粗大误差，称其为可疑数据，记为 $x_d$。根据随机误差理论，出现粗大误差的概率虽小但是并不为零。因此要对可疑数据进行充分分析，选用相应的判别准则予以确认，如果确定为粗大误差，则必须予以剔除。

判别可疑数据是否为粗大误差的方法有很多，前提是对测量数据的分布特点进行准确的分析判断，基于误差分布特点选取合适的判断方法，才能够提高粗大误差剔除的可靠性。常见的判断准则主要有 $3\sigma$ 准则（又称拉依达准则）、罗曼诺夫斯基准则、狄克逊准则、格拉布斯准则等，下面就对这些准则进行分析和介绍。

1) $3\sigma$ 准则（拉依达准则）

该准则是最常用的判别粗大误差的准则，但是仅局限于正态分布或近似正态分布的情况。前面在介绍极限误差时提到，正态分布时 $3\sigma$ 对应的置信概率是 99.73%，即 370 次测量数据中只有 1 次超出这个区间，超出的测量数据就是粗大误差。

利用 $3\sigma$ 准则进行计算时，首先假设数据中只含有随机误差，即可以测量数据 $x_i$ 的算术平均值来代替真值，逐个求得每个测量数据的残差后，利用贝塞尔公式计算得到标准差 $\sigma$，以 $3\sigma$ 为界限，与每个残差 $v_i$ 进行比较，若某个可疑数据 $x_d$ 的残差 $v_d$ 满足式(2.1.36)，则该可疑数据即为粗大误差，应当予以剔除。

$$|v_d| = |x_d - \bar{x}| > 3\sigma \tag{2.1.36}$$

每次可疑数据剔除后，剩下的数据都要重新计算 $\sigma$ 值，再以新的 $\sigma$ 值为依据，进一步判别剩下的数据中是否还存在粗大误差，直至无粗大误差。应该指出：$3\sigma$ 准则是以测量次数充分多为前提的，当 $n \leq 10$ 时，用 $3\sigma$ 准则剔除粗大误差是不够可靠的。因此在测量次数较少的情况下，最好不要选用 $3\sigma$ 准则，而用其他准则。

2) 罗曼诺夫斯基准则

当测量次数较少时，可采用罗曼诺夫斯基准则进行粗大误差的剔除，该准则又称为 $t$ 分布检验准则，是按照 $t$ 分布的实际误差分布范围来判别粗大误差的。其特点是首先剔除一个可疑的测量值，然后按 $t$ 分布检验被剔除的测量值是否含有粗大误差。

假定对某个量进行多次等精度独立测量，得到测量列 $x_1, x_2, \cdots, x_n$。若认为测得值 $x_d$ 为可疑数据，将其预剔除后计算平均值（计算时不包括 $x_d$）：

$$\bar{x} = \frac{1}{n-1} \sum_{i=1, i \neq d}^{n} x_i \tag{2.1.37}$$

进而求得测量列的标准差（切记，计算时不包括 $v_d = x_d - \overline{x}$），如下：

$$\sigma = \sqrt{\frac{\sum\limits_{i=1}^{n-1} v_i^2}{n-2}} \tag{2.1.38}$$

然后，根据测量次数 $n$ 和选取的显著性水平 $\alpha$，即可由表 2.1.5 查得 $t$ 分布的检验系数 $K(n, \alpha)$。若有

$$\left| x_d - \overline{x} \right| \geqslant K(n, \alpha)\sigma \tag{2.1.39}$$

则可疑数据 $x_d$ 含有粗大误差，应当予以剔除，否则，保留。

表 2.1.5　$t$ 分布的检验系数表

| $n$ | $\alpha$ | | $n$ | $\alpha$ | | $n$ | $\alpha$ | |
|---|---|---|---|---|---|---|---|---|
| | 0.05 | 0.01 | | 0.05 | 0.01 | | 0.05 | 0.01 |
| 4 | 4.97 | 11.46 | 13 | 2.29 | 3.23 | 22 | 2.14 | 2.91 |
| 5 | 3.56 | 6.53 | 14 | 2.26 | 3.17 | 23 | 2.13 | 2.90 |
| 6 | 3.04 | 5.04 | 15 | 2.24 | 3.12 | 24 | 2.12 | 2.88 |
| 7 | 2.78 | 4.36 | 16 | 2.22 | 3.08 | 25 | 2.11 | 2.86 |
| 8 | 2.62 | 3.96 | 17 | 2.20 | 3.04 | 26 | 2.10 | 2.85 |
| 9 | 2.51 | 3.71 | 18 | 2.18 | 3.01 | 27 | 2.10 | 2.84 |
| 10 | 2.43 | 3.54 | 19 | 2.17 | 3.00 | 28 | 2.09 | 2.83 |
| 11 | 2.37 | 3.41 | 20 | 2.16 | 2.95 | 29 | 2.09 | 2.82 |
| 12 | 2.33 | 3.31 | 21 | 2.15 | 2.93 | 30 | 2.08 | 2.81 |

3）格拉布斯准则

仍然假定完成了某个参量的多次等精度独立测量，得到了 $n$ 个点的测量结果，如果判定该测量列服从正态分布，则可参照表 2.1.1 中随机误差的计算方法，得到该测量列的算术平均值 $\overline{x}$ 和标准差 $\sigma$。

为了检验 $x_1, x_2, \cdots, x_n$ 中是否存在粗大误差，可以将其按照大小顺序排列，形成新的测量列 $x_{(i)}$，且满足 $x_{(1)} \leqslant x_{(2)} \leqslant \cdots \leqslant x_{(n)}$。

格拉布斯推导出 $g_{(n)} = \dfrac{x_{(n)} - \overline{x}}{\sigma}$ 及 $g_{(1)} = \dfrac{\overline{x} - x_{(1)}}{\sigma}$ 的分布，实际使用时根据要求选取显著性水平 $\alpha$ 后，即可得到表 2.1.6 所示的临界值 $g_0(n, \alpha)$。

如果认为 $x_{(d)}$ 可疑，可以先计算出 $g_{(d)} = \dfrac{x_{(d)} - \overline{x}}{\sigma}$，当 $g_{(d)} \geqslant g_0(n, \alpha)$ 时，第 $i$ 个测量数据为粗大误差，应当予以剔除。由于 $x_{(i)}$ 已经按照大小进行了排序，因此剔除粗大误差时，首先从最小的第 1 个和最大的第 $n$ 个开始排除。如果遇到多个粗大误差的排除，应当在每次排除一个粗大误差之后，重新计算算术平均值 $\overline{x}$ 和标准差 $\sigma$。

表 2.1.6　格拉布斯准则的临界值表

| $n$ | $\alpha(0.05)$ | $\alpha(0.01)$ | $n$ | $\alpha(0.05)$ | $\alpha(0.01)$ |
|---|---|---|---|---|---|
| 3 | 1.153 | 1.155 | 17 | 2.475 | 2.785 |
| 4 | 1.463 | 1.492 | 18 | 2.504 | 2.821 |
| 5 | 1.672 | 1.749 | 19 | 2.532 | 2.854 |
| 6 | 1.822 | 1.944 | 20 | 2.557 | 2.884 |
| 7 | 1.938 | 2.097 | 21 | 2.580 | 2.912 |
| 8 | 2.032 | 2.221 | 22 | 2.603 | 2.939 |
| 9 | 2.110 | 2.323 | 23 | 2.624 | 2.963 |
| 10 | 2.176 | 2.410 | 24 | 2.644 | 2.987 |
| 11 | 2.234 | 2.485 | 25 | 2.663 | 3.009 |
| 12 | 2.285 | 2.550 | 30 | 2.745 | 3.103 |
| 13 | 2.331 | 2.607 | 35 | 2.811 | 3.178 |
| 14 | 2.371 | 2.659 | 40 | 2.866 | 3.240 |
| 15 | 2.409 | 2.705 | 45 | 2.914 | 3.292 |
| 16 | 2.443 | 2.747 | 50 | 2.956 | 3.336 |

4）狄克逊准则

前面介绍的三种粗大误差剔除方法都需要首先计算标准差 $\sigma$，应用起来会比较麻烦，狄克逊准则避免了标准差的计算过程，其采用极差比的方法，计算过程相对简化，分析结果也更加严密。

格拉布斯准则是对顺序统计量 $x_{(i)}$ 进行计算以排除粗大误差，狄克逊准则也以顺序统计量 $x_{(i)}$ 作为分析对象，狄克逊研究了顺序统计量 $x_{(i)}$ 的分布规律，根据测量次数 $n$ 的不同，给出了如下统计量的计算方法：

$$
\begin{aligned}
r_{10} &= \frac{x_{(n)} - x_{(n-1)}}{x_{(n)} - x_{(1)}}, \quad r_{10}' = \frac{x_{(2)} - x_{(1)}}{x_{(n)} - x_{(1)}}, \quad n \leqslant 7 \\
r_{11} &= \frac{x_{(n)} - x_{(n-1)}}{x_{(n)} - x_{(2)}}, \quad r_{11}' = \frac{x_{(2)} - x_{(1)}}{x_{(n-1)} - x_{(1)}}, \quad 8 \leqslant n \leqslant 10 \\
r_{21} &= \frac{x_{(n)} - x_{(n-2)}}{x_{(n)} - x_{(2)}}, \quad r_{21}' = \frac{x_{(3)} - x_{(1)}}{x_{(n-1)} - x_{(1)}}, \quad 11 \leqslant n \leqslant 13 \\
r_{22} &= \frac{x_{(n)} - x_{(n-2)}}{x_{(n)} - x_{(3)}}, \quad r_{22}' = \frac{x_{(3)} - x_{(1)}}{x_{(n-2)} - x_{(1)}}, \quad n \geqslant 14
\end{aligned}
\tag{2.1.40}
$$

实际使用时，选取显著性水平 $\alpha$，查阅表 2.1.7 确定狄克逊准则检验临界值 $D(n,\alpha)$，即可依照如下原则进行判断。

（1）当 $r_{ij} > r_{ij}'$，且 $r_{ij} > D(n,\alpha)$ 时，$x_{(n)}$ 为离群值；

（2）当 $r_{ij} < r_{ij}'$，且 $r_{ij}' > D(n,\alpha)$ 时，$x_{(1)}$ 为离群值。

使用狄克逊准则时，每次只能剔除一个离群值，一般来讲是先检验是否为歧离值，再确认是否为统计离群值，即粗大误差。当存在多个粗大误差时，应当一个个剔除，每剔除一个之后，都应当重新计算相应的统计量。

表 2.1.7　狄克逊准则的临界值表

| 统计量 | $n$ | $\alpha(0.05)$ | $\alpha(0.01)$ | 统计量 | $n$ | $\alpha(0.05)$ | $\alpha(0.01)$ |
|---|---|---|---|---|---|---|---|
| $r_{10}$ 和 $r_{10}'$ 中较大者 | 3 | 0.970 | 0.994 | $r_{22}$ 和 $r_{22}'$ 中较大者 | 14 | 0.587 | 0.669 |
| | 4 | 0.829 | 0.926 | | 15 | 0.565 | 0.646 |
| | 5 | 0.710 | 0.821 | | 16 | 0.547 | 0.629 |
| | 6 | 0.628 | 0.740 | | 17 | 0.527 | 0.614 |
| | 7 | 0.569 | 0.680 | | 18 | 0.513 | 0.602 |
| $r_{11}$ 和 $r_{11}'$ 中较大者 | 8 | 0.608 | 0.717 | | 19 | 0.500 | 0.582 |
| | 9 | 0.564 | 0.672 | | 20 | 0.488 | 0.570 |
| | 10 | 0.530 | 0.635 | | 21 | 0.479 | 0.560 |
| $r_{21}$ 和 $r_{21}'$ 中较大者 | 11 | 0.619 | 0.709 | | 22 | 0.469 | 0.548 |
| | 12 | 0.583 | 0.660 | | 23 | 0.460 | 0.537 |
| | 13 | 0.557 | 0.638 | | 24 | 0.449 | 0.522 |

需要说明的是，表 2.1.7 是双侧狄克逊准则临界值表。所谓的双侧，是指根据实际情况与以往的经验分析，离群值既可能偏大也可能偏小。而单侧则是指根据实际情况与以往经验分析，离群值明确出现在单侧位置，即偏大或者偏小位置；对于单侧狄克逊准则临界值表，大家可以查阅相应的国家标准。

**例 2.1.3**　对某长度量进行 15 次等精度测量，测量结果如表 2.1.8 所示，假定测量结果中已经消除系统误差，试判断测量结果中是否含有粗大误差。

表 2.1.8　测量结果表　　　　　　　　（单位：mm）

| 序号 | 1 | 2 | 3 | 4 | 5 | 6 | 7 | 8 | 9 | 10 | 11 | 12 | 13 | 14 | 15 |
|---|---|---|---|---|---|---|---|---|---|---|---|---|---|---|---|
| 结果 | 20.42 | 20.43 | 20.40 | 20.43 | 20.42 | 20.43 | 20.39 | 20.30 | 20.40 | 20.43 | 20.42 | 20.41 | 20.39 | 20.39 | 20.40 |

**解**　为了帮助大家了解每种粗大误差剔除方法的计算过程，下面对每种方法的应用都进行简要介绍，需要注意的是：实际应用时有些方法是具有排他性的，具体如何选择，是要根据对测量结果的分析以及对误差分布特点的讨论来确定的。

（1）$3\sigma$ 准则。

首先计算算术平均值　$\bar{x} = 20.404$ mm

然后计算单次测量的标准差　$\sigma = 0.033$ mm

依据 $3\sigma$ 准则，第 8 个测量值误差的绝对值为 0.104>$3\sigma$ =0.099，因此，判断为粗大误差，应当予以剔除。再根据剩下的 14 个测量结果重新进行计算，均满足 $3\sigma$ 原则要求，不再含有粗大误差。

（2）罗曼诺夫斯基准则。

当测量次数较少时通常采用罗曼诺夫斯基准则，与 $3\sigma$ 准则不同的是，该准则首先要判断可疑数据，然后在计算过程中将其移除。具体到本例：首先怀疑第 8 个测量结果含有粗大误差，将其剔除后计算算术平均值为 20.411mm，单次测量标准差为 0.016mm。

选取显著度为 $\alpha=0.01$，查表 2.1.5 可得 $K(15，0.01)=3.12$，则 $K(15，0.05)\times\sigma=0.050$，第 8 个测量结果与算术平均值间的误差为 0.111，大于 0.050，所以判断其为粗大误差，应当予以剔除。再往下继续计算的结果表明，剩余 14 个测量结果不再含有粗大误差。

(3) 格拉布斯准则。

首先需要将原始测量结果按照大小重新进行排序，得到 $x_{(1)}=20.30$，$x_{(15)}=20.43$，接下来分析这两个结果是否为粗大误差，算术平均值和单次测量标准差的计算结果参照 $3\sigma$ 准则的计算结果。

由于

$$\bar{x}-x_{(1)}=20.404-20.30=0.104>0.026=20.43-20.404=x_{(15)}-\bar{x}$$

因此怀疑 $x_{(1)}$ 含有粗大误差，进而计算得到

$$g_{(1)}=\frac{\bar{x}-x_{(1)}}{\sigma}=\frac{20.404-20.30}{0.033}=3.15$$

选取显著性水平为 $\alpha=0.01$，查表 2.1.6 可得 $g_0(15,0.01)=2.705$，$g_{(1)}>g_0(15,0.01)$，所以原始测量数据的第 8 个测量结果 20.30 为粗大误差，应当剔除。再对剩余的 14 个数据进行同样原理的计算，结果表明不再含有粗大误差。

(4) 狄克逊准则。

首先将原始数据重新排列，得到表 2.1.9 所示的顺序统计量。

表 2.1.9　测量结果重新排序表　　　　　　　　　　　　（单位：mm）

| 序号 | 1 | 2 | 3 | 4 | 5 | 6 | 7 | 8 | 9 | 10 | 11 | 12 | 13 | 14 | 15 |
|---|---|---|---|---|---|---|---|---|---|---|---|---|---|---|---|
| 结果 | 20.30 | 20.39 | 20.39 | 20.39 | 20.40 | 20.40 | 20.40 | 20.41 | 20.42 | 20.42 | 20.42 | 20.43 | 20.43 | 20.43 | 20.43 |

因为测量点数 $n=15$，所以按式(2.1.40)计算 $r_{22}$ 和 $r'_{22}$，如下：

$$r_{22}=\frac{x_{(15)}-x_{(13)}}{x_{(15)}-x_{(3)}}=\frac{20.43-20.43}{20.43-20.39}=0$$

$$r'_{22}=\frac{x_{(3)}-x_{(1)}}{x_{(13)}-x_{(1)}}=\frac{20.39-20.30}{20.43-20.30}=0.692$$

对照狄克逊准则，$r_{22}<r'_{22}$，不符合(1)，因此 $x_{(15)}=20.43$ 不是粗大误差，进一步查表 2.1.7 可得 $D(15,0.05)=0.565$，$r'_{22}>D(15,0.05)$，因此，$x_{(1)}=20.30$ 是离群值。确定剔除水平 $\alpha^*=0.01$ 后，查表 2.1.7 可得 $D(15,0.01)=0.646$，因为 $r'_{22}>0.646$，所以判断 20.30 是统计离群值，也就是粗大误差。剔除后对剩余的 14 个数据进行检验，发现不再含有粗大误差。

**3. 粗大误差的剔除和预防方法**

1) 合理选用判别准则

如何选择合适的粗大误差剔除方法是一个需要慎重考虑的问题。测量数据误差分布规律是否已知以及测量列点数是否足够，是选择剔除方法时通常考虑的两个要素。

如果测量数据的误差分布明确符合正态分布的规律，即可参照 $3\sigma$ 准则进行粗大误差的剔除。误差分布规律未知情况下，如果测量次数较多，也可以考虑采用 $3\sigma$ 准则。如果测量

次数较少，$3\sigma$ 准则的可靠性就是限制其应用的瓶颈环节，但是由于其使用简单，而且不需要查表，因此在要求不高的场合下还是可以选用的。

罗曼诺夫斯基准则、格拉布斯准则以及狄克逊准则都适用于测量次数较少的情况，三个准则中格拉布斯准则的可靠性最高，判别效果较好。当测量次数很少的时候，一般采用罗曼诺夫斯基准则。如果需要从测量结果中迅速判断是否含有粗大误差，因为狄克逊准则不需要计算标准差，计算过程更为简洁，所以推荐采用该准则。

2) 采用逐步剔除方法

如果判别出测量列中有两个以上的测量值含有粗大误差，只能首先剔除含有最大误差的测量值，然后重新计算测量列的算术平均值及其标准差，再对剩余的测量值进行判别，依此流程逐步剔除，直至所有测量值都不再含有粗大误差。

3) 预防粗大误差的方法

在实际测量过程中，为尽量预防和避免粗大误差，测量者应该做到：

(1) 加强工作责任心和以严格的科学态度对待测量工作；

(2) 保证测量条件的稳定，或者应避免在外界条件发生激烈变化时进行测量；

(3) 根据粗大误差的判别准则剔除粗大误差。

## 2.2　等精度与不等精度测量结果的数据处理方法

绪论中讲到，依据测量条件是否发生变化，可把测量分为等精度测量与不等精度测量两种。前面在讲到算术平均值及标准差的求取时，也提到针对等精度测量的分析处理，下面就分别对等精度测量与不等精度测量结果的数据处理方法进行分析。

### 2.2.1　等精度测量结果的数据处理

在相同条件下对同一量做多次测量时，若各次测量标准差相同，则称为等精度测量。在等精度测量中所测得的每个数据，它们的信赖程度是相同的，在数据分析处理中应当按照同样的重要性同等对待。

设在相同条件下，对被测量进行 $n$ 次独立测量得到的测量结果 $x_i$ 为

$$x_1, x_2, \cdots, x_n$$

于是误差：

$$\delta_k = x_k - \mu, \quad k = 1, 2, \cdots, n \tag{2.2.1}$$

误差之和与误差的平均值分别为

$$\sum \delta_k = \sum x_k - n\mu$$
$$\frac{1}{n}\sum \delta_k = \frac{1}{n}\sum x_k - \mu \tag{2.2.2}$$

如果测量过程中仅有随机误差因素的影响，则有

$$\frac{1}{n}\sum \delta_k \to 0, \quad \frac{1}{n}\sum x_k = \bar{x} \to \mu \tag{2.2.3}$$

可见，算术平均值 $\bar{x}$ 趋于真值 $\mu$，这就是算术平均值原理，简称平均值原理，意味着

在相同条件下将独立测量值的算术平均值作为被测量的最佳值是合理的。

算术平均值虽然能够表示一组测量值的结果，但是不能表示测量值的分散程度，前面已经讲到，标准差是衡量测量结果分散程度的指标，并且给出了贝塞尔公式的计算方法。除此之外，彼得斯(Peters)法、极差法、最大残差法、最大方差法等都可以用来计算标准差，由于现代误差理论中对标准不确定度进行评定时需要计算标准差，因此这部分的内容将在第 3 章的标准不确定度评价中进行介绍。

算术平均值和标准差是测量数据分析处理时必须计算的两个指标，在此基础上可以分析是否存在粗大误差以及最终给出算术平均值的置信区间。

**例 2.2.1**　对某个电阻进行了 10 次等精度的测量，得到如表 2.2.1 所示的测量结果，要求进行完整的测量结果分析处理。

表 2.2.1　某一电阻的测量结果

| 序号 | $R_i/\Omega$ | 序号 | $R_i/\Omega$ |
|---|---|---|---|
| 1 | 10.0003 | 6 | 10.0005 |
| 2 | 10.0004 | 7 | 10.0012 |
| 3 | 10.0004 | 8 | 10.0005 |
| 4 | 10.0007 | 9 | 10.0005 |
| 5 | 10.0006 | 10 | 10.0006 |

**解**　根据对测量方法和测量条件的分析，确认测量列中没有系统误差因素的影响，即可按照下述步骤进行完整的测量数据处理。

(1)求解算术平均值。

根据式(2.1.2)求得测量列的算术平均值为

$$\bar{R} = \sum_{i=1}^{10} R_i \Big/ n = 100.0057 / 10 = 10.00057(\Omega)$$

(2)计算单次测量的标准差。

根据式(2.1.6)所示的贝塞尔公式可得

$$\sigma = \sqrt{\sum_{i=1}^{n} v_i^2 / (n-1)} = 0.00025\Omega$$

(3)判断是否存在粗大误差。

因为测量点数较少，基于可靠性最高的原则选取格拉布斯准则进行判断，首先对原始测量结果按照大小重新进行排序，得到 $R_{(1)} = 10.0003$，$R_{(10)} = 10.0012$，由于

$$\bar{R} - R_{(1)} = 10.00057 - 10.0003 = 0.00027 < 0.00063 = 10.0012 - 10.00057 = R_{(10)} - \bar{R}$$

因此怀疑 $R_{(10)}$ 含有粗大误差，进而计算得到

$$g_{(10)} = \frac{R_{10} - \bar{R}}{\sigma} = \frac{10.0012 - 10.00057}{0.00025} = 2.52$$

选取显著度为 $\alpha = 0.01$，查表 2.1.6 可得 $g_0(10, 0.01) = 2.410$，$g_{(10)} > g_0(10, 0.01)$，所以原始测量数据中 10.0012 确实是粗大误差，应当剔除。再对剩余的 9 个数据进行同样原理的

计算，结果表明不再含有粗大误差。

(4)重新计算算术平均值和单次测量的标准差。

因为含有粗大误差，所以剔除粗大误差之后，需要重新计算算术平均值和单次测量的标准差，可得

$$\bar{R} = \sum_{i=1}^{9} R_i \Big/ n = 90.0045 / 9 = 10.0005(\Omega)$$

$$\sigma = \sqrt{\sum_{i=1}^{n} v_i^2 / (n-1)} = 0.00012\Omega$$

(5)计算算术平均值的标准差和极限误差。

根据式(2.1.7)可得算术平均值的标准差为

$$\sigma_{\bar{x}} = \sigma / \sqrt{n} = 0.00012 / \sqrt{9} = 0.00004(\Omega)$$

按照正态分布，设定置信概率为99%，查附录2中附表2.1可得 $Z_{\bar{x}}$ =2.58，根据式(2.1.11)可得

$$\delta_{\lim}\bar{R} = \pm Z_{\bar{x}}\sigma_{\bar{x}} = 2.58 \times 0.00004 = 0.0001(\Omega)$$

(6)给出最终测量结果。

最终的测量结果一般用算术平均值及其极限误差来表示，给出的是给定置信概率下算术平均值的置信区间，也就是算术平均值在给定概率下落在该区间的可能性，即

$$R = \bar{R} + \delta_{\lim}\bar{R} = (10.0005 \pm 0.0001)\Omega$$

上述例题完整展示了等精度测量结果的处理过程，当然如果怀疑测量结果中含有系统误差因素的影响，应当首先进行系统误差的分析和消除。需要提醒两点：①需要注意单次测量的标准差和算术平均值标准差的应用场合；②最终的测量结果为什么用算术平均值及其极限误差来表示，需要深刻理解其物理意义。

### 2.2.2　不等精度测量结果的数据处理

利用不同的设备或由不同的人员、在不同的时间、在不同的环境、在不同的方法等不同条件下，对同一被测量进行多次重复测量，各次测量的标准差通常不同。标准差不同的测量称为不等精度测量。

在测量工作中常遇到的不等精度测量情况如下。

(1)在相同测量条件下分别进行 $n_1$ 次和 $n_2$ 次测量($n_1 \neq n_2$)，分别求得算术平均值，由于测量次数不相等，因此两组的测量精度不同。

(2)对于某个被测量，有时需要将各个实验室在不同时期测得的数据加以综合，给出最可信赖的测量结果。

(3)对于某些高精度的或重要的测量任务，需要使用不同的仪器或不同的方法，由不同的人员来进行对比测量。

对于不等精度测量，在计算最后的测量结果、标准差与极限误差时，不能使用等精度测量的计算公式，需要推导新的公式，为此首先引入权的概念。

**1. 权的概念**

在实际工作中经常遇到这样的情况，为了得到一个被测量的最佳值，常在不同的条件

下对其进行测量，会得到不同标准差的测量结果。当需要根据这些测量数据求出一个最终的测量结果时，不同标准差的每一个测量对最终测量结果的影响是不同的。标准差大的测量分散性大，其在最终测量结果中所占的比重就应当小，意味着"权"小；标准差小的测量分散性小，其在最终测量结果中所占的比重就应当大，意味着"权"大。因此，测量结果的"权"可以理解为，当将该测量结果与另一些测量结果进行比较时，"权"就是对该测量结果所赋予的信赖程度，一般标记为 $p$。

在等精度测量中，各个测量值同等可靠，所以每个测量值的"权"相同，即可以将算术平均值作为最终的测量结果。不等精度测量中测量的标准差不同，"权"就不同，因此"权"是标准差的反映，也是精度的表征，在计算算术平均值和标准差时，应当进行加权。

### 2. 权的确定方法

权的确定方法有很多种。最简单的方法是按照测量次数的多少来确定权的数值，即当测量条件和测量者的水平都相同时，重复测量的次数越多，其可信赖程度就越高。但是更为严谨的权值确定方法，应当考虑测量结果的分散性，有的时候虽然测量次数多，但是测量结果的分散性大，因此更应当考虑分散性对权值的影响。

假定进行了 $m$ 组不等精度测量，每组测量次数为 $n_i(i=1,2,\cdots,m)$，即可以将每组的测量次数作为该组测量的权值，即 $p_i=n_i$。对每组测量结果进行计算后可以得到 $m$ 个算术平均值，其结果分别为 $\bar{x}_1,\bar{x}_2,\cdots,\bar{x}_m$，每组测量数据的个数分别为 $n_1,n_2,\cdots,n_m$，假定 $m$ 组测量结果来自单次测量精度相同的测量列，测量列的标准差为 $\sigma$，则各组算术平均值的标准差为

$$\sigma_{\bar{x}_i} = \sigma \big/ \sqrt{n_i}, \quad i=1,2,\cdots,m \tag{2.2.4}$$

进而可得

$$n_1\sigma_{\bar{x}_1}^2 = n_2\sigma_{\bar{x}_2}^2 = \cdots = n_m\sigma_{\bar{x}_m}^2 = \sigma^2 \tag{2.2.5}$$

由于 $p_i=n_i$，故式 (2.2.5) 可写成：

$$p_1\sigma_{\bar{x}_1}^2 = p_2\sigma_{\bar{x}_2}^2 = \cdots = p_m\sigma_{\bar{x}_m}^2 = \sigma^2 \tag{2.2.6}$$

即

$$p_1 : p_2 : \cdots : p_m = \frac{1}{\sigma_{\bar{x}_1}^2} : \frac{1}{\sigma_{\bar{x}_2}^2} : \cdots : \frac{1}{\sigma_{\bar{x}_m}^2} \tag{2.2.7}$$

因此

$$p_i = \frac{k}{\sigma_{\bar{x}_i}^2} \tag{2.2.8}$$

式中，$k$ 为常数，实际应用时可以根据简化计算的需要确定。

基于上述推导可以看到，每组测量结果的"权"与其对应算术平均值的标准差的平方成反比，意味着分散性越大的测量结果，权值越小，分散性越小的测量结果，权值越大。因此，实际使用时如果已知每组测量结果算术平均值的标准差，即可按照式 (2.2.7) 或式 (2.2.8) 确定每组的权值。对于某个不等精度测量，为了简化运算量，一般情况下 $k$ 可以取"1"或者使得计算更加简便的某个具体数值。

### 3. 不等精度测量结果的数据处理

前面对等精度测量结果的数据处理进行了介绍，可以看出数据处理的主要目标是得到

算术平均值和标准差，进而根据要求得到极限误差，并给出最终的处理结果。对应到不等精度测量结果的数据处理，算术平均值和标准差的计算仍然是核心和关键。由于是不等精度的测量，因此其中必然有权值的作用和影响。

1) 加权算术平均值

对于上述 $m$ 组不等精度测量，确定出每组测量结果的权值之后，即可进行算术平均值的求取，得到的是加权算术平均值 $\bar{x}$，如下：

$$\bar{x} = \frac{p_1\bar{x}_1 + p_2\bar{x}_2 + \cdots + p_m\bar{x}_m}{p_1 + p_2 + \cdots + p_m} = \frac{\sum_{i=1}^{m} p_i\bar{x}_i}{\sum_{i=1}^{m} p_i} \tag{2.2.9}$$

当 $p_1 = p_2 = \cdots = p_m = p$ 时，加权算术平均值为

$$\bar{x} = \frac{p\sum_{i=1}^{m} \bar{x}_i}{mp} = \frac{\sum_{i=1}^{m} \bar{x}_i}{m} \tag{2.2.10}$$

式 (2.2.10) 求得的结果即为等精度测量的算术平均值。由此可知，等精度测量可以作为不等精度测量的一种特殊情况进行处理。

2) 单位权化

若取比例常数 $k = \max(\sigma_{\bar{x}_1}^2, \sigma_{\bar{x}_2}^2, \cdots, \sigma_{\bar{x}_m}^2) = \sigma^2$，由式 (2.2.8) 可知确定的 "权" 中最小值为 1。在该组权值基础上引入新的量 $y_1, y_2, \cdots, y_m$，使得 $y_i = \sqrt{p_i}\bar{x}_i$，$i = 1, 2, \cdots, m$，其对应的标准差分别为 $\sigma_{y_1}, \sigma_{y_2}, \cdots, \sigma_{y_m}$，则由方差的性质：

$$D(y_i) = p_i D(\bar{x}_i) \tag{2.2.11}$$

可得

$$\sigma_{y_i}^2 = p_i \sigma_{\bar{x}_i}^2 = k = \sigma^2 \tag{2.2.12}$$

也就是

$$\sigma_{y_1}^2 = \sigma_{y_2}^2 = \cdots = \sigma_{y_m}^2 = k = \sigma^2 \tag{2.2.13}$$

则新的一组数据所对应的权均为

$$p_{y_i} = \frac{k}{\sigma_{y_i}^2} = \frac{k}{k} - 1 \tag{2.2.14}$$

其含义就是数据 $y_1, y_2, \cdots, y_m$ 的标准差相等，是一组权值为 1 的等精度数列，这个运算过程称为单位权化，就是任何一个量值乘以其自身权的平方根的过程。经过单位权化处理后，不等精度测量就转化为等精度测量的问题，可以借助等精度测量结果的数据处理方法进行处理。那么单位权的物理意义是什么呢？

由式 (2.2.6) 可知 $p_i\sigma_{\bar{x}_i}^2 = \sigma^2$，可进一步表示为 $p_i\sigma_{\bar{x}_i}^2 = 1 \cdot \sigma^2$，由此可得，权值为 "1" 的测量列对应的标准差 $\sigma$ 就是单位权化后求得的标准差，也就是不等精度测量中单次测量的标准差，得到该标准差后即可进一步求得加权算术平均值的标准差。

3) 加权算术平均值的标准差

假设进行 $m$ 组不等精度测量，得到 $m$ 个测量结果分别为 $\bar{x}_1, \bar{x}_2, \cdots, \bar{x}_m$，其加权算术平均

值为 $\bar{x}$ 。如果对每组测量列的残差 $v_{\bar{x}_i} = \bar{x}_i - \bar{x}$ 进行单位权化，即 $v'_{\bar{x}_i} = \sqrt{p_i} v_{\bar{x}_i}$ ，则在变为等精度测量的情况下，由贝塞尔公式可以得到单次测量的标准差：

$$\sigma = \sqrt{\frac{\sum_{i=1}^{m} v'^2_{\bar{x}_i}}{m-1}} = \sqrt{\frac{\sum_{i=1}^{m} p_i v^2_{\bar{x}_i}}{m-1}} \tag{2.2.15}$$

式(2.2.15)即为不等精度测量的贝塞尔公式，在此基础上，可以得到不等精度测量下加权算术平均值的标准差，如下：

$$\sigma_{\bar{x}} = \frac{\sigma}{\sqrt{\sum_{i=1}^{m} n_i}} = \frac{\sigma}{\sqrt{\sum_{i=1}^{m} p_i}} = \sqrt{\frac{\sum_{i=1}^{m} p_i v^2_{\bar{x}_i}}{(m-1)\sum_{i=1}^{m} p_i}} \tag{2.2.16}$$

**例 2.2.2**    在 1892～1930 年，不同测量者对牛顿万有引力常数 $G$ 所做的测量值如表 2.2.2 所示，表中的权值是对每个测量所采用测量方法、测量条件和测量结果进行综合评估后确定的，试用不等精度测量结果的处理方法确定万有引力常数 $G$ 的最佳结果。

**表 2.2.2    不同测量者对 $G$ 的测量值**　　　　（单位：$m^3 \cdot kg^{-1} \cdot s^{-2}$）

| 方法 | 年份 | 测量者 | 测量值 | 权 |
|---|---|---|---|---|
| 秤 | 1892 | 波伊斯 | 6.698 | 1 |
| 扭秤 | 1896 | 保伊斯 | 6.658 | 3 |
| 可变电容器 | 1896 | 厄得贝斯 | 6.65 | |
| 扭秤 | 1897 | 布拉马 | 6.655 | 2 |
| 秤 | 1898 | 利哈得 | 6.685 | 2 |
| 扭秤 | 1901 | 尤利查斯 | 6.64 | |
| 扭秤 | 1909 | 克里也 | 6.674 | 2 |
| 扭秤 | 1930 | 里伊利 | 6.670 | 3 |

**解**    根据不等精度测量结果的处理方法，加权算术平均值即为万有引力常数 $G$ 的最佳结果，基于式(2.2.8)可得

$$G = \frac{\sum p_k x_k}{\sum p_k} = 6.670 m^3 \cdot kg^{-1} \cdot s^{-2}$$

**例 2.2.3**    根据下面两组放大器增益的测量数据，求放大器增益的最终处理结果。
第 1 组数据（$n_1=6$）：19.43，19.41，19.40，19.42，19.44，19.40。
第 2 组数据（$n_2=8$）：19.39，19.38，19.42，19.36，19.40，19.42，19.43，19.41。

**解**    根据不等精度测量的定义，对两组测量次数不同的测量结果进行分析，是属于不等精度测量条件下的分析处理，因此需要求取每组测量列的权值，然后进行加权算术平均值及其标准差的求取，最终求得放大器增益加权算术平均值的置信区间。

先分别计算两组数据的算术平均值及其标准差。

第 1 组：

$$\overline{x}_1 = \frac{1}{6}\sum_{i=1}^{6}x_i = 19.417$$

$$\sigma_1 = \sqrt{\frac{1}{6-1}\sum_{i=1}^{6}v_i^2} = 0.0163$$

$$\sigma_{\overline{x}_1} = \frac{\sigma_1}{\sqrt{6}} = 0.0067 \Rightarrow \sigma_{\overline{x}_1}^2 = 4.489 \times 10^{-5}$$

第 2 组：

$$\overline{x}_2 = \frac{1}{8}\sum_{i=1}^{8}x_i = 19.401$$

$$\sigma_2 = \sqrt{\frac{1}{8-1}\sum_{i=1}^{8}v_i^2} = 0.0236$$

$$\sigma_{\overline{x}_2} = \frac{\sigma_2}{\sqrt{8}} = 0.0083 \Rightarrow \sigma_{\overline{x}_2}^2 = 6.889 \times 10^{-5}$$

取比例常数：

$$k = \max(\sigma_{\overline{x}_1}^2, \sigma_{\overline{x}_2}^2) = 6.889 \times 10^{-5}$$

可得

$$p_1 = \frac{k}{\sigma_{\overline{x}_1}^2} = 1.535, \quad p_2 = \frac{k}{\sigma_{\overline{x}_2}^2} = 1$$

因此可得加权算术平均值为

$$\overline{x} = \frac{\sum\limits_{i=1}^{m}p_i\overline{x}_i}{\sum\limits_{i=1}^{m}p_i} = \frac{1.535 \times 19.417 + 1 \times 19.401}{1.535 + 1} = 19.411$$

进而得到加权算术平均值的标准差为

$$\sigma_{\overline{x}} = \frac{\sigma}{\sqrt{\sum\limits_{i=1}^{m}p_i}} = \sqrt{\frac{\sum\limits_{i=1}^{m}p_i v_{\overline{x}_i}^2}{(m-1)\sum\limits_{i=1}^{m}p_i}} = 0.008$$

最终对加权算术平均值的置信区间进行计算，假定通过分析得知测量列符合正态分布的特点，取置信概率为 99.73%，则置信系数为 3，最终可得极限误差为

$$\delta_{\lim}\overline{x} = 3 \times 0.008 = 0.024$$

进而获得放大器增益的最终测量结果：

$$x = \overline{x} \pm \delta_{\lim}\overline{x} = 19.41 \pm 0.02$$

该结果仍然表明在 99.73%概率下，放大器增益的真值落在这个区间的可能性。此外，遵循有效数字的计算原则，在中间计算过程中，可以多取一位有效数字，但是在最终结果的表示中一定要和原始数据的有效数字对齐。

前面对等精度和不等精度测量结果的处理方法进行了介绍，总结起来，在工程实践中对于测量结果的评定，从经典误差分析的角度出发，主要还是通过对测量误差的性质进行分析和对测量误差的大小进行计算这种传统的方法，其主要步骤如下。

(1)求出全部测量值的算术平均值 $\bar{x}$、残余误差 $v_i$ 和单次测量的标准差 $\sigma$；

(2)按照一定的准则判断有无系统误差，并进行必要的修正；

(3)按照一定的准则判断有无粗大误差，若有，则进行剔除；

(4)求出算术平均值的标准差和极限误差；

(5)按照一定的形式将最后的测量结果表示出来。

# 2.3　误差的合成

任何测量结果都包含一定的测量误差，这是测量过程中各个环节一系列误差因素所共同影响的结果。正确分析和综合这些误差因素，并正确地表述这些误差的综合影响，这就是误差合成所要研究的基本内容。

## 2.3.1　函数误差

实际测量中会遇到被测量值不能直接由测试设备获得，或者通过直接测量很难保证测量精度等情况，这个时候就需要借助间接测量的方法，即通过所测得数值同被测量数值间的函数关系，经过运算而获得被测量的量值。间接测量误差是各个直接测得值误差的函数，故间接测量的误差称为函数误差，研究函数误差的实质就是研究误差传递问题。

例如，大直径的测量很难进行直接测量，可以通过测量周长后除以圆周率求得，也可以测量弓高和弦长，通过函数关系计算得到。当测量周长、弓高和弦长时，测得值都是含有误差的，那么基于间接测量求得的直径误差是多少？这个问题要用到函数误差的计算知识才能解决。函数误差的处理实质是间接测量的误差处理，也就是误差的合成方法。

间接测量中，测量结果的函数一般为多元函数，表达为

$$y = f(x_1, x_2, \cdots, x_n) \tag{2.3.1}$$

式中，$x_1, x_2, \cdots, x_n$ 为各个变量的直接测量值；$y$ 为函数运算后获得的被测量的值。

**1. 函数系统误差计算**

由高等数学的相关知识可知：多元函数的增量可用函数的全微分表示，故式(2.3.1)的函数增量 $\mathrm{d}y$ 可以表示为

$$\mathrm{d}y = \frac{\partial f}{\partial x_1}\mathrm{d}x_1 + \frac{\partial f}{\partial x_2}\mathrm{d}x_2 + \cdots + \frac{\partial f}{\partial x_n}\mathrm{d}x_n \tag{2.3.2}$$

如果已知各直接测量值的系统误差为 $\Delta x_1, \Delta x_2, \cdots, \Delta x_n$，由于这些误差都很小，可以近似等于微分量，因此可近似求得函数的系统误差 $\Delta y$：

$$\Delta y = \frac{\partial f}{\partial x_1}\Delta x_1 + \frac{\partial f}{\partial x_2}\Delta x_2 + \cdots + \frac{\partial f}{\partial x_n}\Delta x_n \tag{2.3.3}$$

式中，$\dfrac{\partial f}{\partial x_i}$ $(i=1, 2, \cdots, n)$ 为各直接测量值的误差传递系数。

若函数形式为线性公式 $y = a_1 x_1 + a_2 x_2 + \cdots + a_n x_n$，则函数系统误差的公式为

$$\Delta y = a_1 \Delta x_1 + a_2 \Delta x_2 + \cdots + a_n \Delta x_n \tag{2.3.4}$$

式中，各误差传递系数 $a_i$ 为不等于 1 的常数。

若 $a_i = 1$，则有

$$\Delta y = \Delta x_1 + \Delta x_2 + \cdots + \Delta x_n \tag{2.3.5}$$

这种情况如同把多个长度组合成一个尺寸时一样，各长度测量时都有其系统误差，在组合后的总尺寸中，其系统误差可以用各长度的系统误差相加得到。

有些情况下的函数公式较简单，可以直接求得函数的系统误差，但是大多数实际情况并不是这样的简单函数，往往需要用到微分知识求得其传递系数 $a_i$。

**例 2.3.1**　求解三角函数形式的系统误差公式。

**解**　在角度测量中，经常遇到分别以 $\sin \varphi = f_1(x_1, x_2, \cdots, x_n)$、$\cos \varphi = f_2(x_1, x_2, \cdots, x_n)$ 等形式出现的函数关系。

若三角函数形式为

$$\sin \varphi = f_1(x_1, x_2, \cdots, x_n)$$

可得三角函数的系统误差：

$$\Delta \sin \varphi = \frac{\partial f_1}{\partial x_1} \Delta x_1 + \frac{\partial f_1}{\partial x_2} \Delta x_2 + \cdots + \frac{\partial f_1}{\partial x_n} \Delta x_n$$

在角度测量中需要的误差不是三角函数的误差，而是所求角度的误差，因此须进一步求解。对正弦函数微分可得 $\mathrm{d}(\sin \varphi) = \cos \varphi \mathrm{d}\varphi$，用系统误差代替其中相应的微分量，则有

$$\Delta \varphi = \frac{\Delta \sin \varphi}{\cos \varphi}$$

因而，角度误差的系统误差表示为

$$\Delta \varphi = \frac{1}{\cos \varphi} \sum_{i=1}^{n} \frac{\partial f}{\partial x_i} \Delta x_i$$

**例 2.3.2**　用弓高弦长法间接测量大工件直径。如图 2.3.1 所示，弓高 $h = 50.0\,\mathrm{mm}$，弦长 $l = 500\,\mathrm{mm}$，经过更高精度的测量得到弓高和弦长分别为 $h = 50.1\,\mathrm{mm}$ 和 $l = 499\,\mathrm{mm}$。试问该工件直径的系统误差，并求解修正后的测量结果。

**解**　由图 2.3.1 可建立间接测量大工件直径的函数模型：

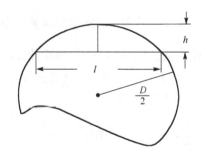

图 2.3.1　弓高弦长法间接测量大工件直径

$$D = \frac{l^2}{4h} + h$$

如果不考虑测量值的系统误差，可得在 $h = 50.0\,\mathrm{mm}$，$l = 500\,\mathrm{mm}$ 处的直径测量值：

$$D_0 = \frac{l^2}{4h} + h = 1300.0\,\mathrm{mm}$$

根据题意，可以认为更高精度的测量结果是真值的最佳值，因此可以得到弓高和弦长

的系统误差分别为

$$\Delta h = 50.0 - 50.1 = -0.1(\text{mm}), \quad \Delta l = 500 - 499 = 1(\text{mm})$$

则根据式(2.3.3)可以得到直径的系统误差为

$$\Delta D = \frac{\partial f}{\partial l}\Delta l + \frac{\partial f}{\partial h}\Delta h$$

式中，各项误差传播系数为 $\dfrac{\partial f}{\partial l} = \dfrac{l}{2h} = \dfrac{500}{2\times 50} = 5$ ， $\dfrac{\partial f}{\partial h} = -\left(\dfrac{l^2}{4h^2} - 1\right) = -\left(\dfrac{500^2}{4\times 50^2} - 1\right) = -24$ 。

因此，测量该工件直径在该测量点处的系统误差为

$$\Delta D = 5\times 1 + (-24)\times(-0.1) = 7.4\text{mm}$$

工件直径修正后的测量结果：

$$D = D_0 - \Delta D = 1300 - 7.4 = 1292.6\text{mm}$$

计算完成后希望大家思考两个问题：①为什么修正后的测量结果是 $D_0 - \Delta D$ ，而不是 $D_0 + \Delta D$ ？②可以用更高精度的弓高和弦长测量结果直接求解得到工件直径的最佳值吗？

**2. 函数随机误差计算**

随机误差是多次重复测量时讨论的问题。间接测量过程中，要对相关量(函数的各个变量)进行直接测量，为了提高测量精度，通常这些量可以进行等精度的多次重复测量，求得其随机误差的分布范围(用标准差的某个倍数表示)，因此，如果想要得到间接测量值(多元函数的值)的随机误差分布，便要进行函数随机误差的计算，最终要求得间接测量值(函数值)的标准差或极限误差。

对 $n$ 个变量各测量 $N$ 次，每次测量都可以得到间接测量值的随机误差，如下：

$$\delta y_i = \frac{\partial f}{\partial x_1}\delta x_{1i} + \frac{\partial f}{\partial x_2}\delta x_{2i} + \cdots + \frac{\partial f}{\partial x_n}\delta x_{ni}, \quad i = 1, 2, \cdots, N \tag{2.3.6}$$

式中， $\delta y_i$ 为第 $i$ 次间接测量值的随机误差； $\dfrac{\partial f}{\partial x_i}$ 为各直接测量值的误差传递系数； $\delta x_{1i}$ 为直接测量量 $x_1$ 第 $i$ 次测量的随机误差， $\delta x_{2i}, \cdots, \delta x_{ni}$ 以此类推。

对于 $N$ 次测量，可以得到 $N$ 个如式(2.3.6)所示的表达形式，将所有 $N$ 个表达式两边求平方并相加，得到

$$\begin{aligned}
\sum_{i=1}^{N}\delta y_i^2 &= \left(\frac{\partial f}{\partial x_1}\right)^2(\delta x_{11}^2 + \delta x_{12}^2 + \cdots + \delta x_{1N}^2) + \left(\frac{\partial f}{\partial x_2}\right)^2(\delta x_{21}^2 + \delta x_{22}^2 + \cdots + \delta x_{2N}^2) \\
&\quad + \cdots + \left(\frac{\partial f}{\partial x_n}\right)^2(\delta x_{n1}^2 + \delta x_{n2}^2 + \cdots + \delta x_{nN}^2) + 2\sum_{1\leq i<j}^{n}\sum_{m=1}^{N}\left(\frac{\partial f}{\partial x_i}\cdot\frac{\partial f}{\partial x_j}\cdot\delta x_{im}\delta x_{jm}\right)
\end{aligned} \tag{2.3.7}$$

进而，两边除以 $N$ ，即可得到标准差的表达式：

$$\sigma_y^2 = \left(\frac{\partial f}{\partial x_1}\right)^2\sigma_{x_1}^2 + \left(\frac{\partial f}{\partial x_2}\right)^2\sigma_{x_2}^2 + \cdots + \left(\frac{\partial f}{\partial x_n}\right)^2\sigma_{x_n}^2 + 2\sum_{1\leq i<j}^{n}\left(\frac{\partial f}{\partial x_i}\cdot\frac{\partial f}{\partial x_j}\cdot\frac{\sum_{m=1}^{N}\delta x_{im}\delta x_{jm}}{N}\right) \tag{2.3.8}$$

定义 $K_{ij} = \sum_{m=1}^{N} \delta x_{im} \delta x_{jm} \Big/ N$ , $\rho_{ij} = K_{ij} \big/ (\sigma_{x_i} \sigma_{x_j})$ (或 $K_{ij} = \rho_{ij} \sigma_{x_i} \sigma_{x_j}$ ), 则函数随机误差的计算公式为

$$\sigma_y^2 = \left(\frac{\partial f}{\partial x_1}\right)^2 \sigma_{x_1}^2 + \left(\frac{\partial f}{\partial x_2}\right)^2 \sigma_{x_2}^2 + \cdots + \left(\frac{\partial f}{\partial x_n}\right)^2 \sigma_{x_n}^2 + 2 \sum_{1 \leqslant i < j}^{n} \left(\frac{\partial f}{\partial x_i} \cdot \frac{\partial f}{\partial x_j} \cdot \rho_{ij} \sigma_{x_i} \sigma_{x_j}\right) \tag{2.3.9}$$

式中, $\rho_{ij}$ 为第 $i$ 个测得值和第 $j$ 个测得值之间的误差相关系数。

如果各个直接测得值的随机误差是相互独立的, 且 $N$ 适当大, 则相关系数为零, 因而可得

$$\sigma_y^2 = \left(\frac{\partial f}{\partial x_1}\right)^2 \sigma_{x_1}^2 + \left(\frac{\partial f}{\partial x_2}\right)^2 \sigma_{x_2}^2 + \cdots + \left(\frac{\partial f}{\partial x_n}\right)^2 \sigma_{x_n}^2$$

即

$$\sigma_y = \sqrt{\left(\frac{\partial f}{\partial x_1}\right)^2 \sigma_{x_1}^2 + \left(\frac{\partial f}{\partial x_2}\right)^2 \sigma_{x_2}^2 + \cdots + \left(\frac{\partial f}{\partial x_n}\right)^2 \sigma_{x_n}^2} \tag{2.3.10}$$

令 $\partial f / \partial x_i = a_i$ , 则

$$\sigma_y = \sqrt{a_1^2 \sigma_{x_1}^2 + a_2^2 \sigma_{x_2}^2 + \cdots + a_n^2 \sigma_{x_n}^2} \tag{2.3.11}$$

同理, 当各个测得值随机误差为正态分布时, 可以用极限误差代替式(2.3.11)中的标准差, 得到间接测量值极限误差的表达式如下:

$$\delta_{\lim} y = \pm \sqrt{a_1^2 \delta_{\lim}^2 x_1 + a_2^2 \delta_{\lim}^2 x_2 + \cdots + a_n^2 \delta_{\lim}^2 x_n} \tag{2.3.12}$$

如果讨论的函数是系数为 1 的简单函数, 即 $y = x_1 + x_2 + \cdots + x_n$ , 则有

$$\sigma_y = \sqrt{\sigma_{x_1}^2 + \sigma_{x_2}^2 + \cdots + \sigma_{x_n}^2} \tag{2.3.13}$$

$$\delta_{\lim} y = \pm \sqrt{\delta_{\lim}^2 x_1 + \delta_{\lim}^2 x_2 + \cdots + \delta_{\lim}^2 x_n} \tag{2.3.14}$$

**例 2.3.3**　用弓高弦长法间接测量大工件直径(图 2.3.1), 得到弓高 $h = 50.0\text{mm}$ , 弦长 $l = 500\text{mm}$ , 经过更高精度的测量, 得到弓高 $h = 50.1\text{mm}$ , 弦长 $l = 499\text{mm}$ 。已知弓高和弦长测量的标准差分别为 $\sigma_h = 0.005\text{mm}$ 和 $\sigma_l = 0.01\text{mm}$ , 试求测量该工件直径的标准差, 并求修正后的测量结果。

**解**　根据式(2.3.10), 计算:

$$\sigma_D^2 = \left(\frac{\partial f}{\partial l}\right)^2 \sigma_l^2 + \left(\frac{\partial f}{\partial h}\right)^2 \sigma_h^2 = 5^2 \times 0.01^2 + 24^2 \times 0.005^2 = 169 \times 10^{-4} (\text{mm}^2)$$

由此可得

$$\sigma_D = 0.13\text{mm}$$

另外, 根据例 2.3.2 函数系统误差的计算结果, 可得修正后的测量结果为

$$D = D_0 - \Delta D = 1292.6\text{mm} , \quad \sigma_D = 0.13\text{mm}$$

此后, 可根据置信概率的要求来求取直径算术平均值的置信区间。

在函数误差的合成计算时, 各误差间的相关性对计算结果有直接影响, 上面的计算过

程均忽略了相关系数的影响。虽然多数情况下，误差间线性无关或近似线性无关，采用上面的计算方法没有问题，但是也会遇到各误差间线性相关的情况。因此，在实际测量时应当正确处理各误差间的相关系数问题，对于这个问题的讨论可参考相关资料。

### 2.3.2 随机误差的合成

随机误差的合成一般采用方和根合成的方法，通常还要考虑到误差传播系数以及各个误差之间的相关性影响。下面根据已知各误差分量的标准差，或者已知各误差分量的极限误差，分为标准差合成与极限误差合成两种情形来进行讨论，实际应用时可根据需求选择其中的一种方式进行合成计算。

**1. 标准差合成**

通过全面分析测量过程中影响测量结果的各个误差因素，若有 $q$ 个单项随机误差，它们的标准差分别为 $\sigma_1, \sigma_2, \cdots, \sigma_q$，对应的误差传播系数分别为 $a_1, a_2, \cdots, a_q$。

根据函数随机误差的合成方法，合成标准差为

$$\sigma = \sqrt{\sum_{i=1}^{q}(a_i\sigma_i)^2 + 2\sum_{1 \leq i < j}^{q}\rho_{ij}a_i a_j \sigma_i \sigma_j} \qquad (2.3.15)$$

一般情况下，各个误差互不相关，相关系数 $\rho_{ij} = 0$，可进一步得到

$$\sigma = \sqrt{\sum_{i=1}^{q}(a_i\sigma_i)^2} \qquad (2.3.16)$$

用标准差合成具有明显的优点，不仅简单方便，而且无论各单项随机误差的概率分布如何，只要给出各个标准差，均可按式(2.3.15)或式(2.3.16)计算出总的标准差。

**2. 极限误差合成**

在测量实践中，各个单项随机误差和测量结果的总误差也常以极限误差的形式表示，因此极限误差的合成也比较常见。

设各个单项的极限误差分别为

$$\delta_i = \pm k_i \sigma_i, \quad i = 1, 2, \cdots, q \qquad (2.3.17)$$

式中，$\sigma_i$ 是各个单项随机误差的标准差；$k_i$ 是各个单项极限误差的置信系数。

记合成极限误差为

$$\delta = \pm k\sigma \qquad (2.3.18)$$

式中，$\sigma$ 为合成标准差；$k$ 为合成极限误差的置信系数。

综合式(2.3.17)、式(2.3.18)和式(2.3.15)，可得

$$\delta = \pm k\sqrt{\sum_{i=1}^{q}\left(\frac{a_i\delta_i}{k_i}\right)^2 + 2\sum_{1 \leq i < j}^{q}\rho_{ij}a_i a_j \frac{\delta_i}{k_i}\frac{\delta_j}{k_j}} \qquad (2.3.19)$$

可见，根据已知的各个单项极限误差和所选取的各个置信系数，即可按式(2.3.19)进行极限误差的合成。但是需要注意，式(2.3.19)中的各个置信系数 $k_i$ 不仅与置信概率有关，而且与随机误差的分布有关。对于相同分布的误差，选定相同的置信概率，其相应的各置信系数相同；对于不同分布的误差，选定相同的置信概率，其相应的各个置信系数也不相同。

因此，置信系数 $k_1, k_2, \cdots, k_q$ 和 $k$ 一般不相同。仅当各单项随机误差均服从正态分布，且各单项误差的数目 $q$ 较多、各项误差大小相近且不相关时，合成的总误差接近正态分布，才可以视 $k_1 = k_2 = \cdots = k_q = k$。此时式 (2.3.19) 可以简化为

$$\delta = \pm \sqrt{\sum_{i=1}^{q} (a_i \delta_i)^2 + 2 \sum_{1 \leqslant i < j}^{q} \rho_{ij} a_i a_j \delta_i \delta_j} \qquad (2.3.20)$$

如果可以进一步视 $\rho_{ij} = 0$，则式 (2.3.20) 还可简化为

$$\delta = \pm \sqrt{\sum_{i=1}^{q} (a_i \delta_i)^2} \qquad (2.3.21)$$

式 (2.3.21) 具有十分简单的形式，由于各单项误差大多服从正态分布或近似服从正态分布，而且它们之间常是不相关或近似不相关的，因此式 (2.3.21) 应用比较广泛。

### 2.3.3　系统误差的合成

系统误差具有确定的变化规律，根据对系统误差的掌握程度，可分为已定系统误差和未定系统误差。由于这两种系统误差的特征不同，合成方法也不同，对于前者，在处理测量结果时可根据各单项系统误差及其传递系数，采用代数和的方法合成；对于后者，多估计出其可能范围，视为随机误差，采用方和根的方法进行合成。

**1. 已定系统误差的合成**

已定系统误差是指大小和符号均已确切掌握了的系统误差。若测量时有 $n$ 个单项已定系统误差，其误差值分别为 $\Delta_1, \Delta_2, \cdots, \Delta_n$，相应的误差传递系数分别为 $a_1, a_2, \cdots, a_n$，则总的已定系统误差为

$$\Delta y = a_1 \Delta_1 + a_2 \Delta_2 + \cdots + a_n \Delta_n = \sum_{i=1}^{n} a_i \Delta_i \qquad (2.3.22)$$

在实际测量中，一般先消除测量过程中的已定系统误差，由于某种原因未予消除的已定系统误差也只是少数几项，将其按式 (2.3.22) 合成后，也必须从测量结果中予以修正，所以最后的测量结果中不应再包含已定系统误差。

**2. 未定系统误差的合成**

未定系统误差是一个理解起来有些难度的概念，经常有学生问，既然是系统误差，为什么还会是未定的？下面就以砝码为例来说明未定系统误差的特征及其评定方法。

在质量计量中，标准砝码的质量误差将直接代入测量结果。为减小这项误差的影响，应对该砝码的质量进行检定，以给出其修正值。由于不可避免地存在砝码质量的检定误差，经修正后的砝码质量误差虽已大为减小，但仍有一定的误差（即检定误差）影响质量的计量结果。对某一个砝码，一经检定完成，其修正值即已确定不变，由检定方法引入的误差也就被确定下来，其值为检定方法极限误差范围内的一个可能值。使用这个砝码进行多次重复测量时，由检定方法引入的误差则为恒定值而不具有抵偿性。但该误差的具体数值又未掌握，而只知其极限范围，因此属未定系统误差。对于同一质量的多个不同的砝码，相应的各个修正值误差为某一极限范围内的可能值，其分布规律直接反映了检定方法误差的分布。反之，检定方法误差的分布也就反映了各个砝码修正值的误差分布规律。若检定方法

的误差服从正态分布，则砝码修正值的误差也应服从正态分布，而且两者具有同样的标准差 $s_i$。若用极限误差来评定砝码修正值的未定误差，则有 $e_i = \pm k_i s_i$。

通过上述分析可知，这种未定系统误差是较为普遍的。一般来说，对于一批量具、仪器和设备等在加工、装调或检定中，随机误差带来的误差具有随机性。但是对某一个具体的量具、仪器和设备，随机因素带来的误差却具有确定性，实际误差为一恒定值，若尚未掌握这种误差的具体数值，则这种误差属未定系统误差。

由于未定系统误差的取值具有一定的随机性，服从一定的概率分布，因此若干项未定系统误差综合作用时，它们之间就具有一定的抵偿作用。这种抵偿作用与随机误差的抵偿作用相似，因而未定系统误差的合成完全可以采用随机误差的合成公式，这就给测量结果的处理带来很大便利。对某一项误差，当难以严格区分为随机误差或未定系统误差时，不论做哪种误差处理，误差合成的效果都是相同的。

一般情况下，已定系统误差可以修正，因此影响测量过程的总误差只要考虑未定系统误差与随机误差的合成。总误差可用标准差来表示，也可用极限误差来表示。

1) 标准差合成

如果测量过程有 $q$ 个单项随机误差，$r$ 个单项未定系统误差，它们的标准差分别为 $\sigma_1, \sigma_2, \cdots, \sigma_q$ 和 $s_1, s_2, \cdots, s_r$。

为了计算方便，设各误差传播系数均为 1，如果实际应用时存在不为 1 的传递系数，则将传递系数与对应误差项标准差相乘即可，总的标准差计算如下：

$$\sigma = \sqrt{\sum_{i=1}^{q} \sigma_i^2 + \sum_{j=1}^{r} s_j^2 + R} \qquad (2.3.23)$$

式中，$R$ 为各个误差间协方差之和。

若各个误差之间互不相关，则 $R=0$，式(2.3.23)简化为

$$\sigma = \sqrt{\sum_{i=1}^{q} \sigma_i^2 + \sum_{j=1}^{r} s_j^2} \qquad (2.3.24)$$

对于单次测量，可以直接按式(2.3.24)求得最后结果的总标准差，但对 $n$ 次重复测量，由于随机误差具有抵偿性，式(2.3.24)中的随机误差项部分应当除以测量次数 $n$，则总标准差的计算公式调整为

$$\sigma = \sqrt{\frac{1}{n} \sum_{i=1}^{q} \sigma_i^2 + \sum_{j=1}^{r} s_j^2} \qquad (2.3.25)$$

2) 按极限误差合成

若测量过程有 $q$ 个单项随机误差、$r$ 个单项未定系统误差，它们的极限误差分别为 $\delta_1, \delta_2, \cdots, \delta_q$ 和 $e_1, e_2, \cdots, e_r$。

仍然是为了简化计算，设各误差的传播系数均为 1，则测量结果总的极限误差为

$$\Delta_{\text{总}} = \pm k \sqrt{\sum_{j=1}^{q} \left( \frac{\delta_j}{k_j} \right)^2 + \sum_{h=1}^{r} \left( \frac{e_h}{k_h} \right)^2 + R} \qquad (2.3.26)$$

式中，$R$ 为各个误差间协方差之和。

当各个误差均服从正态分布，且它们之间互不相关时，式(2.3.26)可简化为

$$\Delta_{\text{总}} = \pm\sqrt{\sum_{j=1}^{q}\delta_j^2 + \sum_{h=1}^{r}e_h^2} \tag{2.3.27}$$

由式(2.3.26)可看出，一般情况下，已定系统误差经修正后，测量结果总的极限误差就是总的未定系统误差与总的随机误差的方和根。但需要注意，对于单次测量，可直接按照式(2.3.27)求得最后结果的总误差，但对于多次重复测量，类似于标准差的合成原理，随机误差项有抵偿性，而未定系统误差不能抵偿，因此总的极限误差公式调整为

$$\Delta_{\text{总}} = \pm\sqrt{\frac{1}{n}\sum_{j=1}^{q}\delta_j^2 + \sum_{h=1}^{r}e_h^2} \tag{2.3.28}$$

综上所述，在单次测量的误差合成中，不需要严格区分各个单项误差为未定系统误差还是随机误差。但是在多次重复测量中，由于随机误差项具有抵偿性，可以除以测量次数 $n$ 以减小其对测量结果的影响，因此在总误差合成中，必须严格区分各个单项误差的性质。

**例 2.3.4** 用 TC328B 型天平，配用三等标准砝码称一个不锈钢球的质量，一次称量得到钢球质量为 $M = 14.0040\text{g}$，求测量结果的标准差。

**解** 根据 TC328B 型天平的称量方法，影响其测量结果的主要误差因素如下。

(1)随机误差。

天平示值变动性所引起的误差为随机误差。多次重复称量同一球的质量的标准差为

$$\sigma_1 = 0.05\text{mg}$$

(2)未定系统误差。

标准砝码误差和天平示值误差在给定条件下为确定值，但又不知道具体误差数值，只知道误差范围(或标准差)，故这两项误差均属未定系统误差。

① 砝码误差：天平称量时所用的标准砝码有三个，即 10g 的一个，2g 的两个，它们的标准差分别为 $s_{11} = 0.4\text{mg}$，$s_{12} = 0.2\text{mg}$。

故三个砝码组合使用时，质量的标准差为

$$s_1 = \sqrt{s_{11}^2 + 2s_{12}^2} = \sqrt{0.4^2 + 2 \times 0.2^2} = 0.49(\text{mg})$$

② 天平示值误差：查天平手册得到其标准差为 $s_2 = 0.03\text{mg}$。

考虑到上面的三个误差因素互不相关，且各误差传播系数均为 1，因此误差合成后的总标准差为

$$\sigma = \sqrt{\sigma_1^2 + s_1^2 + s_2^2} = \sqrt{0.05^2 + 0.49^2 + 0.03^2} = 0.49(\text{mg}) \approx 0.0005(\text{g})$$

最后测量结果可表示为(1 倍标准差)：

$$M = (14.0040 \pm 0.0005)\text{g}$$

**例 2.3.5** 对某压力计的误差因素进行了全面分析计算，测得各误差因素引起的极限误差如表 2.3.1 所示。

表 2.3.1　压力计各误差因素的极限误差情况表

| 序号 | 误差因素 | 极限误差/mPa | |
| :---: | :---: | :---: | :---: |
| | | 随机误差 | 未定系统误差 |
| 1 | 活塞有效面积误差 | 13.8 | 13.0 |
| 2 | 专用砝码及活塞杆质量误差 | — | 4.0 |
| 3 | 使用时温度变化误差 | 4.8 | — |
| 4 | 结构系统安装误差 | — | 0.1 |
| 5 | 活塞移动加速度误差 | — | 0.5 |
| 6 | 活塞有效面积变形误差 | 3.0 | — |

若各项误差传递函数均为 1，置信系数均确定为 2，试求压力计的极限误差。

**解**　根据极限误差的合成原理，通过分析判断认为各个误差因素服从正态分布，互相之间不相关，并且没有随机误差项的重复测量，因此依据式(2.3.27)进行合成。

(1)随机误差的合成。

随机误差的因素有 3 项，即活塞有效面积误差、使用时温度变化误差以及活塞有效面积变形误差，对其进行合成，如下：

$$\delta = \pm\sqrt{\sum_{i=1}^{3}(a_i\delta_i)^2} = \pm\sqrt{(1\times13.8)^2 + (1\times4.8)^2 + (1\times3.0)^2} = \pm14.92 \ (\text{mPa})$$

(2)未定系统误差因素有 4 项，即活塞有效面积误差、专用砝码及活塞杆质量误差、结构系统安装误差以及活塞移动加速度误差，合成过程及结果如下：

$$e = \pm\sqrt{\sum_{j=1}^{4}(a_j e_j)^2} = \pm\sqrt{(1\times13.0)^2 + (1\times4.0)^2 + (1\times0.1)^2 + (1\times0.5)^2} = \pm13.61 \ (\text{mPa})$$

基于式(2.3.27)可得压力计的极限误差为

$$\Delta_{\text{总}} = \pm\sqrt{\sum_{i=1}^{3}\delta_i^2 + \sum_{j=1}^{4}e_j^2} = \pm\sqrt{14.92^2 + 13.61^2} = \pm20.20 \ (\text{mPa})$$

对于题目当中给出的置信系数，在极限误差的合成当中并没有用到，如果需要按照标准差进行合成，则每个误差因素可以利用置信系数确定标准差的大小，从而最终可利用标准差的合成公式进行对应的合成。

## 2.3.4　误差合成原理及其应用

通过前面对函数误差、随机误差的合成以及系统误差合成原理的介绍，实际测量中误差的合成一般按照如下原理进行：

(1)已定系统误差按代数和的方法合成；

(2)随机误差按方和根的方法合成；

(3)未定系统误差一般按随机误差合成方法与随机误差一起处理，但是在多次重复测量时一定要注意与随机误差合成的不同。

影响测量误差的因素有诸多方面，在进行误差合成时应全面考虑，逐一分析。通常可以按系统误差和随机误差各自误差传递的一般公式进行计算。

在进行误差合成时，应根据具体情况而采用不同的误差处理方法。但任何事情都不是绝对的、孤立的，系统误差和随机误差是可以转化的，例如，某些系统误差可以按随机误差处理，把不易掌握的具有复杂规律的系统误差看作随机误差，也可以把某些虽可掌握但过于复杂的系统误差按随机误差处理，使系统误差随机化，便于进行误差合成。

# 2.4　误差的分配

任何测量过程都包含多项误差，而测量结果的总误差则是由各个单项误差的综合影响所确定的。通过测量，掌握了各个单项误差，进而求得测量结果的总误差，这是误差合成的问题，2.3 节详细介绍了其原理和计算方法。反过来，如果给定测量结果允许的总误差，如何合理确定各个单项误差，这就是误差分配的问题。例如，用弓高弦长法测量大直径 $D$，若已经给定直径测量的允许极限误差 $\delta_D$，要求确定弓高 $h$ 和弦长 $l$ 的测量极限误差 $\delta_h$ 与 $\delta_l$ 各为多少。误差分配通常会在确定测量方案、选择测量设备等场合得以应用。下面就以研究间接测量的函数误差分配为切入点，给大家介绍一下误差分配的原理和计算方法，其基本思想也适用于一般测量的误差分配。

对于函数的已定系统误差，可以通过事先修正的方法消除，因此在误差分配时，不用再考虑已定系统误差的影响，而只研究随机误差和未定系统误差的分配问题。前面讲到，随机误差和未定系统误差在误差合成时可以同等看待，因此在误差分配时也可同等看待，其误差分配方法完全相同。

假定各误差因素均为随机误差，并且互不相关，则有

$$\sigma_y = \sqrt{\left(\frac{\partial f}{\partial x_1}\right)^2 \sigma_{x_1}^2 + \left(\frac{\partial f}{\partial x_2}\right)^2 \sigma_{x_2}^2 + \cdots + \left(\frac{\partial f}{\partial x_n}\right)^2 \sigma_{x_n}^2} = \sqrt{a_1^2 \sigma_1^2 + a_2^2 \sigma_2^2 + \cdots + a_n^2 \sigma_n^2}$$

$$= \sqrt{\sigma_{y_1}^2 + \sigma_{y_2}^2 + \cdots + \sigma_{y_n}^2} \tag{2.4.1}$$

式中，$\sigma_{y_i}$ 为函数的分项误差，$\sigma_{y_i} = \dfrac{\partial f}{\partial x_i} \sigma_{x_i} = a_i \sigma_i$。

可见，误差分配就是对于给定的 $\sigma_y$，合理确定 $\sigma_i$ 或相应的 $\sigma_{y_i}$，需要满足：

$$\sqrt{\sigma_{y_1}^2 + \sigma_{y_2}^2 + \cdots + \sigma_{y_n}^2} \leqslant \sigma_y \tag{2.4.2}$$

显然，式 (2.4.2) 没有唯一解，但是总可以用适当的方式找出既合理又适合的一种或几种解，甚至是在一定约束条件下的最优解，从而为测量方案的确定、测量设备的选择提供指导作用。

### 2.4.1　按等影响原则分配误差

考虑到由式 (2.4.2) 求取 $\sigma_{y_1}, \sigma_{y_2}, \cdots, \sigma_{y_n}$ 这 $n$ 个变量很难找到合适的突破点，因此采用简化分析的方法，即按等影响原则分配误差，也就是说以各分项误差对函数误差影响相等的原则进行分配，即

$$\sigma_{y_1} = \sigma_{y_2} = \cdots = \sigma_{y_n} = \sigma_y / \sqrt{n} \qquad (2.4.3)$$

由此可得

$$\sigma_i = \frac{\sigma_y}{\sqrt{n}} \frac{1}{\partial f / \partial x_i} = \frac{\sigma_y}{\sqrt{n}} \frac{1}{a_i}, \quad i = 1, 2, \cdots, n \qquad (2.4.4)$$

或用极限误差表示：

$$\delta_i = \frac{\delta_y}{\sqrt{n}} \frac{1}{\partial f / \partial x_i} = \frac{\delta_y}{\sqrt{n}} \frac{1}{a_i}, \quad i = 1, 2, \cdots, n \qquad (2.4.5)$$

式中，$\delta_y$ 为函数的总极限误差；$\delta_i$ 为各单项误差项的极限误差。

如果各个测得值的误差满足式 (2.4.4) 和式 (2.4.5)，则所得函数误差不会超过允许的给定值。

### 2.4.2 按可能性调整误差

按照等影响原则分配误差，确实可以实现快速分配，但是通常会出现不合理的情况。这是因为对各分项误差等影响分配，会造成一部分测量误差项的实现相对容易，而另一些测量误差项的要求则难以达到。例如，假定温度和湿度对某个物理量的影响相同，误差传递系数均为 1，通过等影响原则分配给两者的误差精度都是 0.1%，按照现有的技术水平，实现 0.1% 精度的温度测量不是难题，容易实现，而实现 0.1% 精度的湿度测量则需要昂贵的仪器。因此，等影响分配的结果就不够合理。另外，从式 (2.4.4) 和式 (2.4.5) 可以看到，当各个分项误差一定时，相应测量值的误差与其传播系数成反比。因此，当各分项误差相等时，相应测量值的误差并不相等，有的可能相差很大，这完全取决于误差传递系数的大小。

由于存在上述情况，按照等影响原则分配误差之后，应当根据具体情况进行调整。对难以实现的分项误差可以适当放宽要求，对容易实现的分项误差则尽可能提高要求，其余分项误差根据情况确定，可以不予调整。

### 2.4.3 验算调整后的总误差

误差按照等影响原则进行初步分配，再通过初步分配结果合理调整后，必须按照误差合成公式计算调整后实际的总误差。如果超出给定的允许误差范围，应选择可能缩小的误差项再进行缩小；如果远小于给定的允许误差范围，可适当扩大难以实现的误差项的误差；无论是扩大调整，还是缩小调整，调整后都要进行误差合成的计算，合成后的结果与要求的总误差进行比较，直到满足要求。

**例 2.4.1** 测量圆柱体体积时，可以采用间接测量的方法，通过测量圆柱体的直径 $D$ 及高度 $h$，根据函数式求得体积 $V$，若要求测量体积的相对误差为 1%，已知直径和高度的公称值为 $D_0 = 20.0$mm，$h_0 = 50.0$mm，试确定直径 $D$ 及高度 $h$ 的相对误差。

**解** 首先要明确概念，测量体积的相对误差为 1%，意味着极限误差不超过体积测量最佳值的 1%。要求确定直径和高度测量的相对误差，意味着要通过误差的分配确定直径和高度测量的极限误差，然后根据直径和高度的公称值，求出两个参数的相对误差。

(1) 确定体积测量的极限误差。

按照体积测量的公式，并将 π 值取为 3.1416，可以得到体积 $V_0$ 的最佳值为

$$V_0 = \frac{\pi D_0^2}{4} h_0 = \frac{3.1416 \times 20.0^2}{4} \times 50.0 = 15708 (\text{mm}^3)$$

体积测量的极限误差为

$$\delta_V = V_0 \times 1\% = 15708 \times 1\% = 157.08 (\text{mm}^3)$$

(2) 按照等影响原则分配误差。

由于测量参数包括直径和高度，因此 $n = 2$。根据式(2.4.5)按等影响分配原则分配误差，可以得到测量直径 $D$ 与高度 $h$ 的极限误差为

$$\delta_D = \frac{\delta_V}{\sqrt{n}} \frac{1}{\partial V / \partial D} = \frac{\delta_V}{\sqrt{n}} \frac{2}{\pi D h} = \frac{157.08}{\sqrt{2}} \times \frac{2}{3.1416 \times 20.0 \times 50.0} = 0.071 (\text{mm})$$

$$\delta_h = \frac{\delta_V}{\sqrt{n}} \frac{1}{\partial V / \partial h} = \frac{\delta_V}{\sqrt{n}} \frac{4}{\pi D^2} = \frac{157.08}{\sqrt{2}} \times \frac{4}{3.1416 \times 20.0^2} = 0.354 (\text{mm})$$

(3) 按可能性调整误差并进行验证。

根据等影响原则误差分配的结果，可以确定测量方案：如果使用分度值为 0.1mm 的游标卡尺测高 $h$=50.0mm，在 50mm 测量范围内的极限误差为 0.150mm，使用 0.02mm 的游标卡尺测直径 $D$=20.0mm，在 20mm 测量范围内的极限误差为 0.04mm。用这两种量具测量的体积极限误差为

$$\delta_V = \sqrt{\left(\frac{\partial V}{\partial D}\right)^2 \delta_D^2 + \left(\frac{\partial V}{\partial h}\right)^2 \delta_h^2} = \sqrt{\left(\frac{\pi D h}{2}\right)^2 \delta_D^2 + \left(\frac{\pi D^2}{4}\right)^2 \delta_h^2} = 78.54\text{mm}^3 < 157.08\text{mm}^3$$

显然采用的量具准确度偏高，应做适当调整。

若改用分度值为 0.05mm 的游标卡尺来测量直径和高度，在 50mm 测量范围内的极限误差为 0.08mm。此时测量直径的极限误差超出按等影响原则分配所得的允许误差，但可从测量高度允许的多余部分得到补偿。

调整后的实际测量极限误差为

$$\delta_V = \sqrt{\left(\frac{\pi D h}{2}\right)^2 \delta_D^2 + \left(\frac{\pi D^2}{4}\right)^2 \delta_h^2} = 128.15\text{mm}^3 < 157.08\text{mm}^3$$

符合体积测量相对误差不超过 1% 的要求，因此调整后的测量方案采用一把游标卡尺测量直径和高度，就可以保证测量的精确度。

(4) 求得直径 $D$ 及高度 $h$ 的相对误差。

通过调整后的测量方案可知，采用一把游标卡尺之后，体积和高度测量的极限误差均为 0.08mm，据此可以得到体积和高度测量的相对误差度为

$$E_D = \frac{0.08}{20.0} \times 100\% = 0.40\%, \quad E_h = \frac{0.08}{50.0} \times 100\% = 0.16\%$$

本例说明，由间接测量的精度要求去估计多个输入量的测量精度要求，应当从实际情况出发，在等影响原则分配完成之后进行合理的调整，并验证调整的结果，进而合理地确定误差分配的结果，从而为最终测量方法的选择和测量方案的确定提供依据。

# 2.5　微小误差的取舍与最佳测量方案的确定

在误差的合成与分配过程中，都会遇到微小误差的取舍问题。如果某个误差项的影响很小，无论是误差合成还是误差分配，都可以忽略其影响。但是需要明确的就是，误差数值小到什么程度才可以认为是微小误差。此外，当测量结果与多个测量因素有关时，采用什么方法使测量结果的误差最小，这就涉及最佳测量方案的确定。两个问题都是研究工作中经常遇到的，因此本节就对这两个问题进行简要介绍。

## 2.5.1　微小误差取舍原则

测量过程中往往会产生许多误差，按照对测量结果影响的大小进行分类，如果该误差的影响可忽略不计，则该误差称为微小误差，下面就对微小误差的取舍原则进行介绍。

如果已知测量结果的标准差为

$$\sigma_y = \sqrt{d_{y1}^2 + d_{y2}^2 + \cdots + d_{y(k-1)}^2 + d_{yk}^2 + d_{y(k+1)}^2 + \cdots + d_{yn}^2} \tag{2.5.1}$$

式中，$d_{yi}(i=1,2,\cdots,n)$ 表示各分项部分的标准差。

若将其中的 $d_{yk}$ 取出后，可得

$$\sigma_y' = \sqrt{d_{y1}^2 + d_{y2}^2 + \cdots + d_{y(k-1)}^2 + d_{y(k+1)}^2 + \cdots + d_{yn}^2} \tag{2.5.2}$$

此时，如果 $\sigma_y \approx \sigma_y'$，则 $d_{yk}$ 即为微小误差。

根据有效数字的运算规则，对于一般精度的测量，测量误差有效数字只取一位。在此情况下，若将某项误差舍去后，满足 $\sigma_y - \sigma_y' \leqslant (0.1 \sim 0.05)\sigma_y$，则不会对测量结果的误差计算产生影响，即

$$\sqrt{d_{y1}^2 + d_{y2}^2 + \cdots + d_{y(k-1)}^2 + d_{yk}^2 + d_{y(k+1)}^2 + \cdots + d_{yn}^2} - \sqrt{d_{y1}^2 + d_{y2}^2 + \cdots + d_{y(k-1)}^2 + d_{y(k+1)}^2 + \cdots + d_{yn}^2}$$
$$\leqslant (0.1 \sim 0.05) \sqrt{d_{y1}^2 + d_{y2}^2 + \cdots + d_{y(k-1)}^2 + d_{yk}^2 + d_{y(k+1)}^2 + \cdots + d_{yn}^2} \tag{2.5.3}$$

解此式得

$$d_{yk} \leqslant (0.3 \sim 0.4)\sigma_y \tag{2.5.4}$$

因此只需取 $d_{yk} \leqslant \dfrac{1}{3}\sigma_y$，即可满足 $\sigma_y - \sigma_y' \leqslant (0.1 \sim 0.05)\sigma_y$。

对于比较精确的测量，测量误差有效数字取二位，则有 $\sigma_y - \sigma_y' \leqslant (0.01 \sim 0.005)\sigma_y$，同理可得

$$d_{yk} \leqslant (0.1 \sim 0.14)\sigma_y \tag{2.5.5}$$

如果需要满足设定的条件，则需要满足 $d_{yk} \leqslant \dfrac{1}{10}\sigma_y$。

综上所述，由于已定系统误差无论是在误差合成还是误差分配当中都事先处理了，因此微小误差的取舍只涉及随机误差和未定系统误差，需要满足的准则是：被舍去的误差必须小于或等于测量结果总标准差的 1/10～1/3。

该准则也可以用来选择高一级精度的测量器具，例如，用标准压力检定工业用弹簧式

压力表，检定规程规定，标准表基本误差绝对值小于被检仪表基本误差的 1/3；检定 $5\times10^{-5}$ 精度的波长表，规定用 $5\times10^{-6}$ 准确度等级的波长表等。

## 2.5.2　最佳测量方案的确定

在实际测量中，总是希望测量的精度越高越好，由于在测量过程中受到各种条件因素和随机因素的影响，所获得的测量值一般含有系统误差和随机误差。其中，已定系统误差是由各个确定因素的影响而产生的，已定系统误差合成后可以进一步采取适当措施进行补偿、消除或修正；对于未定系统误差，表现出随机误差的特征，可按随机误差处理；对于随机误差，基于随机误差的合成可以获知测量值的变动范围，即可用数理统计的方法研究随机误差对测量结果的影响。

综上，讨论最佳测量方案的确定，主要是考虑未定系统误差和随机误差对测量结果的影响。为了便于讨论最佳测量方案确定的基本原理，本节只研究间接测量中使函数误差最小的测量最佳方案的各种途径，其基本思想适用于其他情况的测量实践。

根据函数标准差的表达式：

$$\sigma_y = \sqrt{\left(\frac{\partial f}{\partial x_1}\right)^2 \sigma_{x_1}^2 + \left(\frac{\partial f}{\partial x_2}\right)^2 \sigma_{x_2}^2 + \cdots + \left(\frac{\partial f}{\partial x_n}\right)^2 \sigma_{x_n}^2} \tag{2.5.6}$$

如果想得到最小的 $\sigma_y$，通常有如下两个原则。

### 1. 选择最佳的函数误差公式

由式 (2.5.6) 可以看到，一般情况下，间接测量中误差项的数量越少，则函数误差也会越小，也就是说直接测量值的数目越少，则函数误差就会越小。因此在间接测量中如果可由不同的函数公式来表示，则应选取包含直接测量值最少的函数公式。

如果不同的函数公式所包含的直接测量值数目相同，则应选取误差较小的直接测量值的函数公式。如测量零件几何尺寸时，在相同的测量条件下，测量内尺寸的误差要比测量外尺寸的误差大，测量时，应尽可能选择测量外尺寸的函数公式。

**例 2.5.1**　用分度值为 0.05mm 的游标卡尺测量两轴中心距 $L$，如图 2.5.1 所示，试选择最佳测量方案。

**解**　测量两轴的中心距，一般有如下三种方法。

方法一：分别测量两轴的直径 $d_1$、$d_2$ 和外尺寸 $L_1$，中心距 $L$ 的函数表达式为

$$L = L_1 - \frac{d_1}{2} - \frac{d_2}{2}$$

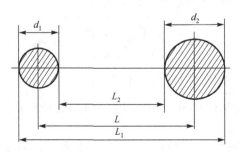

图 2.5.1　轴中心距测量

方法二：分别测量两轴的直径 $d_1$、$d_2$ 和内尺寸 $L_2$，中心距 $L$ 的函数表达式为

$$L = L_2 + \frac{d_1}{2} + \frac{d_2}{2}$$

方法三：分别测量外尺寸 $L_1$ 和内尺寸 $L_2$，中心距 $L$ 的函数表达式为

$$L = \frac{L_1}{2} + \frac{L_2}{2}$$

若已知测量的标准差分别为 $\sigma_{d_1} = 5\mu m$，$\sigma_{d_2} = 7\mu m$，$\sigma_{L_1} = 8\mu m$，$\sigma_{L_2} = 10\mu m$，则根据式 (2.5.6) 可以得到三种方法的函数标准差如下。

方法一：

$$\sigma_L = \sqrt{\left(\frac{\partial f}{\partial L_1}\right)^2 \sigma_{L_1}^2 + \left(\frac{\partial f}{\partial d_1}\right)^2 \sigma_{d_1}^2 + \left(\frac{\partial f}{\partial d_2}\right)^2 \sigma_{d_2}^2} = \sqrt{\sigma_{L_1}^2 + \left(\frac{1}{2}\right)^2 \sigma_{d_1}^2 + \left(\frac{1}{2}\right)^2 \sigma_{d_2}^2} = 9.1\mu m$$

方法二：

$$\sigma_L = \sqrt{\left(\frac{\partial f}{\partial L_2}\right)^2 \sigma_{L_2}^2 + \left(\frac{\partial f}{\partial d_1}\right)^2 \sigma_{d_1}^2 + \left(\frac{\partial f}{\partial d_2}\right)^2 \sigma_{d_2}^2} = \sqrt{\sigma_{L_2}^2 + \left(\frac{1}{2}\right)^2 \sigma_{d_1}^2 + \left(\frac{1}{2}\right)^2 \sigma_{d_2}^2} = 10.9\mu m$$

方法三：

$$\sigma_L = \sqrt{\left(\frac{\partial f}{\partial L_1}\right)^2 \sigma_{L_1}^2 + \left(\frac{\partial f}{\partial L_2}\right)^2 \sigma_{L_2}^2} = \sqrt{\left(\frac{1}{2}\right)^2 \sigma_{L_1}^2 + \left(\frac{1}{2}\right)^2 \sigma_{L_2}^2} = 6.4\mu m$$

可见，方法三的误差最小，方法二的误差最大，这是因为方法三的函数式最简单，其包含的误差项数最少，而方法二的函数式包含的直接测量值数目较多，并且又含有内尺寸测量，而内尺寸测量的标准差相对较大。

**2. 使误差传播系数尽量小**

由函数误差公式可知，若使各个测量值对函数的误差传播系数 $\partial f / \partial x_i = 0$ 或为最小，则函数误差也可以相应减少。

根据这个原则，对于某些测量实践，尽管有时不可能达到使误差传播系数等于零的测量条件，但是却指出了可能达到最佳测量方案的方向。

**例 2.5.2** 用弓高弦长法测量工件直径，已知其函数式为 $D = \frac{l^2}{4h} + h$，试确定最佳测量方案。

**解** 根据式 (2.5.6)，直径函数误差的误差公式为

$$\sigma_D = \sqrt{\left(\frac{l}{2h}\right)^2 \sigma_l^2 + \left(\frac{l^2}{4h^2} - 1\right)^2 \sigma_h^2}$$

如果想要 $\sigma_D$ 为最小，有以下几种可能的选择：

(1) 使 $\frac{l}{2h} = 0$。此时必须使 $l = 0$，但由几何关系可知此时 $h = 0$，因此没有实际意义。

(2) 使 $\frac{l}{2h}$ 为最小。此时要求 $h$ 值越大越好，即 $l$ 值越接近直径越好。

(3) 使 $\dfrac{l^2}{4h^2}-1=0$ 。此时要求 $l=2h$ ，即 $l=D$ ，因此要求直接测量直径，才能消除 $\sigma_h$ 对函数误差 $\sigma_D$ 的影响。

　　通过分析可知，如果想要 $\sigma_D$ 为最小，就需要直接测量直径，此时弓高的测量误差 $\sigma_h$ 将不影响直径的测量精度，而只有弦长的测量误差 $\sigma_l$ 影响直径的测量精度。但是对于大直径测量，此条件难以满足，不过却也指出了改进测量方法的方向，即当弓高 $h$ 值越接近弦长 $l$ 的一半时，直径的测量误差越小。

## 习　题

　　2-1　深入理解单次测量标准差和算术平均值标准差的物理意义，对其物理意义进行简要概述并举例说明两者的实际用途。

　　2-2　用某仪器测量工件的尺寸，在排除系统误差的条件下，其标准差 $\sigma=0.004\text{mm}$ ，若要求测量结果的置信限区间为（ $-0.005\text{mm}$ ，$0.005\text{mm}$ ），设定测量结果符合正态分布，当置信概率为 99% 时，试求必要的测量次数。

　　2-3　测量某一电阻阻值 16 次，得到 $\bar{X}=1.88\Omega$ ，$s=0.36\Omega$ ，分别假设其误差分布为正态分布和均匀分布两种情形，试求置信概率分别为 0.9973 和 0.95 时的电阻置信区间。

　　2-4　对某电路的电流进行了 5 次等精度测量，测量数据为 168.41，168.54，168.59，168.40，168.50（单位为 mA），试求算术平均值和标准差。

　　2-5　对某工件的尺寸进行 8 次等精度测量，测得的数据分别为 38.37，38.51，38.45，38.39，38.34，38.47，38.40 和 38.48（单位为 mm），试给出最终的测量结果。

　　2-6　对某一轴径进行 9 次等精度测量，测得的数据分别为 26.774，26.778，26.771，26.880，26.772，26.777，26.773，26.775 和 26.774（单位为 mm），试给出最终的测量结果。

　　2-7　通过与基准尺的比较，某米尺在 3 天的平均长度分别为

$$999.9425\text{mm}，测量次数 \ n_1=3$$
$$999.9416\text{mm}，测量次数 \ n_2=2$$
$$999.9419\text{mm}，测量次数 \ n_3=5$$

试求测量结果的最佳值及其标准差。

　　2-8　对某量进行不等精度测量，得

$$x_1=1370360119，\quad \sigma_1=51$$
$$x_2=1370360100，\quad \sigma_2=37$$
$$x_3=1370360017，\quad \sigma_3=47$$

试求最终的测量结果。

　　2-9　为求长方体体积 $V$ ，直接测量其边长为 $a=161.6\text{mm}$ ，$b=44.5\text{mm}$ ，$c=11.2\text{mm}$ ，已知测量的系统误差分别为 $\Delta a=1.2\text{mm}$ ，$\Delta b=-0.8\text{mm}$ ，$\Delta c=0.5\text{mm}$ ，测量的极限误差分别为 $\delta_a=\pm0.8\text{mm}$ ，$\delta_b=\pm0.5\text{mm}$ ，$\delta_c=\pm0.5\text{mm}$ ，试求立方体的体积及其体积的极限误差。

　　2-10　相对测量时需用 54.255mm 的量块组做标准件，量块组由四块量块研合而成，基本尺寸为

$$l_1=40\text{mm}，\quad l_2=12\text{mm}，\quad l_3=1.25\text{mm}，\quad l_4=1.005\text{mm}$$

经测量，四块量块的尺寸偏差及极限误差分别为

$$\Delta l_1=-0.7\mu\text{m}，\quad \Delta l_2=+0.5\text{mm}，\quad \Delta l_3=-0.3\mu\text{m}，\quad \Delta l_4=+0.1\mu\text{m}$$

$$\delta_{\lim}l_1 = \pm0.35\mu m, \quad \delta_{\lim}l_2 = \pm0.25\mu m, \quad \delta_{\lim}l_3 = \pm0.20\mu m, \quad \delta_{\lim}l_4 = \pm0.20\mu m$$

试求量块组按基本尺寸使用时的修正值及带来的测量误差。

2-11　按公式 $V=\pi r^2 h$ 求圆柱体体积，若已知 $r$ 为 2cm，$h$ 为 20cm，要使体积 $V$ 的相对误差不超过 1%，求 $r$ 和 $h$ 测量时的相对误差。

2-12　测量某电路电阻 $R$ 两端的电压降 $U$，可由公式 $I=U/R$ 计算出电路电流 $I$，如果电压降为 25.4V，电阻为 5.6Ω，期望电流的极限误差为 0.03A，试确定电阻 $R$ 和电压降 $U$ 的测量误差分别是多少？

2-13　测量圆盘的直径 $D = (72.003 \pm 0.052)$mm，按照公式计算圆盘的面积为 $S = \pi D^2/4$，由于π的有效数字位数不同会给面积的测量带来系统误差，为了保证面积 $S$ 的计算精度与直径的测量精度相同，试确定π的有效数字位数。

2-14　用双球法检定内锥角 $\alpha$，如题图 2.1 所示，已知测得尺寸及系统误差为

$$D_1=45.00\text{mm}，\Delta D_1=0.002，D_2=15.00\text{mm}，\Delta D_2=-0.003\text{mm}$$

$$l_1=93.921\text{mm}，\Delta l_1=0.0011\text{mm}，l_2=20.961\text{mm}，\Delta l_2=0.0008\text{mm}$$

试求检定结果。

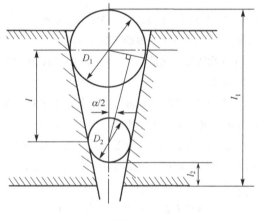

题图 2.1

2-15　习题 2-14 中若已知 $\sin\dfrac{\alpha}{2} = \dfrac{D_1 - D_2}{2l}$，试确定最佳测量方案。

# 第3章　现代误差分析的基本方法

现代化、自动化和高精度测试技术的不断出现，使得测试结果数据处理的相关理论与方法逐渐朝着更高水平的方向发展，误差理论是数据处理研究中的主体与核心问题，经过数百年的发展，一些经典的概念逐渐被现代概念所取代、充实与完善，误差理论由经典时代发展到现代阶段，逐步发展形成了现代误差理论的新体系与新格局。

本章首先对经典误差理论的特点与问题进行总结，进而围绕测量不确定度这个现代误差理论的核心概念展开介绍，对其基本概念以及静态测量和动态测量下的处理方法进行详细介绍，最后通过应用案例帮助大家准确理解与应用。

## 3.1　现代误差分析理论概述

本节先对经典误差理论的主要特点与问题进行概述，进而对现代误差理论的内容和基本特征进行介绍，为后面的不确定度分析和评定奠定基础。

### 3.1.1　经典误差理论的特点与问题概述

#### 1. 经典误差理论的特点

前面的章节对经典误差理论的核心内容进行了介绍，可以看出经典误差理论主要具有下列几个特点。

(1)对随机误差的研究，主要集中在服从正态分布的随机误差，例如，随机误差的单峰性、对称性、有界性和抵偿性四个特征仅适用于正态分布；粗大误差的判别准则和系统误差的发现方法也只适用于正态分布。

(2)对误差的处理，主要在于单纯的测量数据系列，不涉及具体的测量方法和仪器，也就是说误差处理是建立在统计理论基础上的数学方法，而与具体的测量过程无关。

(3)对于被测量，主要在于量值不变的静态测量系统，研究单一不变的静态测量误差。

(4)减小测量误差的方法有一定的局限性，对系统误差只能采取事先检定单一误差值进行修正的方法，公式简单划一；对随机误差则采取多次重复测量的方法，只能减小具有正态分布随机误差的影响。

#### 2. 经典误差理论存在的问题

由于经典误差理论具有上述特点，随着现代科技的发展，逐渐暴露出许多不足之处，存在的主要问题如下。

(1)精度不高、效率低下，不适应现代复杂测量系统的误差评定。

(2)聚焦于片面评定测量结果，不适应动态测量和多分布误差的描述。

(3)对于测试实践中大量存在的不符合统计规律的误差，很难对其进行分析处理与结果评定。

(4)不能对测量方法和测量仪器各组成环节中的系统误差进行科学的研究与评价。

### 3.1.2　现代误差理论的特征与内容

1953 年，比尔斯(Y. Beers)在《误差理论导引》中科学地描述了误差的含义，主要包括两点：①测得值与真值之间的差异；②给出一个例如±$U$ 的数值，这时误差指的是不确定度。其核心概念就是不确定度。1973 年，伯恩斯(J. E. Burns)等在《误差与不确定度》中正式提出"不确定度"一词，引起了广泛关注与讨论，并被逐渐接受和应用。1980 年，国际计量局(法语：Bureau International des Poids et Mesures，BIPM)首次正式提出不确定度建议书 INC-1。1993 年，ISO 等国际组织推出了《测量不确定度表示指南》(Guide to the Expression of Uncertainty in Measurement，GUM)。在这段时间内，误差修正理论与技术、动态测量误差评定等问题的研究也取得了较大进展。

因此可以认为，20 世纪 70 年代和 80 年代是现代误差理论迅速发展与形成的时期，并且已经有了比较完整的概念，但是其中还有许多问题需要统一认识与深入研讨，以使其更加科学化、系统化并被人们普遍地接受、掌握与应用。

**1. 现代误差理论的基本特征**

经典误差理论是以统计学理论为基础，以静态测量误差以及服从正态分布为主的随机误差(偶然误差)评定与数据处理的理论为特征；而现代误差理论则是集静态测量误差与动态测量误差于一体、集随机误差与系统误差于一体、集测量数据与测量方法及仪器于一体以及多种不同误差分布于一体的误差分析评定与数据处理理论，理论上突破了以统计学理论为基础的传统研究方法，实践上则力求统一、实用、可靠的评定准则与方法，水平上实现了误差理论与计算机应用技术、测量和计量实践以及与标准化等紧密结合，从而达到现代化、科学化、实用化和高精度的目标。

**2. 现代误差理论的主要内容**

经过数十年的研究与发展，现代误差理论已经形成了较为完整的体系与丰富的内容，其主要内容大致可以归纳为以下几类。

1)测量不确定度原理及应用

这是现代误差理论中的核心问题，也是当代误差理论的研究前沿。

目前，各国正在大力贯彻 ISO 等国际组织发布的《测量不确定度表示指南》，但其中有些问题急需开展相应的研究才能解决，以便使测量不确定度的表示方法得到真正、合理的应用，如不确定度分量的 A 类或 B 类评定的认定、包含因子的估计、相关系数的计算等。

2)常见误差源的误差性质及其分布

这是现代误差理论中的重要基础性问题。

科学地应用测量不确定度原理，必须从研究误差的属性入手，计算不确定度的基本依据仍然是误差的数值。在测量方法及仪器的各组成因素中，许多误差源的误差性质及分布不可能完全相同。在计算总误差或者合成不确定度时，由于各误差的分布不同，所选取的参数也不相同；而且常常在同一置信水准的情况下进行合成。在复杂组成系统的多误差源测量系统中，目前已知误差的性质及其分布者为数甚少，因此研究各种误差源中误差分布的性质、模型、特征等，已经成为当前面临的迫切任务。

3)全误差修正技术及其应用

这是现代误差理论发展较为迅速的领域之一。

计算机的迅速普及与应用，使误差修正技术得到了新的飞跃，其研究及其应用非常普遍。全误差修正技术不仅可用于传统的系统误差修正，而且几乎各种误差皆可采用这种修正技术在不同程度上减小测量误差的影响，但是其中也面临着一些新的问题。目前在该领域的研究工作较为活跃，例如，在复杂测量系统中，多源误差修正技术和动态误差的实时修正方法研究及其应用，就是其中的重点内容之一。

4) 动态测量不确定度的分析评定

这是现代误差理论的重要组成部分之一。

动态测量不确定度的分析评定是目前研究差距较大，存在问题也较多的领域。在实用中基本上处于"以静代动"的水平，还未能科学地应用动态不确定度的原理与方法来评定动态测量结果的不确定度。动态测量不确定度原理在理论和实践上与测量系统的动态特性与随机测量数据的特征参数有着密切的关系，但其既不是测量系统内部动态特性的简单描述，也不是测量系统外部动态测试数据随机特征参数传统评定理论的简单应用。动态测量不确定度的科学分析与评定，涉及动态测试过程中有关的系统科学、计量学、物理学、统计学和数学等多学科知识的综合运用，是未来面临的急需解决的复杂难题。

### 3.1.3　测量不确定度的概念及其与误差的关系

#### 1. 测量不确定度的定义

测量不确定度(uncertainty of measurement)是测量结果带有的一个参数，用于表征合理地赋予被测量之值的分散性。

对于该定义需要做如下四点补充说明。

(1) 该参数是一个表征分散性的参数。其可以是标准差或其倍数，或说明置信水平的区间半宽度。

(2) 该参数一般由若干分量组成，统称为不确定度分量。在不确定度的分析评定中，关键是合理地估计这些不确定度分量的大小。为了处理问题方便，在《测量不确定度表示指南》中规定，可以将这些分量分为 A 类和 B 类两类。其中，A 类评定分量是依据一系列测量数据的统计分布获得实验标准差；B 类评定分量则是基于经验或者其他信息假定的概率分布给出的标准差。

(3) 该参数可以通过对所有不确定度分量进行方差和协方差合成得到。该参数的可靠程度一般可用自由度的大小表征，自由度则是通过对每个不确定度分量估计的自由度通过运算得到的。

(4) 该参数是用于完整地表征测量结果的。一个完整的测量结果应包括对被测量的最佳估计值及分散性参数两个部分。分散性参数即测量不确定度，包括所有不确定度分量，即除了不可避免地随机影响对测量结果的贡献外，还应包括由系统效应所引起的分量，如一些与修正值和参考测量标准有关的分量等，它们对分散性均有不同程度的贡献。

如果完整地做到了上述四点，一般就可以认为该参数是合理地赋予了被测量值的分散性参数。

#### 2. 测量不确定度与误差之间的关系

测量不确定度和误差都是误差理论中的两个重要概念。

测量不确定度和误差的相同点在于，两者都是评价测量结果质量的重要指标。测量不确定度是测量结果本身就带有的一个参数，用于表征合理地赋予被测量之值的分散性。测量误差则是指测得值与被测量的真值之差。误差是不确定度研究的基础，计算不确定度首先要从分析误差的性质和规律入手，然后才能够更好地估计不确定度分量的数值。

测量不确定度和误差之间也有着明显的差别，应当注意区分使用。首先从定义上讲，误差是测量结果与真值之差，以真值或约定真值为中心；而测量不确定度则是以被测量的估计值为中心。因此误差只是一个理想的概念，难以准确地量化；而不确定度则是反映人们对测量认识不足的程度，可以定量地做出评定。其次从分类来看，误差一般分为系统误差、随机误差和粗大误差，但由于各误差之间并不存在绝对的界限，因此在不同误差的分类判别和计算时不易准确地掌握。而测量不确定度则不按性质进行分类，而是按照评定方法分为 A 类和 B 类评定两大类。两类评定方法本身并没有优劣之分，应当结合实际情况的可能性适当决定采用哪一种具体的评定方法，并且还要便于在分析计算中做出合理的评定。

在 GUM 的推广应用中，误差通常是指确定性误差，即符号及大小已知的误差，一般属于可以修正的误差；不确定度为不确定性误差的变化程度。按照 GUM 的建议，误差一般专门用于表示确定性的误差，即符号与大小已知的误差，可以修正的误差，也即常差。

测量结果存在常差与不确定度时，常差宜进行修正。修正值为负的常差经过修正后，最终结果可以表示为

$$最终结果 = 测量结果 \pm 扩展不确定度$$

如果未对存在的常差进行修正，则最终结果可以表示为

$$最终结果 = 测量结果 - 常差 \pm 扩展不确定度$$

此时 {-(常差) ± (扩展不确定度)}=[-(常差)-(扩展不确定度)，-(常差)+(扩展不确定度)]，有时也可以称为广义不确定度。

## 3.2  测量不确定度的处理方法

前面对测量不确定度的基本特征进行了介绍，本节围绕不确定度评价常用术语、不确定度分量的评定方法、不确定度合成与扩展以及不确定度的表达等几个方面展开介绍，旨在帮助大家掌握不确定度的基本处理方法。

### 3.2.1  不确定度的基本概念

随着生产力发展和现代科学技术的进步，对测量数据的可靠性和准确性提出了更高的要求。作为一个完整的测量结果，一般应当包含被测量值的估计以及表征该值分散性的参数两个部分。测量结果的质量如何需要用不确定度来评价。不确定度越大测量的质量越低，使用价值也越低；不确定度越小则测量质量越高，水平越高，使用价值也越高。

不确定度可以用来表明基准、检定、校准和比对等的水平，作为量值溯源的依据，还可以用来表明测量设备的质量，因此不确定度与计量科学技术密切相关。不确定度一旦评定过大，会因测量不能满足需要而增加投资，从而造成浪费；而不确定度如果评定过小，则会对产品的质量造成危害，使企业和国家遭受损失。测量过程控制所用的计量保证，就

是要保证经过验证的不确定度要尽量准确，以满足计量校准或计量检测的要求。为了贯彻国际标准和开展国际之间的合作，不确定度的表示和评定在全世界的一致性将对理解和交流各项技术规范或规程中的测量结果，具有特别重要的意义。

在第 1 章的 1.4.1 节中已经给出了不确定度评定过程中的一些常用术语，需要注意的是，根据表示不确定度方法的不同，相对不确定度可以用相对合成标准不确定度或相对扩展不确定度表示，相应地，也有相对合成标准不确定度：

$$u_c'(y) = u_c(y) / |y| \tag{3.2.1}$$

$u_c'(y)$ 也记为 $u_{c,r}$ 或 $u_{c,rel}$；相对扩展不确定度为

$$U' = U / |y| \tag{3.2.2}$$

$U'$ 也记为 $U_{c,r}$ 或 $U_{c,rel}$。

### 3.2.2　不确定度的来源及分类

#### 1. 不确定度的来源

设 $x_1, x_2, \cdots, x_N$ 是测量结果 $y$ 的不确定度来源。一般可以从被测量的定义不完善、测量人员、环境、测量仪器等统筹考虑，全面地寻找不确定度的所有来源，做到既不遗漏，又不重复。因为一旦有所遗漏，就会使 $y$ 的不确定度评定结果过小；反之，如果重复了，就会使 $y$ 的不确定度评定结果过大。

在实际的测量工作中，不确定度的来源一般有如下几方面。

1) 被测量的定义不完善

被测量的定义不完善，会使被测量带有某种模糊性，从而产生相应的不确定度。

例如，定义被测量是一根标称值为 1m 钢棒的长度。如果要求测量准确至 μm 的量级，则被测量的定义就不完整，因为钢棒在不同的环境条件下有不同的长度。定义不完整会在测量结果中引入温度和大气压的影响，进而影响长度测量结果的不确定度。又如，假设定义被测量是标称值为 1m 的钢棒在 25.0℃ 和 101325Pa 大气压条件下的长度，则为完整的定义，这样就可以避免由于环境所引起的测量不确定度。

2) 非代表抽样

非代表抽样是指测量样本不能完全代表所定义的被测量。

例如，在测量岩层灰质成分时，只能在岩层的局部进行抽样。抽样的测量结果并不能代表全部岩层的情况，这种非代表抽样将产生不确定度。又如，在测量一瓶液体的浓度时，由于液体均匀性的影响，在不同部位取出的液体样本不可能代表一瓶液体的总体，这样就会产生不确定度。

3) 被测量的定义实现不理想

被测量通常是在一些特定条件下定义出来的，这些条件的实现有时不容易或不完全，这样就会产生不确定度。

当按自由落体法测量某地点的重力加速度 $g$ 时，应当在真空中进行测量。由于技术水平的限制，将测量装置抽成绝对的真空很难达到。真空实现的不完善就会带来不确定度。又如，在微波测量中，衰减量是在匹配条件下定义的；但实际测量系统不可能理想匹配，因此失配就成为不确定度的来源。

4）测量人员

测量人员在生理上的最小分辨力、感知器官的生理变化、反应速度和读数习惯等都会引起不确定度。例如，对模拟式仪器的读数偏差、对准标志时的读数偏差和在记录信号时的超前或滞后等。

5）测量环境

测量环境条件的不完善或者对测量环境条件认识的不足，使得测量环境因素与要求的标准状态不一致，引起测量仪器仪表的量值发生变化，进而带来不确定度。

6）基本参数不准确

国际科技数据委员会（Committee on Data for Science and Technology，CODATA）给出的基本物理常数常常带有不确定度，在计算过程中使用这些常数将使测量结果产生相应的不确定度。例如，测量铜棒长度时，铜的线膨胀系数$\alpha$可由手册查出，如果在使用这个值的时候没有考虑温度的修正值，那么就会因基本参数不准确带来不确定度。

7）测量仪器

测量仪器在灵敏度、鉴别力阈、分辨力、死区和稳定性等计量性能方面的限制也会产生不确定度。

例如，一台数字式称重仪器，其指示装置的最低位数字是1g，即其分辨力为1g。如果示值为$X$，则可认为该值以等概率落在$[X-0.5g, X+0.5g]$的区间内。那么由于该仪器的分辨力限制所造成的扩展不确定度就是0.5g。

8）测量方法和程序的近似或者假设

在推导测量结果表达式的过程中，测量过程中的一些重要因素没有充分地反映出来，或者对现有的成熟方法进行了一定的简化，或经验公式函数类型选择的某种近似性等带来不确定度。

例如，被测量表达的某种近似、自动测试程序的迭代程度、在电测中由于测量系统不完善引起的绝缘漏电、热电势、引线上的电阻压降等，均会引起相应的不确定度。

9）在相同测量条件下，重复测量中所出现的随机变化

例如，在一定的测量条件下对某一被测量进行多次重复测量时，不确定的随机因素变化所产生的不确定度。

10）测量列中的粗大误差因不明显而未被剔除

由于一些尚未认识到的系统效应的影响，测量列中的粗大误差因不明显而未被剔除，一般很难在不确定度评定中予以考虑，但却可能导致测量结果产生一定程度的不确定度。

11）赋予测量标准和标准物质的标准值不准确

通常的测量都是将被测量与测量标准的给定值进行比较来实现的，因此标准量的不确定度会直接引入到测量结果中。

例如，在用天平进行测量时，在测得质量的不确定度中就包括标准砝码的不确定度。

以上各种不确定度来源可以分别归纳为测量设备、测量方法、测量环境和测量人员等产生的不确定度因素，以及对各种系统因素影响修正的不完善和随机影响等，还特别包括被测量的定义、复现和抽样的不确定性等多种因素的综合作用。总的来说，所有的不确定度来源对测量结果都有贡献，原则上都不应轻易忽略。但是在对各个不确定度来源的大小都比较清楚的前提下，为了简化对测量结果的评定，又要力求做到"抓主舍次"。

**2. 不确定度的分类**

不确定度按照其评定方法的不同，可以分为 A 类评定和 B 类评定两大类。

将不确定度分为 A、B 两类评定方法的目的，仅仅在于说明计算不确定度的两种不同途径，并不是说这两类评定方法在本质上有什么区别。它们都是以某种概率分布为基础，并且都能够用方差或标准差来定量地进行表达。因此不能将其与"随机误差"和"系统误差"混为一谈，或者简单地将 A 类不确定度归于随机误差导致的不确定度，把 B 类不确定度归于系统误差导致的不确定度，这些做法都是不恰当的。国际上为了避免上述误解与混淆，已经不再使用"随机不确定度"和"系统不确定度"这种表述方式。

### 3.2.3　标准不确定度的评定

在测量不确定度中所包含的若干个不确定度分量时，均以标准不确定度分量。在对不确定度进行评定时，应当遵循国际测量不确定度工作组制定的《测量不确定度表示指南》。在评定时首先要进行建模，找出影响测量结果的各个不确定度来源，并且根据实际情况对各不确定度分量进行 A 类评定或者 B 类评定。这种分类评定的目的仅仅在于说明计算不确定度的两种不同途径，并非它们在本质上存在差异。

**1. A 类评定方法**

可以用统计分析的方法进行评定的不确定度称为 A 类评定，通常要求给出标准不确定度分量及自由度，自由度的计算方法在后面对应的位置会有介绍。

当被测量 $Y$ 取决于其他 $N$ 个量 $X_1, X_2, \cdots, X_N$ 时，则 $Y$ 的估计值 $y$ 的标准不确定度 $u_y$ 取决于 $X_i$ 的估计值 $x_i$ 的标准不确定度 $u_{xi}$，因此要先计算 $u_{xi}$。其方法是：在其他 $X_j(j \neq i)$ 保持不变的条件下，仅对 $X_i$ 进行 $n$ 次等精度独立测量，用统计分析的方法由 $n$ 个观测值求得单次测量标准差 $\sigma_i$，则 $x_i$ 的标准不确定度 $u_{xi}$ 的数值按照下列情况分别确定。

（1）如果用单次测量值作为 $X_i$ 的估计值 $x_i$，则 $u_{xi} = \sigma_i$。

（2）如果用 $n$ 次测量的平均值作为 $X_i$ 的估计值 $x_i$，则 $u_{xi} = \sigma_i / \sqrt{n}$。

1）贝塞尔法

对某量 $\mu$ 做多次独立测量，得到 $x_1, x_2, \cdots, x_n$，且 $x_k \sim N\left(\mu, \sigma^2\right)$，$x_k$ 的精度相同，是等精度测量序列。

$\mu$ 的估计值为算术平均值，即

$$\hat{\mu} = \bar{x} = \sum_{k=1}^{n} x_k \bigg/ n \tag{3.2.3}$$

$$E\left(\bar{x}\right) = \frac{\sum_{k=1}^{n} E(x_k)}{n} = \frac{n\mu}{n} = \mu \tag{3.2.4}$$

式中，$\bar{x}$ 为 $\mu$ 的无偏估计。

算术平均值 $\bar{x}$ 具有很多优良的性质，因此在实际工作中通常以平均值作为 $\mu$ 的最佳估计值。

根据统计理论中计算矩的方法，对单次测量中的方差 $\sigma^2$ 估计为 $s_{(1)}^2$，即

$$s_{(1)}^2 = \frac{1}{n}\sum_{k=1}^{n}(x_k - \overline{x})^2 \tag{3.2.5}$$

考虑到

$$Es_{(1)}^2 = \frac{n-1}{n}\sigma^2 \tag{3.2.6}$$

因此，$s_{(1)}^2$ 为 $\sigma^2$ 的有偏估计，而

$$s^2 = \frac{n-1}{n}s_{(1)}^2 = \frac{1}{n-1}\sum_{k=1}^{n}(x_k - \overline{x})^2 \tag{3.2.7}$$

为 $\sigma^2$ 的无偏估计。

在实际工作中，定义残差为 $v_k = x_k - \overline{x}$，则单次测量标准差的估计值为

$$s = \sqrt{\frac{1}{n-1}\sum_{k=1}^{n}(x_k - \overline{x})^2} = \sqrt{\frac{1}{n-1}\sum_{k=1}^{n}v_k^2} \tag{3.2.8}$$

式(3.2.8)就是贝塞尔公式。

贝塞尔为德国著名的数学家和测量学家，他在研究仪器误差理论时得出了这个著名的公式。因为对 $\sum_{k=1}^{n}v_k^2$ 的求和是从 $k=1$ 到 $k=n$，即求和的项数为 $n$，因此存在一个限制条件：

$$\sum v_k = \sum(x_k - \overline{x}) = \sum x_k - n\overline{x} = \sum x_k - n\cdot\frac{\sum x_k}{n} = \sum x_k - \sum x_k = 0 \tag{3.2.9}$$

自由度为总和项数 $n$ 与总和限制条件数 1 之差，即

$$\nu = n-1 \tag{3.2.10}$$

这就是贝塞尔法计算标准差时的自由度。

**例 3.2.1**　对某量重复测量 9 次，单位为 mm，如下：

$$x_1 = 1258, \quad x_2 = 1258, \quad x_3 = 1253$$
$$x_4 = 1252, \quad x_5 = 1252, \quad x_6 = 1256$$
$$x_7 = 1189, \quad x_8 = 1240, \quad x_9 = 1225$$

试利用贝塞尔公式进行不确定度评价。

**解**　首先计算出算术平均值：$\overline{x} = 1242.6\,\text{mm}$，进而由贝塞尔公式可得

$$s = \sqrt{\frac{1}{n-1}\sum_{k=1}^{n}(x_k - \overline{x})^2} = \sqrt{\frac{1}{n-1}\sum_{k=1}^{n}v_k^2} = 22.7\,\text{mm}$$

如果是用算术平均值作为 $x$ 的估计值，则

$$u_x = s/\sqrt{n} = 22.7/3 = 7.6\ (\text{mm})$$

最后考虑到有式(3.2.9)所示的限制条件，因此，根据式(3.2.10)计算得到自由度为 $\nu = n-1 = 8$。

**例 3.2.2**　对某长度量测量的次数为 $n = 4$，测量数据为 1.70、1.57、1.37、1.71，单位为 mm，试用贝塞尔法进行不确定度评估。

**解**　首先求得算术平均值为 $\overline{x} = 1.588\,\text{mm}$，进而利用贝塞尔公式求得单次测量的标准

差为

$$s = \sqrt{\frac{1}{n-1}\sum_{k=1}^{n}(x_k - \bar{x})^2} = \sqrt{\frac{1}{n-1}\sum_{k=1}^{n}v_k^2} \approx 0.158\,\text{mm}$$

用算术平均值作为 $x$ 的估计值，则 $u_x = s/\sqrt{n} = 0.158/2 = 0.079 \approx 0.08\,\text{mm}$，自由度为 $v = n-1 = 3$。

2）最大残差法

在测量实践中，将绝对值最大的残差简称为最大残差。最大残差易于观测，故可由最大残差方便地计算出标准差的估计值。

设测量列服从正态分布，则由最大残差得到标准差的估计值为

$$s = c_n \max|v| \tag{3.2.11}$$

式中，$c_n$ 见表 3.2.1。最大残差法由中国计量科学研究院刘志敏研究员于 1979 年提出。

表 3.2.1 最大残差法、极差法和最大误差法的系数

| $n$ | 1 | 2 | 3 | 4 | 5 | 6 | 7 | 8 | 9 | 10 | 15 | 20 |
|---|---|---|---|---|---|---|---|---|---|---|---|---|
| $c_n$ | | 1.77 | 1.02 | 0.83 | 0.74 | 0.68 | 0.64 | 0.61 | 0.59 | 0.57 | 0.51 | 0.48 |
| $d_n$ | | 1.13 | 1.69 | 2.06 | 2.33 | 2.53 | 2.70 | 2.85 | 2.97 | 3.08 | 3.47 | 3.73 |
| $c_n'$ | 1.25 | 0.88 | 0.75 | 0.68 | 0.64 | 0.61 | 0.58 | 0.56 | 0.55 | 0.53 | 0.49 | 0.46 |

例 3.2.3 对例 3.2.2 的测量数据，试用最大残差法进行不确定度评定。

解 首先计算得到 $\bar{x} = 1.588\,\text{mm}$，由于残差的最大值为

$$\max|v| = 0.218\,\text{mm}$$

因此可得

$$s = c_n \max|v| = 0.83 \times 0.218 \approx 0.18\,\text{mm}$$

3）极差法

设等精度多次观测得到的 $x_1, x_2, \cdots, x_n$ 服从正态分布，从其中选取最大值与最小值，则两者之差称为极差：$w_n = x_{\max} - x_{\min}$。

由极差的分布函数可求出极差的数学期望为 $E(w) = d_n\sigma$，则可得 $\sigma$ 的无偏估计为

$$s = \frac{w_n}{d_n} \tag{3.2.12}$$

式中，$d_n$ 的数值见表 3.2.1。

例 3.2.4 对例 3.2.2 的测量数据，试用极差法进行不确定度评定。

解 首先计算 $w = 1.71 - 1.37 = 0.34\,\text{mm}$，由表 3.2.1 查得 $d_4 \approx 2.06$，因此可得

$$s = \frac{w}{d_4} = \frac{0.34}{2.06} = 0.17\ (\text{mm})$$

4）彼得斯法

由贝塞尔公式计算 $s$ 时因 $v_k^2$ 影响 $s$，含有粗大误差的 $v_k$ 将对 $s$ 有极大的影响。德国天文

学家彼得斯(Peters)采用 $|v_k|$ 计算 $s$ ,减弱了粗大误差值的影响。

设有多次独立测量值得 $x_1, x_2, \cdots, x_n$ ,且

$$x_k \sim N\left(\mu, \sigma^2\right)$$

残差:

$$v_k = x_k - \overline{x}$$

则由最大残差法知

$$E\left(v_k\right) = 0$$

$$V\left(v_k\right) = \frac{n-1}{n}\sigma^2$$

$$\sigma\left(v_k\right) = \sigma\sqrt{\frac{n-1}{n}}$$

对 $N\left(0, \sigma_H\right)$ 形成的绝对正态分布,其期望:

$$E\left|N\left(0, \sigma_H\right)\right| = \sigma_H\sqrt{\frac{2}{\pi}}$$

进一步

$$v_k \sim N\left(0, \sigma\sqrt{\frac{n-1}{n}}\right)$$

$$E\left|v_k\right| = \sigma\sqrt{\frac{n-1}{n}} \times \sqrt{\frac{2}{\pi}}$$

$$E\sum\left|v_k\right| = \sum E\left|v_k\right| = nE\left|v_k\right| = \sigma\sqrt{n(n-1)}\sqrt{\frac{2}{\pi}}$$

于是

$$\sigma = \frac{1}{\sqrt{n(n-1)}}\sqrt{\frac{\pi}{2}}E\sum\left|v_k\right|$$

标准差的无偏估计:

$$s = \hat{\sigma} = \frac{1}{\sqrt{n(n-1)}}\sqrt{\frac{\pi}{2}}\sum\left|v_k\right| = \frac{1.253}{\sqrt{n(n-1)}}\sum\left|v_k\right| \tag{3.2.13}$$

称为彼得斯公式。彼得斯公式是一种稳健的计算公式。

**例 3.2.5** 用彼得斯法计算例 3.2.2 中测得的数据,求解不确定度。

**解** 根据式(3.2.13)可得

$$s = \hat{\sigma} = \frac{1.253}{\sqrt{n(n-1)}}\sum\left|v_k\right| = 0.17\,\text{mm}$$

5)最大误差法

设测量列服从正态分布,有些情况下可知被测量的真值,或满足规定精度等级的约定真值,由此求出随机误差 $\delta_i$ ,取其中绝对值的最大值 $\left|\delta_i\right|_{\max}$ ,则可得 $\sigma$ 的无偏估计为

$$s = c_n' \left| \delta_i \right|_{\max} \tag{3.2.14}$$

式中，$c_n'$ 的值见表 3.2.1。

以上所介绍的标准不确定度的几种计算方法简便易行，且具有一定的精度，但其可靠性都比贝塞尔公式低。因此对于重要的测量，或当几种方法计算的结果出现矛盾时，应以贝塞尔公式为仲裁。

**2. B 类评定方法**

B 类评定方法有别于统计分析的方法，其是基于其他方法来估计概率分布或假设服从某种分布，进而对标准不确定度做出评定。国际不确定度工作组建议通过对测量过程中各种有关信息进行分析，如以往的测量数据、经验或资料、产品说明书、检定证书、测试报告、测量性能和特点等，以先验概率分布为基础，根据经验参照 A 类评定，以等价标准差的形式进行估计。

合理使用评定 B 类不确定度的全部信息，要求对经验及相关知识有全面深入的了解，这是一门很高的技巧，一般靠长期的实践经验逐步积累。B 类评定所给出标准不确定度的结果是建议性的，因为其是一种正在发展的和逐步完善的评定，只要掌握了充分的参考数据，就能够和 A 类评定的结果一样可靠。

B 类不确定度评定的主要方法包括（但不限于）以下几个方面。

1）倍数法

如果 $X_j$ 取自制造说明书、校准证书、手册或其他来源，且给出的 $X_j$ 的估计值 $x_j$ 的不确定度 $U(x_j)$ 为标准差的 $k_j$ 倍，则用倍数法计算的标准不确定度为

$$u(x_j) = \frac{U(x_j)}{k_j} \tag{3.2.15}$$

**例 3.2.6**　从校准证书查得名义值为 1kg 的不锈钢质量标准实际质量为 1000.000325g，该值的不确定度按 3 倍标准差为 240μg，试求其标准不确定度。

**解**　根据题意可知，可以按照式(3.2.15)进行计算，如下：

$$u(m) = \frac{240μg}{3} = 80μg$$

因此，标准不确定度为 80μg。

2）正态分布法

当 $X_j$ 受到多个（至少 3 个）独立且数量相当的因素影响时，可以视为近似服从正态分布。

（1）若给出的不确定度 $U(x_j)$ 对应的置信水准为 0.90、0.95、0.99 或 0.997，则可以将 $U(x_j)$ 除以 1.64、1.96、2.58 或 3，得到标准不确定度 $u(x_j)$。

**例 3.2.7**　一个校准证书给出名义值为 10Ω 的标准电阻的阻值为 $10.000742Ω \pm 129μΩ$，且已知该不确定度 129μΩ 所确定的区间有 99% 的置信水准，试求其标准不确定度。

**解**　根据题意可得置信水准为 99%，对应的系数为 2.58，则电阻的标准不确定度为

$$u(R) = \frac{129μΩ}{2.58} = 50μΩ$$

(2) 如果 $X_j$ 在区间 $\left[x_j - a, x_j + a\right]$ 内出现的概率为 0.5，则 $u\left(x_j\right) = 1.48a \approx 1.5a$。

**例 3.2.8**　测定某零件的长度，估计该长度以概率 0.5 的可能性位于 10.07～10.15mm 的区间。报告长度为 $l = (10.11 \pm 0.04)\,\text{mm}$，即 ±0.04 mm 确定的置信水准为 50% 的区间，试计算该标准不确定度大小。

**解**　根据题意可得 $a = 0.04$ mm，对 $l$ 的可能值取正态分布，则得到长度 $l$ 的标准不确定度为

$$u(l) = 1.5 \times 0.04 \text{ mm} = 0.06 \text{ mm}$$

(3) 如果 $X_j$ 出现在 $\left[x_j - a, x_j + a\right]$ 区间内的概率为 $0.68 \approx \dfrac{2}{3}$，则 $u\left(x_j\right) = a$。

3) 均匀分布法

当 $X_j$ 在 $\left[x_j - a, x_j + a\right]$ 区间内各处出现的概率相等而在区间外不出现时，可以视 $X_j$ 服从均匀分布。最佳值 $x_j$ 的标准不确定度为

$$u\left(x_j\right) = \frac{a}{\sqrt{3}} \tag{3.2.16}$$

式中，$a$ 称为量值变化的半范围或半宽度。

如果 B 类评定的分量没有任何先验信息，仅知它在某一区间内变化时，可以采用均匀分布的方法进行处理。例如，在数据修约时切尾引起的舍入不确定度、电子计数器的量化不确定度、摩擦引起的不确定度、仪器度盘或齿轮回差引起的不确定度、平衡指示器调零不准引起的不确定度、材料的温度膨胀系数不准确引起的不确定度等。

**例 3.2.9**　某手册给出在 20℃ 时的温度膨胀系数 $\alpha$ 为 $16.52 \times 10^{-6}℃^{-1}$，此值的偏差不超过 $0.40 \times 10^{-6}℃^{-1}$，试求其不确定度大小。

**解**　根据题意信息认为，膨胀系数 $\alpha$ 的值以等概率落入 $16.12 \times 10^{-6}$～$16.92 \times 10^{-6}℃^{-1}$ 的范围内，不可能位于该区间之外。

因此，取半宽 $a = 0.40 \times 10^{-6}℃^{-1}$ 的矩形分布，即可得到标准不确定度为

$$u(\alpha) = 0.40 \times 10^{-6}℃^{-1} / \sqrt{3} = 0.23 \times 10^{-6}℃^{-1}$$

**例 3.2.10**　某数字电压表的制造说明书指出，仪器在校准的 1～2 年内，在 1V 范围内的最大允许误差为

$$14 \times 10^{-6} \times 读数 + 2 \times 10^{-6} \times 范围$$

设在校准 20 个月之后在 1V 内测量电压，由多次等精度独立测得电压 $V$ 后，计算出平均值和标准差分别为

$$\overline{V} = 0.928571\text{V}, \quad s\left(\overline{V}\right) = 12\mu\text{V}$$

试求电压的最佳值及相应的不确定度。

**解**　电压表的最大允许误差为

$$a = 14 \times 10^{-6} \times 0.928571 + 2 \times 10^{-6} \times 1 = 15(\mu\text{V})$$

按照均匀分布（半宽度 $a$）评定的 B 类标准不确定度为

$$u(\Delta V) = \frac{15}{\sqrt{3}}\mu V = 8.7\mu V \approx 9\mu V$$

因此，电压的最佳值为

$$V = \overline{V} + \Delta V = 0.928571V$$

A 类评定的标准不确定度为

$$u(\overline{V}) = s(\overline{V}) = 12\mu V$$

B 类评定的标准不确定度为

$$u(\Delta V) = 9\mu V$$

4）反正弦分布法

当 $X_j$ 受到均匀分布的正、余弦函数影响时，一般可以当作服从 $[x_j - a, x_j + a]$ 的反正弦分布。因此最佳值 $X_j$ 的标准不确定度为

$$u(x_j) = \frac{a}{\sqrt{2}} \tag{3.2.17}$$

在计算不确定度时，使用反正弦分布的情况很多。例如，在 $[0, 2\pi]$ 内均匀分布的正弦或余弦函数的不确定度、温度偏差随时间 24 小时发生周期变化引起的不确定度、度盘偏心引起的角度不确定度、正弦或余弦振动引起的位移不确定度等。

**例 3.2.11**　在某量块的校准过程中，实验台座的温度在[19.9℃–0.5℃，19.9℃+0.5℃]范围内呈周期性的变化，试求其不确定度大小。

**解**　根据题意，应当按照反正弦分布进行计算，则温度变化产生的标准不确定度为

$$u(x_j) = 0.5℃/\sqrt{2} = 0.35℃$$

5）梯形分布与三角分布法

当 $X_j$ 受到两个相互独立且服从均匀分布的误差因素影响时，一般服从 $[x_j - a, x_j + a]$ 的梯形分布与三角分布。

（1）当两均匀分布不同时，标准不确定度为

$$u(x_j) = \frac{a\sqrt{1 + \beta^2}}{\sqrt{6}} \tag{3.2.18}$$

式中，$\beta$ 为梯形上下底宽比。

（2）当两均匀分布相同时，标准不确定度为

$$u(x_j) = \frac{a}{\sqrt{6}} \tag{3.2.19}$$

**例 3.2.12**　在硬度测量中，仪器压痕的深度决定硬度的数值。由最大深度与最小深度之差 $2a$ 可以计算出深度的标准不确定度 $u(x_j)$。

**解**　深度值一般服从均匀分布，深度之差则一般为三角分布，可得深度的标准不确定度为

$$u(x_j) = \frac{a}{\sqrt{6}}$$

6）投影分布法

当 $X_j$ 受到 $1-\cos\alpha$（$\alpha$ 服从 $[0, A]$ 均匀分布）的影响时，其服从投影分布，应当施加一个修正值：

$$-\Delta/3\left(\Delta = 1-\cos A \approx A^2/2\right)$$

经过修正之后的标准不确定度为 $\dfrac{3\Delta}{10}$。

**例 3.2.13**  用标准尺检定一根长度为 2m 的尺子，已知标准尺与被检定尺子之间的偏向角为 $\alpha \leqslant 1'$，即 $\delta = 1-\cos A, \alpha \leqslant 1' = A$，试求其标准不确定度。

**解**  由于

$$\Delta = 1-\cos A \approx \frac{A^2}{2} = \frac{1}{2}\left(\frac{1}{3438}\right)^2 = 4.2 \times 10^{-8}$$

$$E = \frac{\Delta}{3} = 1.4 \times 10^{-8}$$

$$\sigma = \frac{3\Delta}{10} = 1.26 \times 10^{-8} \approx 1.3 \times 10^{-8}$$

因此对 $l$=2m 的尺子修正的期望值为

$$-lE = -1.4 \times 10^{-8} \times 2\text{m} = -28\text{ nm}$$

经过修正之后的标准不确定度为

$$u = l\sigma = 2 \times 1.3 \times 10^{-8}\text{m} = 26\text{ nm}$$

**3. 自由度**

1）自由度的意义和性质

为了掌握不确定度评定的质量，需要给出它的自由度；自由度也是计算扩展不确定度的依据。

设有 $n$ 个重复观测值 $x_1, x_2, \cdots, x_n$，则残余误差的平方和为

$$V^2 = \sum_{i=1}^{n} v_i^2 \tag{3.2.20}$$

如果在 $n$ 个残余误差 $v_i(i=1,2,\cdots,n)$ 之间存在着 $k$ 个独立的线性约束条件，即 $n$ 个变量中独立的个数仅为 $n-k$，那么该平方和 $\sum\limits_{i=1}^{n} v_i^2$ 的自由度就是 $n-k$。

如用贝塞尔公式计算单次测量的标准差时，由于 $n$ 个变量的残差 $v_i$ 之间存在唯一的线性约束条件 $\sum\limits_{i=1}^{n} v_i = \sum\limits_{i=1}^{n}(x_i - \bar{x}) = 0$，因此自由度就是 $n$–1。在使用贝塞尔公式计算标准差 $\sigma$ 时的自由度就是 $n$–1。

从上面的分析可以看出，系列测量的标准差的可信赖程度与自由度的大小密切相关。自由度越大，标准差越小，测量结果更加可靠；反之，自由度越小，标准差越大，测量结果越不可靠。由于不确定度是用标准差来表征的，因此不确定度评定的水平高低，也可以用自由度来说明。不仅如此，每个不确定度都对应着一个具体的自由度，将不确定度计算表达式总和中所包含的项数，减去各项之间的约束条件，二者之差就是不确定度的自由度。

自由度的主要性质有如下两个。

**性质 1**：自由度尺度变换的不变性。

即假定 $u$ 的自由度为 $\nu$，则当 $c$ 为常数时，$cu$ 的自由度与 $u$ 相同，也是 $\nu$。

**性质 2**：自由度的可加性。

设对某个量进行若干组（$i=1,2,\cdots,n$）独立测量，得到的测量列 $x_{ik}$（$k=1,2,\cdots,n_i$）皆服从期望为 $\mu$、标准差为 $\sigma$ 的正态分布。

则第 $i$ 组 $\sigma^2$ 的无偏估计为

$$s_i^2 = \frac{1}{n_i-1}\sum_{k=1}^{n_i}(x_{ik}-\overline{x})^2 \qquad (3.2.21)$$

自由度为 $\nu_i = n_i - 1$。

全部各组的 $\sigma^2$ 的无偏估计为

$$s^2 = \sum_{i=1}^{n}\nu_i s_i^2 \bigg/ \sum_{i=1}^{n}\nu_i \qquad (3.2.22)$$

自由度为各组的自由度之和，即 $\nu = \sum_{i=1}^{n}\nu_i$。

2）A 类评定的自由度

A 类评定的自由度就是标准差 $\sigma$ 的自由度，可以由求取标准差的公式计算出相应的自由度。由于计算标准差可以采用不同的方法，因此自由度也可以不同。

当用贝塞尔公式计算单次测量的标准差时，需要计算 $n$ 个残差 $v_i$，且 $n$ 个残差之间存在的唯一约束条件为 $\sum_{i=1}^{n}v_i = \sum_{i=1}^{n}(x_i-\overline{x})=0$，故独立的残差个数为 $n-1$。在用贝塞尔公式计算标准差 $\sigma$ 时，其自由度为 $n-1$。

用不同方法计算标准差的自由度各不相同，可查阅表 3.2.2。

表 3.2.2　几种 A 类评定方法的自由度

| 测量次数 $n$ | 1 | 2 | 3 | 4 | 5 | 6 | 7 | 8 | 9 | 10 | 15 | 20 |
|---|---|---|---|---|---|---|---|---|---|---|---|---|
| 贝塞尔法 | — | 1 | 2 | 3 | 4 | 5 | 6 | 7 | 8 | 9 | 14 | 19 |
| 最大残差法 | — | 0.9 | 1.8 | 2.7 | 3.6 | 4.4 | 5.0 | 5.6 | 6.2 | 6.8 | 9.3 | 11.5 |
| 彼得斯法 | — | 0.9 | 1.8 | 2.7 | 3.6 | 4.5 | 5.4 | 6.2 | 7.1 | 8.0 | 12.4 | 16.7 |
| 最大误差法 | 0.9 | 1.9 | 2.6 | 3.3 | 3.9 | 4.6 | 5.2 | 5.8 | 6.4 | 6.9 | 8.3 | 9.5 |
| 极差法 | — | 0.9 | 1.8 | 2.7 | 3.6 | 4.5 | 5.3 | 6.0 | 6.8 | 7.5 | 10.5 | 13.1 |

3）B 类评定的自由度

对于 B 类评定的不确定度 $u$，可由估计 $u$ 的相对标准差计算自由度。

定义自由度为

$$\nu = \frac{1}{2\left(\dfrac{\sigma_u}{u}\right)^2} \qquad (3.2.23)$$

式中，$\sigma_u$ 为 $u$ 的标准差；$\dfrac{\sigma_u}{u}$ 为 $u$ 的相对标准差。

表 3.2.3 给出标准不确定度的 B 类评定在不同相对标准差时所对应的自由度。

表 3.2.3　B 类评定的自由度

| $\sigma_u/u$ | 0.71 | 0.50 | 0.41 | 0.35 | 0.32 | 0.29 | 0.27 | 0.25 | 0.24 | 0.22 | 0.18 | 0.16 | 0.10 | 0.07 |
|---|---|---|---|---|---|---|---|---|---|---|---|---|---|---|
| $\nu$ | 1 | 2 | 3 | 4 | 5 | 6 | 7 | 8 | 9 | 10 | 15 | 20 | 50 | 100 |

### 3.2.4　测量不确定度的合成

**1. 不确定度来源无关的情况**

1) 不确定度传播律

对于测量结果 $y = f(x_1, x_2, \cdots, x_N)$，若各输入量 $x_i$ $(i = 1, 2, \cdots, N)$ 之间无关，可以将函数 $f$ 展开成泰勒级数，按 $x_i$ 的标准不确定度 $u(x_i)$ 计算出合成标准不确定度 $u_c(y)$：

$$u_c^2(y) = \sum_{i=1}^{N} \left( \frac{\partial f}{\partial x_i} \right)^2 u^2(x_i) \tag{3.2.24}$$

式中，$u_c(y)$ 的下标 c 为 combined 的首字母，表示合成；$u(x_i)$ 既可由 A 类评定得到，也可由 B 类评定得到。

$u_c(y)$ 有时也简写为 $u_c$，它也是 $y$ 的标准不确定度 $u(y)$，即 $u(y) = u_c(y) = u_c$。

以电阻器为例，其消耗的电能为

$$E = \frac{V^2}{R_0 \left( 1 + \alpha(t - t_0) \right)}$$

式中，$V$ 为电压；$R_0$ 为温度是 $t_0$ 时的电阻；$t$ 为使用温度；$\alpha$ 为温度系数。

假设各输入量之间无关，于是有

$$u^2(E) = \left( \frac{\partial E}{\partial V} \right)^2 u^2(V) + \left( \frac{\partial E}{\partial R_0} \right)^2 u^2(R_0) + \left( \frac{\partial E}{\partial \alpha} \right)^2 u^2(\alpha) + \left( \frac{\partial E}{\partial t} \right)^2 u^2(t)$$

式中

$$\frac{\partial E}{\partial V} = \frac{2V}{R_0 \left[ 1 + \alpha(t - t_0) \right]} = \frac{2E}{V}, \quad \frac{\partial E}{\partial R_0} = \frac{-V^2}{R_0^2 \left[ 1 + \alpha(t - t_0) \right]} = -\frac{E}{R_0}$$

$$\frac{\partial E}{\partial \alpha} = \frac{-V^2(t - t_0)}{R_0 \left[ 1 + \alpha(t - t_0) \right]^2} = \frac{-E(t - t_0)}{1 + \alpha(t - t_0)}, \quad \frac{\partial E}{\partial t} = \frac{-V^2 \alpha}{R_0 \left[ 1 + \alpha(t - t_0) \right]^2} = \frac{-E\alpha}{1 + \alpha(t - t_0)}$$

2) 传播系数

偏导数 $\dfrac{\partial f}{\partial x_i}$ 是当 $x_1, x_2, \cdots, x_{i-1}, x_{i+1}, \cdots, x_{N-1}, x_N$ 不变时，$x_i$ 在变化单位量时所引起 $y$ 的变化值，称为不确定度的传播系数或灵敏系数，一般记为 $c_i = \dfrac{\partial f}{\partial x_i}$。

引入不确定度分量 $u_i(y)=|c_i|u(x_i)$，也可以记为 $u_i$，则

$$u_i = u_i(y) = |c_i|u(x_i) = \left|\frac{\partial f}{\partial x_i}\right|u(x_i) \qquad (3.2.25)$$

即为 $u(x_i)$ 的标准不确定度变化所引起 $y$ 的相应变化。

对于 A 类评定，可得

$$u_i = s_i = \left|\frac{\partial f}{\partial x_i}\right|s(x_i) \qquad (3.2.26)$$

当各个不确定度分量之间无关时，不确定度的传播律可写为

$$u_c^2(y) = \sum_{i=1}^{N} u_i^2(y) = \sum u_i^2 \qquad (3.2.27)$$

当函数关系 $f$ 未知时，$\dfrac{\partial f}{\partial x_i}$ 可由实验确定。此时将其他输入量保持不变，测量 $x_i$ 变化单位量时引起 $y$ 产生的变化量。

当函数关系 $f$ 和 $u(x_i)$ 均未知时，$\left|\dfrac{\partial f}{\partial x_i}\right|u(x_i)$ 可由实验确定：

$$\left|\frac{\partial f}{\partial x_i}\right|u(x_i) = \frac{1}{2}\left|f(x_1,\cdots,x_i+u(x_i),\cdots,x_N) - f(x_1,\cdots,x_i-u(x_i),\cdots,x_N)\right| \qquad (3.2.28)$$

式中，$\left|\dfrac{\partial f}{\partial x_i}\right|u(x_i)$ 是当 $x_i$ 由 $-u(x_i)$ 变化至 $+u(x_i)$ 而其他 $x_j(j\neq i)$ 保持不变时，引起 $y$ 变化的绝对值的 1/2。

3) 简单情况

对于互不相关的量 $x_1,x_2,\cdots,x_N$，若 $c_i$ 和 $p_i$ 为常数，则有

(1) 若

$$y = c_1 x_1 + c_2 x_2 + \cdots + c_N x_N$$

则

$$u_c^2(y) = c_1^2 u^2(x_1) + c_2^2 u^2(x_2) + \cdots + c_N^2 u^2(x_N)$$

当 $c_i = +1$ 或 $-1$ 时，有

$$y = \pm x_1 \pm x_2 \pm \cdots \pm x_N$$

则

$$u_c^2(y) = u^2(x_1) + u^2(x_2) + \cdots + u^2(x_N)$$

即当 $y$ 由 $x_i$ 加或减得来时，$y$ 的不确定度的平方等于各 $x_i$ 的不确定度平方之和。

(2) 若 $y = x_1^{p_1} \cdot x_2^{p_2} \cdot \cdots \cdot x_N^{p_N}$，则 $y$ 的相对合成不确定度的平方可以表示为

$$\left\{\frac{u_c(y)}{y}\right\}^2 = p_1^2\left\{\frac{u(x_1)}{x_1}\right\}^2 + p_2^2\left\{\frac{u(x_2)}{x_2}\right\}^2 + \cdots + p_N^2\left\{\frac{u(x_N)}{x_N}\right\}^2$$

这是因为

$$\frac{1}{y}\frac{\partial f}{\partial x_i}=\frac{p_i}{x_i}$$

当 $p_i=+1$ 或 $-1$ 时，　$y=x_1^{\pm1}\cdot x_2^{\pm1}\cdot\cdots\cdot x_N^{\pm1}$，　则

$$\left\{\frac{u_c(y)}{y}\right\}^2=\left\{\frac{u(x_1)}{x_1}\right\}^2+\left\{\frac{u(x_2)}{x_2}\right\}^2+\cdots+\left\{\frac{u(x_N)}{x_N}\right\}^2$$

即当 $y$ 由 $x_i$ 乘或除得来时，$y$ 的相对合成不确定度的平方等于各 $x_i$ 的相对不确定度的平方之和；当 $y=x^n$ 时，则

$$\frac{u_c(y)}{y}=n\frac{u(x)}{x}$$

即当 $y$ 为 $x$ 的 $n$ 次幂时，$y$ 的相对不确定度等于 $x$ 的相对不确定度的 $n$ 倍。

**例 3.2.14**　设 $x_1$ 与 $x_2$ 为两个质量量，无关且 $y=x_1+x_2$，如果 $u(x_1)=1.73\ \text{mg}$，$u(x_2)=1.15\ \text{mg}$，试求 $y$ 的不确定度结果。

**解**　根据题意，$y$ 是 $x_1$ 与 $x_2$ 相加的和，因此按照不确定度的合成公式，可得

$$u_c(y)=\sqrt{u^2(x_1)+u^2(x_2)}=\sqrt{1.73^2+1.15^2}\ \text{mg}=2.08\ \text{mg}$$

**例 3.2.15**　某距离 $y$ 由甲标准尺的长度 $x_1$ 和乙标准尺的长度 $x_2$ 组合测量得到，即

$$y=4x_1-2x_2$$

式中，$x_1$ 的标准不确定度为 $u(x_1)=2\mu\text{m}$；$x_2$ 的标准不确定度为 $u(x_2)=1\mu\text{m}$。试求 $y$ 的不确定度结果。

**解**　根据题意，仍然是采用不确定度的合成方法，可得

$$u_1=\left|\frac{\partial f}{\partial x_i}\right|u(x_1)=4\times2\mu\text{m}=8\mu\text{m}$$

$$u_2=\left|\frac{\partial f}{\partial x_i}\right|u(x_2)=2\times1\mu\text{m}=2\mu\text{m}$$

因为各个分量之间无关，所以合成标准不确定度，即 $y$ 的不确定度为

$$u_c(y)=\sqrt{u_1^2+u_2^2}=\sqrt{8^2+2^2}\mu\text{m}=8.2\mu\text{m}\approx8\mu\text{m}$$

**2. 不确定度来源相关的情况**

1）不确定度传播律

将测量结果 $y=f(x_1,x_2,\cdots,x_N)$ 展开为泰勒级数，并取一阶近似可得

$$u_c^2(y)=\sum_{i=1}^N\left(\frac{\partial f}{\partial x_i}\right)^2u^2(x_i)+2\sum_{i=1}^{N-1}\sum_{j=i+1}^N\frac{\partial f}{\partial x_i}\frac{\partial f}{\partial x_j}u(x_i,x_j)\tag{3.2.29}$$

式中，$u(x_i,x_j)$ 为 $x_i$、$x_j$ 协方差估计值。

式 (3.2.29) 称为不确定度传播定律或不确定度传播律。

协方差的估计值 $u(x_i,x_j)$ 为

$$u(x_i,y_j)=\hat{\text{cov}}(x_i,y_j)\tag{3.2.30}$$

注意到相关系数：

$$\rho\left(x_i, x_j\right) = \frac{1}{\sigma\left(x_i\right)\sigma\left(x_j\right)} \text{cov}\left(x_i, x_j\right) \tag{3.2.31}$$

的估计值为

$$r\left(x_i, x_j\right) = \frac{1}{u\left(x_i\right)u\left(x_j\right)} u\left(x_i, x_j\right) \tag{3.2.32}$$

于是不确定度传播律为

$$u_c^2\left(y\right) = \sum_{i=1}^{N}\left(\frac{\partial f}{\partial x_i}\right)^2 u^2\left(x_i\right) + 2\sum_{i=1}^{N-1}\sum_{j=i+1}^{N} \frac{\partial f}{\partial x_i}\frac{\partial f}{\partial x_j} r\left(x_i, x_j\right)u\left(x_i\right)u\left(x_j\right) \tag{3.2.33}$$

如果各输入量之间无关，即 $r\left(x_i, x_j\right) = 0$，则合成标准不确定度的平方为

$$u_c^2\left(y\right) = \sum_{i=1}^{N}\left(\frac{\partial f}{\partial x_i}\right)^2 u^2\left(x_i\right) = \sum u_i^2 \tag{3.2.34}$$

或合成标准不确定度为

$$u_c = \sqrt{\sum u_i^2} \tag{3.2.35}$$

这种方法称为方和根合成法。

若各 $r\left(x_i, x_j\right) = 1$，则

$$u_c^2\left(y\right) = \left(\sum \frac{\partial f}{\partial x_i}u\left(x_i\right)\right)^2 \tag{3.2.36}$$

因此

$$u_c\left(y\right) = \left|\sum \frac{\partial f}{\partial x_i}u\left(x_i\right)\right| \tag{3.2.37}$$

如果 $r\left(x_i, x_j\right) = 1$，且 $\frac{\partial f}{\partial x_i}$ 与 $\frac{\partial f}{\partial x_j}$ 同号；或 $r\left(x_i, x_j\right) = -1$，且 $\frac{\partial f}{\partial x_i}$ 与 $\frac{\partial f}{\partial x_j}$ 异号，这两种情况皆为 $r\left\{\left(\frac{\partial f}{\partial x_i}\right)x_i, \left(\frac{\partial f}{\partial x_j}\right)x_j\right\} = 1$，则合成标准不确定度可由线性和的方法求得

$$u_c = \sum u_i \tag{3.2.38}$$

**例 3.2.16**　测量 10 个标称值 $R_i = 1\text{k}\Omega$ 的电阻器，通过同一个标准电阻器 $R_s = 1\text{k}\Omega$ 进行比较，如果标准电阻器的不确定度可以忽略不计，且校准证书上给出标准电阻器的标准不确定度为 $u\left(R_s\right) = 100\text{m}\Omega$，试求 10 个电阻器串联后的不确定度为多少？

**解**　在用标准电阻器对各被测电阻器测量时，因各被测电阻器 $R_i$ 的电阻值均通过与标准电阻器 $R_s$ 的电阻值比较得到，$R_i$ 的标准不确定度就是 $R_s$ 的标准不确定度，因此：

$$r\left(x_i, x_j\right) = r\left(R_i, R_j\right) = +1$$

又因为 $\frac{\partial f}{\partial x_i} = \frac{\partial R}{\partial R_i} = 1$，且 $u\left(x_i\right) = u\left(R_i\right) = u\left(R_s\right)$，所以 10 个被测电阻器经过串联之后的

总电阻为

$$R = \sum_{i=1}^{10} R_i$$

于是

$$u_c(R) = \sum u(R_i) = 10 \times (100\text{m}\Omega) = 1\Omega$$

而如果不考虑相关性，即 $r(x_i, x_j) = r(R_i, R_j) = 0$，那么就会得出错误的结果：

$$u_c(R) = \sqrt{\sum u^2(R_i)} = 0.32\Omega$$

2）协方差

估计方差 $u^2(x_i)$ 和估计协方差 $u(x_i, x_j)$ 都可作为协方差矩阵中的元素 $u_{ij}$，矩阵对角线上的元素为方差 $u^2(x_i) = u(x_i, x_i)$，非对角线元素 $u_{ij}(i \neq j)$ 为协方差 $u(x_i, x_j) = u(x_j, x_i)$。

如果 $x_i$ 与 $x_j (i \neq j)$ 无关，则协方差矩阵中的元素 $u_{ij}$ 为零；若输入量全部不相关，则协方差矩阵中非主对角线的元素全为零，协方差矩阵就变为对角阵。

若在相同测量条件下对 $x_i$、$x_j$ 进行 $n$ 次成对独立观测得到 $(x_{ik}, x_{jk})$；$k = 1, 2, \cdots, n$，则 $x_i$、$x_j$ 的协方差估计 $u(x_i, x_j)$ 为

$$s(x_i, x_j) = \hat{\text{cov}}(x_i, x_j) = \frac{1}{n(n-1)} \sum_k (x_{ik} - x_i)(x_{jk} - x_j) \tag{3.2.39}$$

相关系数的估计为

$$r(x_i, x_j) = \frac{s(x_i, x_j)}{s(x_i)s(x_j)} \tag{3.2.40}$$

式中

$$s(x_i) = \sqrt{\frac{1}{n(n-1)} \sum_k (x_{ik} - x_i)^2}, \quad s(x_j) = \sqrt{\frac{1}{n(n-1)} \sum_k (x_{jk} - x_j)^2}$$

如果在测量两个输入量的过程中，使用了不确定度较大的相同仪器或实物作为测量标准或参考数据，则两个输入量之间很可能显著相关。

当输入量之间的协方差存在且显著时，协方差不能忽略。只要能开展成对测量，就可以计算出协方差。当估计来自环境温度、大气压和湿度等影响所产生的相关程度时，特别需要先验经验和已有的知识。在很多情况下，这些相关性可以忽略不计；如果不能忽略，则可以把共同影响量作为新的输入量予以考虑，这时可以不再考虑输入量之间的相关性。

3）相关系数

两个量 $(\xi, \eta)$ 之间的相关系数表示两者线性关系的松紧程度，其值为

$$\rho(\xi, \eta) = \frac{\text{cov}(\xi, \eta)}{\sigma(\xi)\sigma(\eta)} \tag{3.2.41}$$

$$\rho(\xi, \eta) = \frac{E\{(\xi - E\xi)(\eta - E\eta)\}}{\sqrt{E\{(\xi - E\xi)^2\} \cdot E\{(\eta - E\eta)^2\}}}, \quad \rho(\xi, \eta) \in [-1, 1] \tag{3.2.42}$$

$\rho > 0$ 表明两个量之间正相关，即当一个量增大时，另一个量的取值平均增大；$\rho < 0$ 表明两个量之间负相关，即当一个量增大时，另一个量的取值平均减小；$\rho = 0$ 则表明两个量之间无关，即一个量增大时，另一个量的取值可能增大、减小，也可能保持不变。

相关系数的求法主要有判断法、理论计算法和简单计算法，下面主要对判断法和简单计算法的情况做简要介绍，对于理论计算法的原理，大家可查阅相关文献。

(1) 判断法。

根据测量条件的分析，判断各分量之间的相关程度。通常可以判断以下两种情况。

① $\rho = 0$，可能来自以下四个原因之一：

两个量之间互相独立或不可能互相影响，即当一个量增大时，另一个量可正可负；当一个量减小时，另一个量可正可负。

不同来源产生的量，如人员与温度引起的量值变化。

两个量之间虽然互相影响，但确认影响的程度甚微，为了简化问题的分析，简单地取 $\rho = 0$。

仅知 $\rho$ 在 $[-1, +1]$ 上对称分布，平均而言可认为 $\rho = 0$。

② $\rho = 1$，可能来自以下四个原因之一：

两个量之间有正的线性关系，即当一个量增大时，另一个量也增大；当一个量减小时，另一个量也减小。

在两个量之间有近似正线性的关系，为了简化可取 $\rho = 1$。

已知相关，为了更信任就取 $\rho = 1$。

相同来源产生的量。如用一米基准尺测量两米长的尺子，按每米各测一次相加得到两米的长度，那么该基准尺引起的两个一米不确定度之间的 $\rho = 1$。

(2) 简单计算法。

如果对 $(\xi, \eta)$ 测得 $(\xi_1, \eta_1), (\xi_2, \eta_2), \cdots, (\xi_n, \eta_n)$，则 $\xi$、$\eta$ 之间的相关系数为

$$\rho(\xi, \eta) = \rho(\xi_i, \eta_i) = \rho(\overline{\xi}, \overline{\eta}) \approx r(\xi, \eta) = \frac{\sum \left( \xi_i - \overline{\xi} \right) \left( \eta_i - \overline{\eta} \right)}{\sqrt{\sum \left( \xi_i - \overline{\xi} \right)^2 \sum \left( \eta_i - \overline{\eta} \right)^2}} \tag{3.2.43}$$

**例 3.2.17**　测量环路正弦交变电位差幅值 $V$ 和电流幅值 $I$ 的值 5 组，如表 3.2.4 所示。

表 3.2.4　5 组测量值

| $i$ | $V/V$ | $I/mA$ |
|---|---|---|
| 1 | 5.007 | 19.663 |
| 2 | 4.994 | 19.639 |
| 3 | 5.005 | 19.640 |
| 4 | 4.990 | 19.685 |
| 5 | 4.999 | 19.678 |

试求 $V$ 和 $I$ 之间的相关系数，并计算阻抗的不确定度。

**解**　首先计算出 $V$ 和 $I$ 的平均值分别为

$$\overline{V} = 4.9990, \quad \overline{I} = 19.6610$$

标准差分别为

$$s(\overline{V}) = 0.0072 , \quad s(\overline{I}) = 0.0212$$

于是 $V$ 和 $I$ 之间的相关系数为

$$r = \frac{\sum(V_i - \overline{V})(I_i - \overline{I})}{\sqrt{E(V_i - \overline{V})^2 E(I_i - \overline{I})^2}} = -0.36$$

接下来，求出阻抗为

$$Z = \frac{\overline{V}}{\overline{I}} = 254.260\Omega$$

考虑到相关系数 $r$ ，则

$$\frac{u_c(Z)}{Z} = \left\{ \left(\frac{s(\overline{V})}{\overline{V}}\right)^2 + \left(\frac{s(\overline{I})}{\overline{I}}\right)^2 - 2r\frac{s(\overline{V})}{\overline{V}}\frac{s(\overline{I})}{\overline{I}} \right\}^{1/2} = 0.2086 \times 10^{-2}$$

最后求得阻抗的不确定度为

$$u_c(Z) = 0.2086 \times 10^{-2} \times Z = 0.53\Omega$$

由于相关系数的计算通常比较复杂，为了避开繁杂的计算，一般可以采用将相关量合并的方法。

例如， $y = f(x_1, x_2, x_3)$ ，其中 $x_1$ 、 $x_2$ 相关但它们与 $x_3$ 无关，则 $\varphi$ 可写为相关量 $x_1$ 、 $x_2$ 之组合，即 $\varphi = \varphi(x_1, x_2)$ ， $y = f(\varphi, x_3)$ 中的 $\varphi$ 与 $x_3$ 不相关。

### 3.2.5　扩展不确定度

实际工作中，经常要求给出的测量结果区间包含被测量的真值具有一定的置信概率，即给出一个测量结果的区间，使被测量的值大部分位于其中，这时可以使用扩展不确定度表示测量结果。

扩展不确定度由合成标准不确定度 $u_c$ 乘以包含因子 $k$ 得到，它是为了满足提供测量结果一个区间的要求而附加的不确定度，记为 $U$ 。

$$U = ku_c \tag{3.2.44}$$

$k$ 值的选取是基于区间 $y - U \sim y + U$ 的置信概率，由 $t$ 分布表查出，如下：

$$k = t_p(\nu) \tag{3.2.45}$$

式中， $\nu$ 是合成标准不确定度 $u_c$ 的自由度。

可见，计算扩展不确定度的关键环节是确定包含因子。包含因子的计算方法主要有自由度法、简易法和超越系数法三种。

下面根据包含因子的不同算法，介绍扩展不确定度的求取。

**1. 自由度法**

在根据自由度计算扩展不确定度时，包含因子 $k$ 与被测量估计值 $y$ 的分布有关。当可以按中心极限定理估计为接近正态分布时， $k$ 可以采用 $t$ 分布的临界值按下面的步骤进行计算。

(1)计算测量结果的估计值 $y$，然后求出合成标准不确定度 $u_c(y)$。

(2)由韦尔奇-萨特斯韦特公式计算有效自由度 $\nu_{\text{eff}}$。

(3)根据所需的置信概率 $p$ 与有效自由度 $\nu_{\text{eff}}$，查 $t$ 分布表得到临界值 $t_p(\nu_{\text{eff}})$。如果 $\nu_{\text{eff}}$ 为非整数，则可以通过内插求出 $t_p(\nu_{\text{eff}})$，或将 $\nu_{\text{eff}}$ 切断至较小的整数求出 $t_p(\nu_{\text{eff}})$。

(4)取 $k_p = t_p(\nu_{\text{eff}})$，由此确定包含因子的值。

(5)计算扩展不确定度 $U_p = k_p u_c(y)$。

当 $\nu_{\text{eff}}$ 充分大时，可近似认为 $k_{95} = 2, k_{99} = 3$，进而分别得到 $U_{95} = 2u_c(y)$，$U_{99} = 3u_c(y)$。

一般采用的置信概率 $p$ 为 95% 和 99%。在多数情况下采用 $p$=99%；对某些测量标准的检定或校准，根据有关规定也采用 $p$=99%。

**2. 简易法**

有些情况下由于缺少资料而难以确定每一个分量的自由度，则总的自由度无法算出，因而不能确定包含因子 $k$ 的值，一般情况下可取包含因子 $k$=2～3。

在实际工作中，如果对 $Y$ 可能值的分布做出正态分布的估计，虽然未计算 $\nu_{\text{eff}}$，但当可估计其值并不太小时，则 $U = 2u_c(y)$ 大约是置信概率近似为 95% 的区间的半宽；$U = 2u_c(y)$ 大约是置信概率近似为 99% 的区间的半宽。

如果可以确定 $Y$ 可能值的分布不是正态分布，而是接近其他某种分布，则不应按 $k$=2～3 或 $k_p = t_p(\nu_{\text{eff}})$ 计算 $U$ 或 $U_p$。例如，当 $Y$ 的可能值近似为矩形分布时，包含因子 $k_p$ 与 $U_p$ 之间的关系为：对于 $U_{95}$，$k_p$ =1.65；对于 $U_{99}$，$k_p$ =1.71。

**3. 超越系数法**

当自由度的信息无法获得，而测量列为对称分布时，可以通过事先求得该分布函数的四阶矩即超越系数，再根据包含因子与超越系数之间的关系计算出包含因子。

设有若干个不确定度分量 $u_i$，每个分量的分布都对称，其超越系数分别记为 $\gamma_i$，合成标准不确定度为 $u_c$。

则合成分布的超越系数为

$$\gamma = \sum_{i=1}^{n} \gamma_i u_i / u_c^4 \tag{3.2.46}$$

各种常见对称分布在四种置信水平 $p$ 的包含因子 $k$ 与超越系数 $\gamma$ 之间的对应关系见表 3.2.5。如果有了未知分布的超越系数 $\gamma$，就可以获得一个包含因子 $k$，进而求取扩展不确定度。

**表 3.2.5  合成分布的包含因子 $k$ 与超越系数 $\gamma$**

| 分布 | 超越系数 $\gamma$ | 包含因子 $k$ | | | |
|------|------|------|------|------|------|
| | | $p$=1.0 | $p$=0.9973 | $p$=0.99 | $p$=0.95 |
| 正态 | 0 | $\infty$ | 3.00 | 2.58 | 1.96 |
| | 0.1 | — | 2.89 | 2.52 | 1.95 |

| 分布 | 超越系数 $\gamma$ | 包含因子 $k$ | | | |
|---|---|---|---|---|---|
| | | $p=1.0$ | $p=0.9973$ | $p=0.99$ | $p=0.95$ |
| 正态 | 0.2 | — | 2.77 | 2.45 | 1.94 |
| | 0.3 | — | 2.66 | 2.39 | 1.93 |
| | 0.4 | — | 2.55 | 2.38 | 1.92 |
| | 0.5 | — | 2.43 | 2.26 | 1.91 |
| 三角 | 0.6 | 2.45 | 2.32 | 2.20 | 1.90 |
| | 0.7 | 2.34 | 2.24 | 2.14 | 1.86 |
| | 0.8 | 2.22 | 2.15 | 2.08 | 1.83 |
| | 0.9 | 2.11 | 2.00 | 2.01 | 1.80 |
| 椭圆 | 1.0 | 2.00 | 1.98 | 1.95 | 1.76 |
| | 1.1 | 1.86 | 1.86 | 1.83 | 1.70 |
| 均匀 | 1.2 | 1.73 | 1.73 | 1.71 | 1.65 |
| | 1.3 | 1.62 | 1.62 | 1.61 | 1.57 |
| | 1.4 | 1.52 | 1.52 | 1.51 | 1.49 |
| 反正弦 | 1.5 | 1.41 | 1.41 | 1.41 | 1.41 |
| | 1.6 | 1.33 | 1.33 | 1.33 | 1.33 |
| | 1.7 | 1.25 | 1.25 | 1.25 | 1.25 |
| | 1.8 | 1.16 | 1.16 | 1.16 | 1.16 |
| | 1.9 | 1.08 | 1.08 | 1.08 | 1.08 |
| 两点 | 2.0 | 1.00 | 1.00 | 1.00 | 1.00 |

### 3.2.6　测量结果及其测量不确定度的表达

为了提高测量结果的使用价值,在不确定度报告中应尽可能提供详细的信息。无论在哪个体系或等级,如商业的规范活动和市场的日常管理、工业中的工程活动、较低等级的校准机构或设备、工业研究与开发、科学研究、工业基础和校准实验室、国家级质量标准实验室和国际计量局等,都应对相关技术人员提供评定测量结果所需的全部信息及技术细节。

一般情况下,当提及测量体系或为了提高测量等级时,需要获得关于测量结果及其不确定度的详细信息。测量和评定结果通常以证书的形式给出;有关测量的细节包括不确定度信息的来源,测试或评定过程中所参照的国际标准、国家标准、行业标准或技术说明书等也应一并给出。这些文件应当是最新的,要与测量的实际情况和实际使用的测量过程一致。

**1. 测量结果报告的基本内容**

(1)详细给出原始测量数据。

(2)描述被测量估计值及其不确定度评定的方法。

(3)列出所有不确定度分量、自由度及相关系数,并说明它们是如何得出的。

(4)提供数据分析的方法,使每个重要步骤易于效仿;如果需要,应能复现所有报告的计算结果。

(5)给出用于分析的全部常数、修正值及其来源。

对上述信息要逐条检查，确认是否清楚和充分。如果增加了新的信息或数据，还要进一步考虑是否会得到新的结果。

**2. 测量结果的表示方式**

测量结果一般分为合成标准不确定度和扩展不确定度两种表示方式。

1)合成标准不确定度的表示

使用合成标准不确定度表示的场合主要有基础计量学研究、基本物理常量测量和复现国际单位制的国际对比等。

需要报告的基本内容是：

(1)说明被测量 $Y$ 是如何定义的。

(2)给出被测量 $Y$ 的估计值 $y$ 及其合成标准不确定度 $u_c(y)$，并给出相应的单位。

(3)如果需要，还应当给出相对合成标准不确定度 $u_c(y)/|y|$，其中 $|y| \neq 0$。

(4)如果用户对测量结果还有进一步要求，如要求计算包含因子或了解测量过程，还应当给出更加详细的信息，或者公开包含这些信息的有关文件。例如，估计的有效自由度 $v_{\text{eff}}$、A 类或 B 类评定的合成标准不确定度、估计的有效自由度等。

(5)如果测量过程同时需要确定两个或多个输出量的估计值 $y_i$，则还应给出协方差或相关系数。

合成标准不确定度的报告可以用下面四种形式之一进行说明。

以标称值为 100g 的标准砝码 $m_s$ 为例，假定测量结果为 100.02147g，合成标准不确定度 $u_c(m_s)$ 为 0.35mg。则测量结果可以表示为以下几种形式：

(1) $m_s$ =100.02147g，合成标准不确定度为 $u_c(m_s)$ =0.35mg。

(2) $m_s$ =100.02147(35)g，括号内的数为合成标准不确定度的值，其末位与所述结果的末位对齐。

(3) $m_s$ =100.02147(0.00035)g，括号内的数为合成标准不确定度的值，与所述结果有相同的计量单位。

(4) $m_s$ =(100.02147±0.00035)g，其中加减号后面的数不表示置信区间，而是合成标准不确定度的数值。

需要说明的是，第(4)种方式要尽量避免，因为传统上它用以表示高置信水准的区间，这样很可能与扩展不确定度相混淆；第(2)种形式的表示方式最为简洁，建议采用。

2)扩展不确定度的表示

当测量结果是用扩展不确定度 $U = ku_c(y)$ 度量时，应按下列方式表示：

(1)说明被测量 $Y$ 是如何定义的。

(2)给出被测量 $Y$ 的估计值 $y$，写出测量结果 $Y = y \pm U$，并注明相应的单位。

(3)如果需要，也可以给出相对扩展不确定度 $U_{\text{rel}} = U/|y|$，其中 $|y| \neq 0$。

(4)给出获得扩展不确定度所用包含因子 $k$ 的值；或为了用户方便，最好同时给出合成标准不确定度 $u_c(y)$。

(5)给出与区间 $y \pm U$ 相关的置信水准 $p$，并说明它是如何确定的。

(6)对测量结果还有进一步要求的用户，还应给出以下信息，或者介绍包含这些信息的有关文件：估计的有效自由度 $v_{\text{eff}}$，分别给出 A 类与 B 类的合成标准不确定度及其有效自由度。

扩展不确定度 $U$ 的报告可用下面两种形式之一来说明测量的数字结果。

以标称值为 100g 的标准砝码 $m_s$ 为例，测量的估计值 $y = 100.02147g$，相应的合成标准不确定度 $u_c = 0.35mg$。

测量结果可以表示为 $m_s = (100.02147 \pm 0.0079)g$，其中加减号后面的数值是扩展不确定度 $U = ku_c$，而 $U$ 是由合成标准不确定度 $u_c = 0.35mg$ 和包含因子 $k = 2.26$ 确定的，$k$ 的取值是基于自由度 $v = 9$ 的 $t$ 分布，置信水准为 95%。

**3. 有效数字的位数问题**

最后报告的合成标准不确定度 $u_c(y)$ 和扩展不确定度 $U$（或它们的相对形式），其有效位数一般为两位。在计算过程中的不确定度可以适当多取一些，以减小后面计算的舍入误差。

在报告最终结果时，有时可将不确定度的后几位数字进位而不是舍弃。

例如，$u_c(y) = 10.47m\Omega$ 可进位到 $11m\Omega$，但一般地舍弃为 $10m\Omega$ 也是可以的。

对于输出、输入的估计值，应舍入到与其不确定度末位的数字对齐。

如果 $y = 10.05762\Omega$，$u_c(y) = 0.027\Omega$，则应将 $y$ 进位至 $10.058\Omega$。如果相关系数的绝对值接近 1，则一般应给出三位有效数字。

**例 3.2.18**   有一个名义值为 50mm 的被校准端度规，需要测量它的长度。

1)原理与建模

采用比较法测量原理，将被校准端度规与同名义长度的已知标准端度规进行比较，得出二者长度间的差值。由长度差值与已知长度标准端度规的长度求得被校准端度规的长度。在温度为 20℃ 的恒温实验室进行测量。

在比较仪上比较两个端度规的长度。两个端度规比较结果的输出是二者长度之差：

$$d = l(1 + \alpha\theta) - l_s(1 + \alpha_s\theta_s)$$

式中，$l$ 为被校准端度规在 20℃ 时长度；$l_s$ 为标准端度规在 20℃ 时长度；$\alpha$、$\alpha_s$ 分别为被校端度规和标准端度规的热膨胀系数；$\theta$、$\theta_s$ 分别为被校准端度规和标准端度规的温度与 20℃ 的温度偏差。

将

$$l = \frac{l_s(1 + \alpha_s\theta_s) + d}{1 + \alpha\theta}$$

展开后略去高次项，可得

$$l = \{l_s(1 + \alpha_s\theta_s) + d\}\{1 - \alpha\theta\} = l_s + d + l_s(\alpha_s\theta_s - \alpha\theta)$$

由于是在同一实验室内测量的，因此 $\theta$ 与 $\theta_s$ 相关。

为了避免相关系数的计算，引入：

$$\delta_\theta = \theta - \theta_s, \quad \delta_\alpha = \alpha - \alpha_s$$

因此，得到不确定度评定模型为

$$l = f(l_s, d, \alpha_s, \theta, \delta_\alpha, \delta_\theta) = l_s + d - l_s\{\delta_\alpha\theta + \alpha_s\delta_\theta\}$$

2) 标准不确定度的评定

因为 $l_s$、$d$、$\alpha_s$、$\theta$、$\delta_\alpha$、$\delta_\theta$ 无关，且 $\delta_\alpha$、$\delta_\theta$ 期望为 0，所以

$$u_c^2(l) = c_s^2 u^2(l_s) + c_d^2 u^2(d) + c_{\alpha_s}^2 u^2(\alpha_s) + c_\theta^2 u^2(\theta) + c_{\delta_\alpha}^2 u^2(\delta_\alpha) + c_{\delta_\theta}^2 u^2(\delta_\theta)$$

其中

$$c_s = \frac{\partial f}{\partial l_s} = 1 - (\delta_\alpha \theta + \alpha_s \delta_\theta) = 1, \qquad c_d = \frac{\partial f}{\partial d} = 1, \qquad c_{\alpha_s} = \frac{\partial f}{\partial \alpha_s} = -l_s \delta_\theta = 0$$

$$c_\theta = \frac{\partial f}{\partial \theta} = -l_s \delta_\alpha = 0, \qquad c_{\delta_\alpha} = \frac{\partial f}{\partial \delta_\alpha} = -l_s \theta, \qquad c_{\delta_\theta} = \frac{\partial f}{\partial \delta_\theta} = -l_s \alpha_s$$

于是

$$u_c^2(l) = u^2(l_s) + u^2(d) + l_s^2 \theta^2 u^2(\delta_\alpha) + l_s^2 \alpha_s^2 u^2(\delta_\theta)$$

下面分别评定各个不确定度分量。

(1) 校准的标准不确定度 $u(l_s)$ 引起被测量的不确定度分量。

校准证书给出标准 $l_s$ 的 $U = 0.075\mu m$，并且 $k = 3$，故

$$u(l_s) = \frac{1}{3} \times 0.075\mu m = 25.0 nm$$

校准证书指出其自由度为

$$\nu(l_s) = 18$$
$$u(x_1) = s(x_1) = 25.0 nm$$
$$u_1 = |c_1| u(x_1) = s_1 = 25.0 nm, \quad \nu_1 = 18$$

(2) $u(d)$ 中测量长度差的不确定度引起被测量的不确定度分量。

实验标准差先通过重复观测 25 次后由贝塞尔法算得 $s = 13nm$，自由度为 25-1=24；以后又做 5 次重复观测，平均值的标准不确定度 $u(\bar{d}) = s(\bar{d}) = 13nm/\sqrt{5} = 5.8nm$，自由度仍为 $\nu(\bar{d}) = 24$，于是标准不确定度为 $u(x_2) = s(x_2) = 5.8nm$ 或 $u_2 = |c_d| u(x_2) = 5.8nm$，自由度为 $\nu_2 = 24$。

(3) $u(d)$ 中的比较仪随机效应引起被测量的不确定度分量。

比较仪检定证书指出，由随机误差引起的不确定度为 $0.01\mu m$，是由 6 次重复测量、置信水准 95% 得到的，因 $t$ 分布临界值 $t_{0.95}(5) = 2.57$，故

$$u(d_1) = \frac{0.01\mu m}{2.57} = 3.9nm, \quad \nu(d_1) = 5$$

于是

$$u(x_3) = s(x_3) = 3.9nm$$
$$u_3 = |c_d| u(x_3) = 3.9nm, \quad \nu_3 = 5$$

(4) $u(d)$ 中的比较仪系统效应引起被测量的不确定度分量。

比较仪检定证书给出系统误差引起的不确定度按 $3\sigma$ 为 $0.02\mu m$。故

$$u(d_2) = \frac{0.02\mu m}{3} = 6.7nm$$

再考虑 $u(d_2)$ 的不确定度。

根据经验认为 $u(d_2)$ 具有 25% 的不可靠程度，即 $u(d_2)$ 的相对标准差为 25%。于是

$$\nu = \frac{1}{2(25\%)^2} = 8$$

故

$$u(x_4) = 6.7\text{nm}$$

$$u_4 = |c_d|u(x_4) = 6.7\text{nm}, \quad \nu_4 = 8$$

(5) 膨胀系数差引起被测量的不确定度 $l_s^2\theta^2 u^2(\delta_\alpha)$ 分量。

假设 $\delta_\alpha$ 在 $\left[-1\times10^{-6}\,℃^{-1},\ +1\times10^{-6}\,℃^{-1}\right]$ 区间内按均匀分布变化，故

$$u(\delta_\alpha) = 1\times10^{-6}\,℃^{-1}/\sqrt{3} = 0.577\times10^{-6}\,℃^{-1}$$

根据经验认为 $u(\delta_\alpha)$ 的不可靠度为 10%。于是

$$\nu(\delta_\alpha) = \frac{1}{2(10\%)^2} = 50$$

因 $\theta = 19.9℃ - 20.0℃ = -0.1℃$，故

$$u(x_5) = u(\delta_\alpha) = 0.577\times10^{-6}\,℃^{-1}$$

$$u_5 = \left|\frac{\partial f}{\partial \delta_\alpha}\right|u(\delta_\alpha) = |l_s\theta|u(\delta_\alpha) = 2.9\text{nm}, \quad \nu_5 = 50$$

(6) 温差的不确定度引起被测量的不确定度分量。

在理想的条件下，标准端度规与被校准端度规之间应有相同的温度；在实际测量时，温差以等概率落于 $[-0.05℃,\ +0.05℃]$ 区间内的任何处，由均匀分布可得

$$u(\delta_\theta) = \frac{0.05℃}{\sqrt{3}} = 0.0289℃$$

根据经验认为 $u(\delta_\theta)$ 具有 50% 的不可靠程度，因此

$$\nu(\delta_\theta) = \frac{1}{2(50\%)^2} = 2$$

$$u_6 = \frac{\partial f}{\partial \delta_\theta}u(\delta_\theta) = -l_s\alpha_s u(\delta_\theta) = 16.6$$

由于各个分量之间无关，则合成标准不确定度和自由度分别为

$$u_c = \sqrt{\sum u_i^2} = \sqrt{1002.71}\text{nm} = 31.7\text{nm}$$

$$\nu = \frac{u_c^4}{\sum \dfrac{u_i^4}{\nu_i}} = \frac{31.7^4}{\dfrac{25.0^4}{18} + \dfrac{5.8^4}{24} + \dfrac{3.9^4}{5} + \dfrac{6.7^4}{8} + \dfrac{2.9^4}{50} + \dfrac{16.6^4}{2}} = 16.8$$

取置信水准 $p = 0.95$，$t_p(16) = 2.12$，则

$$U = t_p(v)u_c = t_{0.95}(16)u_c = 2.12 \times 31.7\text{nm} = 67.2\text{nm} \approx 67\text{nm}$$

最终报告的结果为，端度规校准的扩展不确定度为 $U = 67\text{nm}$，这里的 $U$ 是由合成标准不确定度 $u_c = 31.7\text{nm}$ 和基于自由度 $v = 16$ 置信水准 $p = 0.95$ 的 $t$ 分布临界值，以及包含因子 $k = 2.12$ 计算得到的。

## 3.3　测量不确定度应用实例

### 3.3.1　测量不确定度计算步骤

(1) 分析所有测量不确定度的来源，列出其中对测量结果影响显著的不确定度分量。

(2) 计算标准不确定度分量，给出评定的数值 $u_i$ 及其自由度 $v_i$。

(3) 分析所有不确定度分量之间的相关性，确定各相关系数 $\rho_{ij}$。

(4) 求出测量结果的合成标准不确定度 $u_c$ 及其自由度 $v$。

(5) 如果还需要给出扩展不确定度，可以将合成标准不确定度 $u_c$ 乘以包含因子 $k$，得到扩展不确定度 $U = ku_c$。

(6) 给出不确定度的最后报告，以规定的方式给出被测量的估计值及合成标准不确定度 $u_c$ 或扩展不确定度 $U$，并说明细节。

根据上面的计算步骤，下面通过实例说明测量不确定度评定方法的具体应用。

### 3.3.2　电压测量的不确定度计算

#### 1. 测量问题描述

在标准的条件下，用标准数字电压表对被测的 10V 直流电压信号进行了 10 次独立测量，测量值如表 3.3.1 所示。

表 3.3.1　10 次测量值

| 次数 | 1 | 2 | 3 | 4 | 5 |
|---|---|---|---|---|---|
| 测量值/V | 10.000107 | 10.000103 | 10.000097 | 10.000111 | 10.000091 |
| 次数 | 6 | 7 | 8 | 9 | 10 |
| 测量值/V | 10.000108 | 10.000121 | 10.000101 | 10.000110 | 10.000094 |

数字电压表的检定证书给出：示值误差可以按 3 倍标准差计算为 $3.5 \times 10^{-6}\text{V}$。在进行电压测量之前，先对数字电压表进行 24h 的校准。在 10V 测量时 24h 的示值稳定性不超过 $\pm 15\mu\text{V}$。

计算 10 次电压测量的算术平均值为

$$\bar{x} = 10.000104\text{V}$$

#### 2. 分析测量不确定度的来源

已知测量条件是标准的，可以忽略温度的影响。

影响电压测量不确定度的因素主要有：

(1) 电压测量重复性引起的标准不确定度分量 $u_1$；

(2) 电压表的示值稳定度引起的标准不确定度分量 $u_2$;

(3) 电压表的示值误差引起的标准不确定度分量 $u_3$。

其中，不确定度 $u_1$ 应采用 A 类评定方法；不确定度 $u_2$、$u_3$ 则应采用 B 类评定方法。

### 3. 不确定度的评定

1) 电压测量重复性引起的标准不确定度分量 $u_1$

由贝塞尔公式计算单次实验标准差：

$$\sigma = \sqrt{\frac{1}{10-1}\sum_{i=1}^{10}(x_i-\overline{x})^2} = 9\mu V$$

算术平均值的标准差为

$$\sigma_{\overline{x}} = \frac{\sigma}{\sqrt{n}} = \frac{9\mu V}{\sqrt{10}} = 2.8\mu V$$

取算术平均值的标准差作为测量重复性引起的标准不确定度分量：

$$u_1 = \sigma_{\overline{x}} = 2.8\mu V$$

自由度 $\nu_1 = 10-1 = 9$。

2) 电压表的示值稳定性引起的不确定度分量 $u_2$

由题意知在 24h 内的示值稳定性不超过 $\pm 15\mu V$。按均匀分布考虑，查表可得置信因子为 $\sqrt{3}$，则电压表的示值稳定性引起的不确定度分量为

$$u_2 = 15\mu V / \sqrt{3} = 8.7\mu V$$

由于给出的示值稳定性数据可靠，按 10% 的可靠性考虑，取自由度 $\nu_{12} = 50$。

3) 电压表的示值误差引起的标准不确定度分量 $u_3$

电压表的检定证书给出示值误差可以按 3 倍标准差计算为 $3.5 \times 10^{-6} V$。故在 10V 点测量时的不确定度分量为

$$u_3 = \frac{3.5 \times 10^{-6} \times 10}{3} = 11.7(\mu V)$$

由于给出的示值稳定性数据可靠，取其自由度 $\nu_3 = 50$。

### 4. 计算合成标准不确定度

由于不确定度分量 $u_1$、$u_2$、$u_3$ 之间相互独立，相关系数为 0。根据合成标准不确定度的计算公式得

$$u_c = \sqrt{u_1^2 + u_2^2 + u_3^2} = \sqrt{2.8^2 + 8.7^2 + 11.7^2} = 14.85(\mu V) \approx 15(\mu V)$$

根据韦尔奇-萨特思韦特公式计算有效自由度：

$$\nu_{eff} = \frac{u_c^4}{\sum_{i=1}^{m}\frac{u_i^4}{\nu_i}} = \frac{u_c^4}{\frac{u_1^4}{\nu_1}+\frac{u_2^4}{\nu_2}+\frac{u_3^4}{\nu_3}} = \frac{15^4}{\frac{2.8^4}{9}+\frac{8.7^4}{50}+\frac{11.7^4}{50}} = 102.028 \approx 102$$

### 5. 计算扩展不确定度

取置信概率为 99%，查 $t$ 分布表得 $t_{99}(102) = 2.626$；取包含因子 $k = t_{99}(102) = 2.626$。该电压测量结果的扩展不确定度为

$$U = ku_c = 2.626 \times 15 \mu V = 39.39 \mu V \approx 40 \mu V$$

**6. 不确定度报告**

用数字电压表测量 10V 直流电压的结果为

$$V = (10.000104 \pm 0.000040) V \quad (p = 99\%, \quad \nu = 102)$$

### 3.3.3　驻波比测量的不确定度计算

**1. 测量问题描述**

在标准的测量条件下,使用矢量网络分析仪测量频率为 5GHz 放大器的驻波比。假设 10 次独立测量的结果见表 3.3.2。

**表 3.3.2　驻波比的 10 次测量值**

| 次数 | 1 | 2 | 3 | 4 | 5 | 6 | 7 | 8 | 9 | 10 |
|------|------|------|------|------|------|------|------|------|------|------|
| 测量值 | 1.189 | 1.189 | 1.190 | 1.191 | 1.191 | 1.189 | 1.191 | 1.191 | 1.191 | 1.193 |

矢量网络分析仪的检定证书给出驻波比不确定度的区间半宽度 $a = 0.016$,下面分析评定该驻波比的测量结果。

**2. 分析测量不确定度的来源**

由于测量条件是标准条件,故忽略温度等环境的影响,影响该驻波比测量不确定度的主要因素有:

(1) 驻波比测量重复性引起的不确定度分量 $u_1$;

(2) 矢量网络分析仪的示值误差引起的不确定度分量 $u_2$。

其中,不确定度 $u_1$ 应采用 A 类评定方法,不确定度 $u_2$ 应采用 B 类评定方法。

**3. 不确定度的评定**

1) 驻波比测量重复性引起的标准不确定度分量 $u_1$

计算 10 次驻波比测量的算术平均值:

$$\bar{x} = 1.1905$$

用贝塞尔公式计算单次实验标准差:

$$\sigma = \sqrt{\frac{1}{10-1} \sum_{i=1}^{10} (x_i - \bar{x})^2} = 0.0013$$

算术平均值的标准差为

$$\sigma_{\bar{x}} = \frac{\sigma}{\sqrt{n}} = \frac{0.0013}{\sqrt{10}} = 0.0004111$$

取算术平均值的标准差作为测量重复性引起的标准不确定度分量:

$$u_1 = \sigma_{\bar{x}} = 4.111 \times 10^{-4}$$

自由度为 $\nu_1 = 10 - 1 = 9$。

2) 矢量网络分析仪的示值误差引起的标准不确定度分量 $u_2$

矢量网络分析仪的检定证书给出驻波比不确定度的区间半宽度 $a = 0.016$,按均匀分布考虑，查表可得置信因子为 $\sqrt{3}$ 。

则矢量网络分析仪的示值稳定度引起的不确定度分量为

$$u_2 = \frac{0.0016}{\sqrt{3}} = 9.238 \times 10^{-4}$$

由于给出的示值稳定性的数据可靠，可以按 10% 考虑，取自由度 $\nu_2 = 50$ 。

**4. 计算合成标准不确定度**

由于不确定度分量 $u_1$、$u_2$ 之间相互独立，相关系数为 0，根据合成标准不确定度的计算公式得

$$u_c = \sqrt{u_1^2 + u_2^2} = \sqrt{(4.111 \times 10^{-4})^2 + (9.238 \times 10^{-4})^2} = 10.111 \times 10^{-4}$$

根据韦尔奇-萨特思韦特公式计算有效自由度：

$$\nu_{eff} = \frac{u_c^4}{\sum_{i=1}^{m} \frac{u_i^4}{\nu_i}} = \frac{u_c^4}{\frac{u_1^4}{\nu_1} + \frac{u_2^4}{\nu_2}} = \frac{(10.111 \times 10^{-4})^4}{\frac{(4.111 \times 10^{-4})^4}{9} + \frac{(9.238 \times 10^{-4})^4}{50}} = 58.92 \approx 59$$

**5. 计算扩展不确定度**

取置信概率 $p = 0.99$ ，查 $t$ 分布表 $t_{99}(59) = 2.662$ ；取包含因子 $k = t_{99}(59) = 2.662$ ，故该驻波比测量结果的扩展不确定度为

$$U = ku_c = 2.662 \times 10.111 \times 10^{-4} = 2.69 \times 10^{-3}$$

**6. 不确定度报告**

用扩展不确定度评定驻波比测量的不确定度，测量结果为

$$VSWR = (1.19050 \pm 0.00269) \quad (p = 99\%, \ \nu = 59)$$

### 3.3.4 体积测量的不确定度计算

**1. 测量问题描述**

通过间接测量圆柱体的直径 $D$ 和高度 $h$ 来测量一个圆柱体的体积，由函数关系式计算圆柱体的体积公式为

$$V = \frac{\pi D^2}{4} h$$

用分度值为 $\pm 0.01$mm 的测微仪重复 6 次测量直径 $D$ 和高度 $h$ ，测得数据如表 3.3.3 所示。

表 3.3.3 直径和高度的测量值

| 次数 | 1 | 2 | 3 | 4 | 5 | 6 |
|---|---|---|---|---|---|---|
| 直径 $D$/mm | 10.075 | 10.085 | 10.095 | 10.060 | 10.085 | 10.080 |
| 高度 $h$/mm | 10.105 | 10.115 | 10.115 | 10.110 | 10.110 | 10.115 |

计算直径 $D$ 和高度 $h$ 的平均值分别为

$$\bar{x}_D = 10.080 \text{mm}, \quad \bar{x}_h = 10.112 \text{mm}$$

则圆柱体的体积 $V$ 测量结果的估计值为

$$V = \frac{\pi D^2}{4} h = 806.5 \text{mm}^3$$

**2. 分析测量不确定度的来源**

对圆柱体的体积 $V$ 的测量不确定度影响显著的因素主要有：

(1) 直径 $D$ 的测量重复性引起的不确定度分量 $u_1$；

(2) 高度 $h$ 的测量重复性引起的不确定度分量 $u_2$；

(3) 测微仪的示值误差引起的不确定度分量 $u_3$。

其中，不确定度 $u_1$、$u_2$ 应采用 A 类评定方法；不确定度 $u_3$ 应采用 B 类评定方法。

**3. 不确定度的评定**

1) 直径 $D$ 的测量重复性引起的标准不确定度分量 $u_1$

用贝塞尔公式计算单次实验标准差：

$$\sigma_D = \sqrt{\frac{1}{6-1} \sum_{i=1}^{6} (x_{D_i} - \overline{x}_D)^2} = 0.0118 \text{mm}$$

算术平均值的标准差为

$$\sigma_{\overline{x}_D} = \frac{\sigma_D}{\sqrt{n}} = \frac{0.0118}{\sqrt{6}} = 0.0048 \text{(mm)}$$

因为 $\dfrac{\partial V}{\partial D} = \dfrac{\pi D}{2} h = 160 \text{mm}^2$，所以直径 $D$ 的测量重复性引起的不确定度分量为

$$u_1 = \left| \frac{\partial V}{\partial D} \right| \sigma_{\overline{x}_D} = 160 \times 0.0048 = 0.768 \approx 0.77 \text{(mm}^3)$$

自由度 $\nu_1 = 6-1 = 5$。

2) 高度 $h$ 的测量重复性引起的标准不确定度分量 $u_2$

用贝塞尔公式计算单次实验标准差：

$$\sigma_h = \sqrt{\frac{1}{6-1} \sum_{i=1}^{6} (x_{h_i} - \overline{x}_h)^2} = 0.0041 \text{mm}$$

算术平均值的标准差为

$$\sigma_{\overline{x}_h} = \frac{\sigma_h}{\sqrt{n}} = \frac{0.0041}{\sqrt{6}} = 0.0017 \text{(mm)}$$

因为 $\dfrac{\partial V}{\partial h} = \dfrac{\pi D^2}{4} = 80 \text{mm}^2$，所以高度 $h$ 的测量重复性引起的不确定度分量为

$$u_2 = \left| \frac{\partial V}{\partial h} \right| \sigma_{\overline{x}_h} = 80 \times 0.0017 = 0.13 \text{(mm}^3)$$

自由度 $\nu_2 = 6-1 = 5$。

3) 测微仪的示值误差引起的不确定度分量 $u_3$

测微仪的说明书给出示值误差范围为 $\pm 0.01 \text{mm}$，按均匀分布考虑，查表可知其置信因子为 $\sqrt{3}$。

则测微仪的示值误差引起的不确定度分量为

$$u_3' = \frac{0.01}{\sqrt{3}} = 0.0058$$

由此引起的直径和高度的标准不确定度分量分别为

$$u_{3D} = \left|\frac{\partial V}{\partial D}\right| u_3' \text{ 和 } u_{3h} = \left|\frac{\partial V}{\partial h}\right| u_3'$$

测微仪的示值误差引起的体积测量不确定度分量为

$$u_3 = \sqrt{(u_{3D})^2 + (u_{3h})^2} = \sqrt{\left(\left|\frac{\partial V}{\partial D}\right| u_3'\right)^2 + \left(\left|\frac{\partial V}{\partial h}\right| u_3'\right)^2} = \sqrt{\left(\frac{\pi D}{2} h\right)^2 + \left(\frac{\pi D^2}{4}\right)^2} u_3'$$

$$= 1.038 \approx 1.04 (\text{mm}^3)$$

自由度为

$$\nu_3 = \frac{1}{2} \frac{1}{\left(\dfrac{\sigma_{u_3}}{u_3}\right)^2} = \frac{1}{2 \times 0.35^2} = 4$$

**4. 不确定度的合成**

由于不确定度分量 $u_1$、$u_2$、$u_3$ 之间相互独立, 相关系数为 0。根据合成标准不确定度的计算公式得

$$u_c = \sqrt{u_1^2 + u_2^2 + u_3^2} = \sqrt{0.77^2 + 0.21^2 + 1.04^2} \approx 1.30 (\text{mm}^3)$$

根据韦尔奇-萨特思韦特公式计算自由度:

$$\nu_{\text{eff}} = \frac{u_c^4}{\sum (u_i^4 / \nu_i)} = \frac{u_c^4}{u_1^4 / \nu_1 + u_2^4 / \nu_2 + u_3^4 / \nu_3} = \frac{1.30^4}{0.77^4 / 5 + 0.21^4 / 5 + 1.04^4 / 4} = 7.87 \approx 8$$

**5. 扩展不确定度的计算**

取置信概率 $p = 0.95$, 自由度 $\nu_{\text{eff}} = 8$, 查 $t$ 分布表 $t_{95}(8) = 2.31$, 包含因子 $k = t_{95}(8) = 2.31$。故体积测量的扩展不确定度为

$$U = ku_c = 2.31 \times 1.3 \approx 3.0 (\text{mm}^3)$$

**6. 不确定度报告**

用扩展不确定度评定体积的测量不确定度结果为

$$V = (806.5 \pm 3.0)\text{mm}^3 \quad (p = 95\%, \quad \nu = 8)$$

# 3.4　动态测量不确定度分析概述

《测量不确定度表示指南》未提及动态测量的不确定度问题。随着科学技术的发展, 动态测量在整个测量领域中占的比重越来越大, 探讨动态不确定度问题显得必要而迫切。将《测量不确定度表示指南》中确定的不确定度理论推广到动态测量, 对于动态测量不确定度的评定方法研究具有重要的意义。

### 3.4.1　动态测量的基本概念

按照国际计量局及国际标准化组织等国际组织联合制定的《国际通用计量学基本术语》中给出的定义,动态测量的概念可以表示为量的瞬时值以及它随时间发生变化量之值的确定。概念中包含了以下几层意思。

1)被测对象是变化量

测量对象是随时间而变化的量,是时间的函数;但并不是所有被测对象都与时间之间有明确的函数关系。这是由于一旦被测对象成为变量之后,影响测量结果的因素比其为常量时更加复杂。在很多情况下,被测对象具有随机性,成为时间的随机函数。因此,通常的静态测量数据处理方法不完全适用于动态测量数据的处理。动态测量不确定度的评定和真值的估计等,往往与对常量的静态测量时的处理方法有明显不同。

2)测量过程是连续的过程

在动态测量过程中,尽管测得的瞬时值是一个确定的量,但相邻测量数据之间可能存在着一定的相关性。这是因为前后时刻的被测对象、仪器状态以及环境情况等参数之间可能存在相关性。在这种情况下,若完全采用静态测量情况下的数据处理及不确定度评定方法,就很可能难以得到准确的和高质量的测量结果。

3)环境、仪器性能、噪声、干扰以及人员操作等影响因素的变化

动态测量中,不仅被测对象是时间的函数,其他许多因素也以时间的函数形式存在,而且在很多情况下还会以时间的随机函数的形式发生变化。这些影响因素都会叠加到测量结果上,以测量不确定度的形式影响测量结果的质量。

### 3.4.2　动态测量不确定度分析的特点

与静态测量相比,动态测量的特征如下。

1)时变性

动态测量所测得的量或测量信号是随时间而变化的量,动态测量数据也表现为测量时间的函数。因此动态测量具有时变性,可用时间函数来描述。

2)随机性

在动态测量过程中难免存在各种干扰因素,可能是高斯或非高斯过程,表现为随测量时间变化的随机函数,另外被测量本身有时也可能是一个随机函数。

3)相关性

动态测量系统具有一定的动态响应特性,测量值不仅与该时刻的被测量有关,还与被测量在该时刻以前的量值变化历程有关,即动态测量过程在过去的值不仅对现在有影响,而且对将来也会产生影响。

4)动态性

动态测量系统在测量过程中始终处于运动状态,常用微分方程或状态方程来反映测量系统的动态特性。动态测量中动态性的表现是多方面的,影响因素多且相对复杂,同时具有时变性、相关性、随机性等特点。这些特点决定了这种测量系统在很多情况下工作于动态即非稳态,决定了测得数据与系统输入之间的关系具有动态特性。这种关系还有可能是随机的,甚至是非平稳的随机关系。

由于动态测量具有以上特征，动态测量不确定度的分析过程如下：

(1)分析动态测量中不确定度的所有来源；

(2)根据动态测量的特征，从不确定度的来源中寻找出其中的主要分量；

(3)根据主要不确定度的具体情况，分析不确定度分量随时间或者空间变化的规律或者趋势；

(4)判定每一个不确定度分量可能服从的分布类型；

(5)参照动态测量系统的产品说明书、操作指南、使用规范、相关标准等，逐项给出每一个不确定度分量的数值、包含因子、自由度等信息；

(6)计算每一个不确定度分量的具体数值，它们可以是标准不确定度或者相对不确定度等；

(7)判断各不确定度分量之间的相关性，如果需要，计算出它们的相关系数；

(8)将各不确定度分量进行合成，给出展伸不确定度的具体数值；

(9)给出最终的动态测量不确定度表达式及其相应的说明。

### 3.4.3　动态测量不确定度分析的基本过程

动态测量不确定度是对动态测量结果质量的表征，为了有效地评定动态测量的优劣或判断测量结果是否可信，需要对动态测量系统的测量结果进行动态不确定度评定。在评定过程中会用到一些随机过程的概念和处理方法，读者可以查阅本书 6.1 节的内容。

在评定动态不确定度 $u(t)$ 时，同样可分为 A 类评定和 B 类评定。下面试从动态不确定度的 A 类评定和 B 类评定两方面进行简要的介绍。

**1. 动态不确定度的 A 类评定**

动态测量数据处理方法的研究一直受到各国学者的重视，出现了很多实用的方法。各种新的动态测量数据处理方法层出不穷，这些方法主要有滤波分析、谱分析、回归分析、滑动平均分析、时间序列分析、神经网络、小波交换、遗传算法等，并且各种分析方法都经过了不断的演变和改进。

通过对动态测量数据的处理，可靠而精确地表示测量结果是不确定度的 A 类评定的基本任务，主要包括拟定合乎实际的数学模型、合理规定测量误差和不确定度评定指标、识别并分离各项非周期和周期的确定性成分与随机性成分、尽量分离与修正系统误差、表述与分解随机性成分以便尽量分离或抑制随机误差且分辨起因。

1)建立动态测量的数学模型

对测量结果不确定度有显著影响的量(包括修正值和影响因子等)都应该包含在数学模型中，数学模型要既能用来计算测量结果，也能全面地评定测量结果的不确定度。在很多情况下，计算测量结果的公式可能只是一个近似公式，因此一般不把数学模型理解为计算测量结果的公式，也不理解为表明测量基本原理的公式；在很多情况下，它们是有所区别的。从原则上讲，所有对测量结果有影响的输入量都应该在数学模型中体现出来；但实际上有些输入量虽然对测量结果有影响，但由于缺乏信息，在具体测量和计算时无法确定它们对测量结果的影响大小。这相当于所对应的修正值的数学期望为零，但这些修正值的不确定度仍然需要考虑，这一类输入量不可能出现在测量结果的计算公式中；由于有些输入量对测量结果的影响很小而可以忽略，在测量结果的计算公式中也不出现，但它们对测量结果的不确定度影响却不容忽略。因此仅从计算公式来进行具体的不确定度评定，有些不确定度分量就可能被遗漏。在不确定度评定中建立合适的数学模型，是测量评定合理与否的关键环节。建立数学模型和寻找各种影响测量不确定度的来源这种操作往往需要反复进行，直至达到满意的结果。

一个好的数学模型应满足下述条件：

(1)在数学模型中包含对测量不确定度有显著影响的全部输入量；

(2)不重复计算任何一项对测量结果不确定度有显著影响的不确定度分量；

(3)当选择的输入量不同时，数学模型可以有不同的形式，各输入之间的相关性也可能发生变化。

如果所给出的测量结果是经过修正后的结果，则应考虑由于修正值的不可靠所引入的不确定度分量。根据对输入量所掌握的信息量，在不确定度评定中所考虑的不确定度分量要与数学模型中的输入量相一致。

总的来说，建立数学模型的方法可以分为两大类：一类是状态变量分析方法；另一类是系统辨识方法。状态变量建模方法将系统分成各个物理元件，引进一组状态变量，利用元件定律建立系统的数学模型；系统辨识方法是给测量系统输入一个动态激励，由输出即动态响应曲线建立系统的动态数学模型。

2)测量误差和不确定度的评定指标

动态测量不确定度以标准差的形式表示，尤其要考虑时变性。也就是说，还要考虑$u(t)$在动态测量系统中的动态特性，即时域上的脉冲响应或频域上的频率响应所引起的自相关性或频谱特性，相应地以协方差函数$R_u(t, t+\tau)$或自谱密度$s_u(t, w)$表示。其中下标$u$表示不确定度。在平稳的条件下与$t$无关，可以分别相应地表示为$R_u(\tau)$或$s_u(w)$。显然$u = R_u(0)$就是标准不确定度。

当存在多个不确定度分量时，动态测量的合成标准不确定度$u(t)$可按协方差合成规律求得。

设各分量的协方差函数为$R_{u_i}(t, t+\tau)$，互协方差函数为$R_{u_i,u_j}(t, t+\tau)$，则合成协方差函数为

$$R_{u_c}(t, t+\tau) = \sum_{i=1}^{m} R_{u_i}(t, t+\tau) + \sum_{i,j-1}^{m} R_{u_iu_j}(t, t+\tau) \tag{3.4.1}$$

合成标准不确定度为

$$u_c(t) = \sqrt{R_{u_c}(t, t)} \qquad (\tau = 0) \tag{3.4.2}$$

3)各周期和非周期的确定性成分与随机性成分的识别与分离

动态测量数据处理过程可分为预处理、成分分离与结果表述三个阶段，三者之间互有联系。

(1)预处理。

通过观察原始数据$\{y_t\}$，选定中心平滑参数$L$，初辨趋势项和谐波项能量，通过高、低频处理来选定二次采样率，对$\{y_t\}$进行中心平滑。将$\{y_t\}$预分解为显著规律性变化的$\{y_t'\}$和随机型平缓变化的$\{y_t''\}$，便于对$\{y_t''\}$进行自适应滤波。同时对$\{y_t\}$采用移动回归外推法，

按照外推值置信区间剔除异常数据，对 $\{y_t'\}$ 采用移动递推算法估计出方差 $\{\hat{\sigma}_t^2\}$。分别对 $\{y_t'\}$ 和 $\{\hat{\sigma}_t^2\}$ 进行 $t$ 检验和 $F$ 检验，判断 $\{y_t'\}$ 为平稳型、一阶非平稳型、二阶平稳或二阶非平稳型等统计特性。若 $\{y_t'\}$ 为二阶非平稳型，则可以对 $\{\hat{\sigma}_t^2\}$ 做回归分析进而求得变化规律，并取 $w_t = 1/\hat{\sigma}_t^2$ 对 $\{y_t\}$ 实施加权。

(2) 成分分离。

成分分离包括确定性与随机性成分的分离、系统误差与随机误差的分离，一般可分为有限参数模型拟合法和以数值序列表示的数字滤波法。

模型拟合的基本方法是广义回归分析，包括传统的最小二乘回归分析方法、绝对最小与 M 估计的稳健回归、最小最大法回归、可选变量的逐步回归、适于异方差和相关残差的加权相关回归、可防共线性的零回归、非线性回归、数据递增的递推式回归、变量递增减的调整式回归等。对于周期性成分，常采用快速离散傅里叶变换(FFT)、周期图分析及检验、现代线谱分析(如 Pisarenko 法、Prony 法、MUSIC 法、SVDTLS 法或 ESPRI 法)等。

数字滤波的基本方法有加权中心平滑滤波、卡尔曼滤波、自适应滤波等，适用于时变性非平稳数据的处理。

表述和分解随机性成分有时域相关分析和频域谱分析两类方法。两者又均可分为时域的样本协方差函数估计和频域的傅里叶谱估计及平滑处理，时间序列建模分析法包括拟合自回归(AR)、滑动平均(MA)或自回归滑动平均(ARMA)等有限参数模型，按模型参数进行相关分析和谱分析即现代谱分析；尤其时变参数模型及递推拟合算法或移动成批算法可用于缓变的非平稳数据。

(3) 结果表述。

按具体的目的和要求给出动态测量结果及测量误差或不确定度评定结果。

4) 几种情况的动态测量不确定度的 A 类评定

(1) 被测量仅有确定性成分且测量误差为零均值的平稳性随机误差的动态测量可表述为

$$
\begin{cases}
Y_0(t) = f_0(t), \quad X_0(t) = 0 \\
e(t) = e_X(t), \quad e_X(t) = u_e(t) = 0; \quad R_e(\tau) \text{或} s_e(w) \\
Y(t) = f_0(t) + e_X(t)
\end{cases} \tag{3.4.3}
$$

采用广义回归分析的方法求得动态测量数据 $Y(t)$ 的条件均值函数作为测量结果，或采用数值滤波方法求得其点函数值，其残差即为随机性成分，估计出协方差函数或谱密度作为不确定度的 A 类评定结果，即

$$
\begin{cases}
u_Y(t) = E[Y(t)] = f(t) = f_0(t) \\
X(t) = Y(t) - f(t) = e_X(t) \\
R_u(\tau) = \hat{R}_e(\tau) = \dfrac{1}{T} \int_0^T e_X(t) e_X(t+\tau) \mathrm{d}t \\
s_u(w) = \hat{s}_e(w) = F[\hat{R}_e(\tau)]
\end{cases} \tag{3.4.4}
$$

(2) 被测变量包含确定性成分和平稳性随机成分，且测量误差为零均值的白噪声的动态测量不确定度的动态测量可表述为

$$\begin{cases} Y_0(t) = f_0(t) + X_0(t) \\ e(t) = w(t), \quad e_x(t) = u_e(t) = 0 \\ w(t): R_W(\tau) = \sigma_W^2 \delta_K(\tau) \text{或} s_w(w) = C \\ Y(t) = f_0(t) + X_0(t) + w(t) \end{cases} \tag{3.4.5}$$

首先用被测量仅有确定性成分的动态测量不确定度的 A 类评定方法求得

$$\begin{cases} u_Y(t) = E[Y(t)] = f(t) = f_0(t) \\ X(t) = Y(t) - f(t) = X_0(t) + w(t) \\ R_u(\tau) = R_0(\tau) + R_W(\tau) = R_0(\tau) + \sigma_W^2 \delta_K(\tau) \\ s_u(w) = s_0(w) + s_w(w) = s_0(w) + C \end{cases} \tag{3.4.6}$$

其中，$\delta_K(\tau) = 1(\tau = 0)$。

再设法分离出白噪声 $R_W(\tau)$ 或 $s_w(w)$ 作为其不确定度的 A 类评定。

令信噪比倒数为

$$\beta = \sigma_W^2 / \sigma_0^2 = [R_x(0) - R_0(0)]/R_0(0)$$

于是可得

$$\begin{cases} \rho_X(\tau) = R_x(\tau) - R_x(0) = \left(R_0(\tau) + \sigma_W^2 \sigma_K^\tau\right)/(1+\beta) \\ \sigma_0^2 = R_x(0)/(1+\beta), \quad \rho_0(\tau) = (1+\beta)\rho_x(\tau) \\ \sigma_W = \beta \sigma_0 \end{cases} \tag{3.4.7}$$

(3) 被测变量及测量误差分别兼含 $f_0(t)$ 和 $X_0(t)$ 及系统误差 $e_s(t)$ 和随机误差 $e_r(t)$ 的动态测量不确定度的 A 类评定，往往需要找出更多的确定性成分以便分离出系统误差，仅在下述特殊情况下才能实现测量误差的分离：

① $e_s(t)$ 与 $f_0(t)$ 的函数关系存在着显著的差异；

② $e_r(t)$ 与 $X_0(t)$ 均平稳但自相关性差异显著，前者弱相关，后者强相关；或已知相关形式不同且互不相关，这时可以首先按被测量仅有确定性成分的动态测量不确定度的 A 类评定方法得到

$$\begin{cases} u_Y(t) = E[Y(t)] = f(t) = f_0(t) + e_s(t) \\ X(t) = Y(t) - f(t) = X_0(t) + e_r(t) \\ R_x(\tau) = R_0(\tau) + R_e(\tau) \\ s_x(w) = s_0(w) + s_e(w) \end{cases} \tag{3.4.8}$$

③ 按 $e_s(t)$ 的不同函数形式将 $f(t) = d(t) + p(t)$ 从中分离出来，通过辅助测试技术措施进行验证，按被测变量含确定性成分和平稳性随机成分的动态测量不确定度的 A 类方法进行评定。

由于动态测量的复杂性，对科研和生产中大量存在的动态测量结果赋予合理的不确定度还在不断完善之中。通过动态测量数据处理来分离测量误差，能够做出动态不确定度的 A 类评定所能处理的情况还比较少。

## 2. 动态不确定度的 B 类评定

可以根据 GUM 介绍的方法对动态测量不确定度进行 B 类评定。凡是未引起动态测量数据随机变动的因素所造成的测量不确定度，均不能由观测列的统计分析进行评定，只能用 B 类评定的方法。这时主要依据有关的定量信息及评定经验和知识，包括：以前的测量数据或曾评定的标准不确定度；计量标准、技术说明书、校准证书、检定证书、手册等有关资料；借助测试技术及机理分析等。在利用已有资料时应考虑所提供标准差的倍数，或对所提供的不确定度范围考虑相应的概率及其先验分布，以便计算出相应的不确定度。

采用 B 类评定法需要先根据实际情况分析，对测量值进行一定的假设分布。一般可假设为正态分布，也可假设为其他分布。

在动态测量不确定度的 B 类评定中，常见的情况有下列几种。

(1) 当 $t$ 时刻测量的估计值 $x$ 受到多个独立因素的影响且影响相近时，则可以假设为正态分布，由置信概率 $P$ 的分布区间半宽 $a$ 与包含因子 $k$ 估计标准不确定度，即

$$u_x(t) = \frac{a(t)}{k_p} \tag{3.4.9}$$

(2) 当估计值 $x$ 取自有关资料，且所给出的测量不确定度为标准差的 $k$ 倍时，标准不确定度为

$$u_x(t) = \frac{U_k(t)}{k} \tag{3.4.10}$$

(3) 若根据信息已知 $t$ 时刻估计值落在区间 $(x-a, x+a)$ 内的概率为 1，且在区间内各处出现的机会相等，则 $x$ 服从均匀分布，标准不确定度为

$$u_x(t) = \frac{a(t)}{\sqrt{3}} \tag{3.4.11}$$

(4) 当估计值 $x$ 在 $t$ 时刻受到两个独立且均匀分布因素的影响时，则 $x$ 服从区间为 $(x-a, x+a)$ 的三角分布，标准不确定度为

$$u_x(t) = \frac{a(t)}{\sqrt{6}} \tag{3.4.12}$$

(5) 当估计值 $x$ 在 $t$ 时刻服从区间 $(x-a, x+a)$ 内的反正弦分布时，标准不确定度为

$$u_x(t) = \frac{a(t)}{\sqrt{2}} \tag{3.4.13}$$

如果根据可利用的信息判断在 $t$ 时刻的第 $i$ 个误差在区间 $(-e_i, e_i)$ 内，并且已知概率分布，由要求的置信水平 $p_i$ 求出置信系数，则 $t$ 时刻第 $i$ 个系统分量的估计值为

$$\sigma_{xi}(t) = \frac{e_i(t)}{k_i} \tag{3.4.14}$$

式中，$k_i$ 是置信系数，是一个与置信概率和误差分布有关的常量，可查表获得，表 3.4.1 为正态分布的某些 $k$ 值的置信水平。

表 3.4.1　正态分布的某些 $k$ 值的置信水平

| $k$ | 3.30 | 3.00 | 2.58 | 2.00 | 1.96 | 1.645 | 1.00 | 0.6745 |
|---|---|---|---|---|---|---|---|---|
| $P$ | 0.999 | 0.9973 | 0.990 | 0.954 | 0.950 | 0.900 | 0.683 | 0.500 |

**3. 动态不确定度的合成**

计算合成动态测量标准不确定度的基本方法仍可采用概率论、数理统计和随机过程理论中的计算随机变量及其函数数字特征的方法，主要是确定随机函数的标准差以及由自变量的标准差求函数标准差的方法。

在用 A 类评定法评定动态量的不确定度时，如果含有误差的动态量具有各态历经性，则可以用统计时间充分长的时间平均值来替代符合不确定度定义的总体平均值，计算公式与静态量 A 类不确定度计算公式基本一致。各态历经动态量的标准差是常数，可以把该动态量在零时刻的自相关函数值作为不确定度的 A 类分量值。如果动态量为非各态历经，则不能用时间平均的方法来计算 A 类分量。在这种情况下，动态量的观测值与时间相关，需用特定的方法，如阿伦方差法来计算不确定度。

若用 B 类评定法评定动态测量的不确定度，已设定了动态量的变化规律和分布形式，则可从标准差的总体平均定义出发，直接用理论计算的方法求出不确定度。

如果在时间截口 $t$ 处，测量结果中含有 A 类分量和 B 类分量，则合成不确定度为

$$u_{\mathrm{c}}(t) = \sqrt{u_{z1}^2(t) + u_{z2}^2(t) + \cdots + u_{zm}^2(t) + u_{x1}^2(t) + u_{x2}^2(t) + \cdots + u_{xn}^2(t) + R} \tag{3.4.15}$$

式中，$u_{zi}(i=1,2,\cdots,m)$ 为 A 类随机不确定度分量；$u_{xj}(t)(j=1,2,\cdots,m)$ 为 B 类不确定度分量；$R$ 是 $m+n$ 个误差相互之间的方差和。

若各项误差之间独立或无关，则合成标准不确定度变为

$$u_{\mathrm{c}}(t) = \sqrt{u_{z1}^2(t) + u_{z2}^2(t) + \cdots + u_{zm}^2(t) + u_{x1}^2(t) + u_{x2}^2(t) + \cdots + u_{xn}^2(t)} \tag{3.4.16}$$

指南阐述的不确定度评定方法是建立在逻辑推理的基础上的，需要保证原始数据正确和评定方法合理。在实际评定中，为了便于操作和表达，往往进行一定程度的近似或者简化，而且动态测量的最终形式可能是一些变量的导出量，如谱密度和自相关函数，它们的函数形式很复杂。这些因素使得动态测量不确定度的合成计算相当困难，合成的操作需要很高的技巧。即使如此，合成结果仍然可能存在较大的误差甚至风险，所以评定的结果往往难以让人信服。因此，降低动态不确定度评定结果的风险、减少其本身的不确定性具有很大的价值，也是误差理论领域的一个重要研究方向，有待于进一步的深入研究。

**4. 动态扩展不确定度的评定**

扩展不确定度是确定测量结果区间的一个量，表征合理地赋予被测量之值分布的大部分可望含于此区间之内。扩展不确定度是将输出估计值的标准不确定度 $u_{\mathrm{c}}(t)$ 扩展 $k$ 倍之后得到的，这里的 $k$ 称为包含因子，一般为 2 或者 3，取决于被测量的重要性、效益和风险。将动态测量结果的标准不确定度乘以包含因子就得到动态扩展不确定度。

$$U(t) = ku_{\mathrm{c}}(t) \tag{3.4.17}$$

动态扩展不确定度同样具有时变性。当可以把被测量当作正态分布且输出估计值相关

标准差的可靠性足够高时，包含因子 $k=2$ 代表扩展不确定度的包含概率约为 95%，测量结果的值区间在被测量值概率分布中所包含的百分比为 95%，这个百分比称为该区间的置信水准或置信概率。

动态被测量 $Y(t)$ 的最佳估计 $y(t)$ 在置信概率 $P$ 的分布区间为

$$y(t) - U(t) \leqslant Y(t) \leqslant y(t) + U(t) \tag{3.4.18}$$

**5. 动态不确定度的报告**

与静态测量相比较，动态测量不确定度的最大特点是时变性。静态测量不确定度一般是常量，只有当影响量和测量系统发生改变时才可能是时变量；动态测量不确定度一般是时变量，只有影响量和测量系统都不发生时变时，描述稳态动态量特征的量才有可能是常量，这一常量可能是时变量合成之后得到的。动态测量不确定度的时变性不仅来自测量本身的时变性，而且还来自影响量和测量系统的时变性。所以尽管描述稳态动态量特征的常量本身没有发生时变，但不确定度仍可能是时变的。非稳态的动态量的不确定度则必然是时变量。

为了有效地表征动态测量结果的品质，动态测量的结果必须包括动态不确定度指标。按照动态不确定度的定义，它是对动态测量结果质量的定量表示，表征合理赋予被测动态量之值的分散性，是与动态测量结果密切关联的参数。动态测量结果的可用性很大程度上取决于动态不确定度值的大小，动态测量结果必须包括动态不确定度才完整并有意义。动态不确定度也是判定动态基、标准精度、鉴别动态测试水平高低与动态测试设备质量的重要依据。

一个完整的测量结果应包含两部分：

(1) 被测量 $Y(t)$ 的最佳估计值；

(2) 对应 $Y(t)$ 的测量结果分散性的测量不确定度，是测量过程中来自测量设备、环境、人员、测量方法以及被测对象的所有不确定度因素的一个集合。

# 习　题

3-1　什么是测量不确定度？测量不确定度分为哪两类？两者之间的区别是什么？

3-2　用游标卡尺对某一尺寸测量 10 次（单位为 mm），假定已消除系统误差和粗大误差，得到的测量值如下：75.01、75.04、75.07、75.00、75.03、75.09、75.06、75.02、75.05、75.08。试用贝塞尔法求 A 类评定的标准不确定度。

3-3　用最大残差法计算习题 3-2 中测得数据的 A 类标准不确定度。

3-4　用彼得斯法计算习题 3-2 中测得数据的 A 类评定标准不确定度。

3-5　用极差法计算习题 3-2 中测得数据的 A 类评定标准不确定度。

3-6　某激光管发出的激光波长，经检定 $\lambda = 0.63299130\mu m$，由于某些原因未对此检定波长做误差分析。后来又用更精确的方法测得该激光管的波长 $\lambda = 0.63299144\mu m$，试用最大误差法求其 A 类评定的标准不确定度。

3-7　用双圆球法检定内锥角 $\alpha$，如题图 2.1 所示，内锥角的计算公式为

$$\sin \frac{\alpha}{2} = \frac{D_1 - D_2}{2l_1 - 2l_2 - D_1 - D_2}$$

若已知:

$$D_1 = 45.00\text{mm}, \quad \sigma_{D_1} = 0.001\text{mm}$$
$$D_2 = 15.00\text{mm}, \quad \sigma_{D_2} = 0.001\text{mm}$$
$$l_1 = 93.921\text{mm}, \quad \sigma_{l_1} = 0.0018\text{mm}$$
$$l_2 = 20.961\text{mm}, \quad \sigma_{l_2} = 0.001\text{mm}$$

求角度的合成标准不确定度。

3-8　已知两个独立测量值的标准不确定度和自由度分别为 $u_1 = 10$，$v_1 = 10$；$u_2 = 10$，$v_2 = 1$，求扩展不确定度。

3-9　某物体的质量测量结果如下(单位为 g)：11.27、11.24、11.25、11.27、11.26、11.25、11.28、11.22、11.26、11.25。试评价该量结果的 A 类不确定度分量。

3-10　测量某电路的电流 $I = 50.25\,\text{mA}$，电压 $U = 1.805\,\text{V}$，测量的标准不确定度分别为 $\sigma_I = 0.35\,\text{mA}$，$\sigma_U = 0.100\,\text{V}$，求功率 $P = UI$ 及其标准不确定度。

3-11　设 $x_1$、$x_2$ 无关，$y = x_1 + x_2$，若 $u(x_1) = 1.73\text{mg}$，$u(x_2) = 1.15\text{mg}$，求其合成标准不确定度，按照正态分布，在 99.73%概率下的扩展不确定度为多少?

3-12　测量某圆柱体体积时，半径 $r = 13.88\,\text{cm}$，高度 $h = 25.24\,\text{cm}$，测量的标准不确定度为 $\sigma_r = 0.06\,\text{cm}$，$\sigma_h = 0.04\,\text{cm}$，试求体积 $V = \pi r^2 h$ 及其标准不确定度。

3-13　用某仪器测量工件尺寸，已知该仪器的标准差 $\sigma = 0.001\text{mm}$，若要求测量的允许极限误差为 $\pm 0.0015\text{mm}$，置信概率 $P$ 为 0.95(自由度 $v = 4$ 时，$t = 2.78$；自由度 $v = 3$ 时，$t = 3.18$)时，应测量多少次?

3-14　已知某高精度标准电流检定仪的主要不确定度分量有:

(1)仪器示值误差不超过 $\pm 0.15\,\mu\text{V}$，假定服从均匀分布，其相对标准差为 25%;

(2)输入电流的重复性，经 9 次测量，其平均值的标准差为 $0.05\,\mu\text{V}$;

求该检定仪的标准不确定度分量，假设各不确定度分量相互独立，估计其合成标准不确定度及其自由度。

# 第4章　最小二乘法原理及其运算

最小二乘法是一种在多学科领域中获得广泛应用的数据处理方法，该方法可以妥善解决参数的最可信赖值估计、组合测量的数据处理、用实验方法来拟定经验公式以及回归分析等一系列数据处理问题。

关于最小二乘法的应用最早可以追溯到 19 世纪初，意大利天文学家皮亚齐在观察谷神星的运行轨迹时，由于它在运行中被太阳遮挡而从观察视线中消失，科学界为此掀起了利用观察到的数据尝试寻找谷神星的研究。德国科学家高斯首次利用最小二乘法计算了谷神星的轨道，德国天文学家奥尔伯斯根据高斯计算的轨道重新发现了谷神星。高斯 1809 年在其著作《天体运动论》中发表了最小二乘法，并于 1829 年证明了最小二乘法的优化效果强于其他方法。但最小二乘法的发现权历史上曾存在争议，法国数学家勒让德 1805 年出版的《计算彗星轨道的新方法》一书中，在附录中给出了最小二乘法的描述，发表时间上要早于高斯。现在，大家普遍接受的观点是两个人在针对不同的应用时，分别独立发现了最小二乘法，但高斯对最小二乘法理论上的贡献要大于勒让德，他将最小二乘法推进得更深刻，进而推动了数理统计学的发展。

本章重点阐述最小二乘法原理及其在线性参数和非线性参数估计中的应用。要求在理解最小二乘法基本思路和基本原理的基础上，能够掌握等精度或不等精度测量中线性、非线性参数的最小二乘估计方法，并能科学地给出估计精度。

## 4.1　最小二乘法原理

在测量实践中，经常会遇到被测对象难以直接测量的情况，在这种情况下常用的方法就是通过测量与被测对象有函数关系且容易测量的直接测量量来间接实现测量。例如，长方体体积难以直接测量，这时可通过测量与体积有函数关系的长、宽、高三个直接量 $X$、$Y$、$Z$，并通过函数 $V=XYZ$ 来计算，从而间接得到体积的测量结果。但是由于长、宽、高的测量值不可避免地存在各种误差，如何由包含误差的直接测量数据，通过数据处理的办法得到间接测量量的最可信赖的估计值，这就是最小二乘法要解决的问题。

将上述问题泛化，为了确定 $t$ 个不可（或难以）直接测量的未知量 $X_1, X_2, \cdots, X_t$ 的估计值 $x_1, x_2, \cdots, x_t$，可以对与该 $t$ 个未知量有函数关系的直接测量量 $Y$ 进行 $n$ 次测量，得到测量数据 $l_1, l_2, \cdots, l_n$，设直接测量量与未知的函数关系如下：

$$\begin{cases} l_1 \leftarrow Y_1 = f_1(X_1, X_2, \cdots, X_t) \\ l_2 \leftarrow Y_2 = f_2(X_1, X_2, \cdots, X_t) \\ \quad\vdots \\ l_n \leftarrow Y_n = f_n(X_1, X_2, \cdots, X_t) \end{cases} \tag{4.1.1}$$

如果 $n=t$，则可以根据方程组（4.1.1）直接求解得到未知量 $X_1, X_2, \cdots, X_t$ 的估计值 $x_1, x_2, \cdots,$

$x_t$。但由于直接测量数据 $l_1$, $l_2$, $\cdots$, $l_n$ 不可避免地包含测量误差,因此所求结果必定存在误差,根据随机误差的抵偿性,增加测量次数 $n$（既 $n>t$）,有利于减小随机误差,但是此时的方程组是超定方程组,没有精确解。例如,如果要用不在同一条直线上的三个点确定一条直线,我们无法得到这样一条直线,使得这条直线同时经过给定的这三个点。也就是说给定的条件（限制）过于严格,导致解不存在。形象地说,就是无法在完全满足给定这些条件的情况下,求出精确解。为了获得最接近的解,需要引入一个附加准则,称为"最小二乘准则"。在最小二乘准则下得到的估计量,将使我们能够得到唯一的、具有最优性质的参数估计量。"最小二乘准则"的核心思想就是:最可信赖值应在使残余误差平方和最小的条件下求得。

### 4.1.1　最小二乘基本原理

设直接测量量 $Y_1$, $Y_2$, $\cdots$, $Y_n$ 的估计值 $y_1$, $y_2$, $\cdots$, $y_n$,则有测量方程

$$
\begin{cases}
y_1 = f_1(x_1, x_2, \cdots, x_t) \\
y_2 = f_2(x_1, x_2, \cdots, x_t) \\
\quad\quad\quad \vdots \\
y_n = f_n(x_1, x_2, \cdots, x_t)
\end{cases}
\tag{4.1.2}
$$

进而得到测量数据 $l_1$, $l_2$, $\cdots$, $l_n$ 的残余误差为

$$
\begin{cases}
v_1 = l_1 - f_1(x_1, x_2, \cdots, x_t) \\
v_2 = l_2 - f_2(x_1, x_2, \cdots, x_t) \\
\quad\quad\quad \vdots \\
v_n = l_n - f_n(x_1, x_2, \cdots, x_t)
\end{cases}
\tag{4.1.3}
$$

式(4.1.3)称为残余误差方程式,简称残差方程式。

若测量数据 $l_1$, $l_2$, $\cdots$, $l_n$ 不存在系统误差、相互独立并服从正态分布,标准差为 $\sigma_1$, $\sigma_2$, $\cdots$, $\sigma_n$,则各测量值 $l_1$, $l_2$, $\cdots$, $l_n$ 出现在相应真值附近 $\mathrm{d}\delta_1$, $\mathrm{d}\delta_2$, $\cdots$, $\mathrm{d}\delta_n$ 区域内的概率为

$$
P_i = \frac{1}{\sigma_i \sqrt{2\pi}} \mathrm{e}^{-\frac{\delta_i^2}{2\sigma_i^2}} \mathrm{d}\delta_i, \quad i = 1, 2, \cdots, n
\tag{4.1.4}
$$

由概率乘法定理可知,各测量数据同时出现在相应区域 $\mathrm{d}\delta_1$, $\mathrm{d}\delta_2$, $\cdots$, $\mathrm{d}\delta_n$ 的概率为

$$
P = \prod_{i=1}^{n} P_i = \frac{1}{\sigma_1 \sigma_2 \cdots \sigma_n (\sqrt{2\pi})^n} \mathrm{e}^{-\sum_{i=1}^{n} \frac{\delta_i^2}{2\sigma_i^2}} \mathrm{d}\delta_1 \mathrm{d}\delta_2 \cdots \mathrm{d}\delta_n
\tag{4.1.5}
$$

按照随机误差的特性,小误差出现的概率大于大误差出现的概率,因此,概率越大的测量值就越可信赖,这就是概率论中的最大似然原理,即测量结果的最可信赖值,应该是出现的机会最多的那个数值,也就是出现的概率 $P$ 为最大时所求得的数值。要使 $P$ 最大就是使式(4.1.5)中负指数的分子最小,即

$$
\frac{\delta_1^2}{\sigma_1^2} + \frac{\delta_2^2}{\sigma_2^2} + \cdots + \frac{\delta_n^2}{\sigma_n^2} = 最小
\tag{4.1.6}
$$

由式(4.1.6)得到的结果只是最大可能接近真值的估计值,而并非真值,因此上述条件应由残差形式表示为

$$\frac{v_1^2}{\sigma_1^2} + \frac{v_2^2}{\sigma_2^2} + \cdots + \frac{v_n^2}{\sigma_n^2} = 最小 \tag{4.1.7}$$

引入权的符号 $p$，令 $p_i = \dfrac{1}{\sigma_i^2}$。则式 (4.1.7) 可表示为

$$p_1 v_1^2 + p_2 v_2^2 + \cdots + p_n v_n^2 = \sum_{i=1}^{n} p_i v_i^2 = 最小 \tag{4.1.8}$$

在等精度测量中，由于权值相同，因此式 (4.1.8) 可以简化为

$$v_1^2 + v_2^2 + \cdots + v_n^2 = \sum_{i=1}^{n} v_i^2 = 最小 \tag{4.1.9}$$

上述推导表明，测量结果的最可信赖值应该是在残余误差平方和(或加权残余误差平方和)最小的条件下求出，这就是最小二乘法的基本原理。按照最小二乘法求出的估计值称为最大似然值，它能充分利用误差的抵偿作用，有效减小随机误差的影响，估计结果具有无偏性和最可信赖性。

虽然上述结果是在测量误差无偏、正态分布和相互独立的条件下推导出来的，但在非正态分布的条件下也可使用。从原理上讲，最小二乘法可用于线性参数处理，也可用于非线性参数处理。考虑到在一般实际问题中大部分是线性参数而不是非线性参数，可以通过级数展开的方法在某一区域得到近似的线性参数，因此本书以介绍线性参数的最小二乘法为主。

### 4.1.2　等精度测量的线性参数最小二乘原理

设线性参数测量方程的一般形式为

$$\begin{cases} Y_1 = a_{11} X_1 + a_{12} X_2 + \cdots + a_{1t} X_t \\ Y_2 = a_{21} X_1 + a_{22} X_2 + \cdots + a_{2t} X_t \\ \qquad\qquad\qquad \vdots \\ Y_n = a_{n1} X_1 + a_{n2} X_2 + \cdots + a_{nt} X_t \end{cases} \tag{4.1.10}$$

相应的估计量为

$$\begin{cases} y_1 = a_{11} x_1 + a_{12} x_2 + \cdots + a_{1t} x_t \\ y_2 = a_{21} x_1 + a_{22} x_2 + \cdots + a_{2t} x_t \\ \qquad\qquad\qquad \vdots \\ y_n = a_{n1} x_1 + a_{n2} x_2 + \cdots + a_{nt} x_t \end{cases} \tag{4.1.11}$$

则残差方程为

$$\begin{cases} v_1 = l_1 - (a_{11} x_1 + a_{12} x_2 + \cdots + a_{1t} x_t) \\ v_2 = l_2 - (a_{21} x_1 + a_{22} x_2 + \cdots + a_{2t} x_t) \\ \qquad\qquad\qquad \vdots \\ v_n = l_n - (a_{n1} x_1 + a_{n2} x_2 + \cdots + a_{nt} x_t) \end{cases} \tag{4.1.12}$$

令

$$
\boldsymbol{L} = \begin{bmatrix} l_1 \\ l_2 \\ \vdots \\ l_n \end{bmatrix}, \quad
\hat{\boldsymbol{X}} = \begin{bmatrix} x_1 \\ x_2 \\ \vdots \\ x_t \end{bmatrix}, \quad
\boldsymbol{V} = \begin{bmatrix} v_1 \\ v_2 \\ \vdots \\ v_n \end{bmatrix}, \quad
\boldsymbol{A} = \begin{bmatrix} a_{11} & a_{12} & \cdots & a_{1t} \\ a_{21} & a_{22} & \cdots & a_{2t} \\ \vdots & \vdots & & \vdots \\ a_{n1} & a_{n2} & \cdots & a_{nt} \end{bmatrix}
$$

则残差方程可用矩阵形式表示为

$$
\begin{bmatrix} v_1 \\ v_2 \\ \vdots \\ v_n \end{bmatrix} =
\begin{bmatrix} l_1 \\ l_2 \\ \vdots \\ l_n \end{bmatrix} -
\begin{bmatrix} a_{11} & a_{12} & \cdots & a_{1t} \\ a_{21} & a_{22} & \cdots & a_{2t} \\ \vdots & \vdots & & \vdots \\ a_{n1} & a_{n2} & \cdots & a_{nt} \end{bmatrix}
\begin{bmatrix} x_1 \\ x_2 \\ \vdots \\ x_t \end{bmatrix}
$$

即

$$
\boldsymbol{V} = \boldsymbol{L} - \boldsymbol{A}\hat{\boldsymbol{X}} \tag{4.1.13}
$$

式中，$l_1, l_2, \cdots, l_n$ 为 $n$ 个直接测量的结果；$x_1, x_2, \cdots, x_t$ 为 $t$ 个待求被测量的估计量；$v_1, v_2, \cdots, v_n$ 为 $n$ 个直接测量结果的残余误差；$a_{11}, a_{12}, \cdots, a_{nt}$ 为 $n$ 个误差方程的系数。

等精度测量时最小二乘原理的基本思想是残余误差的平方和最小，将这个条件转换为矩阵形式，如下：

$$
\begin{bmatrix} v_1 & v_2 & \cdots & v_n \end{bmatrix}
\begin{bmatrix} v_1 \\ v_2 \\ \vdots \\ v_n \end{bmatrix} = 最小
$$

即

$$
\boldsymbol{V}^{\mathrm{T}}\boldsymbol{V} = 最小
$$

因此可得

$$
(\boldsymbol{L} - \boldsymbol{A}\hat{\boldsymbol{X}})^{\mathrm{T}}(\boldsymbol{L} - \boldsymbol{A}\hat{\boldsymbol{X}}) = 最小 \tag{4.1.14}
$$

### 4.1.3　不等精度测量的线性参数最小二乘原理

在不等精度测量中，每个测量数据的权都不一样，引入权矩阵 $P_{n \times n}$：

$$
\boldsymbol{P}_{n \times n} = \begin{bmatrix} p_1 & 0 & \cdots & 0 \\ 0 & p_2 & \cdots & 0 \\ & & \ddots & \\ 0 & 0 & \cdots & p_n \end{bmatrix} =
\begin{bmatrix} \dfrac{\sigma^2}{\sigma_1^2} & 0 & \cdots & 0 \\ 0 & \dfrac{\sigma^2}{\sigma_2^2} & \cdots & 0 \\ & & \ddots & \\ 0 & 0 & \cdots & \dfrac{\sigma^2}{\sigma_n^2} \end{bmatrix} \tag{4.1.15}
$$

式中，$p_i = \sigma^2 / \sigma_i^2$ 为测量数据 $l_i$ 的权；$\sigma^2$ 为单位权方差；$\sigma_i^2$ 为测量数据 $l_i$ 的方差。

因此，不等精度测量最小二乘原理的条件就对应为加权残余误差的平方和最小，其矩阵形式为

$$V^{\mathrm{T}}PV = 最小$$

即

$$(L - A\hat{X})^{\mathrm{T}} P(L - A\hat{X}) = 最小 \tag{4.1.16}$$

不等精度线性参数测量还可以通过单位权化转化为等精度的线性参数测量形式，这样就可以利用等精度的线性参数最小二乘法来处理得全部结果。为此，应将误差方程转化为等权的形式，即通过在残差方程(4.1.12)两边同乘以 $\sqrt{p_i}$，化为等精度的残差方程：

$$\begin{cases} v_1\sqrt{p_1} = l_1\sqrt{p_1} - (a_{11}\sqrt{p_1}x_1 + a_{12}\sqrt{p_1}x_2 + \cdots + a_{1t}\sqrt{p_1}x_t) \\ v_2\sqrt{p_2} = l_2\sqrt{p_2} - (a_{21}\sqrt{p_2}x_1 + a_{22}\sqrt{p_2}x_2 + \cdots + a_{2t}\sqrt{p_2}x_t) \\ \qquad\qquad\vdots \\ v_n\sqrt{p_n} = l_n\sqrt{p_n} - (a_{n1}\sqrt{p_n}x_1 + a_{n2}\sqrt{p_n}x_2 + \cdots + a_{nt}\sqrt{p_n}x_t) \end{cases} \tag{4.1.17}$$

令

$$L' = \begin{bmatrix} \sqrt{p_1}l_1 \\ \sqrt{p_2}l_2 \\ \vdots \\ \sqrt{p_n}l_n \end{bmatrix}, \quad \hat{X} = \begin{bmatrix} x_1 \\ x_2 \\ \vdots \\ x_t \end{bmatrix}, \quad V' = \begin{bmatrix} \sqrt{p_1}v_1 \\ \sqrt{p_2}v_2 \\ \vdots \\ \sqrt{p_n}v_n \end{bmatrix}, \quad A' = \begin{bmatrix} \sqrt{p_1}a_{11} & \sqrt{p_1}a_{12} & \cdots & \sqrt{p_1}a_{1t} \\ \sqrt{p_2}a_{21} & \sqrt{p_2}a_{22} & \cdots & \sqrt{p_2}a_{2t} \\ \vdots & \vdots & & \vdots \\ \sqrt{p_n}a_{n1} & \sqrt{p_n}a_{n2} & \cdots & \sqrt{p_n}a_{nt} \end{bmatrix}$$

方程(4.1.17)中各式已具有相同的权，与等精度测量的误差方程形式一致，即可按等精度测量数据的方法来处理，则有

$$V'^{\mathrm{T}}V' = 最小$$

即

$$(L' - A'\hat{X})^{\mathrm{T}}(L' - A'\hat{X}) = 最小 \tag{4.1.18}$$

在测量次数大于未知参数数量的情况下，按照最小二乘法原理可将测量误差方程转化为有确定解的代数方程组(其方程式数目等于未知数的个数)，从而求出这些未知参数，这个有确定解的代数方程组称为最小二乘法估计的正规方程。

## 4.2　最小二乘处理的基本运算

为了得到一个或多个未知量的最可靠值，根据最小二乘原理应从对同一量的多次观测结果中求出，一般要求测量次数 $n$ 总要大于未知参数的数目 $t$，线性参数最小二乘法处理的过程可归纳如下：

(1)根据具体问题列出误差方程式；

(2)按照最小二乘法原理，利用求极值的方法将误差方程转化为正规方程；

(3)求解正规方程，得到待求的估计量；

(4)给出精度估计。

对于非线性参数，可按照一定的方法先将其线性化，然后按照上述线性参数的最小二乘法处理程序处理。

在整个处理过程中，建立正规方程是待求参数最小二乘法处理的基本环节。下面按照等精度测量和不等精度测量两种情况分别介绍。

### 4.2.1　等精度测量线性参数最小二乘处理

由误差方程及其最小二乘条件：

$$\begin{cases} v_1 = l_1 - (a_{11}x_1 + a_{12}x_2 + \cdots + a_{1t}x_t) \\ v_2 = l_2 - (a_{21}x_1 + a_{22}x_2 + \cdots + a_{2t}x_t) \\ \quad\vdots \\ v_n = l_n - (a_{n1}x_1 + a_{n2}x_2 + \cdots + a_{nt}x_t) \end{cases} \tag{4.2.1}$$

$$\boldsymbol{V}^\mathrm{T}\boldsymbol{V} = v_1{}^2 + v_2{}^2 + \cdots + v_n{}^2 = 最小 \tag{4.2.2}$$

待估量 $x_1, x_2, \cdots, x_t$ 彼此相互独立，为了使得 $\boldsymbol{V}^\mathrm{T}\boldsymbol{V}=$ 最小，可以利用求极值的方法，把残余误差平方和对每个待估量求偏导，并令其等于零，则有

$$\begin{cases} \dfrac{\partial \sum\limits_{i=1}^{n} v_i^2}{\partial x_1} = 0 \\ \quad\vdots \\ \dfrac{\partial \sum\limits_{i=1}^{n} v_i^2}{\partial x_t} = 0 \end{cases} \tag{4.2.3}$$

对式(4.2.3)进行化简、整理(详细过程略)，最后可以得到

$$\begin{cases} \sum\limits_{i=1}^{n} a_{i1}l_i = \sum\limits_{i=1}^{n} a_{i1}a_{i1}x_1 + \sum\limits_{i=1}^{n} a_{i1}a_{i2}x_2 + \cdots + \sum\limits_{i=1}^{n} a_{i1}a_{it}x_t \\ \sum\limits_{i=1}^{n} a_{i2}l_i = \sum\limits_{i=1}^{n} a_{i2}a_{i1}x_1 + \sum\limits_{i=1}^{n} a_{i2}a_{i2}x_2 + \cdots + \sum\limits_{i=1}^{n} a_{i2}a_{it}x_t \\ \quad\vdots \\ \sum\limits_{i=1}^{n} a_{it}l_i = \sum\limits_{i=1}^{n} a_{it}a_{i1}x_1 + \sum\limits_{i=1}^{n} a_{it}a_{i2}x_2 + \cdots + \sum\limits_{i=1}^{n} a_{it}a_{it}x_t \end{cases} \tag{4.2.4}$$

式(4.2.4)即为等精度测量的线性参数最小二乘法处理的正规方程，这是一个 $t$ 元线性方程，当其系数行列式不为零时，有唯一确定的解，由此可解得待求的估计量。正规方程(4.2.4)具有以下特点：

(1)主对角线分布着平方项系数，这些系数都是正数；

(2)相对于主对角线对称分布的各系数两两相等。

以正规方程组中的第 $r$ 个方程为例，将其中的求和号展开并重新组合可以得到

$$\sum_{i=1}^{n} a_{ir}l_i - \left( \sum_{i=1}^{n} a_{ir}a_{i1}x_1 + \sum_{i=1}^{n} a_{ir}a_{i2}x_2 + \cdots + \sum_{i=1}^{n} a_{ir}a_{it}x_t \right) = a_{1r}v_1 + a_{2r}v_2 + \cdots + a_{nr}v_n = 0$$

式中，$r = 1, 2, \cdots, t$。

按照上述同样方法对式(4.2.4)正规方程中的各式进行处理，可以得到用残差表示的正

规方程，如下：

$$\begin{cases} a_{11}v_1 + a_{21}v_2 + \cdots + a_{n1}v_n = 0 \\ a_{12}v_1 + a_{22}v_2 + \cdots + a_{n2}v_n = 0 \\ \qquad\qquad\qquad \vdots \\ a_{1t}v_1 + a_{2t}v_2 + \cdots + a_{nt}v_n = 0 \end{cases} \qquad (4.2.5)$$

用矩阵形式可表示为

$$\begin{bmatrix} a_{11} & a_{21} & \cdots & a_{n1} \\ a_{12} & a_{22} & \cdots & a_{n2} \\ \vdots & \vdots & & \vdots \\ a_{1t} & a_{2t} & \cdots & a_{nt} \end{bmatrix} \begin{bmatrix} v_1 \\ v_2 \\ \vdots \\ v_n \end{bmatrix} = \begin{bmatrix} 0 \\ 0 \\ \vdots \\ 0 \end{bmatrix}$$

即

$$\boldsymbol{A}^{\mathrm{T}}\boldsymbol{V} = 0 \qquad (4.2.6)$$

将 $\boldsymbol{V} = \boldsymbol{L} - \boldsymbol{A}\hat{\boldsymbol{X}}$ 代入 $\boldsymbol{A}^{\mathrm{T}}\boldsymbol{V} = 0$ 中，得

$$\boldsymbol{A}^{\mathrm{T}}\boldsymbol{L} - \boldsymbol{A}^{\mathrm{T}}\boldsymbol{A}\hat{\boldsymbol{X}} = 0$$

即

$$\boldsymbol{A}^{\mathrm{T}}\boldsymbol{A}\hat{\boldsymbol{X}} = \boldsymbol{A}^{\mathrm{T}}\boldsymbol{L} \qquad (4.2.7)$$

令 $\boldsymbol{C} = \boldsymbol{A}^{\mathrm{T}}\boldsymbol{A}$，并代入式(4.2.7)，可得

$$\boldsymbol{C}\hat{\boldsymbol{X}} = \boldsymbol{A}^{\mathrm{T}}\boldsymbol{L} \qquad (4.2.8)$$

这就是等精度测量情况下矩阵形式表示的正规方程。若矩阵 $\boldsymbol{A}$ 的秩等于 $t$，则矩阵 $\boldsymbol{C}$ 是满秩的，即其行列式不等于 0，那么式(4.2.8)必定有唯一解。用 $\boldsymbol{C}^{-1}$ 左乘正规方程的两边，可以得到正规方程解的矩阵表达式：

$$\hat{\boldsymbol{X}} = \boldsymbol{C}^{-1}\boldsymbol{A}^{\mathrm{T}}\boldsymbol{L} \qquad (4.2.9)$$

对 $\hat{\boldsymbol{X}}$ 求数学期望，可得

$$E(\hat{\boldsymbol{X}}) = E(\boldsymbol{C}^{-1}\boldsymbol{A}^{\mathrm{T}}\boldsymbol{L}) = \boldsymbol{C}^{-1}\boldsymbol{A}^{T}E(\boldsymbol{L}) = \boldsymbol{C}^{-1}\boldsymbol{A}^{\mathrm{T}}\boldsymbol{Y} = \boldsymbol{C}^{-1}\boldsymbol{A}^{\mathrm{T}}\boldsymbol{A}\boldsymbol{X} = \boldsymbol{C}^{-1}\boldsymbol{C}\boldsymbol{X} = \boldsymbol{X} \qquad (4.2.10)$$

式中，$\boldsymbol{Y}$ 的元素为直接量真值，$\boldsymbol{X}$ 的元素为待求量真值，$\hat{\boldsymbol{X}} = \boldsymbol{C}^{-1}\boldsymbol{A}^{\mathrm{T}}\boldsymbol{L}$ 是待测量 $\boldsymbol{X}$ 的无偏估计。

**例 4.2.1** 已知铜棒的长度和温度之间具有线性关系：$y_t = y_0(1 + \alpha t)$。为获得 0℃时铜棒的长度 $y_0$ 和铜的线膨胀系数 $\alpha$，测得不同温度下铜棒的长度如表 4.2.1 所示，求 $y_0$ 和 $\alpha$ 的最可信赖值。

表 4.2.1　不同温度下铜棒长度和温度的测量结果

| $i$ | 1 | 2 | 3 | 4 | 5 | 6 |
|---|---|---|---|---|---|---|
| $t_i/℃$ | 10.00 | 20.00 | 25.00 | 30.00 | 40.00 | 45.00 |
| $l_i/\text{mm}$ | 2000.36 | 2000.72 | 2000.80 | 2001.07 | 2001.48 | 2001.60 |

**解** 首先列出误差方程：

$$v_i = l_i - (y_0 + \alpha y_0 t_i)$$

令 $y_0 = c$，$\alpha y_0 = d$ 为两个待估参量，则误差方程可写为

$$v_i = l_i - (c + d t_i)$$

按照最小二乘的矩阵形式计算：

$$L = \begin{bmatrix} 2000.36 \\ 2000.72 \\ 2000.80 \\ 2001.07 \\ 2001.48 \\ 2001.60 \end{bmatrix}, \quad \hat{X} = \begin{bmatrix} c \\ d \end{bmatrix}, \quad A = \begin{bmatrix} 1 & 10.00 \\ 1 & 20.00 \\ 1 & 25.00 \\ 1 & 30.00 \\ 1 & 40.00 \\ 1 & 45.00 \end{bmatrix}$$

则有

$$C^{-1} = (A^{\mathrm{T}} A)^{-1} = \begin{bmatrix} 1.13 & -0.034 \\ -0.034 & 0.0012 \end{bmatrix}$$

那么

$$\hat{X} = C^{-1} A^{\mathrm{T}} L = \begin{bmatrix} c \\ d \end{bmatrix} = \begin{bmatrix} 1999.97 \\ 0.03654 \end{bmatrix}$$

即

$$y_0 = c = 1999.97\,\mathrm{mm}, \quad \alpha = d / y_0 = 1.83 \times 10^{-5}\,{}^{\circ}\mathrm{C}^{-1}$$

因此，铜棒长度 $y_t$ 随温度 $t$ 的线性变化规律为

$$y_t = y_0(1 + \alpha t) = 1999.97(1 + 1.83 \times 10^{-5} t)$$

### 4.2.2　不等精度测量线性参数最小二乘处理

不等精度测量时，求解的方法与等精度测量线性参数最小二乘法一样，只是在进行最小二乘法处理时，要取加权残余误差平方和最小，即

$$\sum_{i=1}^{n} p_i v_i^2 = 最小$$

同样，对上式求导数并令其等于 0，可得

$$\begin{cases} \dfrac{\partial \sum\limits_{i=1}^{n} p_i v_i^2}{\partial x_1} = 0 \\ \quad\vdots \\ \dfrac{\partial \sum\limits_{i=1}^{n} p_i v_i^2}{\partial x_t} = 0 \end{cases} \tag{4.2.11}$$

整理后可得到不等精度测量线性参数最小二乘法处理的正规方程为

$$
\begin{cases}
\sum_{i=1}^{n} p_i a_{i1} l_i = \sum_{i=1}^{n} p_i a_{i1} a_{i1} x_1 + \sum_{i=1}^{n} p_i a_{i1} a_{i2} x_2 + \cdots + \sum_{i=1}^{n} p_i a_{i1} a_{it} x_t \\
\sum_{i=1}^{n} p_i a_{i2} l_i = \sum_{i=1}^{n} p_i a_{i2} a_{i1} x_1 + \sum_{i=1}^{n} p_i a_{i2} a_{i2} x_2 + \cdots + \sum_{i=1}^{n} p_i a_{i2} a_{it} x_t \\
\qquad\qquad\qquad\qquad \vdots \\
\sum_{i=1}^{n} p_i a_{it} l_i = \sum_{i=1}^{n} p_i a_{it} a_{i1} x_1 + \sum_{i=1}^{n} p_i a_{it} a_{i2} x_2 + \cdots + \sum_{i=1}^{n} p_i a_{it} a_{it} x_t
\end{cases}
\tag{4.2.12}
$$

同等精度线性参数最小二乘法一样，将式(4.2.12)展开整理后可以得到

$$
\begin{cases}
p_1 a_{11} v_1 + p_2 a_{21} v_2 + \cdots + p_n a_{n1} v_n = 0 \\
p_1 a_{12} v_1 + p_2 a_{22} v_2 + \cdots + p_n a_{n2} v_n = 0 \\
\qquad\qquad\qquad \vdots \\
p_1 a_{1t} v_1 + p_2 a_{2t} v_2 + \cdots + p_n a_{nt} v_n = 0
\end{cases}
\tag{4.2.13}
$$

用矩阵形式表示为

$$
\begin{bmatrix}
a_{11} & a_{21} & \cdots & a_{n1} \\
a_{12} & a_{22} & \cdots & a_{n2} \\
\vdots & \vdots & & \vdots \\
a_{1t} & a_{2t} & \cdots & a_{nt}
\end{bmatrix}
\begin{bmatrix}
p_1 & 0 & \cdots & 0 \\
0 & p_2 & \cdots & 0 \\
\vdots & \vdots & & \vdots \\
0 & 0 & \cdots & p_n
\end{bmatrix}
\begin{bmatrix}
v_1 \\ v_2 \\ \vdots \\ v_n
\end{bmatrix}
=
\begin{bmatrix}
0 \\ 0 \\ \vdots \\ 0
\end{bmatrix}
$$

即

$$
A^{\mathrm{T}} P V = 0
\tag{4.2.14}
$$

将 $V = L - A\hat{X}$ 代入式(4.2.14)，可得

$$
A^{\mathrm{T}} P A \hat{X} = A^{\mathrm{T}} P L
$$

进而

$$
\hat{X} = (A^{\mathrm{T}} P A)^{-1} A^{\mathrm{T}} P L
\tag{4.2.15}
$$

令

$$
C' = A^{\mathrm{T}} P A
$$

则

$$
\hat{X} = C'^{-1} A^{\mathrm{T}} P L
\tag{4.2.16}
$$

同样对 $\hat{X}$ 求数学期望，可以看出 $\hat{X}$ 是待测量 $X$ 的无偏估计。

**例 4.2.2**　某测量过程的误差方程式及相应的标准差如下：

$$
\begin{aligned}
v_1 &= 6.44 - (x_1 + x_2), & \sigma_1 &= 0.06 \\
v_2 &= 8.60 - (x_1 + 2x_2), & \sigma_2 &= 0.06 \\
v_3 &= 10.81 - (x_1 + 3x_2), & \sigma_3 &= 0.08 \\
v_4 &= 13.22 - (x_1 + 4x_2), & \sigma_4 &= 0.08 \\
v_5 &= 15.27 - (x_1 + 5x_2), & \sigma_5 &= 0.08
\end{aligned}
$$

试求 $x_1$、$x_2$ 的最可信赖值。

**解**　首先确定各方程式的权：

$$p_1 : p_2 : p_3 : p_4 : p_5 = \frac{1}{\sigma_1^2} : \frac{1}{\sigma_2^2} : \frac{1}{\sigma_3^2} : \frac{1}{\sigma_4^2} : \frac{1}{\sigma_5^2} = 16 : 16 : 9 : 9 : 9$$

令

$$\boldsymbol{L} = \begin{bmatrix} 6.44 \\ 8.60 \\ 10.81 \\ 13.22 \\ 15.27 \end{bmatrix}, \quad \hat{\boldsymbol{X}} = \begin{bmatrix} x_1 \\ x_2 \end{bmatrix}, \quad \boldsymbol{A} = \begin{bmatrix} 1 & 1 \\ 1 & 2 \\ 1 & 3 \\ 1 & 4 \\ 1 & 5 \end{bmatrix}, \quad \boldsymbol{P}_{n \times n} = \begin{bmatrix} 16 & 0 & 0 & 0 & 0 \\ 0 & 16 & 0 & 0 & 0 \\ 0 & 0 & 9 & 0 & 0 \\ 0 & 0 & 0 & 9 & 0 \\ 0 & 0 & 0 & 0 & 9 \end{bmatrix}$$

可得

$$\hat{\boldsymbol{X}} = \begin{bmatrix} x_1 \\ x_2 \end{bmatrix} = (\boldsymbol{A}^{\mathrm{T}} \boldsymbol{P} \boldsymbol{A})^{-1} \boldsymbol{A}^{\mathrm{T}} \boldsymbol{P} \boldsymbol{L} = \begin{bmatrix} 4.19 \\ 2.23 \end{bmatrix}$$

因此，$x_1$、$x_2$ 的最可信赖值分别为 4.19 和 2.23。

### 4.2.3　非线性参数最小二乘处理

当函数 $y_i = f_i(x_1, x_2, \cdots, x_t)(i = 1, 2, \cdots, n)$ 非线性时，通过该函数直接建立正规方程组并求解是非常困难的。一般采取将非线性函数 $f_i(x_1, x_2, \cdots, x_t)$ 化为线性函数，然后按线性参数处理的方法。

非线性函数 $y_i = f_i(x_1, x_2, \cdots, x_t)(i = 1, 2, \cdots, n)$ 的残余误差方程为

$$\begin{cases} v_1 = l_1 - f_1(x_1, x_2, \cdots, x_t) \\ v_2 = l_2 - f_2(x_1, x_2, \cdots, x_t) \\ \quad\quad\quad \vdots \\ v_n = l_n - f_n(x_1, x_2, \cdots, x_t) \end{cases} \tag{4.2.17}$$

取 $x_{10}, x_{20}, \cdots, x_{t0}$ 为待估计量 $x_1, x_2, \cdots, x_t$ 的近似值，设

$$\begin{cases} x_1 = x_{10} + \delta_1 \\ x_2 = x_{20} + \delta_2 \\ \quad\quad \vdots \\ x_t = x_{t0} + \delta_t \end{cases} \tag{4.2.18}$$

式中，$\delta_1, \delta_2, \cdots, \delta_t$ 为估计量与所取近似值的偏差，因此只要求得偏差值 $\delta_1, \delta_2, \cdots, \delta_t$，即可由式 (4.2.18) 得到估计量 $x_1, x_2, \cdots, x_t$。

将函数 $f_i(x_1, x_2, \cdots, x_t)$ 在 $x_{10}, x_{20}, \cdots, x_{t0}$ 处按泰勒级数展开，忽略高次项的影响，只取一阶项后可得

$$f_i(x_1, x_2, \cdots, x_t) = f_i(x_{10}, x_{20}, \cdots, x_{t0}) + \left( \frac{\partial f_i}{\partial x_1} \right)_0 \delta_1 + \left( \frac{\partial f_i}{\partial x_2} \right)_0 \delta_2 + \cdots + \left( \frac{\partial f_i}{\partial x_t} \right)_0 \delta_t \tag{4.2.19}$$

式中，$\left( \dfrac{\partial f_i}{\partial x_r} \right)_0$ 为函数 $f_i$ 对 $x_r$ 的偏导数在 $x_{10}, x_{20}, \cdots, x_{t0}$ 处的值，$r = 1, 2, \cdots, t$。

将上述展开式代入误差方程 (4.2.17)，并令

$$l_i' = l_i - f_i(x_{10}, x_{20}, \cdots, x_{t0})$$

$$a_{i1} = \left(\frac{\partial f_i}{\partial x_1}\right)_0, a_{i2} = \left(\frac{\partial f_i}{\partial x_2}\right)_0, \cdots, a_{it} = \left(\frac{\partial f_i}{\partial x_t}\right)_0$$

则非线性误差方程转化为线性方程组：

$$\begin{cases} v_1 = l_1' - (a_{11}\delta_1 + a_{12}\delta_2 + \cdots + a_{1t}\delta_t) \\ v_2 = l_2' - (a_{21}\delta_1 + a_{22}\delta_2 + \cdots + a_{2t}\delta_t) \\ \quad\quad\quad\quad\quad\quad \vdots \\ v_n = l_n' - (a_{n1}\delta_1 + a_{n2}\delta_2 + \cdots + a_{nt}\delta_t) \end{cases} \tag{4.2.20}$$

式(4.2.20)与线性参数的误差方程相似，可以通过求解线性参数最小二乘法的基本原理解得$\delta_r (r = 1, 2, \cdots, t)$，进而可得相应的估计量$x_r (r = 1, 2, \cdots, t)$。

需要强调的是，为了线性化处理，函数的展开式只取了一次项而略去了二次以上的高次项，由此给出的估计量也是近似的，其近似程度取决于所取初始近似值的偏差，偏差越小，则忽略高次项的影响就越小。因此，在对非线性参数做线性化处理时，估计量近似值的选取必须有相应的精度要求。合理的初始值一般可以通过下面方法得到。

(1)直接测量：对未知量直接进行测量，把得到的测量值作为待估量的近似值。

(2)通过部分方程式进行计算：从误差方程中选取最简单的 $t$ 个方程式，令$v_i = 0$，由此可解得$x_{10}, x_{20}, \cdots, x_{t0}$。

**例 4.2.3**　今有两个电容器，分别测量其电容，然后将两个电容器串联和并联，得到如下测量结果：

$$C_1 = 0.2071\mu\text{F}, \quad C_2 = 0.2056\mu\text{F}, \quad C_1 + C_2 = 0.4111\mu\text{F}, \quad \frac{C_1 C_2}{C_1 + C_2} = 0.1035\mu\text{F}$$

试求两个电容器电容量的最可信赖值。

**解**　题中最后一个测量方程是非线性的，因此要化为线性的函数关系。为此将上述测量方程式表示为下面的函数形式：

$$f_1(C_1, C_2) = C_1$$

$$f_2(C_1, C_2) = C_2$$

$$f_3(C_1, C_2) = C_1 + C_2$$

$$f_4(C_1, C_2) = \frac{C_1 C_2}{C_1 + C_2}$$

为了将$f_4$化为线性函数，考虑到$C_1$和$C_2$分别进行了独立测量，因此可以将两次独立的测量结果分别作为$C_1$和$C_2$的近似值，即

$$C_{10} = 0.2071\mu\text{F}, \quad C_{20} = 0.2056\mu\text{F}$$

则有

$$C_1 = 0.2071 + \delta_1, \quad C_2 = 0.2056 + \delta_2$$

将函数$f_i$按泰勒级数在$C_{10}$、$C_{20}$处展开，取一次项，有

$$f_i(C_1, C_2) = f_i(C_{10}, C_{20}) + \left(\frac{\partial f_i}{\partial C_1}\right)\delta_1 + \left(\frac{\partial f_i}{\partial C_2}\right)\delta_2$$

其中

$$\frac{\partial f_1}{\partial C_1}=1, \quad \frac{\partial f_1}{\partial C_2}=0 ; \quad \frac{\partial f_2}{\partial C_1}=0, \quad \frac{\partial f_2}{\partial C_2}=1 ; \quad \frac{\partial f_3}{\partial C_1}=1, \quad \frac{\partial f_3}{\partial C_2}=1$$

$$\frac{\partial f_4}{\partial C_1}=\frac{C_2^2}{(C_1+C_2)^2}\bigg|_{C_{10}C_{20}}=0.2482, \quad \frac{\partial f_4}{\partial C_2}=\frac{C_1^2}{(C_1+C_2)^2}\bigg|_{C_{10}C_{20}}=0.2518$$

取

$$l_i'=l_i-f_i(C_{10},C_{20})$$

则线性化后的残差方程为

$$v_1=l_1'-\delta_1=-\delta_1$$
$$v_2=l_2'-\delta_2=-\delta_2$$
$$v_3=l_3'-(\delta_1+\delta_2)=-0.0016-(\delta_1+\delta_2)$$
$$v_4=l_4'-(0.2482\delta_1+0.2518\delta_2)=0.000326-(0.2482\delta_1+0.2518\delta_2)$$

采用矩阵形式求解，可得

$$\boldsymbol{L}=\begin{bmatrix} 0 \\ 0 \\ -0.0016 \\ 0.000326 \end{bmatrix}, \quad \hat{\boldsymbol{X}}=\begin{bmatrix} \delta_1 \\ \delta_2 \end{bmatrix}, \quad \boldsymbol{A}=\begin{bmatrix} 1 & 0 \\ 0 & 1 \\ 1 & 1 \\ 0.2482 & 0.2518 \end{bmatrix}$$

则有

$$\boldsymbol{C}^{-1}=(\boldsymbol{A}^{\mathrm{T}}\boldsymbol{A})^{-1}=\begin{bmatrix} 0.6603 & -0.340 \\ -0.340 & 0.6597 \end{bmatrix}$$

可得

$$\hat{\boldsymbol{X}}=\boldsymbol{C}^{-1}\boldsymbol{A}^{\mathrm{T}}\boldsymbol{L}=\begin{bmatrix} \delta_1 \\ \delta_2 \end{bmatrix}=\begin{bmatrix} -0.00049 \\ -0.00048 \end{bmatrix}$$

最终得到

$$C_1=0.2071+\delta_1=0.2066\mu F, \quad C_2=0.2056+\delta_2=0.2051\mu F$$

因此，电容器 $C_1$ 和 $C_2$ 电容量的最可信赖值分别为 $0.2066\mu F$ 和 $0.2051\mu F$。

通过上面的讨论和实例可见，等精度与不等精度、线性与非线性参数最后均可归结为线性参数等精度测量的情形，从而按线性参数等精度测量来建立和解算正规方程。

### 4.2.4 最小二乘原理与算术平均值原理的关系

要确定一个被测量 $X$ 的估计值 $x$，可对它进行 $n$ 次直接测量，得到 $n$ 个数据 $l_1, l_2, \cdots, l_n$，相应的权分别为 $p_1, p_2, \cdots, p_n$，则测量的误差方程为

$$\begin{cases} v_1=l_1-x \\ v_2=l_2-x \\ \quad\vdots \\ v_n=l_n-x \end{cases} \tag{4.2.21}$$

按照最小二乘原理进行求解，可得

$$x = \frac{\sum_{i=1}^{n} p_i l_i}{\sum_{i=1}^{n} p_i} \tag{4.2.22}$$

当测量为等精度测量时，估计量 $x$ 为

$$x = \frac{\sum_{i=1}^{n} l_i}{n} \tag{4.2.23}$$

从式(4.2.22)和式(4.2.23)可以看出，最小二乘原理与算术平均值原理是一致的，算术平均值原理是最小二乘原理的特例。

# 4.3　最小二乘处理的精度估计

按最小二乘法处理得到的最佳估计值，其精度虽然比条件相同的常规测量方法高，但仍然有误差存在，因为最小二乘处理中只约束了残差平方和最小，而不是等于 0，因此仍有精度问题。在参数估计中不仅要给出待估量的最可信赖的估计值，还要确定其可信赖程度，即给出估计量 $x_1, x_2, \cdots, x_t$ 的精度。由于最小二乘法处理中待求量是通过直接测量量和直接测量量与待求量之间的函数关系得到的，因此由最小二乘法所确定的估计量的精度取决于测量数据的精度和线性方程组所给出的函数关系。

### 4.3.1　直接测量数据的精度估计

测量数据的精度用标准差 $\sigma$ 来表示，因无法求出 $\sigma$ 的真值而只能通过有限次测量结果得到 $\sigma$ 的估计值 $\hat{\sigma}$。因此精度估计就是要求出标准差的估计值 $\hat{\sigma}$。下面分等精度测量和不等精度测量两种情况来讨论直接测量数据的精度估计方法。

**1. 等精度测量数据的精度估计**

设对包含 $t$ 个未知量的线性方程组进行 $n$ 次等精度测量，得到 $n$ 个测量值 $l_1, l_2, \cdots, l_n$，其相应的测量误差一般情况下得不到，为了求出标准差 $\sigma$ 的估计量，只能根据残余误差 $v_1, v_2, \cdots, v_n$ 得到标准差的估计量。

可以证明：$\sum_{i=1}^{n} v_i^2 \Big/ \sigma^2$ 是自由度为 $n-t$ 的 $\chi^2$ 变量（$v_i$ 相互独立且服从正态分布），根据 $\chi^2$ 变量的性质，有

$$E\left\{\sum_{i=1}^{n} v_i^2 \Big/ \sigma^2\right\} = n-t \tag{4.3.1}$$

进而

$$E\left\{\sum_{i=1}^{n} v_i^2 \Big/ (n-t)\right\} = \sigma^2$$

从而得到

$$\hat{\sigma}^2 = \frac{\sum_{i=1}^{n} v_i^2}{n-t} \tag{4.3.2}$$

作为 $\sigma^2$ 的无偏估计量。当 $t=1$ 时，就是一般的贝塞尔公式。因此，直接测量数据的标准差的估计量为(习惯上把估计量也写成 $\sigma$)：

$$\sigma = \sqrt{\frac{\sum_{i=1}^{n} v_i^2}{n-t}} \tag{4.3.3}$$

**例 4.3.1**　试求例 4.2.1 中铜棒长度的测量精度。

**解**　基于例 4.2.1 的计算结果，可得残余误差方程为

$$v_i = \left[ l_i - 1999.97 \times (1 + 1.83 \times 10^{-5} \times t_i / \text{℃}) \right] \text{mm}, \quad i = 1, 2, \cdots, 6$$

代入 $t_i$ 和 $l_i$，可以得到 6 个残余误差，如下：

$$v_1 = \left[ 2000.36 - 1999.97 \times (1 + 1.83 \times 10^{-5} \times 10.00) \right] = 0.024(\text{mm})$$

$$v_2 = \left[ 2000.72 - 1999.97 \times (1 + 1.83 \times 10^{-5} \times 20.00) \right] = 0.018(\text{mm})$$

$$v_3 = \left[ 2000.80 - 1999.97 \times (1 + 1.83 \times 10^{-5} \times 25.00) \right] = -0.085(\text{mm})$$

$$v_4 = \left[ 2001.07 - 1999.97 \times (1 + 1.83 \times 10^{-5} \times 30.00) \right] = 0.002(\text{mm})$$

$$v_5 = \left[ 2001.48 - 1999.97 \times (1 + 1.83 \times 10^{-5} \times 40.00) \right] = 0.046(\text{mm})$$

$$v_6 = \left[ 2001.60 - 1999.97 \times (1 + 1.83 \times 10^{-5} \times 45.00) \right] = -0.017(\text{mm})$$

因此可得

$$\sum_{i=1}^{6} v_i^2 = 0.011 \text{mm}^2$$

代入式(4.3.3)得到标准差的估计值：

$$\sigma = \sqrt{\frac{\sum_{i=1}^{n} v_i^2}{n-t}} = \sqrt{\frac{0.011}{6-2}} = 0.052 \approx 0.05(\text{mm})$$

因此，铜棒长度直接测量数据的测量精度为 0.05mm。

**2. 不等精度测量数据的精度估计**

不等精度测量数据的精度估计与等精度估计方法一样，只是在分子的残余误差平方项前乘以相应的权，变成加权残余误差的平方和，测量数据单位权方差的无偏估计为

$$\hat{\sigma}^2 = \frac{\sum_{i=1}^{n} p_i v_i^2}{n-t}$$

通常习惯写成 $\sigma^2 = \dfrac{\sum_{i=1}^{n} p_i v_i^2}{n-t}$，因此，可得测量数据的单位权标准差为

$$\sigma = \sqrt{\frac{\sum_{i=1}^{n} p_i v_i^2}{n-t}} \tag{4.3.4}$$

### 4.3.2 最小二乘估计量的精度估计

最小二乘法求解所得的估计量 $x_1, x_2, \cdots, x_t$ 的精度取决于测量数据的精度和线性方程组所给出的函数关系，要确定估计量 $x_1, x_2, \cdots, x_t$ 的精度，首先要得到 $x_1, x_2, \cdots, x_t$ 的表达式，然后找出估计量精度与直接测量数据精度的关系，最后可得到估计量精度估计的表达式。

**1. 等精度测量最小二乘估计量的精度估计**

设有正规方程：

$$\begin{cases} \sum_{i=1}^{n} a_{i1}a_{i1}x_1 + \sum_{i=1}^{n} a_{i1}a_{i2}x_2 + \cdots + \sum_{i=1}^{n} a_{i1}a_{it}x_t = \sum_{i=1}^{n} a_{i1}l_i \\ \sum_{i=1}^{n} a_{i2}a_{i1}x_1 + \sum_{i=1}^{n} a_{i2}a_{i2}x_2 + \cdots + \sum_{i=1}^{n} a_{i2}a_{it}x_t = \sum_{i=1}^{n} a_{i2}l_i \\ \vdots \\ \sum_{i=1}^{n} a_{it}a_{i1}x_1 + \sum_{i=1}^{n} a_{it}a_{i2}x_2 + \cdots + \sum_{i=1}^{n} a_{it}a_{it}x_t = \sum_{i=1}^{n} a_{it}l_i \end{cases} \tag{4.3.5}$$

用一组不定乘数 $d_{11}, d_{12}, \cdots, d_{1t}$ 分别去乘式 (4.3.5) 中的各个方程，得到

$$\begin{cases} d_{11}\sum_{i=1}^{n} a_{i1}a_{i1}x_1 + d_{11}\sum_{i=1}^{n} a_{i1}a_{i2}x_2 + \cdots + d_{11}\sum_{i=1}^{n} a_{i1}a_{it}x_t = d_{11}\sum_{i=1}^{n} a_{i1}l_i \\ d_{12}\sum_{i=1}^{n} a_{i2}a_{i1}x_1 + d_{12}\sum_{i=1}^{n} a_{i2}a_{i2}x_2 + \cdots + d_{12}\sum_{i=1}^{n} a_{i2}a_{it}x_t = d_{12}\sum_{i=1}^{n} a_{i2}l_i \\ \vdots \\ d_{1t}\sum_{i=1}^{n} a_{it}a_{i1}x_1 + d_{1t}\sum_{i=1}^{n} a_{it}a_{i2}x_2 + \cdots + d_{1t}\sum_{i=1}^{n} a_{it}a_{it}x_t = d_{1t}\sum_{i=1}^{n} a_{it}l_i \end{cases}$$

将上面方程组中每个等式的左右两边分别相加，可得

$$\sum_{r=1}^{t} d_{1r}\sum_{i=1}^{n} a_{ir}a_{i1}x_1 + \sum_{r=1}^{t} d_{1r}\sum_{i=1}^{n} a_{ir}a_{i2}x_2 + \cdots + \sum_{r=1}^{t} d_{1r}\sum_{i=1}^{n} a_{ir}a_{it}x_t = \sum_{r=1}^{t} d_{1r}\sum_{i=1}^{n} a_{ir}l_i$$

选择 $d_{11}, d_{12}, \cdots, d_{1t}$ 的值，使其满足如下条件：

$$\begin{cases} \sum_{r=1}^{t} d_{1r}\sum_{i=1}^{n} a_{ir}a_{i1} = 1 \\ \sum_{r=1}^{t} d_{1r}\sum_{i=1}^{n} a_{ir}a_{i2} = 0 \\ \vdots \\ \sum_{r=1}^{t} d_{1r}\sum_{i=1}^{n} a_{ir}a_{it} = 0 \end{cases} \tag{4.3.6}$$

从而得到 $x_1$ 的表达式：

$$x_1 = \sum_{r=1}^{n} d_{1r} \sum_{i=1}^{n} a_{ir} l_i = d_{11} \sum_{i=1}^{n} a_{i1} l_i + d_{12} \sum_{i=1}^{n} a_{i2} l_i + \cdots + d_{1t} \sum_{i=1}^{n} a_{it} l_i$$

$$= (d_{11} a_{11} + d_{12} a_{12} + \cdots + d_{1t} a_{1t}) l_1 + \cdots + (d_{11} a_{n1} + d_{12} a_{n2} + \cdots + d_{1t} a_{nt}) l_n$$

为了简化书写，令

$$h_{11} = d_{11} a_{11} + d_{12} a_{12} + \cdots + d_{1t} a_{1t}$$
$$h_{12} = d_{11} a_{21} + d_{12} a_{22} + \cdots + d_{1t} a_{2t}$$
$$\vdots$$
$$h_{1n} = d_{11} a_{n1} + d_{12} a_{n2} + \cdots + d_{1t} a_{nt}$$

则有

$$x_1 = h_{11} l_1 + h_{12} l_2 + \cdots + h_{1n} l_n \tag{4.3.7}$$

因为 $l_1, l_2, \cdots, l_n$ 为相互独立的正态随机变量，且为等精度 $\sigma$，所以可得

$$\sigma_{x1}^2 = h_{11}^2 \sigma_1^2 + h_{12}^2 \sigma_2^2 + \cdots + h_{1n}^2 \sigma_n^2 = (h_{11}^2 + h_{12}^2 + \cdots + h_{1n}^2) \sigma^2$$

将式中 $\sigma^2$ 的系数展开，合并同类项并代入式(4.3.6)确定的 $d_{11}, d_{12}, \cdots, d_{1t}$，可得

$$\sigma_{x1}^2 = d_{11} \sigma^2 \tag{4.3.8}$$

同理，分别选择不定乘数 $d_{21}, d_{22}, \cdots, d_{2t}, \cdots, d_{t1}, d_{t2}, \cdots, d_{tt}$，依次乘式(4.3.5)，并使不定乘数依次满足： $\sum_{r=1}^{t} d_{2r} \sum_{i=1}^{n} a_{ir} a_{i2} = 1, \cdots, \sum_{r=1}^{t} d_{tr} \sum_{i=1}^{n} a_{ir} a_{it} = 1$，即可依次求得 $x_2, \cdots, x_t$ 的显示表达式，进而求得

$$\sigma_{xi}^2 = d_{ii} \sigma^2, \quad i = 1, 2, \cdots, t \tag{4.3.9}$$

最终得到最小二乘估计值的标准差为

$$\begin{cases} \sigma_{x1} = \sigma \sqrt{d_{11}} \\ \sigma_{x2} = \sigma \sqrt{d_{22}} \\ \vdots \\ \sigma_{xt} = \sigma \sqrt{d_{tt}} \end{cases} \tag{4.3.10}$$

因此，最小二乘估计量的精度估计问题转化为不定乘数 $d_{11}, d_{22}, \cdots, d_{tt}$ 的确定问题，只要确定 $d_{11}, d_{22}, \cdots, d_{tt}$，就可按照式(4.3.10)确定最小二乘估计量的精度。

现在回到不定乘数 $d_{11}, d_{12}, \cdots, d_{1t}$ 满足的条件式(4.3.6)，将各式中的不定乘数前的求和号展开得

$$\begin{cases} d_{11} \sum_{i=1}^{n} a_{i1} a_{i1} + d_{12} \sum_{i=1}^{n} a_{i1} a_{i2} + \cdots + d_{1t} \sum_{i=1}^{n} a_{i1} a_{it} = 1 \\ d_{11} \sum_{i=1}^{n} a_{i2} a_{i1} + d_{12} \sum_{i=1}^{n} a_{i2} a_{i2} + \cdots + d_{1t} \sum_{i=1}^{n} a_{i2} a_{it} = 0 \\ \vdots \\ d_{11} \sum_{i=1}^{n} a_{it} a_{i1} + d_{12} \sum_{i=1}^{n} a_{it} a_{i2} + \cdots + d_{1t} \sum_{i=1}^{n} a_{it} a_{it} = 0 \end{cases} \tag{4.3.11}$$

求解该方程组即可得到不定乘数的解。比较该式与等精度测量的线性参数最小二乘法

处理的正规方程式(4.2.3)，可以看出二者的系数矩阵是一致的，计算时可以利用正规方程的中间结果，即式(4.3.11)可写为

$$
\begin{bmatrix} a_{11} & a_{21} & \cdots & a_{n1} \\ a_{12} & a_{22} & \cdots & a_{n2} \\ \vdots & \vdots & & \vdots \\ a_{1t} & a_{2t} & \cdots & a_{nt} \end{bmatrix} \begin{bmatrix} a_{11} & a_{12} & \cdots & a_{1t} \\ a_{21} & a_{22} & \cdots & a_{2t} \\ \vdots & \vdots & & \vdots \\ a_{n1} & a_{n2} & \cdots & a_{nt} \end{bmatrix} \begin{bmatrix} d_{11} \\ d_{12} \\ \vdots \\ d_{1t} \end{bmatrix} = \begin{bmatrix} 1 \\ 0 \\ \vdots \\ 0 \end{bmatrix} \tag{4.3.12}
$$

式(4.3.12)的系数矩阵就是求解正规方程时的中间变量：$C = A^{\mathrm{T}} A$。

其他几组不定乘数同理可得，整合后可得如下矩阵形式：

$$
\begin{bmatrix} a_{11} & a_{21} & \cdots & a_{n1} \\ a_{12} & a_{22} & \cdots & a_{n2} \\ \vdots & \vdots & & \vdots \\ a_{1t} & a_{2t} & \cdots & a_{nt} \end{bmatrix} \begin{bmatrix} a_{11} & a_{12} & \cdots & a_{1t} \\ a_{21} & a_{22} & \cdots & a_{2t} \\ \vdots & \vdots & & \vdots \\ a_{n1} & a_{n2} & \cdots & a_{nt} \end{bmatrix} \begin{bmatrix} d_{11} & d_{21} & \cdots & d_{t1} \\ d_{12} & d_{22} & \cdots & d_{t2} \\ \vdots & \vdots & & \vdots \\ d_{1t} & d_{2t} & \cdots & d_{tt} \end{bmatrix} = \begin{bmatrix} 1 & 0 & \cdots & 0 \\ 0 & 1 & \cdots & 0 \\ \vdots & \vdots & & \vdots \\ 0 & 0 & \cdots & 1 \end{bmatrix}
$$

即

$$
A^{\mathrm{T}} A D = I \tag{4.3.13}
$$

因此

$$
D = \begin{bmatrix} d_{11} & d_{21} & \cdots & d_{t1} \\ d_{12} & d_{22} & \cdots & d_{t2} \\ \vdots & \vdots & & \vdots \\ d_{1t} & d_{2t} & \cdots & d_{tt} \end{bmatrix} = (A^{\mathrm{T}} A)^{-1} \tag{4.3.14}
$$

通过式(4.3.14)即可方便地求出不定乘数 $d_{11}, d_{22}, \cdots, d_{tt}$，即可按照式(4.3.10)求出等精度测试时最小二乘估计量的精度。

**2. 不等精度测量最小二乘估计量的精度估计**

对于不等精度测量，相当于在等精度正规方程两边乘以相应的权 $p_i$，如下：

$$
\begin{cases} \sum_{i=1}^{n} p_i a_{i1} a_{i1} x_1 + \sum_{i=1}^{n} p_i a_{i1} a_{i2} x_2 + \cdots + \sum_{i=1}^{n} p_i a_{i1} a_{it} x_t = \sum_{i=1}^{n} p_i a_{i1} l_i \\ \sum_{i=1}^{n} p_i a_{i2} a_{i1} x_1 + \sum_{i=1}^{n} p_i a_{i2} a_{i2} x_2 + \cdots + \sum_{i=1}^{n} p_i a_{i2} a_{it} x_t = \sum_{i=1}^{n} p_i a_{i2} l_i \\ \qquad\qquad \vdots \\ \sum_{i=1}^{n} p_i a_{it} a_{i1} x_1 + \sum_{i=1}^{n} p_i a_{it} a_{i2} x_2 + \cdots + \sum_{i=1}^{n} p_i a_{it} a_{it} x_t = \sum_{i=1}^{n} p_i a_{it} l_i \end{cases}
$$

然后与等精度求解过程一样，分别选择不定乘数 $d_{11}, d_{12}, \cdots, d_{1t}, \cdots, d_{t1}, d_{t2}, \cdots, d_{tt}$，依次求解下面的 $t$ 个方程组：

$$\begin{cases} d_{11}\sum_{i=1}^{n}p_i a_{i1}a_{i1} + d_{12}\sum_{i=1}^{n}p_i a_{i1}a_{i2} + \cdots + d_{1t}\sum_{i=1}^{n}p_i a_{i1}a_{it} = 1 \\ d_{11}\sum_{i=1}^{n}p_i a_{i2}a_{i1} + d_{12}\sum_{i=1}^{n}p_i a_{i2}a_{i2} + \cdots + d_{1t}\sum_{i=1}^{n}p_i a_{i2}a_{it} = 0 \\ \quad\vdots \\ d_{11}\sum_{i=1}^{n}p_i a_{it}a_{i1} + d_{12}\sum_{i=1}^{n}p_i a_{it}a_{i2} + \cdots + d_{1t}\sum_{i=1}^{n}p_i a_{it}a_{it} = 0 \end{cases}$$

$$\begin{cases} d_{21}\sum_{i=1}^{n}p_i a_{i1}a_{i1} + d_{22}\sum_{i=1}^{n}p_i a_{i1}a_{i2} + \cdots + d_{2t}\sum_{i=1}^{n}p_i a_{i1}a_{it} = 0 \\ d_{21}\sum_{i=1}^{n}p_i a_{i2}a_{i1} + d_{22}\sum_{i=1}^{n}p_i a_{i2}a_{i2} + \cdots + d_{2t}\sum_{i=1}^{n}p_i a_{i2}a_{it} = 1 \\ \quad\vdots \\ d_{21}\sum_{i=1}^{n}p_i a_{it}a_{i1} + d_{22}\sum_{i=1}^{n}p_i a_{it}a_{i2} + \cdots + d_{2t}\sum_{i=1}^{n}p_i a_{it}a_{it} = 0 \end{cases}$$

$$\vdots$$

$$\begin{cases} d_{t1}\sum_{i=1}^{n}p_i a_{i1}a_{i1} + d_{t2}\sum_{i=1}^{n}p_i a_{i1}a_{i2} + \cdots + d_{tt}\sum_{i=1}^{n}p_i a_{i1}a_{it} = 0 \\ d_{t1}\sum_{i=1}^{n}p_i a_{i2}a_{i1} + d_{t2}\sum_{i=1}^{n}p_i a_{i2}a_{i2} + \cdots + d_{tt}\sum_{i=1}^{n}p_i a_{i2}a_{it'} = 0 \\ \quad\vdots \\ d_{t1}\sum_{i=1}^{n}p_i a_{it}a_{i1} + d_{t2}\sum_{i=1}^{n}p_i a_{it}a_{i2} + \cdots + d_{tt}\sum_{i=1}^{n}p_i a_{it}a_{it} = 1 \end{cases}$$

通过求解获得 $d_{11},d_{22},\cdots,d_{tt}$ 的值，最后得到各估计量的标准差：

$$\begin{cases} \sigma_{x1} = \sigma\sqrt{d_{11}} \\ \sigma_{x2} = \sigma\sqrt{d_{22}} \\ \quad\vdots \\ \sigma_{xt} = \sigma\sqrt{d_{tt}} \end{cases} \tag{4.3.15}$$

式中，$\sigma$ 为单位权标准差。

同理，各不定乘数 $d_{11},d_{22},\cdots,d_{tt}$ 也可用类似等精度的矩阵形式获得，如下：

$$\boldsymbol{D} = \begin{bmatrix} d_{11} & d_{21} & \cdots & d_{t1} \\ d_{12} & d_{22} & \cdots & d_{t2} \\ \vdots & \vdots & & \vdots \\ d_{1t} & d_{2t} & \cdots & d_{tt} \end{bmatrix} = (\boldsymbol{A}^{\mathrm{T}}P\boldsymbol{A})^{-1} \tag{4.3.16}$$

**3. 基于协方差矩阵的最小二乘估计量的精度估计**

等精度和不等精度最小二乘估计量的精度估计利用矩阵形式可以更容易得到，设有协方差矩阵：

$$D(L) = \begin{bmatrix} D(l_{11}) & D(l_{12}) & \dots & D(l_{1n}) \\ D(l_{21}) & D(l_{22}) & \dots & D(l_{2n}) \\ \vdots & \vdots & & \vdots \\ D(l_{n1}) & D(l_{n2}) & \dots & D(l_{nn}) \end{bmatrix} = E[(L - E(L))(L - E(L))^{\mathrm{T}}]$$

式中，$D(l_{ii})$ 为 $l_i$ 的方差，$D(l_{ij})$ 为 $l_i$ 与 $l_j$ 的协方差（或称相关矩），分别计算如下：

$$D(l_{ii}) = E[(l_i - E(l_i))(l_i - E(l_i))] = \sigma_i^2 \qquad (i = 1, 2, \cdots, n)$$

$$D(l_{ij}) = E[(l_i - E(l_i))(l_j - E(l_j))] = \rho_{ij}\sigma_i\sigma_j \qquad (i = 1, 2, \cdots, n; j = 1, 2, \cdots, n; i \neq j)$$

若 $l_1, l_2, \cdots, l_n$ 为等精度测量结果，并且相互独立，即 $\sigma_1 = \sigma_2 = \cdots = \sigma_n = \sigma$，相关系数 $\rho_{ij}$=0，则有

$$D(L) = \begin{bmatrix} \sigma^2 & 0 & \cdots & 0 \\ 0 & \sigma^2 & \cdots & 0 \\ \vdots & \vdots & & \vdots \\ 0 & 0 & \cdots & \sigma^2 \end{bmatrix}$$

于是估计量 $\hat{X} = (A^{\mathrm{T}}A)^{-1}A^{\mathrm{T}}L$ 的协方差为

$$\begin{aligned} D\hat{X} &= E[(\hat{X} - E(\hat{X}))(\hat{X} - E(\hat{X}))^{\mathrm{T}}] \\ &= (A^{\mathrm{T}}A)^{-1}A^{\mathrm{T}}E[(L - E(L))(L - E(L))^{\mathrm{T}}]\left[(A^{\mathrm{T}}A)^{-1}A^{\mathrm{T}}\right]^{\mathrm{T}} \qquad (4.3.17) \\ &= (A^{\mathrm{T}}A)^{-1}A^{\mathrm{T}}D(L)A(A^{\mathrm{T}}A)^{-1} = (A^{\mathrm{T}}A)^{-1}A^{\mathrm{T}}\sigma^2 IA(A^{\mathrm{T}}A)^{-1} = (A^{\mathrm{T}}A)^{-1}\sigma^2 \end{aligned}$$

式中

$$(A^{\mathrm{T}}A)^{-1} = \begin{bmatrix} d_{11} & d_{21} & \cdots & d_{t1} \\ d_{12} & d_{22} & \cdots & d_{t2} \\ \vdots & \vdots & & \vdots \\ d_{1t} & d_{2t} & \cdots & d_{tt} \end{bmatrix}$$

$(A^{\mathrm{T}}A)^{-1}$ 中的各元素即为前面讨论的不定乘数。由此即可得到等精度测量的最小二乘估计量的精度。

同样，也可得到不等精度测量的协方差矩阵：

$$D(\hat{X}) = (A^{\mathrm{T}}PA)^{-1}\sigma^2 \qquad (4.3.18)$$

式中，$\sigma$ 为单位权标准差。

**例 4.3.2**　试求例 4.2.1 中 0℃ 时铜棒长度和线膨胀系数估计量的精度。

**解**　在例 4.2.1 中，已求得估计量的最可信赖的估计值：

$$\hat{X} = C^{-1}A^{\mathrm{T}}L = \begin{bmatrix} c \\ d \end{bmatrix} = \begin{bmatrix} 1999.97 \\ 0.03654 \end{bmatrix}$$

$$A = \begin{bmatrix} 1 & 10.00 \\ 1 & 20.00 \\ 1 & 25.00 \\ 1 & 30.00 \\ 1 & 40.00 \\ 1 & 45.00 \end{bmatrix}$$

在例 4.3.1 中已求得直接测量量的精度：

$$\sigma = \sqrt{\frac{\sum_{i=1}^{n} v_i^2}{n-t}} = \sqrt{\frac{0.011}{6-2}} = 0.05(\text{mm})$$

由

$$\boldsymbol{D} = \begin{bmatrix} d_{11} & d_{21} & \cdots & d_{t1} \\ d_{12} & d_{22} & \cdots & d_{t2} \\ \vdots & \vdots & & \vdots \\ d_{1t} & d_{2t} & \cdots & d_{tt} \end{bmatrix} = (\boldsymbol{A}^{\mathrm{T}}\boldsymbol{A})^{-1} = \begin{bmatrix} 1.13 & -0.034 \\ -0.034 & 0.0012 \end{bmatrix}$$

代入式(4.3.10)得到

$$\sigma_c = \sigma\sqrt{d_{11}} = 0.05 \times \sqrt{1.13} = 0.05(\text{mm})$$

$$\sigma_d = \sigma\sqrt{d_{22}} = 0.05 \times \sqrt{0.0012} = 0.002(\text{mm/℃})$$

最终得到铜棒长度和线膨胀系数估计量的精度为

$$\sigma_{y0} = \sigma_c = 0.05\text{mm}, \quad \sigma_\alpha = \frac{\sigma_d}{y_0} = \frac{0.002}{1999.97} = 1 \times 10^{-6}(\text{℃}^{-1})$$

## 4.4  最小二乘处理应用实例——组合测量数据处理

组合测量是通过直接测量待测参数的各种组合量(一般是等精度)，然后对这些测量数据进行处理(通常用最小二乘法)，从而求得待测参数的估计量，并给出其精度估计。采用组合测量方法，不仅可以减小随机误差的影响，同时也可使系统误差以尽可能多的组合方式出现于被测量中，使之具有随机误差的抵偿性，即以系统误差随机化的方法消除其影响。因此组合测量在精密测试工作中是一种常用的测试方法，例如，在标准量多面棱体、砝码、电容器及其他标准器具检定中，可以采用组合测量提高测量精度。

现以检定三段刻线间距为例，说明最小二乘处理在组合测量数据处理中的应用。设检定刻线 $A$、$B$、$C$、$D$ 间的距离 $x_1$、$x_2$、$x_3$，如图 4.4.1 所示。

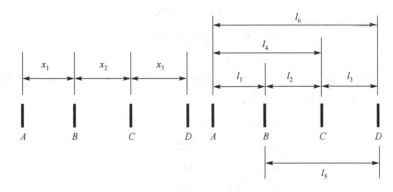

图 4.4.1  检定三段刻线间距的组合测量示意图

直接测量各个组合量，得

$$l_1 = 1.015\text{mm}, \quad l_2 = 0.985\text{mm}, \quad l_3 = 1.020\text{mm}$$

$$l_4 = 2.016\text{mm}, \quad l_5 = 1.981\text{mm}, \quad l_6 = 3.032\text{mm}$$

按式(4.1.3)列出残差方程为

$$
\begin{cases}
v_1 = l_1 - x_1 \\
v_2 = l_2 - x_2 \\
v_3 = l_3 - x_3 \\
v_4 = l_4 - (x_1 + x_2) \\
v_5 = l_5 - (x_2 + x_3) \\
v_6 = l_6 - (x_1 + x_2 + x_3)
\end{cases}
$$

由此可得

$$
\boldsymbol{L} = \begin{bmatrix} l_1 \\ l_2 \\ l_3 \\ l_4 \\ l_5 \\ l_6 \end{bmatrix} = \begin{bmatrix} 1.015 \\ 0.985 \\ 1.020 \\ 2.016 \\ 1.981 \\ 3.032 \end{bmatrix}, \quad
\boldsymbol{A} = \begin{bmatrix} 1 & 0 & 0 \\ 0 & 1 & 0 \\ 0 & 0 & 1 \\ 1 & 1 & 0 \\ 0 & 1 & 1 \\ 1 & 1 & 1 \end{bmatrix}
$$

则

$$
\hat{\boldsymbol{X}} = \begin{bmatrix} x_1 \\ x_2 \\ x_3 \end{bmatrix} = \boldsymbol{C}^{-1} \boldsymbol{A}^{\mathrm{T}} \boldsymbol{L} = (\boldsymbol{A}^{\mathrm{T}} \boldsymbol{A})^{-1} \boldsymbol{A}^{\mathrm{T}} \boldsymbol{L}
$$

式中

$$
\boldsymbol{C}^{-1} = (\boldsymbol{A}^{\mathrm{T}} \boldsymbol{A})^{-1} = \frac{1}{4} \begin{bmatrix} 2 & -1 & 0 \\ -1 & 2 & -1 \\ 0 & -1 & 2 \end{bmatrix}
$$

因此

$$
\hat{\boldsymbol{X}} = \begin{bmatrix} x_1 \\ x_2 \\ x_3 \end{bmatrix} = \begin{bmatrix} 1.028 \\ 0.983 \\ 1.013 \end{bmatrix}
$$

这就是三段刻线间距 $AB$、$BC$、$CD$ 的最佳估计值。为了得到估计量的精度估计，先将最佳估计值代入误差方程中，得到

$$
\begin{cases}
v_1 = l_1 - x_1 = -0.013 \\
v_2 = l_2 - x_2 = 0.002 \\
v_3 = l_3 - x_3 = 0.007 \\
v_4 = l_4 - (x_1 + x_2) = 0.005 \\
v_5 = l_5 - (x_2 + x_3) = -0.015 \\
v_6 = l_6 - (x_1 + x_2 + x_3) = 0.008
\end{cases}
$$

那么

$$\sum_{i=1}^{6} v_i^2 = 0.000536 \text{mm}^2$$

从而得到直接测量数据 $l_i$ 的标准差为

$$\sigma = \sqrt{\frac{\sum_{i=1}^{6} v_i^2}{n-t}} = \sqrt{\frac{0.000536}{6-3}} = 0.013(\text{mm})$$

不定常数矩阵：

$$\boldsymbol{D} = \begin{bmatrix} d_{11} & d_{21} & d_{31} \\ d_{12} & d_{22} & d_{32} \\ d_{13} & d_{23} & d_{33} \end{bmatrix} = \boldsymbol{C}^{-1} = (\boldsymbol{A}^{\mathrm{T}}\boldsymbol{A})^{-1} = \frac{1}{4}\begin{bmatrix} 2 & -1 & 0 \\ -1 & 2 & -1 \\ 0 & -1 & 2 \end{bmatrix}$$

即

$$d_{11} = d_{22} = d_{33} = \frac{1}{4} \times 2 = 0.5$$

最后得到最小二乘估计量 $x_i$ 的标准差为

$$\sigma_{x1} = \sigma\sqrt{d_{11}} = 0.013 \times \sqrt{0.5} = 0.009(\text{mm})$$
$$\sigma_{x2} = \sigma\sqrt{d_{22}} = 0.013 \times \sqrt{0.5} = 0.009(\text{mm})$$
$$\sigma_{x3} = \sigma\sqrt{d_{33}} = 0.013 \times \sqrt{0.5} = 0.009(\text{mm})$$

这就是三段刻线间距 $AB$、$BC$、$CD$ 最佳估计值的精度估计。

## 习　题

4-1　用最小二乘法处理测量数据有何实际意义？

4-2　残余误差方程与测量方程有何联系和区别？正规方程的系数有何特征？它与残余误差方程的系数有何联系？

4-3　由测量方程 $3x + y = 2.9$、$x - 2y = 0.9$、$2x - 3y = 1.9$，求 $x$、$y$ 的最小二乘处理结果及其相应的精度。

4-4　对未知量 $x$、$y$、$z$，组合测量的结果如下：

$$\begin{cases} x = 0 \\ y = 0 \\ z = 0 \\ -y + x = 1.35 \\ x - y = 0.92 \\ -x + z = 1.00 \end{cases}$$

试求 $x$、$y$、$z$ 的最可信赖值及其相应的精度。

4-5　已知测量方程：

$$x_1 = y_1, \quad x_2 = y_2, \quad x_1 + x_2 = y_3$$

$y_1$、$y_2$、$y_3$ 的测量结果分别为

$$l_1 = 5.26\text{mm}, \quad l_2 = 4.94\text{mm}, \quad l_3 = 10.14\text{mm}$$

试求 $x_1$ 和 $x_2$ 的最小二乘估计及其标准差。

4-6　已知误差方程为

$$v_1 = 10.013 - x_1, \quad v_2 = 10.010 - x_2, \quad v_3 = 10.002 - x_3$$
$$v_4 = 0.004 - (x_1 - x_2), \quad v_5 = 0.008 - (x_1 - x_3), \quad v_6 = 0.006 - (x_2 - x_3)$$

试求 $x_1$、$x_2$、$x_3$ 的最小二乘处理结果及其相应的精度。

4-7　已知等精度测量方程组：

$$\begin{cases} x + 37y + 1369z = 36.3 \\ x + 27y + 729z = 47.5 \\ x + 2y + 484z = 54.7 \\ x + 17y + 289z = 63.2 \\ x + 12y + 144z = 72.9 \\ x + 7y + 49z = 83.7 \end{cases}$$

试用矩阵最小二乘法求 $x$、$y$、$z$ 的最可信赖值及其相应的精度。

4-8　某测力计示值与测量时温度 $t$ 的对应值独立测得，如题表 4.1 所示。

题表 4.1　测力计示值与测量时温度 $t$ 的结果表

| $t/℃$ | 15 | 18 | 21 | 24 | 27 | 30 |
|---|---|---|---|---|---|---|
| $F/\text{N}$ | 43.61 | 43.63 | 43.68 | 43.71 | 43.74 | 43.78 |

设 $t$ 无误差，$F$ 随 $t$ 的变化呈线性关系 $F = K_0 + Kt$，试给出线性方程中系数 $K$ 和 $K_0$ 的最小二乘估计及其精度估计。

4-9　测量平面三角形的三个内角，得到 $A=48°5'36''$、$B=60°25'24''$、$C=70°42'7''$。假设各测量权分别为 1、2、3，求 $A$、$B$、$C$ 的最佳估计值。

4-10　已知不等精度测量的单位权标准差 $\sigma = 0.004$，正规方程为

$$\begin{cases} 33x_1 + 32x_2 = 70.184 \\ 32x_1 + 117x_2 = 111.994 \end{cases}$$

试给出 $x_1$ 和 $x_2$ 的最小二乘处理结果及相应精度。

4-11　不等精度测量的方程组及其权如下：

$$x - 3y = -5.6, \quad p_1 = 1$$
$$4x + y = 8.1, \quad p_2 = 2$$
$$2x - y = 0.5, \quad p_3 = 3$$

试求出 $x$ 和 $y$ 的最小二乘解及相应的标准差。

4-12　已知交流电路的电抗数值方程为 $X = \omega L - \dfrac{1}{\omega C}$，在角频率：

$\omega_1 = 5\text{Hz}$ 时，测得 $X$ 为 $0.8\Omega$；

$\omega_2 = 2\text{Hz}$ 时，测得 $X$ 为 $0.2\Omega$；

$\omega_3 = 1\text{Hz}$ 时，测得 $X$ 为 $-0.3\Omega$。

试求：(1) $L$、$C$ 的最可信赖值和标准差；

(2) $\omega = 3\text{Hz}$ 时（$\sigma_\omega = 0.1\text{Hz}$）的电阻抗值及标准差。

4-13　为了精密测定 1 号、2 号和 3 号电容器的电容量 $x_1$、$x_2$、$x_3$，进行了等权、独立、无系统误差的测量。测得 1 号电容值 $y_1 = 0.3$，2 号电容值 $y_2 = -0.4$，1 号和 3 号并联电容值 $y_3 = 0.5$，2 号和 3 号并联电容值 $y_4 = -0.3$。试用最小二乘法求 $x_1$、$x_2$、$x_3$ 及其标准偏差（单位：μF）。

4-14　在不同温度下铂-铱米尺基准器的长度修正值可用下式表示：

$$\Delta L = a_0 + a_1 t + a_2 t^2$$

式中，$a_0$ 为 0℃时米尺基准器的修正值，$a_1$ 和 $a_2$ 为温度系数，$t$ 为温度。在不同温度时米尺基准器长度的修正值（单位：μm）$\Delta L$ 如题表 4.2 所示。试求 $a_0$、$a_1$、$a_2$ 的最小二乘处理及其相应的精度。

**题表 4.2　不同温度时米尺基准器长度的修正值结果**

| $t/℃$ | 0.551 | 5.363 | 10.459 | 14.277 | 17.806 | 22.103 | 24.633 | 28.986 | 34.417 |
|---|---|---|---|---|---|---|---|---|---|
| $\Delta L/\mu\text{m}$ | 5.70 | 47.61 | 91.49 | 124.25 | 154.87 | 192.64 | 214.57 | 252.09 | 299.84 |

4-15　测得一直线上四段长度 $AB$、$BC$、$CD$、$DE$ 分别为 24.1cm、35.8cm、30.3cm、33.8cm，而测得 $AD$ 段长度为 90.0cm，$BE$ 段长度为 100.0cm，试求 $AB$、$BC$、$CD$、$DE$ 的最可信赖值。

# 第5章 回归分析及其应用

前面章节讨论的内容，其目的在于寻求被测量的最佳值及其精度估计。在生产和科学研究中，还有另外一类问题，即测量和处理数据的目的并不在于被测量的估计值，而是为了寻求两个变量或多个变量之间的内在关系，如在静态测量过程中，输入和输出函数关系的求取等，这就需要用回归分析(regression analysis)的方法进行数据处理。

回归分析是用数理统计的方法，对实验数据进行分析和处理，从而得出反映变量间相互关系的经验公式，即回归方程。回归分析在实验数据处理、经验公式求取、因素分析、仪器精度分析等许多场合都有广泛应用，其处理过程一般包括以下 3 个步骤：

(1)确定经验公式的形式，即函数类型；

(2)求经验公式的系数，即回归参数；

(3)研究经验公式的可信赖程度。

本章主要阐述回归分析方法的基本概念，并重点介绍一元线性回归和非线性回归的基本方法，给出回归方程的方差分析和显著性检验方法。作为拓展，对两个变量都有误差和多元线性回归问题也给予了简单介绍。

## 5.1 回归分析的基本概念

### 5.1.1 变量之间的关系

工程实践和科学研究中，变量之间的关系可分成两种类型：一种是其间存在完全确定的关系，称为函数关系；另一种是由于各种偶然性，变量之间的关系不确定，需要经大量的统计才能确定的关系，这被称为相关关系。

函数关系是指输入变量和输出变量之间的关系可以用明确的函数关系式精确地表示出来。当输入变量取唯一值时，函数有且只有唯一的输出值与其相对应。例如，对于大家熟悉的欧姆定律，当一定的电流通过一定的电阻时，在电阻两端存在一定的电压，即 $U = RI$，也就是说对于一定的电流值，电阻两端的电压就由该式完全确定，反过来也一样，电压和电流之间就是一种函数关系。

相关关系是指多个变量之间既存在着密切的关系，又不能由一个(或几个)自变量的数值精确地求出另一个因变量的数值，而是要通过实验或调查研究或统计分析，才能确定它们之间的关系。当一个或几个相互联系的变量取一定的数值时，与之相对应的另一变量的值虽然不确定，但其仍按某种规律在一定范围内变化。例如，在冶炼某种特种钢材时，考虑炼钢炉中的钢液含碳量与冶炼时间这两个变量，它们之间就不存在确定关系，也就是说，对相同的含碳量，在不同的炉次中，冶炼时间常不相同。反之，冶炼时间相等的两炉钢，初始的含碳量一般也不相同，因为冶炼时间并不单由含碳量一个因素决定，钢水的温度或其他操作因素都可能使冶炼时间缩短或延长。但是这些大量的偶然因素中蕴含着必然规律，经过大量实践和调查研究,是可以得出一般较高含碳量对应于较长冶炼时间的统计规律的。像这种关系,在实践中是大量存在的,零件的加工误差与零件尺寸间、材料的抗拉强度与其硬度间、仪器的测量精度与环境温湿度间等都属于相关关系。

函数关系是严格确定的数量依存关系,即当一个变量取某个数值时,另一变量有一个确定的对应值。相关关系是客观存在的非确定性的数量对应关系,其平均数在大量观察下趋向于一个确定的值。但是这两种关系之间并无严格的界限,在一定条件下两者会相互转化。一方面,相关的变量间尽管没有确定的关系,但在一定条件下,从统计意义上来看,它们又可能存在着某种确定的函数关系,同时,随着对事物内部客观规律认识的不断加深,原来的相关关系也可能会转化为函数关系。另一方面,由于测量误差的存在,确定性的函数关系在实际中往往通过相关关系表现出来。例如,尽管从理论上物体的运动速度、时间和运动距离之间存在着函数关系,但是如果多次反复地实验,每次测得的数值不一定严格满足函数关系。在实践中,某种函数关系或者是函数关系中的常数,往往也是通过实验来确定的。

### 5.1.2　回归分析的基本思想和主要内容

回归分析是处理变量间相关关系的一种数理统计方法,其基本思想是应用数学的方法对大量的观测数据进行处理,从而得出比较符合事物内部规律的数学表达式。例如,房地产评估师在考虑房屋的销售价格时,通常将其与该建筑的某些地理位置、结构特征、区域经济发展水平及购房税等联系起来,用方程或模型来建立响应变量(价格)与预测变量(房屋位置、结构特征、各种税等)之间的关系,以 $Y$ 表示响应变量,以 $X_1, X_2, \cdots, X_t$ 表示预测变量,其中 $t$ 是预测变量的个数,$Y$ 与 $X_1, X_2, \cdots, X_t$ 的关系可近似由如下回归模型表示:

$$Y = f(X_1, X_2, \cdots, X_t) + \varepsilon \tag{5.1.1}$$

式中,$\varepsilon$ 是随机误差,是模型不能精确拟合数据的原因。

函数 $f(X_1, X_2, \cdots, X_t)$ 描述了 $Y$ 与 $X_1, X_2, \cdots, X_t$ 的关系,而最简单的函数关系就是如下的线性回归模型:

$$Y = \beta_0 + \beta_1 X_1 + \beta_2 X_2 + \cdots + \beta_t X_t + \varepsilon \tag{5.1.2}$$

式中,$\beta_0, \beta_1, \cdots, \beta_t$ 称为回归参数或回归系数,是未知常数,可以通过观测数据来估计。

回归分析的主要内容就是解决以下几个问题:

(1)确定几个特定的变量间是否存在相关关系,如果存在,确定它们之间合适的数学表达式——回归方程或经验公式。

(2)利用回归方程,在一定置信度下,预估当自变量 $X_1, X_2, \cdots, X_t$ 取确定值时,变量 $Y$ 的取值范围,称为预测问题。

(3)为了使 $Y$ 能够在给定的范围内取值,利用回归方程,控制自变量 $X_1, X_2, \cdots, X_t$ 的取值范围,称为控制问题。

(4)进行因素分析,例如,在共同影响一个变量的许多变量(因素)之间,找出哪几个因素是重要的,哪几个因素是次要的,这几个因素之间又有什么关系等。

### 5.1.3　回归分析与最小二乘原理的关系

回归分析是基于最小二乘原理的，回归方程系数的求解，特别是一元线性回归方程的求解与最小二乘法有一定的相似性。两者的主要不同是：最小二乘法对研究事物内部规律的数学表达式——经验公式，在得到该公式待求参数估计量后，只进行精度评价，而不研究所拟合的经验公式的整体质量。回归分析求解回归方程系数后，还需进一步对所得的回归方程——经验公式的整体精度进行分析和检验，以确定回归方程的质量水平，并定量地评价回归方程与实际研究的事物规律的符合程度，即进行回归方程的方差分析与显著性检验等。因此，最小二乘原理是回归分析的主要理论基础，而回归分析则是最小二乘原理的实际应用与扩展，回归分析不仅要研究一元回归分析，还有多元回归分析等内容。

## 5.2　一元线性回归分析

一元线性回归是描述两个变量之间关系的最简单的回归模型，就是确定两个变量之间的线性关系，即直线拟合的问题。一元线性回归虽然简单，但是通过一元线性回归模型的建立过程，可以了解回归分析方法的基本思想及其在实际问题研究中的应用原理。下面就用一个实际例子来具体讨论一元线性回归的问题。

**例 5.2.1**　测量某导线在一定温度 $x$ 下的电阻值 $y$，得到如表 5.2.1 所示的结果，散点图如图 5.2.1 所示。试利用回归分析的方法确定该导线电阻与温度之间的关系。

表 5.2.1　某导线电阻随温度变化的测量结果

| $x/℃$ | 19.1 | 25.0 | 30.1 | 36.0 | 40.0 | 46.5 | 50.0 |
|---|---|---|---|---|---|---|---|
| $y/Ω$ | 76.30 | 77.80 | 79.75 | 80.80 | 82.35 | 83.90 | 85.10 |

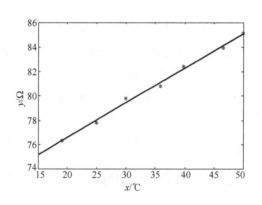

图 5.2.1　某导线电阻和温度测量结果图

### 5.2.1　回归方程的确定

回归方程的确定首先要确定变量间的函数类型，通过图 5.2.1 可以看出：输入量与输出量大致呈线性关系，因此假设 $x$ 和 $y$ 之间的关系是直线关系。图中点与直线的偏离是由于实验过程中一些随机因素的影响而引起的。假设输入量和输出量间的关系如下：

$$y_t = \beta_0 + \beta x_t + \varepsilon_t, \quad t = 1, 2, \cdots, N \tag{5.2.1}$$

式 (5.2.1) 是典型的一元线性回归模型，其中 $\varepsilon_1, \varepsilon_2, \cdots, \varepsilon_N$ 表示其他随机因素对电阻值 $y_1, y_2, \cdots, y_N$ 影响的总和，通常是一组相互独立且服从正态分布 $N(0, \sigma^2)$ 的随机变量；$\beta_0$ 称为回归常数，$\beta$ 称为回归系数。

变量 $x$ 可以是随机变量，也可以是一般变量，不特别指出时都作一般变量处理，即其是没有误差的变量。这样变量 $y$ 也是服从正态分布 $N(\beta_0 + \beta x_t, \sigma^2)$ 的随机变量。可见回归模型是在某些假定条件不变前提下抽象出来的，虽然不能百分之百再现所描述的物理过程，但是通过这些假定与抽象，回归模型可以透过复杂的表象，深刻认识到所研究对象的物理本质。

例 5.2.1 中测量点数 $N=7$，将表中数据代入式 (5.2.1) 可得到一组测量方程，该方程组有两个未知数，且方程个数大于未知数的个数，因此适合用最小二乘法求解。也就是说，回归分析只是最小二乘法的一个应用特例。

设 $b_0$ 和 $b$ 分别是参数 $\beta_0$ 和 $\beta$ 的最小二乘估计值，因此得到一元线性回归方程：

$$\hat{y} = b_0 + bx \tag{5.2.2}$$

对于每一个 $x_t$，由式 (5.2.2) 可确定一个回归值。实际测得值与回归值之差就是残余误差 $v_t$，如下：

$$v_t = y_t - \hat{y} = y_t - b_0 - bx_t, \quad t = 1, 2, \cdots, N \tag{5.2.3}$$

应用最小二乘原理可求解回归系数 $b_0$ 和 $b$，可得到最小二乘法的矩阵形式，令：

$$\boldsymbol{Y} = \begin{bmatrix} y_1 \\ y_2 \\ \vdots \\ y_N \end{bmatrix}, \quad \boldsymbol{X} = \begin{bmatrix} 1 & x_1 \\ 1 & x_2 \\ \vdots & \vdots \\ 1 & x_N \end{bmatrix}, \quad \hat{\boldsymbol{b}} = \begin{bmatrix} b_0 \\ b \end{bmatrix}, \quad \boldsymbol{V} = \begin{bmatrix} v_1 \\ v_2 \\ \vdots \\ v_N \end{bmatrix} \tag{5.2.4}$$

则误差方程的矩阵形式为

$$\boldsymbol{Y} - \boldsymbol{X}\hat{\boldsymbol{b}} = \boldsymbol{V} \tag{5.2.5}$$

设测得值 $y_t$ 的精度相等，则有

$$\hat{\boldsymbol{b}} = (\boldsymbol{X}^{\mathrm{T}}\boldsymbol{X})^{-1}\boldsymbol{X}^{\mathrm{T}}\boldsymbol{Y} \tag{5.2.6}$$

其中

$$\boldsymbol{X}^{\mathrm{T}}\boldsymbol{X} = \begin{bmatrix} N & \sum_{t=1}^{N} x_t \\ \sum_{t=1}^{N} x_t & \sum_{t=1}^{N} x_t^{\,2} \end{bmatrix}, \quad \boldsymbol{X}^{\mathrm{T}}\boldsymbol{Y} = \begin{bmatrix} \sum_{t=1}^{N} y_t \\ \sum_{t=1}^{N} x_t y_t \end{bmatrix}$$

$$(X^{\mathrm{T}}X)^{-1} = \frac{1}{N\sum\limits_{t=1}^{N}x_t^{2} - \left(\sum\limits_{t=1}^{N}x_t\right)^{2}}\begin{bmatrix} \sum\limits_{t=1}^{N}x_t^{2} & -\sum\limits_{t=1}^{N}x_t \\ -\sum\limits_{t=1}^{N}x_t & N \end{bmatrix}$$

将其代入式(5.2.6)，计算可得

$$\hat{\boldsymbol{b}} = (X^{\mathrm{T}}X)^{-1}X^{\mathrm{T}}Y = \frac{1}{N\sum\limits_{t=1}^{N}x_t^{2} - \left(\sum\limits_{t=1}^{N}x_t\right)^{2}}\begin{bmatrix} \sum\limits_{t=1}^{N}x_t^{2} & -\sum\limits_{t=1}^{N}x_t \\ -\sum\limits_{t=1}^{N}x_t & N \end{bmatrix}\begin{bmatrix} \sum\limits_{t=1}^{N}y_t \\ \sum\limits_{t=1}^{N}x_t y_t \end{bmatrix}$$

$$= \frac{1}{N\sum\limits_{t=1}^{N}x_t^{2} - \left(\sum\limits_{t=1}^{N}x_t\right)^{2}}\begin{bmatrix} \left(\sum\limits_{t=1}^{N}x_t^{2}\right)\left(\sum\limits_{t=1}^{N}y_t\right) - \left(\sum\limits_{t=1}^{N}x_t\right)\left(\sum\limits_{t=1}^{N}x_t y_t\right) \\ N\sum\limits_{t=1}^{N}x_t y_t - \left(\sum\limits_{t=1}^{N}x_t\right)\left(\sum\limits_{t=1}^{N}y_t\right) \end{bmatrix} \tag{5.2.7}$$

令

$$\bar{x} = \frac{1}{N}\sum_{t=1}^{N}x_t$$

$$\bar{y} = \frac{1}{N}\sum_{t=1}^{N}y_t$$

$$l_{xx} = \sum_{t=1}^{N}(x_t - \bar{x})^2 = \sum_{t=1}^{N}x_t^{2} - \frac{1}{N}\left(\sum_{t=1}^{N}x_t\right)^{2}$$

$$l_{xy} = \sum_{t=1}^{N}(x_t - \bar{x})(y_t - \bar{y}) = \sum_{t=1}^{N}x_t y_t - \frac{1}{N}\left(\sum_{t=1}^{N}x_t\right)\left(\sum_{t=1}^{N}y_t\right)$$

$$l_{yy} = \sum_{t=1}^{N}(y_t - \bar{y})^2 = \sum_{t=1}^{N}y_t^{2} - \frac{1}{N}\left(\sum_{t=1}^{N}y_t\right)^{2}$$

则可得到

$$b = \frac{N\sum\limits_{t=1}^{N}x_t y_t - \left(\sum\limits_{t=1}^{N}x_t\right)\left(\sum\limits_{t=1}^{N}y_t\right)}{N\sum\limits_{t=1}^{N}x_t^{2} - \left(\sum\limits_{t=1}^{N}x_t\right)^{2}} = \frac{l_{xy}}{l_{xx}} \tag{5.2.8}$$

$$b_0 = \frac{\left(\sum\limits_{t=1}^{N}x_t^{2}\right)\left(\sum\limits_{t=1}^{N}y_t\right) - \left(\sum\limits_{t=1}^{N}x_t\right)\left(\sum\limits_{t=1}^{N}x_t y_t\right)}{N\sum\limits_{t=1}^{N}x_t^{2} - \left(\sum\limits_{t=1}^{N}x_t\right)^{2}} = \bar{y} - b\bar{x} \tag{5.2.9}$$

将式(5.2.9)代入式(5.2.2)可以得到回归直线的另一种形式：

$$\hat{y} - \overline{y} = b(x - \overline{x}) \qquad (5.2.10)$$

可见，回归直线 (5.2.2) 一定通过点 $(\overline{x}, \overline{y})$，这一点对回归直线的求解和回归直线的绘制都是有帮助的。

基于式 (5.2.8) 和式 (5.2.9) 即可求解得到回归直线，具体步骤是：先计算 $l_{xx}$ 和 $l_{xy}$，求解得到 $b$，然后利用通过点 $(\overline{x}, \overline{y})$ 的特点求解得到 $b_0$，最后即可得到回归直线。

计算过程如下：

(1) 计算 $l_{xx}$ 和 $l_{xy}$。

$$\sum_{t=1}^{N} x_t = 246.7℃, \quad \overline{x} = 35.24℃, \quad \sum_{t=1}^{N} x_t^2 = 9454.07℃^2, \quad \left(\sum_{t=1}^{N} x_t\right)^2 \Big/ N = 8694.41℃^2$$

$$l_{xx} = \sum_{t=1}^{N} x_t^2 - \left(\sum_{t=1}^{N} x_t\right)^2 \Big/ N = 759.66℃^2$$

(2) 计算 $l_{xy}$。

$$\sum_{t=1}^{N} x_t y_t = 20161.96\Omega \cdot ℃, \quad \left(\sum_{t=1}^{N} x_t\right)\left(\sum_{t=1}^{N} y_t\right) \Big/ N = 19947.46\Omega \cdot ℃$$

$$l_{xy} = \sum_{t=1}^{N} x_t y_t - \left(\sum_{t=1}^{N} x_t\right)\left(\sum_{t=1}^{N} y_t\right) \Big/ N = 214.50\Omega \cdot ℃$$

(3) 计算 $b$ 和 $b_0$。

按照式 (5.2.8) 计算得到 $b$ 为

$$b = \frac{l_{xy}}{l_{xx}} = 0.2824\Omega/℃$$

利用通过点 $(\overline{x}, \overline{y})$ 的特点，根据式 (5.2.9) 求得

$$b_0 = \overline{y} - b\overline{x} = 70.90\Omega$$

最终的回归直线为

$$\hat{y} = 70.90\Omega + (0.2824\Omega/℃) x$$

可以看到，回归分析的核心思想仍然是最小二乘法的原理，回归直线的系数可以认为是参数最可信赖值的求解过程。但是不同于最小二乘法的是，得到系数的最可信赖值之后并不需要对其进行精度分析；而是要换一个角度，对回归直线的方差进行分析，进而进行显著性检验，以期定量评价回归直线是否符合研究对象的内在规律。

## 5.2.2　回归方程的方差分析及显著性检验

按着前面求解回归直线的方法，对任何变量 $x$ 和 $y$ 的一组测量数据，即使它们是一堆杂乱的、与线性关系相差甚远的散点，也可以用最小二乘法拟合出一条直线，那么这条直线是否基本符合 $y$ 与 $x$ 之间的客观规律呢？这就需要解决回归方程的显著性检验问题。同时，由于 $x$ 和 $y$ 之间是相关关系，知道了 $x$ 值，并不能精确地知道 $y$ 值，那么用回归方程根据自变量 $x$ 值预报因变量 $y$ 值，其效果如何？这就需要解决回归直线的预报精度问题。

为了恰当地应用回归方程，需要对回归方程的显著性和预报精度做出合理估计。这些

问题一般通过方差分析的方法，即对 $N$ 个观测值与其算术平均值之差的平方和进行分解，将对 $N$ 个观测值的影响因素从数量上区别开，然后用 $F$ 检验法或者 $r$ 检验法进行显著性检验。

**1. 回归问题的方差分析**

观测值 $y_1, y_2, \cdots, y_N$ 之间的差异(称为变差)可以归结为自变量 $x$ 取值的不同和其他因素(包括实验误差)影响两个方面。为了对回归方程进行检验，首先必须把它们所引起的变差从 $y$ 的总变差中分解出来。把 $y$ 的 $N$ 个观测值之间的差异，用观测值 $y_t$ 与其平均值 $\overline{y}$ 的偏差平方和表示，称为总离差平方和，记为 $S$。

$$S = \sum_{t=1}^{N}(y_t - \overline{y})^2 = l_{yy} \tag{5.2.11}$$

回归直线的变差关系图如图 5.2.2 所示。

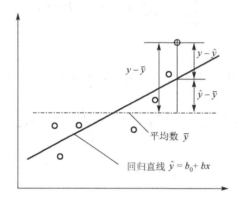

图 5.2.2　回归直线的变差关系图

从图 5.2.2 中可得

$$
\begin{aligned}
S &= \sum_{t=1}^{N}(y_t - \overline{y})^2 = \sum_{t=1}^{N}[(y_t - \hat{y}_t) + (\hat{y}_t - \overline{y})]^2 \\
&= \sum_{t=1}^{N}(y_t - \hat{y}_t)^2 + 2\sum_{t=1}^{N}(y_t - \hat{y}_t)(\hat{y}_t - \overline{y}) + \sum_{t=1}^{N}(\hat{y}_t - \overline{y})^2
\end{aligned}
\tag{5.2.12}
$$

因为

$$\sum_{t=1}^{N}(y_t - \hat{y}_t)(\hat{y}_t - \overline{y}) = \sum_{t=1}^{N}\left[(y_t - \overline{y}) - b(x_t - \overline{x})\right]\left[b(x_t - \overline{x})\right] = b(l_{xy} - bl_{xx}) = 0$$

所以总的离差平方和可以分解为两部分，即

$$S = \sum_{t=1}^{N}(y_t - \hat{y}_t)^2 + \sum_{t=1}^{N}(\hat{y}_t - \overline{y})^2 \tag{5.2.13}$$

或者写成

$$S = U + Q \tag{5.2.14}$$

其中

$$U = \sum_{t=1}^{N}(\hat{y}_t - \overline{y})^2 \tag{5.2.15}$$

称为回归平方和。

$$Q = \sum_{t=1}^{n} (y_t - \hat{y}_t)^2 \tag{5.2.16}$$

称为残余平方和。

残余平方和是所有观测点到回归直线的残余误差的平方和，是除了 $x$ 与 $y$ 的线性关系影响之外的一切因素(包括实验误差、$x$ 对 $y$ 的非线性影响以及其他未加控制的因素)对 $y$ 的变差的作用，这部分变差是仅考虑 $x$ 与 $y$ 的线性关系所不能减少的部分。回归平方和反映了在 $y$ 总的变差中由于 $x$ 与 $y$ 的线性关系而引起 $y$ 变化的部分，也就是考虑了 $x$ 与 $y$ 的线性关系部分在总的离差平方和中所占的成分，以便从数量上与 $Q$ 值相区分。$y$ 的这部分变差是可以通过控制 $x$ 的值而避免的，因此回归平方和也就是作了回归后能使总平方和减少的部分。

因此通过平方和分解式(5.2.14)，就把对 $N$ 个观测值的两种影响从数量上区分开来了，分解成为回归平方和与残余平方和。由于

$$U = \sum_{t=1}^{N} (\hat{y}_t - \overline{y})^2 = \sum_{t=1}^{N} (b_0 + bx_t - b_0 - b\overline{x})^2 = b^2 \sum_{t=1}^{N} (x_t - \overline{x})^2$$
$$= b \sum_{t=1}^{N} (x_t - \overline{x})(\hat{y}_t - \overline{y}) = bl_{xy} = \frac{l_{xy}^2}{l_{xx}} \tag{5.2.17}$$

$$Q = \sum_{t=1}^{N} (y_t - \hat{y}_t)^2 = S - U = l_{yy} - bl_{xy} = l_{yy} - \frac{l_{xy}^2}{l_{xx}} \tag{5.2.18}$$

因此，在计算 $S$、$U$、$Q$ 时可以利用回归系数计算过程中的一些结果。

对于每个平方和都有一个称为"自由度"的数据跟它相联系。如果总的离差平方和是由 $N$ 项组成的，其自由度就是 $N\text{--}1$。正如总的离差平方和在数值上可以分解成回归平方和与残余平方和两部分一样，总的离差平方和的自由度 $\nu_S$ 也等于回归平方和的自由度 $\nu_U$ 与残余平方和的自由度 $\nu_Q$ 之和，即

$$\nu_S = \nu_U + \nu_Q \tag{5.2.19}$$

在回归问题中，$\nu_S = N-1$，而 $\nu_U$ 对应变量的个数，在一元线性回归问题中 $\nu_U = 1$，这样残余平方和的自由度为 $\nu_Q = N-2$。

**2. 回归方程显著性检验——$F$ 检验法**

观察值 $y_t$ 之间的差异是由两个方面的原因引起的：

(1)自变量 $x$ 的取值不同，其对应于 $U$；

(2)其他因素(包括实验误差、非线性等)的影响，其对应于 $Q$。

从 $U$ 和 $Q$ 的意义可知，一个回归方程是否显著，也就是 $y$ 与 $x$ 的线性关系是否密切，取决于 $U$ 和 $Q$ 的大小，$U$ 越大 $Q$ 越小说明 $y$ 与 $x$ 的线性关系越密切。为了知道这两个方面的影响哪一个是主要的，可以通过 $F$ 检验法检验。设统计量：

$$F = \frac{U / \nu_U}{Q / \nu_Q} \tag{5.2.20}$$

对一元线性回归，应为

$$F = \frac{U/1}{Q/(N-2)} \tag{5.2.21}$$

计算得到 $F$ 数值后，再查附录中的 $F$ 分布表。$F$ 分布表中的两个自由度 $\nu_1$ 和 $\nu_2$ 分别对应式(5.2.20)中的 $\nu_U$ 和 $\nu_Q$，即式(5.2.21)中的 1 和 $N-2$。通过查 $F$ 分布表，根据给定的显著性水平 $\alpha$ 和已知的自由度 1 和 $N-2$ 进行检验：

若 $F \geqslant F_{0.01}(1,N-2)$，则认为回归是高度显著的(或称在 0.01 的水平上显著)；

若 $F_{0.05}(1,N-2) \leqslant F < F_{0.01}(1,N-2)$，则认为回归是显著的(或称在 0.05 的水平上显著)；

若 $F_{0.10}(1,N-2) \leqslant F < F_{0.05}(1,N-2)$，则认为回归在 0.1 的水平上显著；

若 $F < F_{0.10}(1,N-2)$，则一般认为回归不显著，即 $y$ 对 $x$ 的线性关系就不密切。

**3. 回归方程显著性检验——$r$ 检验法**

考察回归平方和 $U$ 相对于总离差平方和 $S$ 的比，由式(5.2.17)可得

$$\frac{U}{S} = \frac{l_{xy}^2}{l_{xx}l_{yy}} \leqslant 1 \tag{5.2.22}$$

定义

$$r = \frac{l_{xy}}{\sqrt{l_{xx}l_{yy}}} \tag{5.2.23}$$

为样本相关系数，简称相关系数。

显然，$|r| \leqslant 1$，$|r|$ 越大，$\frac{U}{S} = r^2$ 也越大，表明 $U$ 在 $S$ 中所占的比例也越大，从而表明 $y$ 与 $x$ 的线性相关关系越显著。当 $r=0$ 时，表明 $y$ 与 $x$ 不存在线性相关关系；当 $|r|=1$ 时，$U=S$，表明 $y$ 的全部样本点都在回归直线上，此时称 $y$ 与 $x$ 完全线性相关，当 $r=1$ 时，称为完全正相关；当 $r=-1$ 时，称为完全负相关。

$y$ 与 $x$ 之间线性相关的程度又称为线性回归的显著性程度。以相关系数 $r$ 为统计量，可以证明，当

$$|r| > r_\alpha(N-2) \tag{5.2.24}$$

时，认为在显著性水平 $\alpha$ 下线性回归显著。其中，$N$ 是样本容量，$r_\alpha(N-2)$ 是相关系数临界值，可查附录中的相关系数临界值 $r_\alpha$ 表得到。

事实上，可以证明：

$$(N-2)\frac{r^2}{1-r^2} = (N-2)\frac{U/S}{(S-U)/S} = \frac{U}{Q/(N-2)} = F \tag{5.2.25}$$

从而可以推得 $r$ 检验法和 $F$ 检验法是一致的。除了 $r$ 检验法和 $F$ 检验法以外，还可以采用 $t$ 检验法，感兴趣的读者自行查阅相关资料，本书从略。

**4. 方差分析表**

前面把平方和及自由度进行分解的方法称为方差分析法，方差分析的所有结果可归纳在一个表格中，称为方差分析表，如表 5.2.2 所示。

表 5.2.2　方差分析表

| 来源 | 平方和 | 自由度 | 方差 | $F$ | 显著性水平 |
|---|---|---|---|---|---|
| 回归 | $U = bl_{xy}$ | 1 | $\sigma^2 = \dfrac{Q}{(N-2)}$ | $F = \dfrac{U/1}{Q/(N-2)}$ | — |
| 残余 | $Q = l_{yy} - bl_{xy}$ | $N$–2 | | | — |
| 总计 | $S = l_{yy}$ | $N$–1 | — | — | — |

对例 5.2.1 的回归结果进行方差分析，结果如表 5.2.3 所示。

表 5.2.3　例 5.2.1 的方差分析结果

| 来源 | 平方和 | 自由度 | 方差 | $F$ | 显著性水平 |
|---|---|---|---|---|---|
| 回归 | 60.57 | 1 | 0.052 | $1.16 \times 10^3$ | $\alpha = 0.01$ |
| 残余 | 0.26 | 5 | | | |
| 总计 | 60.83 | 6 | — | — | — |

首先采用 $F$ 检验法对例 5.2.1 中得到的回归方程进行显著性检验。查附表 2.4 得到 $F_{0.01}(1,5) = 16.26$，由于 $F > F_{0.01}(1,5)$，表明例 5.2.1 所得回归方程在 $\alpha = 0.01$ 的水平上是显著的，即可信赖程度为 99%以上，这是高度显著的。

若对例 5.2.1 的回归结果用 $r$ 检验法进行显著性检验，则由

$$l_{xy} = 214.50\,\Omega \cdot \text{℃}, \quad l_{xx} = 759.66\,\text{℃}^2, \quad l_{yy} = 60.83\,\Omega^2$$

计算得到

$$r = \frac{l_{xy}}{\sqrt{l_{xx}l_{yy}}} = 0.998$$

查附表 3.1 得到相关系数临界值 $r_{0.01}(5) = 0.875$，$r > r_{0.01}(5)$，可见在 0.01 的显著性水平下，$y$ 与 $x$ 的线性相关关系高度显著。

**5. 回归方程的稳定性与精度表征**

对于两个变量 $x$ 和 $y$，如果采用不同的样本数据 $(x,y)$ 得到的 $\bar{x}$、$\bar{y}$ 和 $b$、$b_0$ 也会有所不同，从而获得的回归值 $\hat{y}$ 也会因样本数据不同而不同，这就是回归方程的稳定性问题。回归方程的稳定性是指回归值 $\hat{y}$ 波动的大小，波动越小，回归方程的稳定性就越好。和对待一般的估计值一样，$\hat{y}$ 的波动大小也可用 $\hat{y}$ 的标准差 $\sigma_{\hat{y}}$ 来表征，根据随机误差传递公式和回归方程(5.2.2)，可以得到

$$\sigma_{\hat{y}}^2 = \sigma_{b_0}^2 + x^2\sigma_b^2 + 2x\sigma_{b_0 b} \tag{5.2.26}$$

式中，$\sigma_{b_0}$、$\sigma_b$ 为 $b_0$、$b$ 的标准差；$\sigma_{b_0 b}$ 为 $b_0$ 和 $b$ 的协方差。

设 $\sigma$ 为测量数据 $y$ 的残余标准差，由残余平方和 $Q$ 除以自由度 $\nu_Q$ 并开平方根得到

$$\sigma = \sqrt{\frac{Q}{N-2}} \tag{5.2.27}$$

$\sigma$ 可以看作在排除了 $x$ 对 $y$ 的线性影响后，其他所有随机因素对 $y$ 的一次观测的平均变差的大小，是衡量 $y$ 随机波动大小的一个估计量，因此可以作为回归直线的精度指标。

由式(5.2.7)可得

$$\sigma_{b_0}^2 = \frac{\sum\limits_{t=1}^{N} x_t^2}{N\sum\limits_{t=1}^{N} x_t^2 - \left(\sum\limits_{t=1}^{N} x_t\right)^2}\sigma^2 = \left(\frac{1}{N} + \frac{\overline{x}^2}{l_{xx}}\right)\sigma^2 \tag{5.2.28}$$

$$\sigma_b^2 = \frac{N}{N\sum\limits_{t=1}^{N} x_t^2 - \left(\sum\limits_{t=1}^{N} x_t\right)^2}\sigma^2 = \frac{\sigma^2}{l_{xx}} \tag{5.2.29}$$

$$\sigma_{b_0 b} = \frac{-\sum\limits_{t=1}^{N} x_t}{N\sum\limits_{t=1}^{N} x_t^2 - \left(\sum\limits_{t=1}^{N} x_t\right)^2}\sigma^2 = -\frac{\overline{x}}{l_{xx}}\sigma^2 \tag{5.2.30}$$

将式(5.2.28)、式(5.2.29)和式(5.2.30)代入式(5.2.26)，可以得到

$$\sigma_{\hat{y}}^2 = \left(\frac{1}{N} + \frac{\overline{x}^2}{l_{xx}}\right)\sigma^2 + x^2\frac{\sigma^2}{l_{xx}} - 2x\frac{\overline{x}}{l_{xx}}\sigma^2 = \left(\frac{1}{N} + \frac{(x-\overline{x})^2}{l_{xx}}\right)\sigma^2 \tag{5.2.31}$$

可见，回归值的波动大小不仅与残余标准差 $\sigma$ 有关，而且还取决于实验次数以及自变量 $x$ 的取值范围。为了提高回归方程的稳定性，应当注意提高观察数据本身的准确度和观测次数，尽可能增大观测数据中自变量的取值范围。

**6. 预测问题**

利用回归方程，可在一定显著性水平 $\alpha$ 上确定与 $x$ 相对应的 $y$ 的取值范围，这就是预测问题。

在求得 $y$ 对 $x$ 的线性回归方程 $\hat{y} = b_0 + bx$ 之后，对于给定的自变量值 $x_0$，利用回归方程估计变量 $y_0$ 的取值范围，称为预测问题。$y_0$ 的 $100(1-\alpha)\%$ 置信区间称为 $y_0$ 的 $100(1-\alpha)\%$ 预测区间，$1-\alpha$ 称为预测水平。设

$$y \sim N(b_0 + bx, \sigma^2)$$

显然，$y$ 的样本 $y_1, y_2, \cdots, y_N$ 相互独立，且与 $y$ 同分布。由式(5.2.8)得

$$b = \frac{l_{xy}}{l_{xx}} = \frac{\sum\limits_{t=1}^{N}(x_t - \overline{x})(y_t - \overline{y})}{l_{xx}} = \sum_{t=1}^{N}\frac{x_t - \overline{x}}{l_{xx}}y_t$$

表明 $b$ 是 $N$ 个独立正态随机变量 $y_1, y_2, \cdots, y_N$ 的线性组合，是一个正态随机变量，且

$$E(b) = \sum_{t=1}^{N}\frac{x_t - \overline{x}}{l_{xx}}E(y_t) = \sum_{t=1}^{N}\frac{x_t - \overline{x}}{l_{xx}}(b_0 + bx_t) = \frac{b_0}{l_{xx}}\sum_{t=1}^{N}(x_t - \overline{x}) + \frac{b}{l_{xx}}\sum_{t=1}^{N}(x_t - \overline{x})[(x_t - \overline{x}) + \overline{x}] = b$$

$$D(b) = \sum_{t=1}^{N}\left(\frac{x_t - \overline{x}}{l_{xx}}\right)^2 D(y_t) = \frac{\sigma^2}{l_{xx}}$$

由式(5.2.10)得

$$\hat{y}_0 = \overline{y} + b(x_0 - \overline{x})$$

表明 $\hat{y}_0$ 也是一个正态随机变量，且

$$E(\hat{y}_0) = b_0 + bx_0$$

$$D(\hat{y}_0) = D(\overline{y}) + (x_0 - \overline{x})^2 D(b) = \frac{\sigma^2}{N} + \frac{\sigma^2}{l_{xx}}(x_0 - \overline{x})^2 = \sigma^2\left[\frac{1}{N} + \frac{(x_0 - \overline{x})^2}{l_{xx}}\right]$$

即

$$\hat{y}_0 \sim N\left(b_0 + bx_0, \sigma^2\left[\frac{1}{N} + \frac{(x_0 - \overline{x})^2}{l_{xx}}\right]\right)$$

由 $y_0$ 与 $\hat{y}_0$ 的独立性，可知

$$y_0 - \hat{y}_0 \sim N\left(0, \sigma^2\left[1 + \frac{1}{N} + \frac{(x_0 - \overline{x})^2}{l_{xx}}\right]\right)$$

因此可得 $\dfrac{y_0 - \hat{y}_0}{\sqrt{D(y_0 - \hat{y}_0)}} \sim N(0,1)$，进一步构造统计量：

$$T = \frac{(y_0 - \hat{y}_0)/\sqrt{D(y_0 - \hat{y}_0)}}{\sqrt{Q/[\sigma^2(N-2)]}} = \frac{y_0 - \hat{y}_0}{\sqrt{\dfrac{Q}{N-2}}\sqrt{1 + \dfrac{1}{N} + \dfrac{(x_0 - \overline{x})^2}{l_{xx}}}}$$

显然，$T$ 服从自由度为 $N-2$ 的 $t$ 分布。由

$$P\{|T| < t_\alpha(N-2)\} = 1 - \alpha$$

中解得 $y_0$ 的 $100(1-\alpha)\%$ 预测区间为

$$\begin{cases}(\hat{y}_0 - \delta(x_0), \hat{y}_0 + \delta(x_0)) \\ \delta(x_0) = t_\alpha(N-2)\sqrt{\dfrac{Q}{N-2}}\sqrt{1 + \dfrac{1}{N} + \dfrac{(x_0 - \overline{x})^2}{l_{xx}}}\end{cases} \tag{5.2.32}$$

其中，$t_\alpha(N-2)$ 由附表 2.3 查表得到。把式 (5.2.32) 中的 $x_0$ 换成任意 $x$，相应地 $\hat{y}_0$ 换成 $\hat{y}$，且令

$$y_{(1)} = \hat{y} - \delta(x), \quad y_{(2)} = \hat{y} + \delta(x)$$

它们的图形是两条曲线，形成以这两条曲线为边界，并且包含回归直线 $\hat{y} = b_0 + bx$ 的带形域，如图 5.2.3 所示。在任意 $x$ 处，$y$ 的预测值落在此域内的概率为 $1 - \alpha$。

由式 (5.2.32) 可见，当 $x_0 = \overline{x}$ 时，$\delta(x_0)$ 达到最小值，预测区间的长度 $2\delta(\overline{x})$ 也最小，带形域在 $\overline{x}$ 处最窄。

根据式 (5.2.32)，当样本容量 $N$ 充分大，且 $x_0$ 接近 $\overline{x}$ 时，有

$$\sqrt{1 + \frac{1}{N} + \frac{(x_0 - \overline{x})^2}{l_{xx}}} \approx 1$$

且 $t$ 分布近似标准正态分布，$t_\alpha(N-2) \approx Z_\alpha$ 得到 $y_0$ 的 $100(1-\alpha)\%$ 近似预测区间：

$$
\begin{cases}
(\hat{y}_0 - d, \hat{y}_0 + d) \\
d = Z_\alpha \sqrt{\dfrac{Q}{N-2}}
\end{cases}
\tag{5.2.33}
$$

其中，$Z_\alpha$ 由附表 2.1 查表得到。

把式 (5.2.33) 中 $x_0$ 换成任意 $x$，相应地，$\hat{y}_0$ 换成 $\hat{y}$，得到

$$
\begin{cases}
y_{(1)} = \hat{y} - d \\
y_{(2)} = \hat{y} + d
\end{cases}
\tag{5.2.34}
$$

这是两条与回归直线平行的直线，构成带形区域。在任意 $x$ 处，$y$ 的观察值落在 $y_{(1)}$ 与 $y_{(2)}$ 之间的概率近似等于 $1-\alpha$。

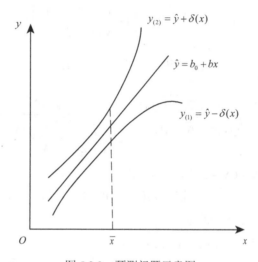

图 5.2.3　预测问题示意图

**例 5.2.2**　某种合金钢的抗拉强度 $y$ 与碳含量 $x$ 有关，按已知信息，可以认为 $y$ 服从 $N(b_0 + bx, \sigma^2)$。根据 102 炉钢样的数据，已经算得

$$
\bar{x} = 0.1255, \quad \bar{y} = 45.80, \quad l_{xx} = 0.3018, \quad l_{yy} = 2941, \quad l_{xy} = 26.70
$$

试求：(1) $y$ 对 $x$ 的回归方程；

(2) 当 $x_0 = 0.115$ 时，$y_0$ 的预测水平为 0.95 的预测区间。

**解**　(1) $b = \dfrac{l_{xy}}{l_{xx}} = \dfrac{26.70}{0.3018} = 88.469$，$b_0 = \bar{y} - b\bar{x} = 45.80 - 88.469 \times 0.1255 = 34.697$

得到线性回归方程：

$$
\hat{y} = 34.697 + 88.469x
$$

相关系数：

$$
r = \frac{l_{xy}}{\sqrt{l_{xx}l_{yy}}} = \frac{26.70}{\sqrt{0.3018 \times 2941}} = 0.896
$$

而查附表 3.1 可得相关系数临界值 $r_{0.05}(100) = 0.195$。显然 $r > r_{0.05}(100)$，回归效果显著。

(2) 由于 $N = 102$，数值较大，因此采用近似预测区间式 (5.2.33)。

当 $x_0 = 0.115$ 时，有

$$\hat{y}_0 = 34.697 + 88.469 \times 0.115 = 44.871$$

因 $\alpha = 0.05$，查附表 2.1 正态分布表可得 $Z_\alpha \approx 1.95$，由式(5.2.18)可得

$$Q = l_{yy} - \frac{l_{xy}^2}{l_{xx}} = 2941 - \frac{(26.70)^2}{0.3018} = 578.873$$

$$\sqrt{\frac{Q}{N-2}} = \sqrt{\frac{578.873}{100}} = 2.406$$

得到

$$d = 1.95 \times 2.406 = 4.692$$

$y_0$ 的 95% 近似预测区间为 $(44.871 - 4.692, 44.871 + 4.692)$，即 $(40.179, 49.563)$。

**7. 控制问题**

控制是预测的逆问题，即要使随机变量 $y$ 以一定概率取某个给定范围内的值，$x$ 值应当控制在什么范围内？也就是说，对于给定的区间 $(y_1, y_2)$，以及给定的 $\alpha(0 < \alpha < 1)$，求 $x_1$ 与 $x_2$，使得

$$P\{y_1 < y < y_2\} = 1 - \alpha$$

下面只讨论样本容量 $N$ 很大的情形。

只要把 $y_1$、$y_2$ 代入式(5.2.34)给出的两个直线方程，令

$$\begin{cases} y_1 = \hat{y} - d = b_0 + bx_1 - Z_\alpha \sqrt{Q/(N-2)} \\ y_2 = \hat{y} + d = b_0 + bx_2 + Z_\alpha \sqrt{Q/(N-2)} \end{cases}$$

即可解出

$$\begin{cases} x_1 = \dfrac{1}{b}\left(y_1 - b_0 + Z_\alpha \sqrt{Q/(N-2)}\right) \\ x_2 = \dfrac{1}{b}\left(y_2 - b_0 - Z_\alpha \sqrt{Q/(N-2)}\right) \end{cases} \tag{5.2.35}$$

值得注意的是，要实现控制，区间 $(y_1, y_2)$ 的长度必须大于 $2d$。即 $y_2 - y_1 > 2d$。在此前提下，当 $b > 0$ 时，$x_1 < x_2$，$x$ 应控制在区间 $(x_1, x_2)$ 内；而当 $b < 0$ 时，$x_1 > x_2$，$x$ 应控制在区间 $(x_2, x_1)$ 内，如图 5.2.4 所示。

类似地，给定 $y_0$ 与 $\alpha(0 < \alpha < 1)$，如果让 $P\{y > y_0\} = 1 - \alpha$ 或 $P\{y < y_0\} = 1 - \alpha$，那么 $x$ 应该控制在什么范围？

当 $y_1 = y_2 = y_0$ 时，式(5.2.35)转化为

$$\begin{cases} x_1 = \dfrac{1}{b}\left(y_0 - b_0 + Z_\alpha \sqrt{Q/(N-2)}\right) \\ x_2 = \dfrac{1}{b}\left(y_0 - b_0 - Z_\alpha \sqrt{Q/(N-2)}\right) \end{cases} \tag{5.2.36}$$

若 $b > 0$，则 $x_1 > x_2$。当 $x > x_1$ 时，$P\{y > y_0\} = 1 - \alpha$；而当 $x < x_2$ 时，$P\{y < y_0\} = 1 - \alpha$。$b < 0$ 的情形，请读者自己考虑。

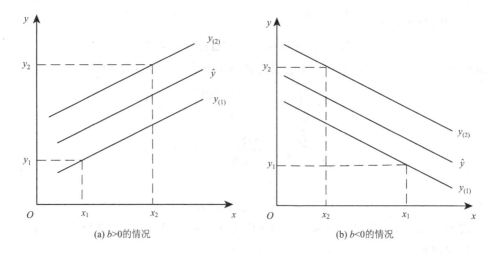

(a) $b>0$的情况　　　　　　　　　　　　(b) $b<0$的情况

图 5.2.4　控制问题示意图

**例 5.2.3**　在例 5.2.2 中，要使合金钢的抗拉强度 $y$ 以 99%的概率超过 45.8，应控制含碳量 $x$ 在什么范围？

**解**　$y$ 对 $x$ 的回归方程为

$$\hat{y} = 34.697 + 88.469x$$

$$y_0 = 45.8$$

则由式 (5.2.36) 可得

$$x_1 = \frac{1}{b}\left(y_0 - b_0 + z_{0.01}\sqrt{Q/(N-2)}\right) = \frac{1}{88.469}(45.8 - 34.697 + 2.6 \times 2.406) = 0.196$$

即当 $x > 0.196$ 时，可以使 $P\{y > 45.8\} = 0.99$。

### 5.2.3　重复实验情况

**1. 重复实验的意义**

用残余平方和检验回归平方和所做出的"回归方程显著"这一判断，只表明相对于其他因素及实验误差来说，因素 $x$ 的一次项对 $y$ 的影响是主要的，但它并没有告诉我们，影响 $y$ 的因素除 $x$ 以外，是否还有其他不可忽略的因素，以及 $x$ 和 $y$ 的关系是否确实为线性。因此在上述意义下的回归方程显著，并不一定代表该方程拟合得很好，因为残余平方和中除包括实验误差外，还包括 $x$ 和 $y$ 线性关系以外的其他未加控制的因素的影响。为检验一个回归方程拟合的好坏，可通过重复实验，获得由实验误差引起的误差平方和 $Q_E$ 和由非线性及其他未加控制的因素引起的失拟平方和 $Q_L$，然后用 $Q_E$ 对 $Q_L$ 进行 $F$ 检验，就可确定回归方程拟合程度的好坏。

**2. 重复实验条件下回归直线的求法与方差分析**

设 $N$ 个实验点，每个实验点重复 $m$ 次实验，将这 $m$ 次实验取平均值作为该点的测试值，然后再按照前面的方法进行拟合。此时各种平方和及其相应的自由度按下列各式计算。

$$S = U + Q_L + Q_E, \qquad \nu_s = \nu_U + \nu_L + \nu_E \tag{5.2.37}$$

$$S = \sum_{t=1}^{N} \sum_{i=1}^{m} (y_{ti} - \overline{y})^2, \qquad \nu_s = Nm - 1 \qquad (5.2.38)$$

$$U = m \sum_{t=1}^{N} (\hat{y}_t - \overline{y})^2 = mbl_{xy}, \qquad \nu_U = 1 \qquad (5.2.39)$$

$$Q_E = \sum_{t=1}^{N} \sum_{i=1}^{m} (y_{ti} - \overline{y}_t)^2, \qquad \nu_E = N(m-1) \qquad (5.2.40)$$

$$Q_L = m \sum_{t=1}^{N} (\overline{y}_t - \hat{y}_t)^2 = ml_{yy} - U, \qquad \nu_L = N - 2 \qquad (5.2.41)$$

然后用误差平方和对相应的平方和项进行 $F$ 检验，相应的统计量：

$$F = \frac{U / \nu_U}{Q_E / \nu_E} \qquad (5.2.42)$$

判断一元回归方程拟合是否有显著效果。

$$F_1 = \frac{Q_L / \nu_L}{Q_E / \nu_E} \qquad (5.2.43)$$

判断失拟平方和对实验误差的影响。

$$F_2 = \frac{U / \nu_U}{(Q_E + Q_L) / (\nu_E + \nu_L)} \qquad (5.2.44)$$

综合判断一元回归方程拟合的效果。

对给定的显著性水平 $\alpha$，在统计量 $F$ 检验显著的情况下，如果 $F_1$ 检验显著，说明失拟误差相对于实验误差来说是不可忽略的，这时有以下可能性：

(1)影响 $y$ 的因素除 $x$ 外，至少还有一个不可忽略的因素；

(2)$y$ 和 $x$ 是曲线关系甚至无关。

这种情况说明所选择的一元线性回归这个数学模型与实际情况不符，说明直线拟合得并不好。

如果 $F_1$ 检验结果不显著，说明非线性误差相对实验误差很小，或者说残余误差基本上是由实验误差等随机因素引起的。于是可把误差平方和 $Q_E$ 和失拟平方和 $Q_L$ 合并来检验。如果第二次检验的结果 $F_2$ 显著，说明一元回归方程拟合得好。如果 $F_2$ 不显著，那么这时有两种可能：

(1)没有什么因素对 $y$ 有系统的影响；

(2)实验误差过大。当然，所求的回归方程不理想。

具体方差分析过程同样可以通过列表进行，如表 5.2.4 所示。

表 5.2.4　重复实验的方差分析表

| 来源 | 平方和 | 自由度 | 方差 | $F$ | $F_\alpha$ |
|------|--------|--------|------|-----|-----------|
| 回归 | $U = mbl_{xy}$ | $\nu_U = 1$ | $U / \nu_U$ | $F = \dfrac{U / \nu_U}{Q_E / \nu_E}$ | $F_\alpha(1, N(m-1))$ |
| 失拟 | $Q_L = ml_{yy} - U$ | $\nu_L = N - 2$ | $Q_L / \nu_L$ | $F_1 = \dfrac{Q_L / \nu_L}{Q_E / \nu_E}$ | $F_\alpha(\nu_L, \nu_E)$ |

| 来源 | 平方和 | 自由度 | 方差 | $F$ | $F_\alpha$ |
|------|--------|--------|------|-----|------------|
| 误差 | $Q_E = \sum_{t=1}^{N}\sum_{i=1}^{m}(y_{ti}-\bar{y}_t)^2$ | $\nu_E = N(m-1)$ | $Q_E/\nu_E$ | — | — |
| 总计 | $S = U + Q_E + Q_L$ | $\nu_S = Nm-1$ | — | — | — |

**例 5.2.4** 用标准压力计对某压力传感器进行检定，检定所得数据如表 5.2.5 所示。表中 $x_t$ 为标准压力，$y_{ti}$ 为传感器输出电压，$\bar{y}_t$ 为四次读数的算术平均值。试对该传感器作线性定标并分析其误差。

表 5.2.5　压力传感器检定数据表

| 序号 | $x_t/(\text{N}\cdot\text{cm}^{-2})$ | $y_{ti}/\text{mV}$ | | | | $\bar{y}_t/\text{mV}$ |
|------|------|------|------|------|------|------|
| | | 升压 | 降压 | 升压 | 降压 | |
| 1 | 0 | 2.78 | 2.80 | 2.80 | 2.86 | 2.8100 |
| 2 | 1 | 9.70 | 9.76 | 9.78 | 9.78 | 9.7550 |
| 3 | 2 | 16.60 | 16.71 | 16.70 | 16.76 | 16.6925 |
| 4 | 3 | 23.54 | 23.56 | 23.58 | 23.71 | 23.5975 |
| 5 | 4 | 30.44 | 30.51 | 30.54 | 30.64 | 30.5325 |
| 6 | 5 | 37.35 | 37.45 | 37.42 | 37.50 | 37.4300 |
| 7 | 6 | 44.28 | 44.35 | 44.30 | 44.38 | 44.3275 |
| 8 | 7 | 51.19 | 51.25 | 51.18 | 51.25 | 51.2175 |
| 9 | 8 | 58.06 | 58.08 | 58.12 | 58.14 | 58.1000 |
| 10 | 9 | 64.92 | 64.96 | 64.94 | 65.00 | 64.9550 |
| 11 | 10 | 71.73 | 71.73 | 71.75 | 71.75 | 71.7400 |

**解** 这是一个重复性实验的线性回归，用表 5.2.5 中的平均值 $\bar{y}_t$ 对 $x_t$ 进行线性回归（可以证明，用平均值的 11 个点拟合的回归直线与用原来的 44 个点拟合的回归直线完全一样），具体计算如下。

1）计算 $l_{xx}$

$$\sum_{t=1}^{N} x_t = 55\text{N/cm}^2, \quad \bar{x} = 5\text{N/cm}^2, \quad \sum_{t=1}^{N} x_t^2 = 385(\text{N/cm}^2)^2, \quad \left(\sum_{t=1}^{N} x_t\right)^2\Big/N = 275(\text{N/cm}^2)^2$$

$$l_{xx} = \sum_{t=1}^{N} x_t^2 - \left(\sum_{t=1}^{N} x_t\right)^2\Big/N = 110(\text{N/cm}^2)^2$$

2）计算 $l_{xy}$

$$\sum_{t=1}^{N} x_t y_t = 2814.4950\text{mV}\cdot\text{N/cm}^2, \quad \left(\sum_{t=1}^{N} x_t\right)\left(\sum_{t=1}^{N} y_t\right)\Big/N = 2055.7875\text{mV}\cdot\text{N/cm}^2$$

$$l_{xy} = \sum_{t=1}^{N} x_t y_t - \left( \sum_{t=1}^{N} x_t \right) \left( \sum_{t=1}^{N} y_t \right) \Big/ N = 758.7075 \text{mV} \cdot \text{N/cm}^2$$

3）计算回归直线

$$b = \frac{l_{xy}}{l_{xx}} = 6.8973 \text{mV/(N} \cdot \text{cm}^{-2}), \quad b_0 = \bar{y} - b\bar{x} = 2.8913 \text{mV}$$

$$\hat{y} = 2.8913 \text{mV} + [6.8973 \text{ mV/(N} \cdot \text{cm}^{-2})]x$$

对应的方差分析表如 5.2.6 所示。

表 5.2.6  例 5.2.4 的方差分析表

| 来源 | 平方和 | 自由度 | 方差 /mV² | $F$ | $F_\alpha$ |
|------|--------|--------|-----------|-----|------------|
| 回归 | 20932.2574 | 1 | 2093.2574 | $7.68 \times 10^6$ | $F_{0.01}(1,33) = 7.47$ |
| 失拟 | 0.1386 | 9 | 0.0154 | 5.65 | $F_{0.01}(9,33) = 3.03$ |
| 误差 | 0.0899 | 33 | 0.0027 | —— | —— |
| 总计 | 20932.4859 | 43 | —— | —— | —— |

由方差分析表可知 $F_1 > F_{0.01}(9,33) = 3.03$，对失拟平方和 $F$ 检验的结果高度显著，说明失拟误差相对于实验误差来说是不可忽略的，直线拟合得并不好。为了作进一步的分析，不妨再用 $Q = Q_E + Q_L$ 对 $U$ 进行第二次 $F$ 检验：

$$F_2 = \frac{U / \nu_U}{Q / \nu_Q} = 3.85 \times 10^6 \gg F_{0.01}(1,42) = 7.28$$

也高度显著，说明虽然相对于实验误差来说，此方程不能说拟合得很好，但实验误差和残余误差都很小，只要残余标准差 $\sigma$ 小于该传感器要求的精度参数，就可以使用该方程对该传感器进行定标。

从以上分析可见，重复实验可将误差平方和与失拟平方和从残余平方和中分离出来，这对统计分析是有好处的。同时，在精密测试仪器中，通常失拟平方和及误差平方和分别与仪器的原理误差及随机误差相对应，应用这种分析方法可将仪器的系统误差和随机误差分离开来，并用回归分析方法进一步找出仪器的误差方程，从而可以对仪器的误差进行修正。不需要对仪器做任何改进，只是通过数据处理，对仪器的系统误差进行修正，就可使仪器精度明显提高，这是提高仪器精度的一种颇为有效的方法。总之，通过重复实验的回归分析对了解这类仪器的误差来源和提高仪器的精度是有益的。

### 5.2.4 回归直线的简便求法

回归分析是以最小二乘法为基础的，因此所建立的回归直线误差(标准差)最小，但其计算一般是比较复杂的，不适合测试现场的快速应用。为了减少计算，在精度要求不是很高的情况下或实验数据的线性程度特别好的情况下，可采用以下几种简便方法。

1）分组法(平均值法)

用回归法求回归方程 $\hat{y} = b_0 + bx$ 中的系数 $b_0$ 和 $b$ 的具体做法是，把这 $N$ 个自变量数据按由小到大的次序排列，分成个数相等或近似相等的两个组(分组数等于欲求未知数个数)：

第一组为 $x_1, x_2, \cdots, x_k$ ；第二组为 $x_{k+1}, x_{k+2}, \cdots, x_N$ ，建立相应的两组观测方程：

$$\begin{cases} y_1 = b_0 + bx_1 \\ \vdots \\ y_k = b_0 + bx_k \end{cases} \qquad \begin{cases} y_{k+1} = b_0 + bx_{k+1} \\ \vdots \\ y_N = b_0 + bx_N \end{cases}$$

把每组观测方程分别相加，得到关于 $b_0$ 和 $b$ 的方程组：

$$\begin{cases} \sum\limits_{t=1}^{k} y_t = kb_0 + b\sum\limits_{t=1}^{k} x_t \\ \sum\limits_{t=k+1}^{N} y_t = (N-k)b_0 + b\sum\limits_{t=k+1}^{N} x_t \end{cases} \tag{5.2.45}$$

这是一个二元一次联立方程组，解之即得系数 $b_0$ 和 $b$ 。

**例 5.2.5**　对例 5.2.1 用分组法求回归方程。

**解**　因观测数据已按自变量从小到大排列，取 $k=4$，分组相加：

$$76.30 = b_0 + 19.1b$$
$$77.80 = b_0 + 25.0b \qquad\qquad\qquad 82.35 = b_0 + 40.0b$$
$$79.75 = b_0 + 30.1b \qquad\qquad\qquad 83.90 = b_0 + 46.5b$$
$$\underline{80.80 = b_0 + 36.0b} \qquad\qquad\qquad \underline{85.10 = b_0 + 50.0b}$$
$$314.65 = 4b_0 + 110.2b \qquad\qquad 251.35 = 3b_0 + 136.5b$$

解方程组

$$\begin{cases} 314.65 = 4b_0 + 110.2b \\ 251.35 = 3b_0 + 136.5b \end{cases}$$

得

$$b_0 = 70.80\Omega$$
$$b = 0.2853\Omega / ℃$$

因此得到回归方程为

$$\hat{y} = 70.80\Omega + (0.2853\Omega / ℃)x$$

这种方法拟合的直线就是通过第一组重心和第二组重心的一条直线，这与用最小二乘法求得的回归方程式很接近，是工程实践中常用的一种简单方法。

2）图解法（紧绳法）

工程实际中对精度要求不是很高时，可以把观测值在坐标纸上画出散点图，假如画出的点群形成一直线带，就在点群中画一条直线，使得多数点位于直线上或接近此线并均匀地分布在直线两边，这条直线可近似作为回归直线，回归系数可以由图中直接求得。此方法非常简单，但受主观因素影响大，精度不高，因此常在精度要求不高的场合下使用。

## 5.3　两个变量都具有误差时线性回归方程的确定

### 5.3.1　概述

5.2 节讨论的一元线性回归方程是在假设 $x$ 没有误差或误差可以忽略不计的情况下利用最小二乘法求得的，但实际也存在 $x$ 的测量误差不可忽略的情况，在这种情况下该如何确定最佳的回归方程？为了讨论这个问题，先来考虑另外一种极端情况，即 $y$ 没有误差，而误差都在 $x$ 上，这时一元线性回归模型为

$$x_t = a_0 + ay_t + \varepsilon_t, \quad t = 1, 2, \cdots, N \tag{5.3.1}$$

式中，$a_0$ 和 $a$ 是回归模型的常数项和一次项系数；$\varepsilon_t$ 是 $x$ 的误差项。

这时求 $x$ 对 $y$ 的回归方程为

$$\hat{x} = \alpha_0 + \alpha y \tag{5.3.2}$$

式中，$\alpha_0$、$\alpha$ 分别为 $a_0$、$a$ 的最小二乘估计。

利用最小二乘法原理，使 $\sum\limits_{t=1}^{N}(x_t - \hat{x}_t)^2$ 最小，可以求得

$$\alpha = \frac{l_{xy}}{l_{yy}}, \quad \alpha_0 = \overline{x} - \alpha \overline{y} \tag{5.3.3}$$

式中，$\overline{x}$、$\overline{y}$、$l_{xy}$、$l_{yy}$ 见 5.2 节的相关内容。

为了与式(5.2.2)做比较，把式(5.3.2)改写为

$$y = b_0' + b'\hat{x} \tag{5.3.4}$$

式中

$$b' = \frac{1}{\alpha} = \frac{l_{yy}}{l_{xy}}, \quad b_0' = \overline{y} - b'\overline{x} \tag{5.3.5}$$

上述处理表明，对同一组实验数据，分别考虑误差仅存在于 $y$ 对 $x$ 回归和误差仅存在于 $x$ 对 $y$ 回归时可以得到两条回归直线，一般这两条回归直线是不重合的。这一结果可用图 5.3.1 来解释。

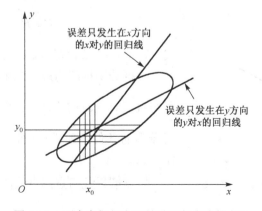

图 5.3.1　两个变量都有误差时回归直线的求取

假定实验中 $x$ 和 $y$ 都存在误差，实验点均匀分布在一个椭圆范围内，如果误差仅存在于 $y$，则可做一系列垂直线，找出每一条垂线的中点，然后通过这些中点画一条直线，这条直线就是误差只发生在 $y$ 方向时，$y$ 对 $x$ 的回归线；如果误差只发生在 $x$ 上，那么可做一系列水平直线，找出每一条水平线的中点，然后把这些中点连成一条直线，这条直线就是误差只发生在 $x$ 方向时，$x$ 对 $y$ 的回归线。初步分析这两条直线，一条通过椭圆垂直方向极值点，是 $y$ 对 $x$ 的回归线，回归值 $\hat{y}$ 表示当任取 $x = x_0$ 时 $y$ 的平均数。另一条通过水平方向的垂直点，是 $x$ 对 $y$ 的回归线，回归值 $\hat{x}$ 表示当任取 $y = y_0$ 时 $x$ 的平均数。

由上述分析可以看出，当 $x$ 和 $y$ 的测量都存在误差时，存在两个最小二乘法的解，这导致实验中存在三种情况需要判断：

（1）如果两个变量中的一个变量误差可以忽略，那应采用另一变量对该变量的回归线；

（2）如果两个变量的误差差不多，则采用图 5.3.1 所示的两条回归线的平均线；

（3）如果两个变量的误差都不能忽略，但其中一个变量的误差比另外一个变量大，那么回归线应偏向于误差大的变量对另一变量的回归线。

在实践中，以上三种情况都可能存在，随着两个变量之间线性关系的加强，即相关系数越接近于 1，两条最小二乘直线越接近。当相关系数为 1 时，两条回归直线将重合。

## 5.3.2 回归方程的求法

当两个变量都存在误差时，比较精确地计算回归系数的算法是戴明（Deming）解法。下面对其算法过程作简要说明。

若 $x_t$、$y_t$ 分别具有误差 $\delta_t \sim N(0, \sigma_x^2)$，$\varepsilon_t \sim N(0, \sigma_y^2)$，假定 $x$、$y$ 之间为线性关系，其数学模型为

$$y_t = \beta_0 + \beta(x_t - \delta_t) + \varepsilon_t, \quad t = 1, 2, \cdots, N \tag{5.3.6}$$

所求的回归方程为

$$\hat{y} = b_0 + b\hat{x} \tag{5.3.7}$$

式中，$\hat{y}$、$\hat{x}$、$b_0$、$b$ 分别为 $y$、$x$ 和 $\beta_0$、$\beta$ 的估计值。

为了使 $x$、$y$ 的误差在求回归方程中具有等价性，令 $\sigma_x^2 / \sigma_y^2 = \lambda$，$y' = \sqrt{\lambda} y$，那么式(5.3.7)可化为

$$\hat{y}' = b_0' + b'\hat{x} \tag{5.3.8}$$

式中，$\hat{y}' = \sqrt{\lambda}\hat{y}$，$b_0' = \sqrt{\lambda}b_0$，$b' = \sqrt{\lambda}b$。

根据戴明推广的最小二乘法原理，点 $(x_t, y_t')$ 到回归直线(5.3.8)的距离 $d_t'$（图 5.3.2）的平方和 $\sum_{t=1}^{N} d_t'^2$ 为最小的条件下所求得的回归系数 $b_0$、$b$ 是最佳估计值。

根据解析几何点到直线的距离公式，可得到

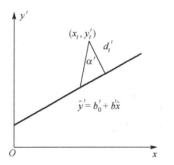

图 5.3.2 戴明推广的最小二乘法示意图

$$d'_t = \frac{\hat{y}' - b'_0 - b'\hat{x}}{\sqrt{1+b'^2}} = \frac{\sqrt{\lambda}}{\sqrt{1+\lambda b^2}}(y_t - b_0 - bx_t) = \frac{\sqrt{\lambda}}{\sqrt{1+\lambda b^2}}d_t \tag{5.3.9}$$

式中

$$d_t = y_t - b_0 - bx_t \tag{5.3.10}$$

根据最小二乘法原理，为使 $\sum\limits_{t=1}^{N}d'^2_t$ 最小，即求解：

$$\begin{cases} \dfrac{\partial\left(\sum\limits_{t=1}^{N}d'^2_t\right)}{\partial b_0} = 0 \\[4mm] \dfrac{\partial\left(\sum\limits_{t=1}^{N}d'^2_t\right)}{\partial b} = 0 \end{cases} \tag{5.3.11}$$

可解得

$$\begin{cases} b = \dfrac{\lambda l_{yy} - l_{xx} + \sqrt{(\lambda l_{yy} - l_{xx})^2 + 4\lambda l_{xy}^2}}{2\lambda l_{xy}} \\[4mm] b_0 = \overline{y} - b\overline{x} \end{cases} \tag{5.3.12}$$

变量 $x$、$y$ 的方差可用式(5.3.13)估计：

$$\begin{cases} \sigma_x^2 = \dfrac{1}{N-2}\dfrac{\lambda}{1+\lambda b^2}\sum\limits_{t=1}^{N}d_t^2 \\[4mm] \sigma_y^2 = \dfrac{1}{N-2}\dfrac{1}{1+\lambda b^2}\sum\limits_{t=1}^{N}d_t^2 = \dfrac{\sigma_x^2}{\lambda} \end{cases} \tag{5.3.13}$$

其中，$\sum\limits_{t=1}^{N}d_t^2$ 可以通过式(5.3.10)来计算，或者利用计算回归系数的中间结果，即

$$\sum_{t=1}^{N}d_t^2 = l_{yy} - 2bl_{xy} + b^2 l_{xx} \tag{5.3.14}$$

当 $x$ 无误差时，$\lambda = 0$，$b = l_{xy}/l_{xx}$，$\sigma_y^2 = (l_{yy} - bl_{xy})/(N-2)$，这就是在 5.2 节中讨论的一般回归模型问题。

当 $y$ 无误差时，$\lambda = \infty$，$b = l_{yy}/l_{xy}$，$\sigma_x^2 = (l_{xx} - l_{xy}/b)/(N-2)$，这是本节讨论中提到的另一种情况。

**例 5.3.1**　通过实验测量某量 $x$、$y$ 的结果如表 5.3.1 所示。

表 5.3.1　某量 $x$、$y$ 的测量结果

| $x$ | 2.560 | 2.319 | 2.058 | 1.911 | 1.598 | 0.548 |
|---|---|---|---|---|---|---|
| $y$ | 2.646 | 2.395 | 2.140 | 2.000 | 1.678 | 0.711 |

假设 $\sigma_x^2 = \sigma_y^2$，即 $\lambda = 1$，试求 $y$ 对 $x$ 的回归直线方程。

**解** 根据有关公式，计算如下：

$$\begin{cases} b = \dfrac{l_{yy} - l_{xx} + \sqrt{(l_{yy} - l_{xx})^2 + 4l_{xy}^2}}{2l_{xy}} = 0.9747 \\ b_0 = \overline{y} - b\overline{x} = 0.1350 \end{cases}$$

所以回归方程为

$$\hat{y} = 0.1350 + 0.9747\hat{x}$$

变量 $x$、$y$ 的方差：

$$\sum_{t=1}^{N} d_t^2 = l_{yy} - 2bl_{xy} + b^2 l_{xx} = 3.1382 \times 10^{-4}$$

$$\sigma_x^2 = \sigma_y^2 = \frac{1}{N-2} \frac{1}{1+b^2} \sum_{t=1}^{N} d_t^2 = 4.0233 \times 10^{-5}$$

# 5.4 一元非线性回归分析

从前几节可以看到，最小二乘法拥有许多优良的特性，而线性回归模型使用简便，在很多领域都得到了有效应用。可是线性回归模型并不是万能的，无法涵盖全部应用领域。在实际问题中，有时两个变量之间的内在关系并不是线性关系，而是某种曲线关系，这时选择恰当类型的曲线比直线更符合实际情况。对于某种曲线模型的确定，就是非线性回归问题，一般可分为以下两个步骤进行：

(1)确定函数类型并检验。这里又分两种情况，一是根据专业知识确定两个变量之间的函数类型。例如，在声波衰减中，每一个深度的声场能量 $y$ 与深度 $x$ 有指数关系：$y = ae^{bx}$；另一种情况是根据理论或经验无法推知 $x$ 与 $y$ 关系的函数类型，此时就需要根据实验数据，从散点图的分布形状及特点选择恰当的曲线来拟合这些实验数据。

(2)求解未知参数。用最小二乘法直接求解非线性方程是非常复杂的，通常是通过变量代换把回归曲线转换成回归直线，继而用前面介绍过的最小二乘法求解。

## 5.4.1 回归曲线函数类型的选取和检验

**1. 回归曲线函数类型的选取**

(1)直接判断法。根据专业知识，从理论上推导或者根据以往的经验，确定两个变量之间的函数类型。

(2)作图观察法。将观测数据作图，将其与典型曲线(图 5.4.1)比较，确定其属于何种类型，然后检验。

**2. 回归曲线函数类型的检验**

1)直线检验法

当所求的函数类型中参数不是很多(只有一个或两个)的情况下，可以采用这种方法，检验效果较好，具体如下：

(1)预选回归曲线 $f(x, y, a, b) = 0$。

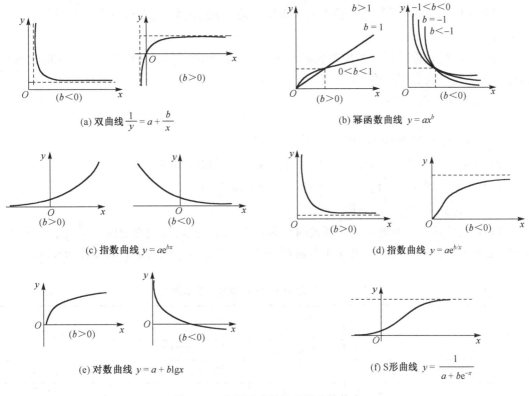

图 5.4.1 典型的非线性函数曲线特点

（2）对曲线方程 $f(x,y,a,b)=0$ 作变量替换，$Z_1=A+BZ_2$，式中 $Z_1$、$Z_2$ 是只含有一个变量（$x$ 或 $y$）的函数，$A$、$B$ 是 $a$ 和 $b$ 的函数。

（3）求出几对与 $x$、$y$ 相对应的 $Z_1$、$Z_2$ 值，选取时尽量在其取值范围内均匀分布。

（4）以 $Z_1$、$Z_2$ 为变量作图，若为直线，说明选定曲线类型是合适的，否则重新考虑。

以下几种类型的曲线方程均可用直线检验法：

$$y=a+b\lg x, \quad y=ab^x, \quad y=ae^{bx}$$

$$y=e^{(a+bx)}, \quad y=ax^b, \quad y=\frac{x}{a+bx}$$

**例 5.4.1** 试用直线检验法检验表 5.4.1 所列数据是否可用 $y=ae^{bx}$ 表示。

表 5.4.1 测试数据

| $x$ | 1 | 2 | 3 | 4 | 5 | 6 | 7 | 8 | 9 |
|---|---|---|---|---|---|---|---|---|---|
| $y$ | 1.78 | 2.24 | 2.74 | 3.74 | 4.45 | 5.31 | 6.92 | 8.85 | 10.97 |
| $\lg y$ | 0.250 | 0.350 | 0.438 | 0.573 | 0.648 | 0.725 | 0.840 | 0.947 | 1.040 |

**解** 将 $y=ae^{bx}$ 写成：

$$\lg y=\lg a+(b\lg e)x$$

式中，$\lg y$ 相当于 $Z_1$；$x$ 相当于 $Z_2$；$\lg a$ 相当于 $A$；$b\lg e$ 相当于 $B$。

以 $\lg y$ 与 $x$ 画图，所得图形基本为一直线，说明选用函数类型 $y = a\mathrm{e}^{bx}$ 是合适的。

2）表差法

若一组实验数据可用一多项式表示，式中含有常数的项多于两项时，该方法能比较合理地决定方程的次数或检验方程的次数，具体步骤如下：

（1）用实验数据画图；

（2）自图上根据定差 $\Delta x$ 列出 $x_i$、$y$ 各对应值；

（3）根据 $x$、$y$ 的读出值作出差值 $\Delta^k y$，定义：

$\Delta y_1 = y_2 - y_1$，$\Delta y_2 = y_3 - y_2$，$\Delta y_3 = y_4 - y_3$，$\cdots$ 为第一阶差；

$\Delta^2 y_1 = \Delta y_2 - \Delta y_1$，$\Delta^2 y_2 = \Delta y_3 - \Delta y_2$，$\cdots$ 为第二阶差；

$\Delta^3 y_1 = \Delta^2 y_2 - \Delta^2 y_1$，$\cdots$ 为第三阶差。

（4）看其各阶差是否与确定方程式的标准相符，若一致，说明选定曲线类型是合适的。

表 5.4.2 列出了常见方程式类型及其用表差法确定这些方程的次数时的步骤和标准。

表 5.4.2　表差法确定曲线类型的基本原则

| 序号 | 方程式类型 | 根据 $\Delta x$、$\Delta\left(\dfrac{1}{x}\right)$ 或 $\Delta\lg x$ 为常数的步骤 | | 确定方程式的标准 |
|---|---|---|---|---|
| | | 画图、作表 | 求顺序差 | |
| 1 | $y = a + bx + cx^2 + \cdots + qx^n$ | $y = f(x)$ | $\Delta y, \Delta^2 y, \Delta^3 y, \cdots, \Delta^n y$ | $\Delta^n y$ 为常数 |
| 2 | $y = a + \dfrac{b}{x} + \dfrac{c}{x^2} + \cdots + \dfrac{q}{x^n}$ | $y = f\left(\dfrac{1}{x}\right)$ | $\Delta y, \Delta^2 y, \Delta^3 y, \cdots, \Delta^n y$ | $\Delta^n y$ 为常数 |
| 3 | $y^2 = a + bx + cx^2 + \cdots + qx^n$ | $y^2 = f(x)$ | $\Delta y^2, \Delta^2 y^2, \Delta^3 y^2, \cdots, \Delta^n y^2$ | $\Delta^n y^2$ 为常数 |
| 4 | $\lg y = a + bx + cx^2 + \cdots + qx^n$ | $\lg y = f(x)$ | $\Delta(\lg y), \Delta^2(\lg y), \Delta^n(\lg y)$ | $\Delta^n(\lg y)$ 为常数 |
| 5 | $y = a + b(\lg x) + c(\lg x)^2$ | $y = f(\lg x)$ | $\Delta y, \Delta^2 y$ | $\Delta^2 y$ 为常数 |
| 6 | $y = ab^x = a\mathrm{e}^{b'x'}$ | $\lg y = f(x)$ | $\Delta\lg(y)$ | $\Delta\lg(y)$ 为常数 |
| 7 | $y = a + bc^x = a + b\mathrm{e}^{c'x'}$ | $y = f(x)$ | $\Delta y, \lg\Delta y, \Delta(\lg\Delta y)$ | $\Delta\lg(\Delta y)$ 为常数 |
| 8 | $y = ax^b$ | $\lg y = f(\lg x)$ | $\Delta\lg(y)$ | $\Delta\lg(y)$ 为常数 |
| 9 | $y = a + bx^c$ | $y = f(\lg x)$ | $\Delta y, \lg\Delta y, \Delta(\lg\Delta y)$ | $\Delta\lg(\Delta y)$ 为常数 |
| 10 | $y = ax\mathrm{e}^{bx}$ | $\ln y = f(x)$ | $\Delta\ln y, \Delta\ln x$ | $(\Delta\ln y - \Delta\ln x)$ 为常数 |

**例 5.4.2**　检验表 5.4.3 所示数据是否可用 $y = a + b\mathrm{e}^x$ 表示。

表 5.4.3　表差法计算过程

| 观测值 | | 自图上读数值 | | | 顺序差值 | |
|---|---|---|---|---|---|---|
| $x$ | $y$ | $x$ | $y$ | $\Delta y$ | $\lg\Delta y$ | $\Delta(\lg\Delta y)$ |
| 0.50 | 17.3 | 0 | 16.6 | — | — | — |
| 1.75 | 19.0 | 1 | 17.9 | 1.3 | 0.114 | — |
| 2.75 | 21.0 | 2 | 19.5 | 1.6 | 0.204 | 0.090 |
| 3.50 | 22.5 | 3 | 21.5 | 2.0 | 0.301 | 0.097 |

续表

| 观测值 | | 自图上读数值 | | | 顺序差值 | |
|---|---|---|---|---|---|---|
| $x$ | $y$ | $x$ | $y$ | $\Delta y$ | $\lg \Delta y$ | $\Delta(\lg \Delta y)$ |
| 4.50 | 25.1 | 4 | 23.9 | 2.4 | 0.380 | 0.079 |
| 5.25 | 28.0 | 5 | 26.9 | 3.0 | 0.477 | 0.097 |
| 6.00 | 30.3 | 6 | 30.6 | 3.7 | 0.568 | 0.091 |
| 6.50 | 33.0 | 7 | 35.1 | 4.5 | 0.653 | 0.085 |
| 7.50 | 38.0 | 8 | 40.8 | 5.7 | 0.756 | 0.103 |

**解**　具体检验方法如下:

(1)将观测值 $x$ 与 $y$ 画图, 得曲线如图 5.4.2 所示;

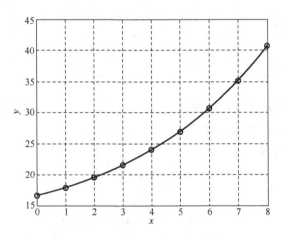

图 5.4.2　例 5.4.2 测试结果图

(2)自曲线上按 $\Delta x$(恒定值, 此处为 1), 依次读取 $x$、$y$ 对应值, 列入表 5.4.3 中;

(3)再依次求取 $\Delta y$、$\lg \Delta y$、$\Delta(\lg \Delta y)$。

从表 5.4.3 中可以看到, $\Delta(\lg \Delta y)$ 的值非常接近, 这说明可以用 $y = a + b\mathrm{e}^x$ 表示。

## 5.4.2　化曲线回归为直线回归问题

可用直线检验法或一阶表差法检验的曲线回归方程都可以通过变量代换转为直线回归方程, 进而用线性回归分析方法求得相应的参数估计值。

**例 5.4.3**　为确定某变压器油黏度 $y(°\mathrm{E})$ 与温度 $x(℃)$ 的关系, 进行了一系列实际测试, 结果如表 5.4.4 所示, 试求出黏度(恩氏黏度)与温度之间的经验公式。

表 5.4.4　变压器测试数据

| 序号 | $x/℃$ | $y/°\mathrm{E}$ | $x' = \ln x$ | $y' = \ln y$ |
|---|---|---|---|---|
| 1 | 10 | 4.24 | 2.3026 | 1.4446 |
| 2 | 15 | 3.51 | 2.7081 | 1.2556 |

| 序号 | $x/°C$ | $y/°E$ | $x' = \ln x$ | $y' = \ln y$ |
|------|--------|--------|--------------|--------------|
| 3 | 20 | 2.92 | 2.9957 | 1.0716 |
| 4 | 25 | 2.52 | 3.2189 | 0.9243 |
| 5 | 30 | 2.20 | 3.4012 | 0.7885 |
| 6 | 35 | 2.00 | 3.5553 | 0.6931 |
| 7 | 40 | 1.81 | 3.6889 | 0.5933 |
| 8 | 45 | 1.70 | 3.8067 | 0.5306 |
| 9 | 50 | 1.60 | 3.9120 | 0.4700 |
| 10 | 55 | 1.50 | 4.0073 | 0.4055 |
| 11 | 60 | 1.43 | 4.0943 | 0.3577 |
| 12 | 65 | 1.37 | 4.1744 | 0.3148 |
| 13 | 70 | 1.32 | 4.2485 | 0.2776 |
| 14 | 75 | 1.29 | 4.3175 | 0.2546 |
| 15 | 80 | 1.25 | 4.3820 | 0.2231 |

**解**　首先把观测数据点在坐标纸上用一条曲线拟合,将该曲线与常用已知曲线比较,看来很像幂函数 $y = ax^b$,因此就取函数类型为 $y = ax^b$。

对函数两边取对数得

$$\ln y = \ln a + b \ln x$$

令

$$y' = \ln y, \quad x' = \ln x, \quad b_0 = \ln a$$

则有

$$y' = b_0 + bx'$$

这样就把曲线回归变成普通的线性回归了,可用前面介绍的方法进行回归系数计算,计算过程如下所示。

(1)计算 $l_{x'x'}$。

$$\sum x' = 54.8134, \quad \overline{x}' = 3.6542, \quad \sum x'^2 = 205.72254, \quad \left(\sum x'\right)^2 \big/ N = 200.30080$$

$$l_{x'x'} = 5.42174$$

(2)计算 $l_{x'y'}$。

$$\sum x'y' = 31.76529, \quad \left(\sum x'\right)\left(\sum y'\right) \big/ N = 35.09869$$

$$l_{x'y'} = -3.33340$$

(3)计算得到回归方程。

$$b = \frac{l_{x'y'}}{l_{x'x'}} = -0.6147, \quad b_0 = \overline{y}' - b\overline{x}' = 2.8865$$

$$\ln \hat{y} = 2.8865 - 0.6147 \ln x$$

$$\hat{y} = 17.93 x^{-0.6147}$$

### 5.4.3　回归曲线方程的效果与精度

求曲线回归方程的目的是使所配曲线与观测数据拟合得较好。因此在计算回归曲线的残余平方和 $Q$ 时，不能用 $y_t'$ 和 $\hat{y}_t'$ 以及式 (5.2.18)，而要按照定义用 $y_t$ 和 $\hat{y}_t$ 及式 (5.2.16) 计算，并引入相关指数 $R^2$ 作为衡量配线效果好坏的指标。

$$R^2 = 1 - \frac{\sum_{t=1}^{N}(y_t - \hat{y}_t)^2}{\sum_{t=1}^{N}(y_t - \overline{y})^2} \tag{5.4.1}$$

$R^2$ 的值越大，越接近于 1，则表明所配曲线的效果越好。与线性回归一样，定义

$$\sigma = \sqrt{\frac{Q}{N-2}} \tag{5.4.2}$$

为残余标准差，可作为根据回归方程预报 $y$ 值的精度指标。

对例 5.4.3 的回归曲线计算残余平方和、残余标准差、相关指数，结果如下：

$$Q = \sum_{t=1}^{N}(y_t - \hat{y}_t)^2 = 0.0412, \quad \sigma = \sqrt{\frac{Q}{N-2}} = 0.056$$

$$\sum_{t=1}^{N}(y_t - \overline{y}_t)^2 = \sum_{t=1}^{N} y_t^2 - \left(\sum_{t=1}^{N} y_t\right)^2 / N = 11.212$$

$$R^2 = 1 - \frac{Q}{\sum_{t=1}^{N}(y_t - \overline{y}_t)^2} = 0.9963$$

说明该曲线拟合得较好。

需要指出的是，在化曲线为直线的回归计算中，通常 $y$ 也作了变换，例如，上例中经变换后，按最小二乘法是使 $\sum_{t=1}^{N}(\ln y_t - \ln \hat{y}_t)$ 达到最小值，所以实际求得的回归线并不能说是最小二乘约束下的最佳拟合曲线。因此，如果实际中有几种函数模型都适用，可以分别计算后比较，择其最优者。

## 5.5　多元线性回归分析

前面讨论了一元回归模型，即介绍了因变量 $y$ 只与一个自变量 $x$ 有关的回归问题。但是在许多工程实际和科学实验中，和某一变量 $y$ 有关的变量不只有一个，而是有多个。研究变量 $y$ 与多个变量之间的定量关系问题称为多元回归问题。多元回归分析中主要讨论多元线性回归问题，因为许多非线性回归问题都可以转化为多元线性回归问题。多元线性回归问题的分析与一元线性回归分析相类似，但计算上比较复杂。

### 5.5.1　多元线性回归方程

设因变量 $y$ 与 $M$ 个自变量 $x_1, x_2, \cdots, x_M$ 的内在联系是线性的，通过实验得到 $N$ 组观测数据：$(x_{t1}, x_{t2}, \cdots, x_{tM}; y_t), t = 1, 2, \cdots, N$，那么这一组数据的多元线性回归数学模型为

$$\begin{cases} y_1 = \beta_0 + \beta_1 x_{11} + \beta_2 x_{12} + \cdots + \beta_M x_{1M} + \varepsilon_1 \\ y_2 = \beta_0 + \beta_1 x_{21} + \beta_2 x_{22} + \cdots + \beta_M x_{2M} + \varepsilon_2 \\ \qquad\qquad\qquad\qquad \vdots \\ y_N = \beta_0 + \beta_1 x_{N1} + \beta_2 x_{N2} + \cdots + \beta_M x_{NM} + \varepsilon_N \end{cases} \tag{5.5.1}$$

式中，$\beta_0, \beta_1, \cdots, \beta_M$ 是 $M+1$ 个待估计的参数；$x_1, x_2, \cdots, x_M$ 是 $M$ 个可以精确测量或可控的一般变量；$\varepsilon_1, \varepsilon_2, \cdots, \varepsilon_N$ 是 $N$ 个相互独立且服从同一正态分布 $N(0, \omega)$ 的随机变量。

令

$$\begin{cases} \boldsymbol{Y} = \begin{bmatrix} y_1 \\ y_2 \\ \vdots \\ y_N \end{bmatrix}, \quad \boldsymbol{\beta} = \begin{bmatrix} \beta_0 \\ \beta_1 \\ \vdots \\ \beta_M \end{bmatrix}, \quad \boldsymbol{\varepsilon} = \begin{bmatrix} \varepsilon_1 \\ \varepsilon_2 \\ \vdots \\ \varepsilon_N \end{bmatrix} \\ \\ \boldsymbol{X} = \begin{pmatrix} 1 & x_{11} & \cdots & x_{1M} \\ 1 & x_{21} & \cdots & x_{2M} \\ \vdots & \vdots & & \vdots \\ 1 & x_{N1} & \cdots & x_{NM} \end{pmatrix} \end{cases} \tag{5.5.2}$$

多元线性回归的数学模型用矩阵可表示为

$$\boldsymbol{Y} = \boldsymbol{X}\boldsymbol{\beta} + \boldsymbol{\varepsilon} \tag{5.5.3}$$

为了估计 $\boldsymbol{\beta}$，仍然采用最小二乘法。设 $b_0, b_1, \cdots, b_M$ 分别是参数 $\beta_0, \beta_1, \cdots, \beta_M$ 的最小二乘估计，则回归方程为

$$\hat{y} = b_0 + b_1 x_1 + b_2 x_2 + \cdots + b_M x_M \tag{5.5.4}$$

根据最小二乘法，$b_0, b_1, \cdots, b_M$ 的取值应使全部观测值 $y_t$ 与回归值 $\hat{y}_t$ 的残余平方和达到最小，即

$$Q = \sum_{t=1}^{N} (y_t - \hat{y}_t)^2 = \sum_{t=1}^{N} (y_t - b_0 - b_1 x_{t1} - b_2 x_{t2} - \cdots - b_M x_{tM})^2 = 最小 \tag{5.5.5}$$

对于给定的数据，$Q$ 是 $b_0, b_1, \cdots, b_M$ 的非负二次式，因此最小值一定存在。根据微积分中的极值定理，$b_0, b_1, \cdots, b_M$ 应是下列方程组的解：

$$\begin{cases} \dfrac{\partial Q}{\partial b_0} = -2 \sum_{t=1}^{N} (y_t - b_0 - b_1 x_{t1} - b_2 x_{t2} - \cdots - b_M x_{tM}) = 0 \\ \dfrac{\partial Q}{\partial b_i} = -2 \sum_{t=1}^{N} (y_t - b_0 - b_1 x_{t1} - b_2 x_{t2} - \cdots - b_M x_{tM}) x_{ti} = 0 \end{cases} \quad i = 1, 2, \cdots, M \tag{5.5.6}$$

此式称为正规方程组，整理后可得

$$(\boldsymbol{X}^{\mathrm{T}} \boldsymbol{X}) \boldsymbol{b} = \boldsymbol{X}^{\mathrm{T}} \boldsymbol{Y} \tag{5.5.7}$$

或

$$Ab = B \tag{5.5.8}$$

式中

$$A = X^{\mathrm{T}}X = \begin{bmatrix} N & \sum_{t=1}^{N} x_{t1} & \cdots & \sum_{t=1}^{N} x_{tM} \\ \sum_{t=1}^{N} x_{t1} & \sum_{t=1}^{N} x_{t1}^{2} & \cdots & \sum_{t=1}^{N} x_{t1}x_{tM} \\ \sum_{t=1}^{N} x_{t2} & \sum_{t=1}^{N} x_{t2}x_{t1} & \cdots & \sum_{t=1}^{N} x_{t2}x_{tM} \\ \vdots & \vdots & & \vdots \\ \sum_{t=1}^{N} x_{tM} & \sum_{t=1}^{N} x_{tM}x_{t1} & \cdots & \sum_{t=1}^{N} x_{tM}^{2} \end{bmatrix} \tag{5.5.9}$$

$$= \begin{bmatrix} 1 & 1 & \cdots & 1 \\ x_{11} & x_{21} & \cdots & x_{N1} \\ x_{12} & x_{22} & \cdots & x_{N2} \\ \vdots & \vdots & & \vdots \\ x_{1M} & x_{2M} & \cdots & x_{NM} \end{bmatrix} \begin{bmatrix} 1 & x_{11} & \cdots & x_{1M} \\ 1 & x_{21} & \cdots & x_{2M} \\ 1 & x_{31} & \cdots & x_{3M} \\ \vdots & \vdots & & \vdots \\ 1 & x_{N1} & \cdots & x_{NM} \end{bmatrix}$$

$$B = X^{\mathrm{T}}Y = \begin{bmatrix} B_0 \\ B_1 \\ B_2 \\ \vdots \\ B_M \end{bmatrix} = \begin{bmatrix} \sum_{t=1}^{N} y_t \\ \sum_{t=1}^{N} x_{t1}y_t \\ \sum_{t=1}^{N} x_{t2}y_t \\ \vdots \\ \sum_{t=1}^{N} x_{tM}y_t \end{bmatrix} = \begin{bmatrix} 1 & 1 & \cdots & 1 \\ x_{11} & x_{21} & \cdots & x_{N1} \\ x_{12} & x_{22} & \cdots & x_{N2} \\ \vdots & \vdots & & \vdots \\ x_{1M} & x_{2M} & \cdots & x_{NM} \end{bmatrix} \begin{bmatrix} y_1 \\ y_2 \\ y_3 \\ \vdots \\ y_N \end{bmatrix} \tag{5.5.10}$$

在系数矩阵 $A$ 满秩的条件下(这个条件一般容易满足),其逆矩阵 $A^{-1}$ 存在,因而有

$$b = A^{-1}B = (X^{\mathrm{T}}X)^{-1}X^{\mathrm{T}}Y \tag{5.5.11}$$

设

$$C = A^{-1} = (c_{ij}) = \begin{bmatrix} c_{00} & c_{01} & \cdots & c_{0M} \\ c_{10} & c_{11} & \cdots & c_{1M} \\ c_{20} & c_{21} & \cdots & c_{2M} \\ \vdots & \vdots & & \vdots \\ c_{M0} & c_{M1} & \cdots & c_{MM} \end{bmatrix}$$

那么由正规方程组求出的最小二乘估计可表示为

$$b_i = c_{i0}B_0 + c_{i1}B_1 + \cdots + c_{iM}B_M, \quad i = 0,1,2,\cdots,M \tag{5.5.12}$$

系数矩阵 $A$ 的逆矩阵 $A^{-1}$ 可参阅线性代数的书籍求解或通过电子计算机来求解。当然,解线性方程组的方法很多,并不一定要通过求逆矩阵的方法来求解,但因为在进一步的统

计分析中要用到 $A^{-1}$ 中的元素，所以求解逆矩阵 $A^{-1}$ 还是必要的。

### 5.5.2 多元线性回归方程的一般求法

在多元线性回归模型中，常用的数据结构形式是

$$y_t = \mu + \beta_1(x_{t1} - \overline{x}_1) + \beta_2(x_{t2} - \overline{x}_2) + \cdots + \beta_M(x_{tM} - \overline{x}_M) + \varepsilon_t, \quad t = 1, 2, \cdots, N \quad (5.5.13)$$

相应的回归方程为

$$\hat{y} = \mu_0 + b_1(x_1 - \overline{x}_1) + b_2(x_2 - \overline{x}_2) + \cdots + b_M(x_M - \overline{x}_M) \quad (5.5.14)$$

式中，$\overline{x}_j = \dfrac{1}{N}\displaystyle\sum_{t=1}^{N} x_{tj}, j = 1, 2, \cdots, M$ ，其结构矩阵为

$$Ab = B \quad (5.5.15)$$

式中

$$A = X^{\mathrm{T}}X = \begin{bmatrix} N & 0 & 0 & \cdots & 0 \\ 0 & \displaystyle\sum_{t=1}^{N}(x_{t1} - \overline{x}_1)^2 & \displaystyle\sum_{t=1}^{N}(x_{t1} - \overline{x}_1)(x_{t2} - \overline{x}_2) & \cdots & \displaystyle\sum_{t=1}^{N}(x_{t1} - \overline{x}_1)(x_{tM} - \overline{x}_M) \\ \vdots & \vdots & \vdots & & \vdots \\ 0 & \displaystyle\sum_{t=1}^{N}(x_{tM} - \overline{x}_M)(x_{t1} - \overline{x}_1) & \displaystyle\sum_{t=1}^{N}(x_{tM} - \overline{x}_M)(x_{t2} - \overline{x}_2) & \cdots & \displaystyle\sum_{t=1}^{N}(x_{tM} - \overline{x}_M)^2 \end{bmatrix}$$

$$(5.5.16)$$

$$B = X^{\mathrm{T}}Y = \begin{bmatrix} \displaystyle\sum_{t=1}^{N} y_t \\ \displaystyle\sum_{t=1}^{N}(x_{t1} - \overline{x}_1)y_t \\ \vdots \\ \displaystyle\sum_{t=1}^{N}(x_{tM} - \overline{x}_M)y_t \end{bmatrix} \quad (5.5.17)$$

令

$$\begin{cases} l_{ij} = \displaystyle\sum_{t=1}^{N}(x_{ti} - \overline{x}_i)(x_{tj} - \overline{x}_j) = \displaystyle\sum_{t=1}^{N} x_{ti}x_{tj} - \dfrac{1}{N}\left(\displaystyle\sum_{t=1}^{N} x_{ti}\right)\left(\displaystyle\sum_{t=1}^{N} x_{tj}\right) \\ l_{jy} = \displaystyle\sum_{t=1}^{N}(x_{tj} - \overline{x}_j)y_t = \displaystyle\sum_{t=1}^{N} x_{tj}y_t - \dfrac{1}{N}\left(\displaystyle\sum_{t=1}^{N} x_{tj}\right)\left(\displaystyle\sum_{t=1}^{N} y_t\right) \end{cases} \quad i, j = 1, 2, \cdots, M \quad (5.5.18)$$

于是

$$A = \begin{bmatrix} N & 0 & 0 & \cdots & 0 \\ 0 & l_{11} & l_{12} & \cdots & l_{1M} \\ \vdots & \vdots & \vdots & & \vdots \\ 0 & l_{M1} & l_{M2} & \cdots & l_{MM} \end{bmatrix}, \quad B = \begin{bmatrix} \displaystyle\sum_{t=1}^{N} y_t \\ l_{1y} \\ \vdots \\ l_{My} \end{bmatrix} \quad (5.5.19)$$

模型(5.5.14)的矩阵 $\boldsymbol{A}$ 和 $\boldsymbol{B}$ 与一般模型(5.5.4)的矩阵 $\boldsymbol{A}$ 和 $\boldsymbol{B}$ 是有区别的，今后计算中需要注意。这时矩阵 $\boldsymbol{A}$ 的逆矩阵 $\boldsymbol{C}$ 具有如下形式：

$$\boldsymbol{C} = \begin{bmatrix} 1/N & 0 \\ 0 & \boldsymbol{L}^{-1} \end{bmatrix}$$

于是，模型式(5.5.14)的回归系数：

$$\boldsymbol{b} = \boldsymbol{CB}$$

$$\boldsymbol{b} = \begin{bmatrix} \mu_0 \\ b_1 \\ \vdots \\ b_M \end{bmatrix} = \begin{bmatrix} 1/N & 0 \\ 0 & \boldsymbol{L}^{-1} \end{bmatrix} \begin{bmatrix} \sum_{t=1}^{N} y_t \\ l_{1y} \\ \vdots \\ l_{My} \end{bmatrix}$$

即

$$\begin{cases} \mu_0 = \dfrac{1}{N} \sum_{t=1}^{N} y_t = \overline{y} \\[4mm] \begin{bmatrix} b_1 \\ b_2 \\ \vdots \\ b_M \end{bmatrix} = \boldsymbol{L}^{-1} \begin{bmatrix} l_{1y} \\ l_{2y} \\ \vdots \\ l_{My} \end{bmatrix} \end{cases} \tag{5.5.20}$$

由此可见模型(5.5.14)的优点不仅在于使得回归系数 $\mu_0$ 与 $b_1, b_2, \cdots, b_M$ 无关，而且使求逆矩阵的运算降低一阶，减少了计算量。这类问题的一般计算过程为

$$\begin{cases} \sum_{t=1}^{N} y_t \\[3mm] \sum_{t=1}^{N} x_{tj}, \quad j = 1, 2, \cdots, M \\[3mm] \sum_{t=1}^{N} x_{tj} y_t, \quad j = 1, 2, \cdots, M \\[3mm] \sum_{t=1}^{N} x_{ti} x_{tj}, \quad i \leqslant j, \ i, j = 1, 2, \cdots, M \end{cases} \tag{5.5.21}$$

然后按式(5.5.18)求得 $l_{ij}$ 和 $l_{jy}$，最后求得逆矩阵 $\boldsymbol{L}^{-1}$，再按照式(5.5.20)求得回归系数 $\mu_0, b_i, \ i = 1, 2, \cdots, M$。

**例 5.5.1**  平炉炼钢过程中，由于矿石及炉气的氧化作用，铁水总含碳量在不断降低。一炉钢在冶炼初期中总的去碳量 $y$，与所加两种矿石(天然矿石与烧结矿石)的量 $x_1$、$x_2$ 及熔化时间 $x_3$(熔化时间越长则去碳量越多)有关。实测某平炉的 49 组数据如表 5.5.1 所示，试根据表中数据求解 $y$ 与 $x_1$、$x_2$ 及熔化时间 $x_3$ 的关系。

表 5.5.1　平炉炼钢实测数据

| 序号 | y/t | $x_1$/t | $x_2$/t | $x_3$/min | 序号 | y/t | $x_1$/t | $x_2$/t | $x_3$/min |
|---|---|---|---|---|---|---|---|---|---|
| 1 | 4.3302 | 2 | 18 | 50 | 26 | 2.7066 | 9 | 6 | 39 |
| 2 | 3.6485 | 7 | 9 | 40 | 27 | 5.6314 | 12 | 5 | 51 |
| 3 | 4.4830 | 5 | 14 | 46 | 28 | 5.8152 | 6 | 13 | 41 |
| 4 | 5.5468 | 12 | 3 | 43 | 29 | 5.1302 | 12 | 7 | 47 |
| 5 | 5.4970 | 1 | 20 | 64 | 30 | 5.3910 | 0 | 24 | 61 |
| 6 | 3.1125 | 3 | 12 | 40 | 31 | 4.4533 | 5 | 12 | 37 |
| 7 | 5.1182 | 3 | 17 | 64 | 32 | 4.6569 | 4 | 15 | 49 |
| 8 | 3.8759 | 6 | 5 | 39 | 33 | 4.5212 | 0 | 20 | 45 |
| 9 | 4.6700 | 7 | 8 | 37 | 34 | 4.8650 | 6 | 16 | 42 |
| 10 | 4.9536 | 0 | 23 | 55 | 35 | 5.3566 | 4 | 17 | 48 |
| 11 | 5.0060 | 3 | 16 | 60 | 36 | 4.6098 | 10 | 4 | 48 |
| 12 | 5.2701 | 0 | 18 | 40 | 37 | 2.3815 | 4 | 14 | 36 |
| 13 | 5.3772 | 8 | 4 | 50 | 38 | 3.8746 | 5 | 13 | 36 |
| 14 | 5.4849 | 6 | 14 | 51 | 39 | 4.5919 | 9 | 8 | 51 |
| 15 | 4.5960 | 0 | 21 | 51 | 40 | 5.1588 | 6 | 13 | 54 |
| 16 | 5.6645 | 3 | 14 | 51 | 41 | 5.4373 | 5 | 8 | 100 |
| 17 | 6.0795 | 7 | 12 | 56 | 42 | 3.9960 | 5 | 11 | 44 |
| 18 | 3.2194 | 16 | 0 | 48 | 43 | 4.3970 | 8 | 6 | 63 |
| 19 | 5.8076 | 6 | 16 | 45 | 44 | 4.0622 | 2 | 13 | 55 |
| 20 | 4.7306 | 0 | 15 | 52 | 45 | 2.2905 | 7 | 8 | 50 |
| 21 | 4.6805 | 9 | 0 | 40 | 46 | 4.7115 | 4 | 10 | 45 |
| 22 | 3.1272 | 4 | 6 | 32 | 47 | 4.5310 | 10 | 5 | 40 |
| 23 | 2.6104 | 0 | 17 | 47 | 48 | 5.3637 | 3 | 17 | 64 |
| 24 | 3.7174 | 9 | 0 | 44 | 49 | 6.0771 | 4 | 15 | 72 |
| 25 | 3.8946 | 2 | 16 | 39 | | | | | |

　　**解**　为了求出总去碳量 $y$ 对变量 $x_1$、$x_2$、$x_3$ 的线性回归方程，假设模型为

$$y_t = \mu + \beta_1(x_{t1} - \bar{x}_1) + \beta_2(x_{t2} - \bar{x}_2) + \beta_3(x_{t3} - \bar{x}_3) + \varepsilon_t, \quad t = 1, 2, \cdots, 49$$

计算过程如下：

$$N = 49$$

$$\sum_t y_t = 224.5119, \quad \bar{y} = 4.5819$$

$$\sum_t x_{t1} = 259, \quad \bar{x}_1 = 5.286$$

$$\sum_t x_{t2} = 578, \quad \bar{x}_2 = 11.796$$

$$\sum_t x_{t3} = 2402, \quad \bar{x}_3 = 49.020$$

$$\sum_t x_{t1}^2 = 2031, \quad l_{11} = \sum_t x_{t1}^2 - \frac{1}{N}\left(\sum_t x_{t1}\right)^2 = 662.000$$

$$\sum_t x_{t2}^2 = 8572, \quad l_{22} = \sum_t x_{t2}^2 - \frac{1}{N}(\sum_t x_{t2})^2 = 1753.959$$

$$\sum_t x_{t3}^2 = 124078, \quad l_{33} = \sum_t x_{t3}^2 - \frac{1}{N}(\sum_t x_{t3})^2 = 6330.98$$

$$\sum_t x_{t1}x_{t2} = 2137, \quad l_{21} = l_{12} = \sum_t x_{t1}x_{t2} - \frac{1}{N}(\sum_t x_{t1})(\sum_t x_{t2}) = -918.143$$

$$\sum_t x_{t1}x_{t3} = 12355, \quad l_{31} = l_{13} = \sum_t x_{t1}x_{t3} - \frac{1}{N}(\sum_t x_{t1})(\sum_t x_{t3}) = -341.286$$

$$\sum_t x_{t2}x_{t3} = 29054, \quad l_{23} = l_{32} = \sum_t x_{t2}x_{t3} - \frac{1}{N}(\sum_t x_{t2})(\sum_t x_{t3}) = 720.204$$

$$\sum_t x_{t1}y_t = 1180.27, \quad l_{1y} = \sum_t x_{t1}y_t - \frac{1}{N}(\sum_t x_{t1})(\sum_t y_t) = -6.432$$

$$\sum_t x_{t2}y_t = 2717.45, \quad l_{2y} = \sum_t x_{t2}y_t - \frac{1}{N}(\sum_t x_{t2})(\sum_t y_t) = 69.129$$

$$\sum_t x_{t3}y_t = 11245.1, \quad l_{3y} = \sum_t x_{t3}y_t - \frac{1}{N}(\sum_t x_{t3})(\sum_t y_t) = 239.438$$

系数矩阵 $A$ 和常数项矩阵 $B$ 分别为

$$A = X^T X = \begin{bmatrix} 49 & 0 & 0 & 0 \\ 0 & 662.000 & -918.143 & -341.286 \\ 0 & -918.143 & 1753.959 & 720.204 \\ 0 & -341.286 & 720.204 & 6330.98 \end{bmatrix}$$

$$B = X^T Y = \begin{bmatrix} 224.5119 \\ -6.432 \\ 69.129 \\ 239.438 \end{bmatrix}$$

那么

$$C = A^{-1} = \begin{bmatrix} 1/49 & 0 & 0 & 0 \\ 0 & 0.005520 & 0.002903 & -0.00003267 \\ 0 & 0.002903 & 0.002125 & -0.00008522 \\ 0 & -0.00003267 & -0.00008522 & 0.0001659 \end{bmatrix}$$

于是回归系数：

$$b = \begin{bmatrix} \mu_0 \\ b_1 \\ b_2 \\ b_3 \end{bmatrix} = A^{-1}B = \begin{bmatrix} 4.5819 \\ 0.1573 \\ 0.1079 \\ 0.0341 \end{bmatrix}$$

所以，$y$ 对变量 $x_1$、$x_2$、$x_3$ 的线性回归方程为

$$\hat{y} = 4.5819 + 0.1573(x_1 - 5.286) + 0.1079(x_2 - 11.796) + 0.0341(x_3 - 49.020)$$

即

$$\hat{y} = 0.806 + 0.1573x_1 + 0.1079x_2 + 0.0341x_3$$

### 5.5.3 回归方程的显著性检验

在实际情况中，使用线性回归模型来求解，是根据一定的先验知识做出的假设，而实际上不能断定随机变量 $y$ 与变量 $x_1, x_2, \cdots, x_M$ 间是否确定存在线性关系。所以当求解出线性参数模型后还必须对结果进行显著性检验。多元线性回归方程的显著性检验与一元线性回归方程的显著性检验类似，为此把总的平方和进行分解，设：

$$\hat{y} = b_0 + b_1 x_1 + b_2 x_2 + \cdots + b_M x_M \tag{5.5.22}$$

是所求出的回归方程，$\hat{y}_t$ 是第 $t$ 个实验点 $(x_{t1}, x_{t2}, \cdots, x_{tM})$ 上的回归值。那么总离差平方和为 $S_{总} = \sum_t (y_t - \bar{y})^2 = l_{yy}$，自由度 $\nu_S = N - 1$，同样可分为回归平方和 $U$ 和残余平方和 $Q$ 两部分。

其中，回归平方和 $U$ 与自由度 $\nu_U$ 为

$$U = \sum_t (\hat{y}_t - \bar{y})^2, \quad 自由度 \nu_U = M \tag{5.5.23}$$

回归平方和是由于引入变量 $x_1, x_2, \cdots, x_M$ 以后引起的。

残余平方和 $Q$ 与自由度 $\nu_Q$ 为

$$Q = \sum_t (y_t - \hat{y}_t)^2, \quad 自由度 \nu_Q = N - M - 1 \tag{5.5.24}$$

残余平方和是由于实验误差和其他因素而引起的。如果变量 $y$ 与变量 $x_1, x_2, \cdots, x_M$ 之间无线性关系，那么模型中的一次项系数 $b_1, b_2, \cdots, b_M$ 应为零。因此要检验变量 $y$ 与变量 $x_1, x_2, \cdots, x_M$ 之间是否有线性关系，可以与一元线性回归方程显著性检验方法一样，通过 $F$ 检验完成：

$$F = \frac{U/M}{Q/(N-M-1)} = \frac{U}{M\sigma^2} \tag{5.5.25}$$

式中，$\sigma$ 为残余标准差：$\sigma = \sqrt{\dfrac{Q}{N-M-1}}$。对给定的一组数，如果 $F > F_\alpha(M, N-M-1)$，那么可在显著性水平 $\alpha$ 下，认为线性回归方程显著，否则线性回归方程不显著。

对例 5.5.1 的回归结果进行方差分析，如表 5.5.2 所示，表明回归结果高度显著。

表 5.5.2　例 5.5.1 的方差分析表

| 来源 | 平方和 | 自由度 | 方差 | $F$ | 显著性水平 |
|---|---|---|---|---|---|
| 回归平方和 | $U = 14.634$ | 3 | 4.878 | 7.24 | $\alpha = 0.01$ |
| 残余平方和 | $Q = 30.316$ | 45 | 0.674 | — | |
| 总计 | $S_{总} = 44.950$ | 48 | — | | |

### 5.5.4 回归系数的显著性检验

一个多元线性回归方程是显著的，并不意味着每个自变量 $x_1, x_2, \cdots, x_M$ 对因变量 $y$ 的影响都是重要的。实际应用中希望知道在影响 $y$ 的诸因素中，哪些因素是主要的、哪些是次

要的，从而从回归方程中剔除那些次要的、可有可无的变量，重新建立更为简单的线性回归方程，以便对 $y$ 进行更好的预测和控制。但如何判断某个变量在总回归中所起的作用呢？回归平方和是所有变量对 $y$ 变差的总影响，所考察的变量越多，得到的回归平方和也就会越大。很明显，增加那些与 $y$ 关系很小的因素只会使平方和有很小的增加。因此，若在所考察的因素中去掉一个因素，然后把得到的回归平方和与之前未去掉该因素的平方和进行比较，就会得到一个差值，差值越大，说明该因素在回归方程中起的作用越大，也就说明该因素越重要。把取消一个变量 $x_i$ 后回归平方和减小的数值称为 $y$ 对这个自变量 $x_i$ 的偏回归平方和，记为 $P_i$：

$$P_i = U - U_i \tag{5.5.26}$$

式中，$U$ 为 $M$ 个变量 $x_1, x_2, \cdots, x_M$ 所引起的回归平方和；$U_i$ 为去掉 $x_i$ 后 $x_1, x_2, \cdots,$ $x_{i-1}, x_{i+1}, \cdots, x_M$（$M-1$ 个变量）所引起的回归平方和。因此，利用偏回归平方和 $P_i$ 可以衡量自变量 $x_i$ 在回归方程中所起作用的大小。但一般情况下，直接按式(5.5.26)求解 $P_i$ 比较困难。偏回归平方和 $P_i$ 可按式(5.5.27)计算：

$$P_i = \frac{b_i^2}{c_{ii}} \tag{5.5.27}$$

式中，$c_{ii}$ 为 $M$ 元回归的正规方程系数矩阵 $\boldsymbol{A}$ 或 $\boldsymbol{L}$ 的逆矩阵 $\boldsymbol{C}$ 或 $\boldsymbol{L}^{-1}$ 中的元素；$b_i$ 为回归方程的回归系数。

考虑到各变量间可能存在密切的相关关系，一般也不能按偏回归平方和的大小把一个回归中的所有自变量对因变量 $y$ 的重要性逐个进行排列。通常在计算偏回归平方和后，对各因素的分析按如下步骤进行：

(1)凡是偏回归平方和大的变量，一定是对 $y$ 有重要影响的因素，其重要性的定量指标可用残余平方和 $Q$ 对其进行 $F$ 检验，如下：

$$F_i = \frac{P_i / 1}{Q / (N - M - 1)} = \frac{P_i}{\sigma^2} \tag{5.5.28}$$

当 $F_i \geqslant F_\alpha(1, N - M - 1)$ 时，则认为变量 $x_i$ 对 $y$ 的影响在 $\alpha$ 水平上显著。此检验也称回归系数显著性检验。

(2)凡是偏回归平方和大的变量，一定是显著的，但偏回归平方和小的变量，却不一定是不显著的。但可以肯定，偏回归平方和最小的变量，必然是所有变量中对 $y$ 影响最小的一个量，如果此最小变量的 $F$ 检验结果又不显著，那么就可以将该变量剔除。剔除变量后，必须重新计算回归系数和偏回归平方和，它们的大小一般都有所改变。

由于建立新的回归方程需要重新进行大量计算，这促使人们进一步寻求新老回归系数的关系，以简化计算。可以证明，在 $y$ 对 $x_1, x_2, \cdots, x_M$ 的多元回归中，取消一个变量 $x_i$ 后，$M-1$ 个变量的新的回归系数 $b'_j (j \neq i)$ 与原来的回归系数 $b_j$ 有如下关系：

$$\begin{cases} b'_j = b_j - \dfrac{c_{ij}}{c_{ii}} b_i, & j \neq i \\[2mm] \mu'_0 = \mu_0 \\[2mm] b'_0 = \bar{y} - \displaystyle\sum_{\substack{j=1 \\ j \neq i}}^{M} b'_j \bar{x}_j \end{cases} \tag{5.5.29}$$

以上介绍的是多元线性回归的基本方法，多元回归不只是解决线性回归关系问题，还可以解决非线性关系问题。解决非线性关系的最一般方法是直接通过变量代换或者将非线性关系表示为幂级数(多项式)，再通过变量代换转化为多元线性回归问题，这样就可以用多元线性回归方法来解决非线性回归问题。

但是，多元线性回归算法存在两个缺点：

(1)计算复杂，其复杂度随着自变量个数的增加而迅速增加；

(2)如果变量之间存在相关性，剔除一个变量后，必须重新计算回归系数。

为了避免这些缺点，研究人员提出了一种直接获得"最优"回归方程的方法——逐步回归分析方法，其基本思想是在所考察的全部因素中，按对 $y$ 作用的显著程度，取最显著的变量，逐个引入回归方程，对 $y$ 作用不显著的变量自始至终都未被引入。另外，已被引入回归方程的变量，在引入新变量后若发现其对 $y$ 的作用变为不显著，则随时从回归方程中剔除，直到没有新变量引入方程，且已引入方程的所有变量均不需剔除为止。限于篇幅，本书不做详细介绍，感兴趣的读者可参阅相关参考文献。

## 习　　题

5-1　材料的抗剪强度与材料承受的正应力有关，对某种材料的实验数据如题表 5.1 所示。假设正应力的数值是精确的，求：

(1)抗剪强度与正应力之间的线性回归方程，并进行方差分析和显著性检验。

(2)当正应力为 24.5Pa 时，抗剪强度的估计值是多少？

题表 5.1　抗剪强度与材料正应力实验结果

| 正应力 $x$/Pa | 26.8 | 25.4 | 28.9 | 23.6 | 27.7 | 23.9 | 24.7 | 28.1 | 26.9 | 27.4 | 22.6 | 25.6 |
|---|---|---|---|---|---|---|---|---|---|---|---|---|
| 抗剪强度 $y$/Pa | 26.5 | 27.3 | 24.2 | 27.1 | 23.6 | 25.9 | 26.3 | 22.5 | 21.7 | 21.4 | 25.8 | 24.9 |

5-2　求题表 5.2 中 $y$ 与 $x$ 的一元线性函数关系($F_{0.01}(1,8)=11.26$，$r_{0.01}(8)=0.7646$)。

题表 5.2　$y$ 与 $x$ 的数据

| $x$ | 49.2 | 50.0 | 49.3 | 49.0 | 49.0 | 49.5 | 49.8 | 49.9 | 50.2 | 50.2 |
|---|---|---|---|---|---|---|---|---|---|---|
| $y$ | 16.7 | 17.0 | 16.8 | 16.6 | 16.7 | 16.8 | 16.9 | 17.0 | 17.0 | 17.1 |

5-3　对研制的温度测量仪进行标定，被测温度 $x$ 由标准温度源提供，其误差可忽略不计。通过实验得到的被测温度 $x$ 与测温仪的输出电压 $y$ 的数值如题表 5.3 所示。确定 $y$ 对 $x$ 的线性回归方程($F_{0.10}(1,4)=4.54$，$F_{0.05}(1,4)=7.71$，$F_{0.01}(1,4)=21.2$)。

题表 5.3　测温仪输出电压与输入温度间的测量结果

| $x$/℃ | 0 | 20 | 40 | 60 | 80 | 100 |
|---|---|---|---|---|---|---|
| $y$/V | 0.25 | 1.94 | 4.22 | 5.82 | 8.20 | 9.75 |

5-4　在硝酸钠的溶解度实验中，测得不同温度 $x_i$(℃)下溶解于 100 份水中的硝酸钠份数 $y_i$ 的数据如题表 5.4 所示。建立回归方程，并任选一种方法检验回归显著性。

题表 5.4　硝酸钠溶解度随温度变化的测量结果

| $x_i$/℃ | 0 | 4 | 10 | 15 | 21 | 29 | 36 | 51 | 68 |
|---|---|---|---|---|---|---|---|---|---|
| $y_i$ | 66.7 | 71.0 | 76.3 | 80.6 | 85.7 | 92.7 | 99.4 | 113.6 | 125.1 |

5-5　某含锡合金的熔点温度与含锡量有关，实验获得如题表 5.5 所示的数据。设锡含量的数据无误差，求：

(1)熔点温度与焊锡量之间的关系。

(2)预测焊锡量为 60% 时，合金的熔点温度(置信概率为 95%)。

(3)若要求熔点温度在 310～345℃，合金焊锡量应控制在什么范围(置信概率为 95%)？

题表 5.5　含锡合金的熔点温度与含锡量的实验数据

| 含锡量/% | 20.3 | 28.1 | 35.5 | 42.0 | 50.7 | 58.6 | 65.9 | 74.9 | 80.3 | 86.4 |
|---|---|---|---|---|---|---|---|---|---|---|
| 熔点温度/℃ | 416 | 386 | 368 | 337 | 305 | 282 | 258 | 224 | 201 | 183 |

5-6　在一元线性回归分析中，若规定回归方程必须过坐标系原点，试建立这一类回归问题的数学模型并推导回归方程系数的计算公式。

5-7　为了给一个测力弹簧定标，在不同质量下对弹簧长度进行重复测量，所得观测值如题表 5.6 所示。

(1)求弹簧长度对质量的定标关系式。

(2)长度与质量间的线性关系是否显著？

(3)求弹簧的非线性误差及实验的重复误差。

题表 5.6　不同质量下弹簧长度重复测量的结果

| 质量/g | | 5 | 10 | 15 | 20 | 25 | 30 |
|---|---|---|---|---|---|---|---|
| 长度/cm | 1 | 7.28 | 8.06 | 8.90 | 9.98 | 10.8 | 11.5 |
| | 2 | 7.23 | 8.08 | 8.97 | 9.91 | 10.7 | 11.8 |
| | 3 | 7.26 | 8.15 | 9.00 | 9.86 | 10.8 | 11.6 |
| | 4 | 7.25 | 8.15 | 8.94 | 9.84 | 11.5 | 11.9 |
| | 5 | 7.23 | 8.16 | 8.94 | 9.91 | 10.7 | 12.2 |

5-8　在重复实验的回归分析问题中，设变量 $x$ 取 $N$ 个实验点，每个实验点处对变量 $y$ 重复观测 $m$ 次，试证明：用全部 $mN$ 个数据点求出的 $y$ 对 $x$ 回归方程与用 $y$ 平均值的 $N$ 个数据点求出的回归方程相同。问若在 $x$ 的各个实验点处对 $y$ 重复观测的次数不等，用上述两种方法求出回归方程是否相同？

5-9　在 4 个不同温度下观测某化学反应生成物含量的百分数，同一温度下重复测量 3 次，数据如题表 5.7 所示。求 $y$ 对 $x$ 的线性回归方程，并进行显著性检验。

**题表 5.7　不同温度下某化学反应生成物含量百分数的测量结果**

| 温度 $x$/℃ | 150 | | | 200 | | | 250 | | | 300 | | |
|---|---|---|---|---|---|---|---|---|---|---|---|---|
| 含量百分数 $y$/% | 77.4 | 76.7 | 78.2 | 84.1 | 84.5 | 83.7 | 88.9 | 89.2 | 89.7 | 94.8 | 94.7 | 95.9 |

5-10　用直线检验法验证题表 5.8 所示数据是否可以用曲线 $y = ax^b$ 表示。

**题表 5.8　一组测量数据**

| $x$ | 1.585 | 2.512 | 3.979 | 6.310 | 9.988 | 15.85 |
|---|---|---|---|---|---|---|
| $y$ | 0.03162 | 0.02291 | 0.02089 | 0.01950 | 0.01862 | 0.01513 |

5-11　根据经验知道某变量 $y$ 受变量 $x_1$、$x_2$ 影响，通过实验获得一批数据如题表 5.9 所示，试建立 $y$ 对 $x_1$、$x_2$ 的线性回归方程。检验显著性，并讨论 $x_1$、$x_2$ 对 $y$ 的影响。

**题表 5.9　变量 $y$ 和变量 $x_1$、$x_2$ 的测量数据**

| 序号 | $x_1$ | $x_2$ | $y$ | 序号 | $x_1$ | $x_2$ | $y$ |
|---|---|---|---|---|---|---|---|
| 1 | 15.58 | 1.95 | 1.34 | 11 | 12.74 | 1.35 | 0.87 |
| 2 | 10.68 | 1.37 | 1.27 | 12 | 11.73 | 1.33 | 1.53 |
| 3 | 15.62 | 2.39 | 1.56 | 13 | 14.84 | 1.09 | 1.25 |
| 4 | 15.78 | 1.14 | 1.48 | 14 | 13.73 | 1.27 | 2.47 |
| 5 | 13.22 | 1.85 | 1.40 | 15 | 15.12 | 1.78 | 1.83 |
| 6 | 16.44 | 1.32 | 1.82 | 16 | 17.88 | 2.52 | 2.41 |
| 7 | 11.40 | 2.05 | 0.85 | 17 | 13.38 | 1.43 | 1.69 |
| 8 | 16.17 | 1.11 | 1.40 | 18 | 14.21 | 2.27 | 1.59 |
| 9 | 14.03 | 1.47 | 1.15 | 19 | 16.80 | 1.41 | 1.19 |
| 10 | 15.67 | 1.38 | 1.89 | 20 | 16.38 | 1.78 | 2.44 |

5-12　线位移传感器的位移 $x$ 与电压 $y$ 的观测数据如题表 5.10 所示。

(1)求出一元线性回归方程。

(2)列出方差分析表。

(3)进行显著性检验。

**题表 5.10　线位移传感器位移与电压的观测数据**

| $x$/mm | 1.0 | 5.0 | 10.0 | 15.0 | 20.0 | 25.0 |
|---|---|---|---|---|---|---|
| $y$/V | 0.1051 | 0.5262 | 1.5021 | 1.5775 | 2.1031 | 2.6287 |

5-13　炼钢过程中，钢水含碳量将直接影响冶炼时间的长短。炉料熔化完毕时，钢水含碳量 $x$ 与冶炼时间 $y$ 的数据如题表 5.11 所示。

(1)求出一元线性回归方程。

(2)列出方差分析表。

(3) 进行显著性检验。

题表 5.11　钢水含碳量 $x$ 与冶炼时间 $y$ 的实验数据

| $x$/% | 1.04 | 1.80 | 1.90 | 1.77 | 1.47 | 1.34 | 1.50 | 1.91 | 2.04 | 1.21 |
|---|---|---|---|---|---|---|---|---|---|---|
| $y$/min | 100 | 200 | 210 | 185 | 155 | 135 | 170 | 205 | 235 | 125 |

5-14　有 10 名学生高一$(x)$ 和高二$(y)$ 的数学成绩如题表 5.12 所示。试求 $x$ 与 $y$ 之间的回归直线方程，并判断 $y$ 与 $x$ 之间是否线性相关。

题表 5.12　10 名学生高一和高二的数学成绩

| $x$ | 74 | 71 | 72 | 68 | 76 | 73 | 67 | 70 | 65 | 74 |
|---|---|---|---|---|---|---|---|---|---|---|
| $y$ | 76 | 75 | 71 | 70 | 76 | 79 | 65 | 77 | 62 | 72 |

5-15　某地区降雪量数值 $y$ 可能与三个气象因素 $x_1$、$x_2$、$x_3$ 有关。气象台统计了该地区 18 年的气象资料如题表 5.13 所示。根据经验推测，$y$ 与 $x_1$、$x_2$、$x_3$ 之间有线性关系。试确定它们之间的回归方程，并利用 $F$ 校验法判断 $y$ 与 $x_1$、$x_2$、$x_3$ 之间是否线性相关。

题表 5.13　降雪量数值 $y$ 与三个气象因素 $x_1$、$x_2$、$x_3$ 间的历史数据

| 年份 | 1 | 2 | 3 | 4 | 5 | 6 | 7 | 8 | 9 |
|---|---|---|---|---|---|---|---|---|---|
| $x_1$ | 164.3 | 71.3 | 58.9 | 105.4 | 74.4 | 201.5 | 136.4 | 96.1 | 89.9 |
| $x_2$ | 0.56 | 0.56 | 4.34 | 0.84 | 6.58 | 2.38 | 13.16 | 14.14 | 16.24 |
| $x_3$ | 268.6 | 277.1 | 62.9 | 266.9 | 100.3 | 209.1 | 78.2 | 198.9 | 294.1 |
| $y$ | 83.2 | 78 | 92.3 | 79.3 | 70.2 | 100.1 | 105.3 | 120.9 | 120.9 |
| 年份 | 10 | 11 | 12 | 13 | 14 | 15 | 16 | 17 | 18 |
| $x_1$ | 179.8 | 114.7 | 142.6 | 155 | 136.4 | 173.6 | 111.6 | 179.6 | 158.1 |
| $x_2$ | 17.64 | 15.28 | 23.34 | 23.34 | 30.24 | 32.34 | 2.66 | 37.52 | 41.86 |
| $x_3$ | 190.4 | 188.7 | 193.8 | 227.8 | 124.1 | 285.6 | 243.1 | 343.4 | 210.8 |
| $y$ | 66.3 | 98.8 | 124.8 | 100.1 | 120.9 | 123.5 | 70.2 | 218.4 | 128.7 |

# 第6章 动态实验数据的处理方法

前面章节主要围绕静态实验数据的处理方法展开介绍，基于参数测量结果开展误差分析与补偿，基于测试系统的静态标定数据建立测试系统模型等，但是在实际应用中，经常会遇到动态测量的情况，那么动态测量数据表现出什么样的特点？基于这些特点，如何围绕参数测量结果和测试系统动态标定数据开展相应的处理工作，是本章的重点内容。

围绕参数测量结果，可以进行经典误差分析与处理，也可以利用现代误差理论中的不确定度评价方法进行处理，动态测量不确定度分析的内容在前面已经介绍了，本章主要是基于参数动态测量结果呈现出的随机信号特点，介绍动态测量误差的分析与处理方法。本章最后针对测试系统的动态标定数据，介绍如何进行测试系统动态性能评价以及建立测试系统动态模型的问题，从而补上了测量数据误差分析与数据处理的最后一块拼图。

## 6.1 随机过程及其特征

动态测量结果通常会表现出随机信号的特点，因此对其进行误差分析与处理，必须首先掌握随机过程的基本概念与处理方法。

### 6.1.1 随机过程的基本概念

自然界变化的过程通常分为确定过程和随机过程两大类。如果重复测量一个不变的物理量，由于被测量、测量仪器和测量条件等随机因素的影响，一列测量结果包含随机误差，其中每次测量结果都是取得一个随机的、但是唯一的测量值，则测量结果是一个随机变量。随机变量的特点是：在每次实验的结果中以一定的概率取某个事先未知的、但确定的数值。通常而言，实验过程中随机变量也有可能随其他某个变量发生变化，例如，在研究大气层中的空气温度时，可将它看作随高度而变化的随机变量，这时的参变量是高度；在利用光纤进行井下压力测量时，作为参变量的井下压力值也会随井下温度而发生变化。通常将这种随某个变量而变化的随机变量称为随机函数，而将以时间 $t$ 作为参变量的随机函数，称为随机过程或随机信号。对于连续时间的随机过程进行抽样得到的序列称为离散时间随机过程，或简称随机序列。连续时间随机过程和随机序列都称为随机过程。此外，在实际研究的随机过程中，随机变量可能是一维的，也可能是多维的。例如，环境湿度的测量过程不仅反映随时间的变化，同时也受环境温度、风速、大气压力等因素影响。因此，一个随机过程 $X(t, \xi)$（其中，$t \in T$，$T$ 为观测时间域；$\xi \in \Omega$，$\Omega$ 为随机实验的样本空间）是时间 $t$ 和随机测量结果 $\xi$ 这两个变量的函数。

对于固定的时间 $t_i$，$X(t_i, \xi)$ 为定义于概率空间 $\Omega$ 上随机测量结果 $\xi$ 的函数，其样本空间 $\{X(t_1, \xi), X(t_2, \xi), \cdots, X(t_i, \xi)\}$ 中任一个样本为随机变量，简写为 $X_i$。通常称 $X_i$ 为随机过程 $X(t, \xi)$ 在 $t_i$ 时刻的"状态"。由于随机过程 $X(t, \xi)$ 在不同时刻的状态为不同的随机变量，因此可将 $X(t, \xi)$ 视为随时间 $t$ 变化的随机变量。根据参数 $t$ 和 $\xi$ 的不同取值特点，则随机过程存在以下四种情况：

　　(1) $t$ 固定，$\zeta$ 固定——$X(t_i, \zeta_k)$ 为一个确定的值；

　　(2) $t$ 变量，$\zeta$ 固定——$X(t_i, \zeta_k)$ 为一个确定的时间函数（随机过程的样本函数）；

　　(3) $t$ 固定，$\zeta$ 变量——$X(t_i, \zeta_k)$ 为一个随机变量（随机过程的状态）；

　　(4) $t$ 变量，$\zeta$ 变量——$X(t_i, \zeta_k)$ 为一个随时间 $t$ 变化的随机变量（随机过程）。

　　通常为了简便起见，在书写时省去参量 $\zeta$，将随机过程 $X(t, \zeta)$ 简写为 $X(t)$。类似地，随机序列可用 $X(n)$ 表示。

　　图 6.1.1 给出了一个随机函数 $X(t)$ 的示例，其中，每个测量结果都是随机函数的一个样本，$X(t)$ 表示这些随机函数样本的集合。

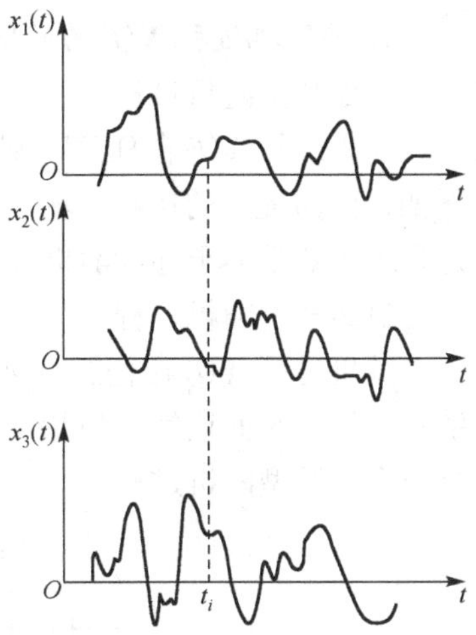

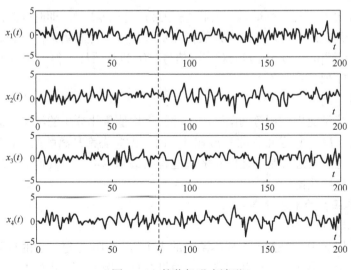

图 6.1.1　随机函数实例

$$X(t) = \left\{ x_1(t), x_2(t), \cdots, x_N(t) \right\} \qquad (6.1.1)$$

　　接下来，以接收机噪声为例进一步来描述随机过程。在相同条件下对接收机的噪声电压进行 $N$ 次重复测量后，得到的噪声电压波形如图 6.1.2 所示。经过分析可知，对接收机输出噪声电压进行单次测量，可得到图中某一条波形 $x_i(t)$ $(1 \leqslant i \leqslant N)$，但实际上，在实验结果中出现的噪声电压具体波形事先无法确知。因此，$x_1(t), x_2(t), \cdots, x_N(t)$ 的集合就构成了随机过程的样本函数，该样本函数又是由许多随机变量构成的。

图 6.1.2　接收机噪声波形

## 6.1.2　随机过程的分类

　　随机过程的类型很多，根据不同的标准可以得到不同的分类方法，这里给出以下几种常见的分类方法。

**1. 按随机过程 $X(t)$ 的时间和状态为连续或离散分类**

1）连续型随机过程

随机过程 $X(t)$ 在任意时刻 $t_i \in T$ 都为连续型随机变量，即事件和状态都是连续的情况。例如，前面提到的接收机输出噪声电压就属于这类随机过程。自然界很多真实存在的随机过程大多数都属于连续随机过程。

2）离散型随机过程

随机过程 $X(t)$ 在任意时刻 $t_i \in T$ 都是连续型随机变量，但是状态是离散的，如图 6.1.3 所示。虽然时间连续，但状态离散，其在任一时刻只能取正或负两个固定的离散值，因此是一个离散型随机过程。

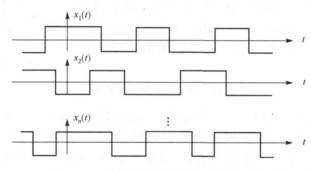

图 6.1.3　离散型随机过程的一组样本函数

3）连续随机序列

随机过程 $X(t)$ 对于任一离散时刻的状态是连续型随机变量，即时间是离散的，但状态是连续的情况。其实际上可以通过对连续型随机过程进行等间隔采样得到。例如，以时间 $t_s$ 为间隔，在时间域 $[0, t_s, 2t_s, \cdots, T]$ 上对连续信号 $X(t)$ 进行采样，得到序列 $X_k = X(kt_s)$，该序列即为连续随机序列。

4）离散随机序列

相当于对连续型随机过程等间隔采样，并将采样值量化分层的结果，即时间和状态都是离散的。因此，离散型随机序列 $X(n)$ 在任意时刻的状态都是离散型随机变量。

综上，连续型随机过程是上述四种随机过程的最基本类型，其他三种均可通过对其进行采样、量化、分层获得。

**2. 按照样本函数的形式分类**

1）确定的随机过程

如果随机过程 $X(t)$ 的任意一个样本函数的未来值，均可通过过去的观测值来确定，即样本函数具有确定的形式，则称其为确定的随机过程。例如，由式(6.1.2)定义的正弦随机信号：

$$X(t) = A \sin(\omega t + \varphi) \tag{6.1.2}$$

式中，振幅 $A$、角频率 $\omega$ 和相位 $\varphi$ 是随机变量。

对于符合式(6.1.2)的任意一个样本函数，随机变量 $A$、$\omega$ 或 $\varphi$ 都取一个具体数值，因此相应的正弦随机信号 $X(t)$ 是一个确定的函数。这样就可以通过之前任意段时间的已知样本函数值，准确预测样本函数的未来值，如图 6.1.4(a)所示。

2)不确定的随机过程

如果随机过程 $X(t)$ 的任意一个样本函数的未来值，均不能通过过去的观测值确定，即样本函数无确定形式，则称此类过程为不确定的随机过程。如图 6.1.4(b)所示，对某次实验过程，虽然样本 $x(t)$ 在时间节点 $t_i$ 之前的波形已经获知，但无法根据之前的历史数据准确地确定 $t_i$ 以后的波形形状。

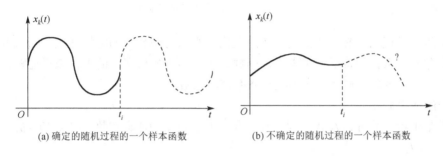

(a) 确定的随机过程的一个样本函数　　　　　　(b) 不确定的随机过程的一个样本函数

图 6.1.4　确定和不确定随机过程的一个样本函数

**3. 按照随机过程的概率分布、统计特性进行分类**

按照随机过程的概率分布分类有高斯(Gauss)(正态)过程、瑞利(Rayleigh)过程、马尔可夫(Markov)过程、泊松(Poisson)过程、维纳(Wiener)过程等；也可按随机过程统计特性有无平稳性分为平稳过程和非平稳过程；还可以按随机过程在频域的带宽分为宽带随机过程和窄带随机过程、白噪声随机过程和有色噪声随机过程等。

### 6.1.3　随机过程的统计特征

动态测试数据处理及其误差分析的主要目的与要求是：可靠且精确地表示测量结果，即从动态测试数据中分离出测试的系统误差和随机误差，并表示出各自的平均变化规律、不确定度或离散范围，以及相关性等，有时还需要提供误差来源的信息。为了满足这些要求，需要获取一种对随机过程进行描述的统计方法。尽管随机过程的变化过程是不确定的，但在不确定的变化过程中仍包含有规律性的因素，这种规律性能够在对大量样本进行统计后表现出来。这些统计规律的数学描述分为两类：一类是多维概率密度函数或分布函数的描述方法，这是一种全面、完整的描述方法；另一类是利用几个数字特征的概括性描述方法，如时域上的均值、方差及协方差、相关函数，以及频域上的谱密度函数等。

**1. 随机过程的概率分布**

根据前面对随机过程分类的阐述，对于某个随机过程 $X(t)$ 而言，我们无法也无须利用某种仪器将 $X(t)$ 的全部变化过程完全地记录下来，而只需在某些确定时刻 $t_1,t_2,\cdots,t_N$ 记录 $X(t)$ 的当前值，如图 6.1.5 所示。在确定时刻 $t$ 时，随机过程为通常的随机变量，则仪器的记录结果是 $N$ 维随机变量 $X(t_1),X(t_2),\cdots,X(t_N)$。当记录时间间隔 $\Delta t=t_i-t_{i-1}$ 很小时，$N$ 维随机变量可近似完整地用来表示随机过程 $X(t)$。因此在一定程度上，可通过研究多维随机变量来代替对随机过程的研究，且 $N$ 值越大近似代替也越准确，当然运算量也越大。当 $N\to\infty$ 时，随机过程的概念可作为多维随机变量的概念在维数无穷大情况下的自然推广。

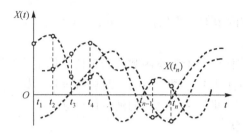

图 6.1.5　随机信号 $X(t)$ 的数据采集

根据随机过程的定义，随机过程实际上为一组随时间变化的随机变量。随机变量通常用其概率分布函数作为特征量来表示，同样，可用多维随机变量的理论来描述随机过程的统计特性，具体表现为概率分布函数和概率密度函数。

1）一维概率分布

对于某个特定的时刻 $t$，$X(t)$ 是一个随机变量。设 $x$ 为任意实数，定义 $X(t)$ 的一维分布函数 $F_x(x, t)$ 为

$$F_x(x,t) = P\{X(t) \leqslant x\} \tag{6.1.3}$$

若 $F_x(x, t)$ 的一阶导数存在，则定义随机过程 $X(t)$ 的一维概率密度函数为

$$f_x(x,t) = \frac{\partial F_x(x,t)}{\partial x} \tag{6.1.4}$$

显然，随机过程的一维分布函数和一维概率密度函数具有普通随机变量的分布函数与概率密度的各种性质，其差别在于，前者不仅是变量 $x$ 的函数，也是时间 $t$ 的函数。而且，若随机过程的一维概率密度函数已知，则可获知随机过程在所有时刻上的随机变量的一维概率密度。同样，对于随机序列 $X(n)$，它的概率分布函数 $F_x(x, n)$ 为

$$F_x(x,n) = P\{X(n) \leqslant x\} \tag{6.1.5}$$

若 $F_x(x, n)$ 的一阶导数存在，则定义随机过程 $X(n)$ 的一维概率密度函数为

$$f_x(x,n) = \frac{\partial F_x(x,n)}{\partial x} \tag{6.1.6}$$

随机过程的一维概率分布函数是随机过程最简单的统计特性，但其只能反映随机过程在各个孤立时刻的统计规律，而不能反映随机过程在不同时刻状态之间的联系，为此，需要考虑更高维的概率分布函数。

2）二维概率分布和多维概率分布

为了描述随机过程 $X(t)$ 在任意两个时刻 $t_1$ 和 $t_2$ 的状态之间的统计关系，对于任意的两个实数 $x_1$、$x_2$，定义随机过程 $X(t)$ 的二维概率分布函数 $F_x(x_1, x_2, t_1, t_2)$ 为

$$F_x(x_1,x_2,t_1,t_2) = P\{X(t_1) \leqslant x_1, X(t_2) \leqslant x_2\} \tag{6.1.7}$$

若 $F_x(x_1, x_2, t_1, t_2)$ 对 $x_1$、$x_2$ 的偏导数存在，则随机过程 $X(t)$ 的二维概率密度函数为

$$f_x(x_1,x_2,t_1,t_2) = \frac{\partial^2 F_x(x_1,x_2,t_1,t_2)}{\partial x_1 \partial x_2} \tag{6.1.8}$$

同理，对于任意的时刻 $t_1, t_2, \cdots, t_N$，$X(t_1), X(t_2), \cdots, X(t_N)$ 是一组多维随机变量，定义该

组随机变量的联合分布为随机过程 $X(t)$ 的 $N$ 维概率分布，即

$$F_x(x_1,x_2,\cdots,x_N,t_1,t_2,\cdots,t_N) = P\left\{X(t_1) \leqslant x_1, X(t_2) \leqslant x_2, \cdots, X(t_N) \leqslant x_N\right\} \quad (6.1.9)$$

且定义随机过程 $X(t)$ 的 $N$ 维概率密度函数为

$$f_x(x_1,x_2,\cdots,x_N,t_1,t_2,\cdots,t_N) = \frac{\partial^2 F_x(x_1,x_2,\cdots,x_N,t_1,t_2,\cdots,t_N)}{\partial x_1 \partial x_2 \cdots \partial x_N} \quad (6.1.10)$$

一般而言，为完全描述一个过程的统计特性，应该要求 $N\to\infty$，但实际上无法获得随机过程的无穷维概率分布。在工程应用中，通常只考虑它的二维概率分布。

对于离散时间随机过程 $X(n)$，其二维和 $N$ 维概率分布函数，以及二维和 $N$ 维概率密度函数与式 (6.1.7) ～式 (6.1.10) 相同，只不过式中的 $t$ 用 $n$ 来代替。

3) 概率函数和概率密度函数的测量定义

如图 6.1.6 所示的一个以 $\xi$ 为中心的窄振幅窗 $\Delta x$，对于平稳随机过程来说，在任意时刻 $x(t)$ 落在这个窗内的概率分布为

$$P\left[\xi - \frac{\Delta x}{2} \leqslant x(t) \leqslant \xi + \frac{\Delta x}{2}\right] = P\left[x(t) \in \Delta x_\xi\right] = \lim_{T\to\infty} \frac{T\left[x(t) \in \Delta x_\xi\right]}{T} = \lim_{T\to\infty} \frac{\sum(\Delta t)}{T} \quad (6.1.11)$$

式中，符号 $\in$ 表示"落在"，则 $T\left[x(t) \in \Delta x_\xi\right]$ 表示 $x(t)$ 落在以 $\xi$ 为中心的窗 $\Delta x$ 内的时间。

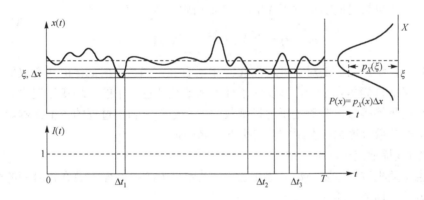

图 6.1.6　一个各态历经平稳随机过程的概率函数测量

根据概率密度函数的定义，则其为

$$p_X(x) = \lim_{\Delta x\to 0} \frac{P\left[\xi - \dfrac{\Delta x}{2} \leqslant x(t) \leqslant \xi + \dfrac{\Delta x}{2}\right]}{\Delta x} = \lim_{\Delta x\to 0} \frac{1}{\Delta x} \lim_{T\to\infty} \frac{\sum(\Delta t)}{T} \quad (6.1.12)$$

可知，概率密度函数是反映概率相对于振幅窗的变化率，式 (6.1.11) 和式 (6.1.12) 是概率函数和概率密度函数的测量定义。由于幅值窗 $\Delta x$ 和 $T$ 是有限的，因此工程中测量得到的概率密度函数仅是估计值，而不是真实值。同样，概率值也可通过对概率密度函数在其振幅窗内的积分得到，即 $p_X(x)$ 在两个振幅之间所围的面积，则振幅落在振幅窗 $x_1 \sim x_2$ 内的概率可表示为

$$P\left[x_1 < x(t) \leqslant x_2\right] = \int_{x_1}^{x_2} p_X(x)\mathrm{d}x = F_X(x_2) - F_X(x_1) \tag{6.1.13}$$

式中，$F_X(x_i)$ $(i=1,\ 2)$ 为概率分布函数，表示为在任意时刻 $x(t)$ 落在振幅 $-\infty\sim x_i$ 内的概率，在数值上等于概率密度函数在振幅 $x_i$ 以内所包围的面积。

因此，对于不同的随机过程，与随机过程对应的随机变量的概率密度函数的形式也具有多种不同形式，一般无法用一个确定的数学形式准确描述。但对大多数随机信号而言，其概率密度函数可用三类典型概率密度函数的形式近似描述，即正态(高斯)噪声的概率密度函数、正弦波的概率密度函数，以及噪声中正弦波的概率密度函数。

**2. 随机过程的时域数字特征**

随机信号的时域描述是工程上随机信号时域分析的基础。根据这种数学描述形式，不仅可以计算获取随机信号自身的时域特性，如均值、方差及协方差，还可以获得信号与信号间相关性方面的信息，即在对随机过程中各参变量的信号进行数据分析时，需研究某个随机信号的不同时刻数据之间的自相关函数以及两个随机信号间的互相关函数。

1) 均值

对于任意时刻 $t$，将随机过程 $X(t)$ 的均值定义为 $m_X(t)$，即

$$m_X(t) = E\left[X(t)\right] = \int_{-\infty}^{+\infty} x f_X(x,t)\mathrm{d}x \tag{6.1.14}$$

此外，对于离散时间随机过程 $X(n)$，其均值定义为 $m_X(n)$，即

$$m_X(n) = E\left[X(n)\right] = \int_{-\infty}^{+\infty} x f_X(x,n)\mathrm{d}x \tag{6.1.15}$$

可以看到，统计均值是对随机过程 $X(t)$ 中所有样本函数在时间 $t$ 的所有取值进行概率加权平均，又被称为集合平均，其反映了样本函数统计意义下的平均变化规律。且均值是一个非随机的平均函数，其确定了随机函数的中心趋势，随机过程的各个样本均围绕其变动，但变动的分散程度则需要用方差或标准差来评定。

2) 方差(或标准差)

方差也是随机过程重要的数字特征之一，其定义为随机过程 $X(t)$ 在该时刻的数值对均值偏差平方的平均值，即

$$\sigma_X^2(t) = E\left[X(t) - m_X(t)\right]^2 \tag{6.1.16}$$

方差通常被表示为 $D_X(t)$，为时间 $t$ 的函数，等于是一个非负函数。

方差还可以表示为

$$\sigma_X^2(t) = E\left[X^2(t)\right] - m_X^2(t) \tag{6.1.17}$$

此外，对于随机序列 $X(n)$，其方差被定义为

$$\sigma_X^2(n) = E\left[X(n) - m_X(n)\right]^2 \tag{6.1.18}$$

随机过程的标准差则为

$$\sigma_X(t) = \sqrt{D_X(t)} = \sqrt{E\left[X(t) - m_X(t)\right]^2} \tag{6.1.19}$$

由此可知，随机过程的方差和标准差也是一个非随机的时间函数，其确定了随机过程

的所有样本相对于均值的分散程度。方差是 $X(t)$ 的二阶中心矩，则二阶原点矩为

$$\psi_X^2(t) = E\left[X^2(t)\right] \tag{6.1.20}$$

式中，$\psi_X^2(t)$ 为随机过程的均方值，其反映了随机过程的强度。

根据式 (6.1.17) 和式 (6.1.20) 可知：

$$\sigma_X^2(t) = E\left[X^2(t)\right] - m_X^2(t) = \psi_X^2(t) - m_X^2(t) \tag{6.1.21}$$

式 (6.1.21) 反映了方差、均方值和均值三者之间的计算关系。可见，均方值既反映随机过程的中心趋势，也反映随机过程的分散程度。

3) 自相关函数

均值和方差是表征随机过程在各个孤立时刻的统计特征的重要参数，但不能反映随机过程不同时刻之间的关系，因此，引入了相关的概念。相关的经典概念来源于对两个随机变量 $X$、$Y$ 之间相随性的分析，即 $X$ 的取值与 $Y$ 的取值之间存在某种关系。

自相关函数就是用来描述随机过程中任意两个不同时刻状态之间相关性的重要数字特征，其定义为

$$R_X(t_1,t_2) = E\left[X(t_1)X(t_2)\right] = \int_{-\infty}^{+\infty}\int_{-\infty}^{+\infty} x_1 x_2 f_X(x_1,x_2,t_1,t_2)\,\mathrm{d}x_1\mathrm{d}x_2 \tag{6.1.22}$$

式 (6.1.22) 实际上为随机过程在两个不同时刻 $t_1$、$t_2$ 的状态 $X(t_1)$、$X(t_2)$ 之间的混合原点矩，反映了 $X(t)$ 在两个不同时刻状态间的统计关联程度。若 $f_X(x_1,x_2,t_1,t_2)=f_X(x_1,t_1)f_X(x_2,t_2)$，则称随机过程 $X(t)$ 在 $t_1$、$t_2$ 时刻的状态是相互独立的。特别地，若 $t_1=t_2=t$，则

$$R_X(t_1,t_2) = R_x(t,t) = E\left[X(t)X(t)\right] = E\left[X^2(t)\right] \tag{6.1.23}$$

此时 $X(t)$ 的自相关函数简化为其均方值。一般来说，$t_1$、$t_2$ 相隔越远则相关性越弱，当 $t_1=t_2$ 时，其相关性应是最强的，$R_X(t_1,t_2)$ 最大。

有时也可以用任意两个不同时刻、两个随机变量的中心矩来定义相关函数，记为 $C_X(t_1,t_2)$，即

$$\begin{aligned} C_X(t_1,t_2) &= E\left\{\left[X(t_1)-m_X(t_1)\right]\left[X(t_2)-m_X(t_2)\right]\right\} \\ &= \int_{-\infty}^{+\infty}\int_{-\infty}^{+\infty}\left[x_1-m_X(x_1)\right]\left[x_2-m_X(x_2)\right]f_X(x_1,x_2,t_1,t_2)\mathrm{d}x_1\mathrm{d}x_2 \end{aligned} \tag{6.1.24}$$

为了区别于 $R_X(t_1,t_2)$，$C_X(t_1,t_2)$ 被称为协方差函数或中心化自相关函数，且两者有如下的关系：

$$C_X(t_1,t_2) = E\left\{\left[X(t_1)-m_X(t_1)\right]\left[X(t_2)-m_X(t_2)\right]\right\} = R_X(t_1,t_2) - m_X(t_1)m_X(t_2) \tag{6.1.25}$$

而且 $C_X(t_1,t_2)$ 与 $R_X(t_1,t_2)$ 对随机过程 $X(t)$ 所描述的统计特征是一致的。

如果随机过程 $X(t)$ 是各态历经的，还可以用一个样本记录 $x(t)$ 的时间平均来代替总体平均，即利用时间平均法来描述自相关函数，如图 6.1.7 所示。

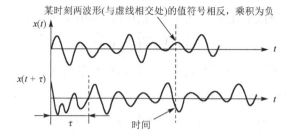

图 6.1.7　由一个各态历经样本求取自相关函数的方法

通过图中的样本记录得出其自相关函数 $R_{xx}(\tau)$ 和自协方差函数 $C_{xx}(\tau)$ 为

$$R_{xx}(\tau) = \lim_{T \to \infty} \frac{1}{T} \int_0^T x(t)x(t+\tau)\,\mathrm{d}t \tag{6.1.26}$$

$$C_{xx}(\tau) = \lim_{T \to \infty} \frac{1}{T} \int_0^T \big[x(t) - \mu_x\big]\big[x(t+\tau) - \mu_x\big]\,\mathrm{d}t = R_{xx}(\tau) - \mu_x^2 \tag{6.1.27}$$

当两个时刻的信号之间的延时 $\tau$ 取值很小但不为零时，由于时间历程是连续的，$x(t)$ 和 $x(t+\tau)$ 相差不大，相关性很高。但当 $\tau$ 增加时，$x(t)$ 和 $x(t+\tau)$ 的相差很大，相关性降低，$\tau$ 取值很大时，$x(t)$ 和 $x(t+\tau)$ 变得完全不相关，最后 $R_{xx}(\tau)$ 值趋于零。应当说明，对于随机过程的随机信号，通常测量获取的是其去掉直流分量后的脉动部分，且当随机信号 $x(t)$ 均值不为零时，$R_{xx}(\infty) = \mu_x^2$，其中，$\mu_x$ 为随机信号 $x(t)$ 的均值。

实际应用时为衡量随机信号的相关性，引入了相关系数 $\rho_{xx}(\tau)$ 的概念，定义为

$$\rho_{xx}(\tau) = \frac{E\Big[\big(\big[x(t) - \mu_x\big]\big)\big(\big[x(t+\tau) - \mu_x\big]\big)\Big]}{\sigma_x^2} = \frac{R_{xx}(\tau) - \mu_x^2}{\sigma_x^2} \tag{6.1.28}$$

式中，$\sigma_x(t) \neq 0$。该相关系数为随机信号的相关函数值与其均方值之比，是一个无量纲的值。

自相关函数 $R_{xx}$ 具有的性质及与其他时域数字特征之间的关系如下。

**性质 1：** 与均值 $\mu_x$ 的关系：$\tau \to \infty$ 时，自相关函数值 $R_{xx}(\infty)$ 为随机信号均值的平方 $\mu_x^2$。

**性质 2：** 与均方值 $\psi_x^2$ 的关系：$\tau = 0$ 时，自相关函数值 $R_{xx}(0)$ 为随机信号均值的均方值 $\psi_x^2$。

**性质 3：** 与方差 $\sigma_x^2$ 的关系。

根据随机变量的均值、均方值和方差三者之间的运算关系，以及自相关函数与均值和均方值的关系，则可以得到 $\sigma_x^2 = \psi_x^2 - \mu_x^2 = R_{xx}(0) - R_{xx}(\infty)$。

**性质 4：** 具有偶函数性质。

**性质 5：** 与非随机函数的运算。

在随机函数上加上一个非随机函数的时候，其均值（数学期望）也要加上同样的非随机函数，但自相关函数保持不变。同理，在随机函数上乘以非随机因子 $f(t)$，其均值也乘以同一个因子，而其自相关函数应乘以 $f(t)f(t+\tau)$。该非随机函数或非随机因子可为固定的数，也可为关于时间 $t$ 的某个确定性函数。

**性质 6：** 与脉动频率的关系。

当时延 $\tau = 0$ 时，自相关函数 $R_{xx}(\tau)\big|_{\tau=0}$ 为随机信号的均方值；时延 $\tau \to \infty$ 时，自相关函数

$R_{xx}(\tau)\big|_{\tau \to \infty}$ 为随机信号均值的平方 $\mu_x^2$；$R_{xx}(\tau)$ 随 $\tau$ 的增加而下降，其下降快慢可用特征时间 $T_\tau$ 表示为

$$T_\tau = \frac{1}{R_{xx}(0)} \int_0^{\tau_0} R_{xx}(\tau)\, \mathrm{d}\tau \tag{6.1.29}$$

特征时间是一种反映随机信号脉动频率大小的参量，其倒数 $1/T_\tau$ 可用于表示随机脉冲信号的特征频率。

4）互相关函数

自相关函数是描述一个随机过程本身不同时刻之间联系的数字特征。而在实际中经常要处理两个或两个以上的信号，如雷达信号的检测问题。雷达接收机输出端一般包含两个信号，即目标回波信号和噪声信号，且回波信号通常也是随机的。为了有效地抑制噪声以检测信号，不仅要了解回波信号和噪声信号的各自统计特性，也需要了解它们之间的联合统计特性。互相关函数则是描述两个随机过程之间统计关联特性的数字特征。其采用了研究多个随机过程问题中经常使用的矩函数。

两个随机过程 $X(t)$ 和 $Y(t)$ 的互相关函数定义为

$$R_{XY}(t_1, t_2) = E\big[X(t_1)Y(t_2)\big] = \int_{-\infty}^{+\infty} \int_{-\infty}^{+\infty} xy f_{XY}(x, y, t_1, t_2)\mathrm{d}x\mathrm{d}y \tag{6.1.30}$$

相应地，互协方差函数（中心化的互相关函数）为

$$C_{XY}(t_1, t_2) = E\Big\{\big[X(t_1) - m_X(t_1)\big]\big[Y(t_2) - m_Y(t_2)\big]\Big\} \tag{6.1.31}$$

式中，$m_X(t)$、$m_Y(t)$ 分别为 $X(t)$ 和 $Y(t)$ 的数学期望值。

互协方差函数与互相关函数具有如下的关系：

$$C_{XY}(t_1, t_2) = R_{XY}(t_1, t_2) - m_X(t_1)m_Y(t_2) \tag{6.1.32}$$

**3. 随机过程的谱密度函数**

前面介绍了随机过程的统计特性，包括概率分布函数、概率密度函数、均值、方差和相关函数，这些统计特性都是从时域的角度进行分析。对于确知信号，如果在时域分析较复杂时，可应用傅里叶变换将信号从时域转化至频域进行分析。同样，对于随机过程，也可以在频域对随机过程的频谱结构进行分析。频谱分析常简称为谱分析，更具有实用意义。这是由于谱密度可反映出随机过程所含频率成分的幅值方差或其强弱。例如，在动态测试数据处理及其测试误差分析中，常根据谱分析所提供的信息，判别所含的主要频率成分以及查找主要误差源等。

对于确定性信号 $x(t)$，其频谱密度为

$$X(\omega) = \int_{-\infty}^{+\infty} x(t)\mathrm{e}^{-\mathrm{j}\omega t}\mathrm{d}t \tag{6.1.33}$$

频谱密度可简称频谱。频谱存在的条件为

$$\int_{-\infty}^{+\infty} \big|x(t)\big|\mathrm{d}t < \infty \tag{6.1.34}$$

而且根据频谱的定义，信号 $x(t)$ 也可用频谱表示，即

$$x(t) = \frac{1}{2\pi} \int_{-\infty}^{+\infty} X(\omega)\mathrm{e}^{\mathrm{j}\omega t}\mathrm{d}t \tag{6.1.35}$$

则信号的总能量为

$$E = \int_{-\infty}^{+\infty} x^2(t)\,\mathrm{d}t \tag{6.1.36}$$

根据 Parseval 定理，时域的总能量应等于频域的总能量，即

$$E = \int_{-\infty}^{+\infty} x^2(t)\,\mathrm{d}t = \frac{1}{2\pi}\int_{-\infty}^{+\infty}\left|X(\omega)\right|^2\,\mathrm{d}\omega \tag{6.1.37}$$

由式(6.1.37)可知，信号总能量等于 $\left|X(\omega)\right|^2$ 在整个频域上的积分，$\left|X(\omega)\right|^2$ 也被称为信号 $x(t)$ 的能量频谱密度(简称能谱密度)，表示单位频带内信号分量的能量。

能谱密度存在的条件是

$$\int_{-\infty}^{+\infty} x^2(t)\,\mathrm{d}t < \infty \tag{6.1.38}$$

可见，信号总能量有限，且 $x(t)$ 也被称为有限能量信号。但对于随机过程而言，一般不满足式(6.1.37)和式(6.1.38)，因此其频谱密度和能谱密度均不存在。不过在实际应用中，随机过程的各个样本函数，其平均功率是有限的，如式(6.1.39)所示。这表明，随机信号时域中的均方值与频域中功率谱存在关系。

$$P = \lim_{T\to\infty}\frac{1}{2T}\int_{-\infty}^{+\infty}\left|x(t)\right|^2\,\mathrm{d}t < \infty \tag{6.1.39}$$

为使平稳随机过程 $X(t)$ 满足傅里叶变换条件，假设某个样本函数 $x_T(t)$ 是各态历经的，且只考虑对足够长的有限区间内的一段信号作傅里叶变换，如图 6.1.8 所示。令

$$x_T(t) = \begin{cases} x(t), & |t| \leqslant T < \infty \\ 0, & |t| > T \end{cases} \tag{6.1.40}$$

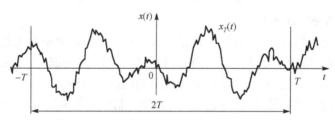

图 6.1.8　随机过程的样本函数及其截取函数

式(6.1.40)显然满足：

$$\int_{-\infty}^{+\infty}\left|x_T(t)\right|\,\mathrm{d}t = \int_{-T}^{+T}\left|x(t)\right|\,\mathrm{d}t < \infty \tag{6.1.41}$$

因而可对 $x_T(t)$ 作傅里叶变换，结果为

$$X_T(\omega) = \int_{-\infty}^{+\infty} x_T(t)\mathrm{e}^{-\mathrm{j}\omega t}\,\mathrm{d}t = \int_{-T}^{+T} x(t)\mathrm{e}^{-\mathrm{j}\omega t}\,\mathrm{d}t \tag{6.1.42}$$

由于在区间[$-T$, $T$]之外，$x_T(t)$ 与 $x(t)$ 并不相同，不能直接对式(6.1.42)取 $T \to \infty$ 极限操作。考虑到有限傅里叶变换的 Parseval 等式为

$$\int_{-T}^{+T} x_T^2(t)\,\mathrm{d}t = \int_{-\infty}^{+\infty} x_T^2(t)\,\mathrm{d}t = \frac{1}{2\pi}\int_{-\infty}^{+\infty}\left|X_T(\omega)\right|^2\,\mathrm{d}\omega \tag{6.1.43}$$

则对式(6.1.43)进行时间平均，也就是除以 $2T$，再对其取数学期望后，对所得结果取 $T \to \infty$ 极限操作，这时公式的左端为平稳随机过程的方差或总功率，即

$$P = \lim_{T \to \infty} \frac{1}{2T} \int_{-T}^{+T} E\left[ x_T^2(t) \right] \mathrm{d}t = \lim_{T \to \infty} \frac{1}{2T} \int_{-T}^{+T} \frac{1}{2\pi} E\left[ \left| X_T(\omega) \right|^2 \right] \mathrm{d}\omega = \frac{1}{2\pi} \int_{-\infty}^{+\infty} s(\omega) \mathrm{d}\omega \quad (6.1.44)$$

式中，$s(\omega) = \lim_{T \to \infty} \dfrac{1}{2T} E\left[ \left| X_T(\omega) \right|^2 \right]$。

$s(\omega)$ 表示频率 $\omega$ 点上的方差密度或功率谱密度，通常简称谱密度，其是从频域的角度描述 $X(t)$ 的统计特性的重要数字特征，但 $s(\omega)$ 仅表示 $X(t)$ 的平均功率在频域上的分布，并不包含 $X(t)$ 的相位信息。此外，$s(\omega)\mathrm{d}\omega$ 可看作平稳随机过程在频带 $[\omega, \omega + \mathrm{d}\omega]$ 区间上频率成分的方差分量或功率分量。

考虑到平稳随机过程 $X(t)$ 经中心化后，其自相关函数 $R_X(\tau)$ 是在时域上表征其统计特性的主要特征量，但也含有平稳过程的频率成分信息，因此对各态历经的平稳随机过程，存在如下的关系：

$$\int_{-\infty}^{+\infty} \left| R_X(\tau) \right| \mathrm{d}\tau < \infty \quad (6.1.45)$$

即 $R_X(\tau)$ 满足傅里叶变换的条件。因此，可以从 $R_X(\tau)$ 的傅里叶变换角度对谱密度进行更严格的定义。

假设 $X(t)$ 是均值为 $\mu$ 和自相关函数为 $R_X(\tau)$ 的平稳随机过程，若 $R_X(\tau)$ 满足式(6.1.45)的绝对可积条件，则 $R_X(\tau)$ 的傅里叶变换为

$$s(\omega) = \int_{-\infty}^{+\infty} R_X(\tau) \mathrm{e}^{-\mathrm{j}\omega\tau} \mathrm{d}\tau \quad (6.1.46)$$

其被定义为平稳随机过程 $X(t)$ 的自谱密度函数。

同时，对 $s(\omega)$ 进行傅里叶逆变换，可得

$$R_X(\tau) = \frac{1}{2\pi} \int_{-\infty}^{+\infty} s(\omega) \mathrm{e}^{\mathrm{j}\omega\tau} \mathrm{d}\omega \quad (6.1.47)$$

则当 $\tau = 0$ 时，存在

$$\sigma_X^2 = R_X(0) = \frac{1}{2\pi} \int_{-\infty}^{+\infty} s(\omega) \mathrm{d}\omega \quad (6.1.48)$$

因此，谱密度 $s(\omega)$ 和自相关函数 $R_X(\tau)$ 均可表征平稳随机过程的基本统计特性，只是两者分别是从频域和时域上来表述的，且平稳随机过程的功率谱密度就是其自相关函数的傅里叶变换。式(6.1.46)和式(6.1.47)这对关系式在实际中有广泛的应用价值。因为这对关系式是由美国学者维纳(Wiener)和苏联学者辛钦(Хинчин)得出的，因此通常称为维纳-辛钦定理或维纳-辛钦公式。

实际应用中有时会对谱密度采用归一化的表示方式，称为标准谱密度，定义为

$$\zeta(\omega) = \frac{s(\omega)}{\sigma_X^2} \quad (6.1.49)$$

在有些情况下，还会采用累积频谱的分析方法，定义为累积谱函数，简称谱函数，也被称为积分谱，如下：

$$S(\omega) = \int_{-\infty}^{+\infty} s(\omega) \mathrm{d}\omega \qquad (6.1.50)$$

根据定义，谱密度为谱函数的导数，即

$$s(\omega) = \frac{\mathrm{d}S(\omega)}{\mathrm{d}\omega} \qquad (6.1.51)$$

根据维纳-辛钦的协方差函数谱分解定理，平稳随机过程的自相关函数可表示为傅里叶-斯蒂尔切斯积分形式，即

$$R_X(\tau) = \int_{-\infty}^{+\infty} \mathrm{e}^{\mathrm{j}\omega\tau} \mathrm{d}S(\omega) \qquad (6.1.52)$$

式中，$S(\omega)$为谱函数，是左连续非降有界函数。

一般平稳随机过程都存在谱函数，却未必存在谱密度。前者更具有理论意义，而后者则更有实用价值。

谱密度函数具有如下的重要性质。

**性质 1**：谱密度是非负的实偶函数。

**性质 2**：谱密度函数与自相关函数互为傅里叶变换。

**性质 3**：谱密度表示平稳随机过程的方差在频域上的分布。$s(\omega)$在全频域上的积分即为总方差；$s(\omega)$在某一频率区间$[\omega_1, \omega_2]$上的积分，即为该频带上的方差分量。

**性质 4**：若$X_1(t), X_2(t), \cdots, X_N(t)$是谱密度分别为$s_1(\omega), s_2(\omega), \cdots, s_N(\omega)$的独立或互不相关的平稳随机过程，如果平稳随机过程：

$$X(t) = \sum_{i=1}^{N} X_i(t)$$

则其谱密度为

$$s(\omega) = \sum_{i=1}^{N} s_i(\omega)$$

**性质 5**：平稳随机过程所含谐波分量的谱密度在该谐波频率$\omega_0$处存在$\delta$函数分量。

**性质 6**：白噪声的谱密度为常量，即$s(\omega) = c(c \geqslant 0, -\infty < \omega < \infty)$。因此一个均值为零，功率谱密度在整个频率轴上有非零常数的平稳过程$N(t)$，被称为白噪声过程或简称白噪声。利用傅里叶逆变换可求出白噪声的自相关函数为

$$R_N(\tau) = \frac{1}{2\pi} \int_{-\infty}^{+\infty} c \mathrm{e}^{\mathrm{j}\omega\tau} \mathrm{d}\omega = c\delta(\tau)$$

### 6.1.4 随机过程特征量的实际估计

在动态测试数据处理中，由于事先无法完全获取实际数据的具体统计特性，如平稳性与非平稳性、独立性与相关性等，因此需掌握随机过程特征量的基本估计方法，这也是分析数据统计特性的基本依据。

不同类型的随机过程需采用不同的实验统计方法来估计其特征量。一般来说，随机过程特征量的估计方法可分为两类：按总体平均法和按时间平均法。这两种方法都属于样本矩估计方法，均按相应的矩定义来构造估计量，其中，前者适于一般的随机过程，但需经

过多次重复实验以获得足够数量的样本函数，进而对其相应点的集合做各种平均估计；后者严格地说仅适于遍历性平稳过程，只需要进行一次实验以取得足够长时间的单一样本函数，进而按时间做各种相应的平均估计。由于在工程实际中的随机过程大多接近平稳随机过程，基于上述分析，对于具有 $N$ 个样本的平稳随机过程通常采用总体平均法，求其特征量的估计；对各态历经随机过程，则可采用时间平均法求特征量的估计值。考虑到从理论上计算出这些随机信号的统计特征(均值、方差、自相关函数、功率谱密度)几乎是不可能的，因此需要利用统计实验的研究方法估计出它们的统计特性。

**1. 平稳随机过程及其特征量的实际估计**

如果随机过程 $X(t)$ 的所有特征量与 $t$ 无关，即其特征量不随 $t$ 的推移而变化，则称 $X(t)$ 为平稳随机过程；否则称为非平稳随机过程。因此，平稳随机过程必须满足以下的条件：

(1)均值为常数，即 $m_X(t)=$常数；

(2)方差为常数，即 $D_X(t)=$常数；

(3)自相关函数不应随 $t$ 的推移而变化，即 $R_X(t,t+\tau)=R_X(\tau)$。

当不考虑随机函数的概率密度等其他特征量，而只满足上述条件时，这样的随机函数称为宽平稳随机函数或广义平稳随机函数。假设随机过程 $X(t)$ 经多次重复实验取得 $N$ 个样本函数，以等间距的 $t_1,t_2,\cdots,t_M$ 来截取采样记录，得到 $N$ 个样本函数的 $N\times M$ 个离散化采样点，记为 $\{x_i(t)\}$，如表 6.1.1 所示。

表 6.1.1　随机数据采集实例

| $x(t)$ | $t$ | | | | | |
|---|---|---|---|---|---|---|
| | $t_1$ | $t_2$ | $\cdots$ | $t_m$ | $\cdots$ | $t_n$ |
| $x_1(t)$ | $x_1(t_1)$ | $x_1(t_2)$ | $\cdots$ | $x_1(t_m)$ | $\cdots$ | $x_1(t_n)$ |
| $x_2(t)$ | $x_2(t_1)$ | $x_2(t_2)$ | $\cdots$ | $x_2(t_m)$ | $\cdots$ | $x_2(t_n)$ |
| $\vdots$ | $\vdots$ | $\vdots$ | $\vdots$ | $\vdots$ | $\vdots$ | $\vdots$ |
| $x_N(t)$ | $x_N(t_1)$ | $x_N(t_2)$ | $\cdots$ | $x_N(t_m)$ | $\cdots$ | $x_N(t_n)$ |

由于随机过程 $X(t)$ 在任一时刻 $t_i$ 上表现为一随机变量 $X(t_i)$，在表 6.1.1 中对应 $t_i$ 处的纵向，即为 $X(t_i)$ 的不同样本值 $x_1(t_i),x_2(t_i),\cdots,x_N(t_i)$。在此基础上，采用样本矩法估计出相应的特征量，从而形成该随机过程的各个特征量估计。

均值函数

$$\hat{\mu}(t_k)=m_X(t_k)=\frac{1}{N}\sum_{i=1}^{N}x_i(t_k) \tag{6.1.53}$$

方差函数

$$\hat{\sigma}^2(t_k)=D_X(t_k)=\frac{1}{N-1}\sum_{i=1}^{N}\left[x_i(t_k)-m_X(t_k)\right]^2 \tag{6.1.54}$$

自协方差函数

$$\hat{R}_X(t_k,t_l)=\frac{1}{N-1}\sum_{i=1}^{N}\left[x_i(t_k)-m_X(t_k)\right]\left[x_i(t_l)-m_X(t_l)\right] \tag{6.1.55}$$

相关系数函数

$$\hat{\rho}_X(t_k, t_l) = \frac{\hat{R}_X(t_k, t_l)}{\hat{\sigma}(t_k)\hat{\sigma}(t_l)} = \frac{\sum_{i=1}^{N}[x_i(t_k) - m_X(t_k)][x_i(t_l) - m_X(t_l)]}{\sqrt{\sum_{i=1}^{N}[x_i(t_k) - m_X(t_k)]^2}\sqrt{\sum_{i=1}^{N}[x_i(t_l) - m_X(t_l)]^2}} \quad (6.1.56)$$

式中，$k = 1, 2, \cdots, M$；$t_l = t_k + \tau$。

对于两个随机过程 $X(t)$ 和 $Y(t)$，除了利用式 (6.1.53)～式 (6.1.56) 分别估计各自的特征量之外，还要根据以下公式估计 $X(t)$ 和 $Y(t)$ 的互协方差函数和互相关系数，即

$$\hat{C}_{XY}(t_k, t_l) = \frac{1}{N-1}\sum_{i=1}^{N}[x_i(t_k) - m_X(t_k)][y_i(t_l) - m_Y(t_l)] \quad (6.1.57)$$

$$\hat{\rho}_{XY}(t_k, t_l) = \frac{\hat{C}_{XY}(t_k, t_l)}{\hat{\sigma}_X(t_k)\hat{\sigma}_Y(t_l)} = \frac{\sum_{i=1}^{N}[x_i(t_k) - m_X(t_k)][y_i(t_l) - m_Y(t_l)]}{\sqrt{\sum_{i=1}^{N}[x_i(t_k) - m_X(t_k)]^2}\sqrt{\sum_{i=1}^{N}[y_i(t_l) - m_Y(t_l)]^2}} \quad (6.1.58)$$

综上，就可以从实验结果的有限个样本的总体中，按照不同时刻 $t_k$ 求出随机数据各特征量的估计值。

**例 6.1.1**　在线纹比长仪上对 0～1000mm 线纹尺测量 6 次，所得长度对公称值的偏差如表 6.1.2 所示，试求其特征量。

表 6.1.2　各段长度对公称值的偏差　　　　　　　　　（单位：μm）

| 序号 | 尺寸段/mm | | | | | | | | | |
|---|---|---|---|---|---|---|---|---|---|---|
| | 0～100 | 0～200 | 0～300 | 0～400 | 0～500 | 0～600 | 0～700 | 0～800 | 0～900 | 0～1000 |
| 1 | 0.18 | 0.34 | 0.63 | 1.20 | 1.51 | 2.02 | 2.22 | 2.62 | 2.54 | 2.64 |
| 2 | 0.30 | 0.38 | 0.70 | 1.26 | 1.55 | 2.10 | 2.26 | 2.66 | 2.56 | 2.66 |
| 3 | 0.30 | 0.42 | 0.67 | 1.22 | 1.52 | 2.01 | 2.16 | 2.69 | 2.60 | 2.67 |
| 4 | 0.25 | 0.34 | 0.69 | 1.22 | 1.54 | 1.96 | 2.22 | 2.72 | 2.64 | 2.66 |
| 5 | 0.30 | 0.38 | 0.73 | 1.30 | 1.58 | 2.03 | 2.28 | 2.71 | 2.69 | 2.71 |
| 6 | 0.33 | 0.44 | 0.76 | 1.28 | 1.60 | 2.08 | 2.31 | 2.78 | 2.70 | 2.81 |

**解**　线纹尺偏差是空间坐标 $L$ 的函数，而且多次重复测量不能获得规律性的结果。因此线纹尺的测量可看作随机过程，每次测量就是随机过程的一个样本。通过计算，可得到每个尺寸段的均值和方差，如表 6.1.3 所示。

表 6.1.3　尺寸段的均值和方差

| | 尺寸段/mm | | | | | | | | | |
|---|---|---|---|---|---|---|---|---|---|---|
| | 0～100 | 0～200 | 0～300 | 0～400 | 0～500 | 0～600 | 0～700 | 0～800 | 0～900 | 0～1000 |
| $m_x$/μm | 0.277 | 0.383 | 0.697 | 1.247 | 1.550 | 2.033 | 2.242 | 2.697 | 2.622 | 2.692 |
| $\sigma_x$/μm | 0.054 | 0.041 | 0.045 | 0.039 | 0.035 | 0.050 | 0.053 | 0.055 | 0.066 | 0.062 |

可以看到，均值和方差的数值都有变化，其中，均值变化较大，而方差的变化范围则稳定在一个较小的范围内。说明该测量过程不是纯粹的随机过程，其中包含有规律性误差，而且是一个线性渐增的累计误差。剔除这个规律性误差后，整个测量过程表现为一个比较明显的平稳随机过程的特点，即均值和方差基本保持不变。

总之，总体平均法虽适用于一般随机过程的特征量，但需要足够多的样本函数才能达到所需的估计精度，存在不经济且计算量较大的不足。

**2. 各态历经随机过程及其特征量的实验估计**

通过上面的分析可以看到，利用总体平均法需要获得多个随机函数样本，那是否可仅从一个样本中获取其特征量呢？实际上，对于各态历经的随机过程，其一个样本中就含有所有样本所需的信息。那如何评判一个随机过程是否各态历经呢？

为定义各态历经过程，引入了随机过程 $X(t)$ 的时间平均概念，即

$$\overline{m_X} = \lim_{T \to \infty} \frac{1}{2T} \int_{-T}^{+T} X(t)\,\mathrm{d}t \tag{6.1.59}$$

式中，lim 为均方极限，积分称为均方积分；符号"$\overline{\quad\quad}$"表示求时间平均。

则时间相关函数定义为

$$\overline{R_X(\tau)} = \lim_{T \to \infty} \frac{1}{2T} \int_{-T}^{+T} X(t)X(t+\tau)\,\mathrm{d}t \tag{6.1.60}$$

对于平稳随机过程 $X(t)$，如果时间平均以概率 1 等于总体平均，即

$$\overline{m_X}^P = m_X \tag{6.1.61}$$

则称 $X(t)$ 具有均值遍历性。

如果时间相关函数以概率 1 等于总体相关函数，即

$$\overline{R_X(\tau)}^P = R_X(\tau) \tag{6.1.62}$$

则称 $X(t)$ 具有相关函数遍历性。

因此，如果平稳随机过程 $X(t)$ 的均值和自相关函数都具有遍历性，则称 $X(t)$ 为各态历经过程。但在工程应用中，根据式(6.1.61)和式(6.1.62)来判断随机过程是否具有各态历经性是很困难的，通常只在相关理论的范围内考虑各态历经过程，称为宽(广义)各态历经过程。

选定随机过程 $X(t)$ 中的任意一个样本函数 $x(t)$，沿整个时间轴对其均值和自相关函数进行时间平均，即

$$\overline{x(t)} = \lim_{T \to \infty} \frac{1}{2T} \int_{-\infty}^{+\infty} x(t)\,\mathrm{d}t \tag{6.1.63}$$

$$\overline{x(t)x(t+\tau)} = \lim_{T \to \infty} \frac{1}{2T} \int_{-\infty}^{+\infty} x(t)x(t+\tau)\,\mathrm{d}t \tag{6.1.64}$$

如果

$$\overline{x(t)} = E\big[X(t)\big] = m_X \tag{6.1.65}$$

以概率 1 成立，则可称随机过程 $X(t)$ 的均值具有各态历经性。

同样，如果

$$\overline{x(t)x(t+\tau)} = E\big[X(t)X(t+\tau)\big] = R_X(\tau) \tag{6.1.66}$$

以概率 1 成立，则可称随机过程 $X(t)$ 的自相关函数具有各态历经性。

如果 $X(t)$ 的均值和自相关函数都具有各态历经性，则可称 $X(t)$ 为宽各态历经过程。对于具有遍历性的平稳随机过程 $X(t)$，可以只取其中一个足够长时间的样本函数，采用时间平均来代替对整个随机过程统计平均的研究，从而可得到如下关系：

$$m_X = E\big[X(t)\big] = \lim_{T \to \infty} \frac{1}{2T} \int_{-T}^{+T} x(t)\mathrm{d}t \tag{6.1.67}$$

$$R_X(\tau) = \lim_{T \to \infty} \frac{1}{2T} \int_{-T}^{+T} x(t)x(t+\tau)\mathrm{d}t \tag{6.1.68}$$

**例 6.1.2**　判断连续时间随机相位信号的各态历经性。

**解**　设某随机相位信号：

$$x(t) = A\cos(\omega t + \varphi)$$

式中，$A$、$\omega$ 和 $\varphi$ 分别为随机信号 $x(t)$ 的幅值、角频率和相位。

则 $x(t)$ 的均值为

$$E\big[x(t)\big] = \frac{1}{2\pi} \int_0^{2\pi} A\cos(\omega t + \varphi)\mathrm{d}\varphi = 0$$

$x(t)$ 的自相关函数为

$$E\big[x(t)x(t+\tau)\big] = A^2 E\big\{\cos\big[\omega(t+\tau)+\varphi\big]\cos(\omega t + \varphi)\big\}$$

$$= \frac{A^2}{2}\left[\cos\omega\tau + \frac{1}{2\pi}\int_{-\pi}^{+\pi}\cos(2\omega t + \omega\tau + 2\varphi)\mathrm{d}\varphi\right] = \frac{A^2}{2}\cos\omega\tau$$

样本函数 $x(t)$ 的均值和自相关函数的时间平均分别为

$$\overline{m_X} = \lim_{T \to \infty} \frac{1}{2T} \int_{-T}^{+T} A\cos(\omega t + \varphi)\,\mathrm{d}t = 0$$

$$\overline{R_X(\tau)} = \lim_{T \to \infty} \frac{1}{2T} \int_{-T}^{+T} A^2 \cos\big[\omega(t+\tau)+\varphi\big]\cos(\omega t + \varphi)\,\mathrm{d}t$$

$$= \frac{A^2}{2} \lim_{T \to \infty} \frac{1}{2T} \int_{-T}^{+T}\big[\cos(2\omega t + \omega\tau + 2\varphi) + \cos\omega t\big]\mathrm{d}t = \frac{A^2}{2}\cos\omega\tau$$

由此可见，时间平均等于统计平均，时间相关函数也等于统计相关函数，随机相位信号为各态历经过程。

实际应用中对随机过程的观察时间是有限的，且多采用计算机对离散化实验数据进行运算。假设随机过程 $X(t)$ 经多次重复实验取得多个样本函数，仅对取得的足够长 $T$ 的单一样本函数 $x(t)$ 离散化采样为平稳序列，在观察时间内进行等间距划分，得到 $N$ 个离散化采样点，记为 $\big\{x_i(t); i = 0, 1, \cdots, N-1\big\}$，则各态历经平稳随机过程特征值的估计如下：

均值的估计

$$\hat{\mu} = \hat{m}_X = \frac{1}{N}\sum_{i=0}^{N-1} x_i \tag{6.1.69}$$

方差的估计

$$\hat{\sigma}_X^2 = \hat{D}_X = \frac{1}{N}\sum_{i=0}^{N-1}(x_i - \hat{m}_X)^2 \tag{6.1.70}$$

自相关函数的估计

$$\hat{R}_X(j) = \frac{1}{N-j}\sum_{i=0}^{N-j-1} x_i x_{i+j}, \quad j=0,1,2,\cdots,N-1 \tag{6.1.71}$$

需要说明的是：式(6.1.71)为自相关函数的无偏估计，其还可以用有偏估计表示：

$$\hat{R}_X(j) = \frac{1}{N}\sum_{i=0}^{N-j-1} x_i x_{i+j}, \quad j=0,1,2,\cdots,N-1 \tag{6.1.72}$$

对于大的样本值 $N$ 和小的观察值 $j$，式(6.1.71)和式(6.1.72)所对应的两种不同估计的差别不大。

自相关系数函数的估计为

$$\hat{\rho}_X(j) = \frac{1}{N-j}\frac{1}{\hat{D}_X}\sum_{i=0}^{N-j-1}(x_i-\hat{m}_X)(x_{i+j}-\hat{m}_X), \quad j=0,1,2,\cdots,N-1 \tag{6.1.73}$$

例 6.1.3  飞机水平飞行，其垂直负荷数 $N(t)$ 在 200s 内每隔 2s 记录一次，得到的数据如表 6.1.4 所示。考虑负荷变化是各态历经随机过程，求其特征量。

表 6.1.4  飞机水平飞行时间垂直负荷

| $i$(2s) | $N(t_i)$ | $i$(2s) | $N(t_i)$ | $i$(2s) | $N(t_i)$ | $i$(2s) | $N(t_i)$ | $i$(2s) | $N(t_i)$ |
|---|---|---|---|---|---|---|---|---|---|
| 1 | 1.0 | 21 | 0.5 | 41 | 1.5 | 61 | 1.3 | 81 | 0.9 |
| 2 | 1.3 | 22 | 1.0 | 42 | 1.0 | 62 | 1.6 | 82 | 1.3 |
| 3 | 1.1 | 23 | 0.9 | 43 | 0.6 | 63 | 0.8 | 83 | 1.5 |
| 4 | 0.7 | 24 | 1.4 | 44 | 0.9 | 64 | 1.2 | 84 | 1.2 |
| 5 | 0.7 | 25 | 1.4 | 45 | 0.8 | 65 | 0.6 | 85 | 1.4 |
| 6 | 1.1 | 26 | 1.0 | 46 | 0.8 | 66 | 1.0 | 86 | 1.4 |
| 7 | 1.3 | 27 | 1.1 | 47 | 0.9 | 67 | 0.6 | 87 | 0.8 |
| 8 | 0.8 | 28 | 1.5 | 48 | 0.9 | 68 | 0.8 | 88 | 0.8 |
| 9 | 0.8 | 29 | 1.0 | 49 | 0.6 | 69 | 0.7 | 89 | 1.3 |
| 10 | 0.4 | 30 | 0.8 | 50 | 0.4 | 70 | 0.9 | 90 | 1.0 |
| 11 | 0.3 | 31 | 1.1 | 51 | 1.2 | 71 | 1.3 | 91 | 0.7 |
| 12 | 0.3 | 32 | 1.1 | 52 | 1.4 | 72 | 1.5 | 92 | 1.1 |
| 13 | 0.6 | 33 | 1.2 | 53 | 0.8 | 73 | 1.1 | 93 | 0.9 |
| 14 | 0.3 | 34 | 1.0 | 54 | 0.9 | 74 | 0.7 | 94 | 0.9 |
| 15 | 0.5 | 35 | 0.8 | 55 | 1.0 | 75 | 1.0 | 95 | 1.1 |
| 16 | 0.5 | 36 | 0.8 | 56 | 0.8 | 76 | 0.8 | 96 | 1.2 |
| 17 | 0.7 | 37 | 1.2 | 57 | 0.8 | 77 | 0.6 | 97 | 1.3 |
| 18 | 0.8 | 38 | 0.7 | 58 | 1.4 | 78 | 0.9 | 98 | 1.3 |
| 19 | 0.6 | 39 | 0.7 | 59 | 1.6 | 79 | 1.2 | 99 | 1.6 |
| 20 | 1.0 | 40 | 1.1 | 60 | 1.7 | 80 | 1.3 | 100 | 1.5 |

解  根据式(6.1.69)和式(6.1.70)可以算出该垂直负荷数 $N(t)$ 的特征量为

$$\hat{\mu} = \hat{m}_X = \frac{1}{100}\sum_{i=1}^{100} N(t_i) = 0.982$$

$$\hat{\sigma}_X^2 = \hat{D}_X = \frac{1}{100}\sum_{i=1}^{100}\left[N(t_i)-\hat{m}_X\right]^2 = 0.1045$$

根据式 (6.1.71) 和式 (6.1.73) 可计算得到不同时间间隔的自相关函数和自相关系数函数。由于自相关函数与自相关系数函数间为线性关系，则利用随机过程 $N(t_i)$ 的方差估计 $\hat{D}_X$ 和均值估计 $\hat{m}_X$，通过求解自相关系数函数，也可到自相关函数，即

$$\hat{R}_X(\tau) = \hat{D}_X\hat{\rho}_X(\tau) + \hat{m}_X^2$$

根据式 (6.1.73)，将相隔 $\tau = 2,4,6,\cdots$ (即相邻点，相隔 1 点，相隔 2 点，$\cdots$) 的 $x_i$ 与均值估计 $\hat{m}_X$ 相减，再相乘求和，然后除以方差估计 $\hat{D}_X$，再对结果取平均，可得到此时的自相关系数函数 $\hat{\rho}_X(\tau)$，如表 6.1.5 所示。

表 6.1.5   自相关系数函数 ($\hat{\rho}_X(\tau)$) 的取值

| $\tau/s$ | 0 | 2 | 4 | 6 | 8 | 10 | 12 | 14 | $\cdots$ |
|---|---|---|---|---|---|---|---|---|---|
| $\hat{\rho}_X(\tau)$ | 1.000 | 0.505 | 0.276 | 0.277 | 0.231 | −0.015 | 0.014 | 0.071 | $\cdots$ |

根据表 6.1.5 中的 $\hat{\rho}_X(\tau)$ 的值，可得到如图 6.1.9 所示的自相关系数函数曲线（虚线表示）。由于实验数据有限且实验时间不够长，所得的虚线并不平滑。为此，利用指数函数 $\rho_X(\tau) = \mathrm{e}^{-\alpha|\tau|}$ 对实验结果进行拟合逼近，可得 $\alpha \approx 0.257$，即

$$\hat{\rho}_X(\tau) = \mathrm{e}^{-0.257|\tau|}$$

则自相关函数为

$$\hat{R}_X(\tau) = \hat{D}_X\hat{\rho}_X(\tau) + \hat{m}_X^2 = 0.1045\mathrm{e}^{-0.257|\tau|} + 0.9604$$

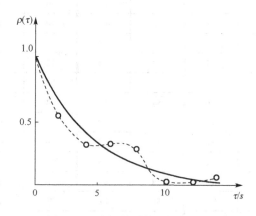

图 6.1.9   自相关系数函数的曲线

根据自相关函数和谱密度函数互为傅里叶变换对的关系，可以进一步求得随机过程谱密度函数的估计为

$$\hat{s}(\omega) = 2\int_0^{+\infty} \hat{R}_X(\tau)\cos(\omega\tau)\mathrm{d}\tau = 2\int_0^{+\infty} \left(0.1045\mathrm{e}^{-0.257|\tau|} + 0.9604\right)\cos(\omega\tau)\mathrm{d}\tau$$

$$= \frac{0.257}{\pi\left(0.257^2 + \omega^2\right)}$$

**3. 非平稳过程的随机函数**

对于非平稳过程，一般不能采用平稳随机过程的计算方法，但在实际应用中，通常会遇到一些非平稳过程，如表 6.1.2 所示的线纹尺刻线误差数据，其均值是递增的。

**例 6.1.4**　在自动记录式齿轮渐开线测量仪上测量同一个齿轮的 5 个齿形误差，记录见图 6.1.10，其等间隔采样的 22 个采样点数据见表 6.1.6。根据表中数据，结合图 6.1.10 可知，每一齿形的误差曲线各有互不相同的变化趋势，且互不交错地变动，同时各相应采样点处的变动范围并不相同，每个齿形数据的均值和方差都是变化的。这种趋势表现为非平稳过程。试求取该非平稳随机过程的特征量。

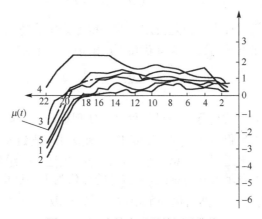

图 6.1.10　齿轮齿形误差记录曲线

表 6.1.6　齿轮齿形误差数据

| 采样点序 | | 1 | 2 | 3 | 4 | 5 | 6 | 7 | 8 | 9 | 10 | 11 |
|---|---|---|---|---|---|---|---|---|---|---|---|---|
| 齿面序号 | 1 | 0.1 | 0.7 | 0.7 | 0.4 | 0.4 | 0.4 | 0.7 | 0.6 | 0.6 | 0.3 | 0.3 |
| | 2 | 0.7 | 0.7 | 0.7 | 0.7 | 0.6 | 0.8 | 0.9 | 0.8 | 0.7 | 0.7 | 0.4 |
| | 3 | 0.5 | 0.7 | 1.1 | 1.5 | 1.5 | 1.3 | 1.3 | 1.4 | 1.4 | 1.3 | 0.9 |
| | 4 | 0.4 | 1.0 | 1.2 | 1.2 | 1.2 | 1.3 | 1.5 | 1.6 | 1.7 | 1.7 | 1.6 |
| | 5 | 0.3 | 0.3 | 0.5 | 0.5 | 0.7 | 0.8 | 0.9 | 0.8 | 0.9 | 0.9 | 1.1 |
| 采样点序 | | 12 | 13 | 14 | 15 | 16 | 17 | 18 | 19 | 20 | 21 | 22 |
| 齿面序号 | 1 | 0.2 | 0.3 | 0.2 | 0.1 | 0.1 | 0.1 | 0.0 | −0.2 | −1.0 | −1.9 | −3.0 |
| | 2 | 0.4 | 0.5 | 0.7 | 0.4 | 0.4 | 0.0 | 0.0 | −0.4 | −1.2 | −2.2 | −3.4 |
| | 3 | 1.3 | 1.3 | 1.2 | 1.0 | 0.9 | 0.5 | 0.6 | 0.4 | 0.1 | −0.2 | −1.9 |
| | 4 | 1.5 | 1.7 | 2.0 | 2.3 | 2.3 | 2.3 | 2.3 | 2.3 | 1.8 | 1.3 | 0.5 |
| | 5 | 1.3 | 1.4 | 1.4 | 1.3 | 1.4 | 1.4 | 0.9 | 0.4 | −0.6 | −1.5 | −2.7 |

**解**　对于这种非平稳过程的数据，一般不能采取各态历经平稳过程中时间平均代替其总体平均的数据处理方法，而应利用其大量样本函数，根据总体平均法来确定其统计特性。不过，这种总体平均方法不实用、不经济，甚至有时无法实现。因此，提出了对非平稳过程进行适当变换后，仍采用平稳过程的处理方法，即平稳化方法。

假设可平稳化的非平稳随机过程 $y(t)$ 可以表示为平稳随机过程与非随机的规律性函数的代数和，即

$$y(t) = f(t)x(t) + g(t)$$

式中，$x(t)$ 为平稳随机过程；$f(t)$ 和 $g(t)$ 均为非随机实函数。

则随机过程 $y(t)$ 的特征量为

$$\begin{cases} m_Y(t) = f(t)m_X(t) + g(t) \\ D_Y(t) = f^2(t)R_X(0) \\ R_Y(t, t+\tau) = f(t)f(t+\tau)R_X(\tau) \end{cases}$$

因此，化非平稳随机过程为平稳随机过程的关键是确定非随机实函数 $f(t)$ 和 $g(t)$。只要求得 $y(t)$ 的均值函数和方差函数，即可获知 $f(t)$ 和 $g(t)$，并对其作标准化变换，则

$$x(t) = \frac{y(t) - g(t)}{f(t)}$$

即可实现平稳化，从而对该式进行平稳过程处理。实现标准化一般应取得其较多样本函数做统计分析，也可较简单地仅取单一足够长的样本函数进行适当分段。若分段内可视为接近平稳的，以按时间平均来近似代替总体平均，该方法更适用于缓变的随机过程。

图 6.1.11 给出了几个表示为 $y(t) = x(t) + g(t)$ 的可化为平稳过程的特例。即对于一组随机样本的集合，取 $m_X$ 为 $g(t)$，然后化为平稳过程，则获取 $g(t)$ 的方法如下。

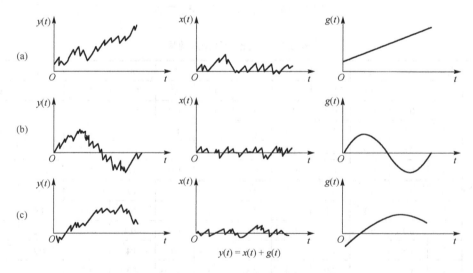

图 6.1.11　非平稳随机过程化为平稳随机过程的示例

(1)通过绘图，并结合经验估计确定。将一个或几个响应重叠地画在一幅图上，然后选取合适的坐标比例以使曲线图不要过于紧密或疏松，再依靠经验绘制出这些响应的中线，

即为 $g(t)$ 函数曲线，如图 6.1.11(a)所示。

(2)利用低通滤波器去除高频随机噪声，可得规律性函数 $g(t)$ 的波形。这种方法适用于 $g(t)$ 的变化周期小于记录长度 $T$ 的情况，如图 6.1.11(b)所示。

(3)沿时间坐标 $t$ 选取若干点 $t_i$，计算各响应的均值 $m_Y(t_i)$，如表 6.1.7 所示。

**表 6.1.7　响应均值 $m_Y(t_i)$**

| $t_i$ | 0 | 1 | 2 | … | $N$ |
|---|---|---|---|---|---|
| $m_Y(t_i)$ | $m_Y(t_0)$ | $m_Y(t_1)$ | $m_Y(t_2)$ | … | $m_Y(t_N)$ |

用最小二乘法或其他解析方法拟合该曲线，可得到 $g(t)$ 的函数表达式。这种方法适于 $g(t)$ 的变化周期大于记录长度 $T$ 的情况，如图 6.1.11(c)所示。

# 6.2　动态测试误差及其评定

前面在介绍动态测量的概念的时候，提到动态测试具有时变性、随机性、相关性和动态性等基本特点。在掌握了随机过程的基本概念、主要特征及其特征值的估计方法之后，可以基于此开展动态测试误差的分析与处理工作，本节将从动态测试误差的基础知识、动态测试数据的准备、动态测试误差的评定与分离等方面对动态测试误差及其评定方法的主要内容进行阐述。

## 6.2.1　动态测试误差的基本知识

动态测试数据与静态测试数据一样都存在误差。为了可靠分析动态测试数据的精度，必须从动态测试数据中分离出测试误差，并对其评定方法进行研究。动态测试误差的评定内容为：在利用分析方法或从动态测试数据中分离出动态测试误差的基础上，给出表示该误差的数学模型及评定指标，从而对动态测试误差有一个定量的评价。

**1. 动态测试误差的概念及其表示方式**

动态测试误差按一般定义为：动态测试结果减去被测变量的真值。由于动态测试误差和动态测试数据均为测试时间的函数，在实际应用中，针对测量的瞬时值，该真值通常使用约定真值。在表示动态测试误差时还应能反映以下信息：与之有关的被测变量的变化特性，引起该误差的外界扰动，尤其是测试系统偏离理想状态下的动态特性等影响。因此，通常采用以下的动态测试误差表示方式。

根据测试误差的定义，动态测试误差为动态测试系统在 $t$ 瞬时输出的示值 $x(t)$，对该瞬时输入的被测变量真值 $x_0(t)$ 之差，记为 $e(t)$，即

$$e_x(t) = x(t) - x_0(t) \tag{6.2.1}$$

式(6.2.1)是还原为输入量的表示形式，也可采用输出量的表示形式，即动态测试系统的实际输出量 $y(t)$(需要说明的是：在几何量动态测试中该输出量未必仍为几何量，多为电量)，对被测变量真值 $x_0(t)$ 在其理想变换下的输出量 $y_0(t)$ 之差，即

$$e_y(t) = y(t) - y_0(t) \tag{6.2.2}$$

式中，下标 $y$ 表示以输出量计值。

图 6.2.1 给出了以上两种动态测试误差表示方式的逻辑方块图，图中 $n(t)$ 为外加噪声。

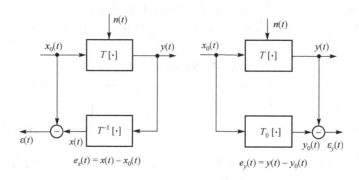

图 6.2.1　两种误差的表示方式

两种表示方式在数值及其单位上并不一致，多数情况下采用式(6.2.1)的表示方式。若以相对误差的形式表示，则其数值相同，如式(6.2.3)所示。因此，在比较不同量或不同数值的量的误差时，采用式(6.2.3)的表示方式更方便，即

$$\varepsilon(t) = \frac{e_x(t)}{x_0(t)} = \frac{e_y(t)}{y_0(t)} \tag{6.2.3}$$

在动态测试中，被测量的测得值是多种因素综合影响的结果，即动态测试系统的输出量与被测量、影响量、测试系统的响应特性、数据计算方法等多种因素密切相关。因此，动态测试误差应包含参与动态测试的各种量的误差，且其可分为一般定义下的系统误差、随机误差和粗大误差。其中，系统误差主要由具有确定性变化规律的误差因素造成，其表现为时间的确定函数(包括常量)；随机误差是由多种偶然性的误差因素造成的，其表现为时间的随机函数；粗大误差是偶尔由个别反常因素造成的，其有时表现为个别特大值，有时表现为在某一小区间内出现一点特大值，有时还会周期性或不定期地重复出现某些值。通常情况下，这三种误差均混杂在动态测试数据中，需通过实验测定或数据处理对它们进行误差分离。

**2. 动态测试误差与动态测试数据**

动态测试数据表现为测试时间的函数，一般由三部分组成：被测变量、系统误差和随机误差。粗大误差偶尔造成的反常数据应予以剔除，不在数据的基本组成以内。在动态测试误差中，系统误差部分表现为确定函数；随机误差部分表现为随机函数，且多数接近具有平稳性，有的还接近白噪声，对于测试过程较长的数据则可能具有非平稳性。因此，动态测试数据总是表现为测试时间的随机函数，且在这些测试数据中隐含动态测试误差，这就要求在数据处理中应尽可能地将动态测试误差从动态测试数据中分离出来。考虑到动态测试数据经误差处理后的结果被定义为动态测试误差，所以不能将动态测试数据的特征量视为动态测试误差的评定参数。

另外，动态测试误差和动态测试数据都属于动态数据，是一个随机过程，并且具有时变性、动态性、自相关性和随机过程性，可以通过动态数据处理的各种手段加以处理和评定。例如，原则上均可对它们进行指标的估计、相关分析和谱分析等，最终评定其特性。

而动态测试数据处理及其测试误差分析的主要目的和静态测试一样，都在于通过对测试数据进行合理处理以分离出测试误差(主要是系统误差和随机误差)，并能够可靠和精确地表示该测量结果，基本任务如下：

(1)拟定合乎实际的动态测试数据及其测量结果的数学模型。

(2)合理规定动态测试误差的评定指标，且要求能较全面而客观地反映其各方面的特性。

(3)识别并提取动态测试数据中的各项非周期和周期的确定性变化成分，并给出其适用性判别或显著性检验的验证方法。

(4)从提取的确定性成分中通过实验测定或数据处理，尽量分离出测试的系统误差。

(5)确定与分解动态测试数据中的随机性成分，尽量通过分解以分离出或抑制测试的随机误差。

在上述的基本任务中，确定合乎实际的数学模型是动态测试数据处理的关键环节。实践表明，如果数学模型偏离实际较大，则无法使研究的测试系统达到精度要求；分离或减小测试误差是动态数据处理的主要的也是最困难的任务，尤其是系统误差与测量结果的预知函数形式不同时，才能利用数据处理来分离，否则，需经过测定措施才可进行分离或修正；随机误差需要借助相关分析和谱分析来进行粗略分解，或通过滤波处理来抑制，很难确切地予以分离。

**3. 动态测试误差的基本评定方法**

动态测试误差的基本评定方法可归纳为先验分析法和数据处理法。

1)先验分析法

先验分析法是根据理论分析和过去的经验，分析测试误差的各种来源，估计各自误差(主要是系统误差和随机误差)的指标，再根据测量方程合成为最终的误差估计。对于有些测量数据中无法反映出的误差，必须通过先验分析法进行评定，但是由于没有考虑当前测量的数据，故本次测量中所得到的误差信息将无法在先验分析的结果中体现，从而影响该方法的可信程度。

在先验分析法中占有重要地位的是测量系统动态特性引起的系统误差。一个理想的测量系统应该具有不失真测量的性质，即时域响应与激励相似。理想测量系统的幅频特性曲线是一条与频率坐标平行的直线；相频特性曲线是一条通过原点并具有负斜率的直线。大部分动态测试系统只是在一定频率范围内才具有这样的性质。当输入量包含超出这个范围的谐波时，谐波必然被测量系统不适当地缩放或/和在时间轴上不适当地移位，使最终的输出波形失真，造成动态测试的系统误差。

2)数据处理法

数据处理法是从实际测得的动态测试数据出发，分离出其中动态测试的系统误差和随机误差，再求出其评定指标。其通常要借助其他技术措施才能求得动态测试误差，属于一种后验法。数据处理法求得的不仅仅是评定指标，而是误差的时间历程或时间序列，有时还可求出当前动态测试的系统误差和随机误差的数学模型，并由此对当前测量或与本次类似的下次动态测试误差进行修正和抑制。实际应用中，数据处理法依赖于对测量数据真值、数据中的系统误差和随机误差特性的了解程度。为了获得这些信息，除结合经验和工程推断外，数据处理法还常辅以一定的先验手段，例如，在正式测量前先对系统误差进行分析和测定，以及用高精度的测量方法获取数据作为待评定测量数据的真值(实际值)，再根据误差定义求取误差值，从而获得当前动态测试误差的规律。

**4. 动态测试理论与方法的研究内容**

动态测试理论的研究由于起步较晚，复杂程度较高，因此，其理论体系尚不完善，许多问题还处于探索阶段。但随着动态测试技术在现代测试技术中的地位越来越重要，动态测试理论与方法的研究受到了各国研究机构和学者的关注，且近年来结合现代信号处理方法、硬件处理技术与新应用、新需求的发展，各种动态测试数据处理方法及测试精度分析方法层出不穷，也使动态测试技术得到了相应的发展。

1)动态测试数据处理方法

动态测试数据处理方法一直受到各国学者的重视，他们已提出了很多实用的方法。这些方法主要有谱分析、回归分析、时间序列分析神经网络、小波变换、遗传算法等，其中各种分析方法又都经过了不断的演变和改进。例如，回归分析方法，从最开始的一元和多元线性回归分析、逐步舍选回归分析、正交多项式回归分析、分段回归、样条回归、加权回归等到现代的岭回归分析、递推回归分析、最小最大残差值回归和稳健性回归分析等。

2)动态测试误差分离与修正技术

由于计算机的普及，误差分离与修正技术得到了新的飞跃，不仅使其理论得到了进一步的完善，而且通过与计算机的快速运算、复杂处理能力的结合，应用于实际的生产线上以进行实时误差分离与修正。目前，该技术的研究重点是复杂测量系统多因素误差修正和动态实时误差修正的理论与应用问题。

3)动态测试误差评定

动态测试误差的评定一直是各国研究机构和学者的研究重点，现已提出了若干评定指标和评定方法，初步建立了动态测试误差评定的理论体系。针对动态测试误差，考虑将其均值函数、方差函数、自相关函数或自协方差函数等特征量作为评定指标。

4)全面误差源分析理论与建模方法

对于精密机械与仪器系统的精度，最基本的问题是充分分析系统内外的各项误差源，研究产生误差的原因、误差的性质及其分布、误差传递函数和误差合成计算等。

5)全系统动态精度理论

全系统动态精度理论源于对系统内各组成结构和外部干扰因素的全面分析。通过使输入与输出之间的"黑箱"，即实际测量系统，尽可能"白化"或"灰化"，进一步建立相应的系统信号传输函数和全系统动态精度模型。

以上概述的动态测试理论与处理方法，多数是较实用、较有效的，有些需进一步研究和探讨，至今也仍存在许多问题需深入研究解决。例如，动态误差建模实时预报修正问题，常见的时序分析、神经网络等方法在某些情况下的适应性较好，但是在预报过程中，多步预报的精度会随着预报步数的增大而迅速降低，实时修正效果较差；动态测试数据中确定性成分的识别方法，尤其是其与随机性成分之间可靠的分离与判别方法；测量结果与测试误差的分离方法，特别是分离系统误差的方法；以及动态测量系统不确定度与时间相关性研究等，目前都只有极少的学者对此开展了研究。在实际测量中，动态测试误差更难求得，为了给出比较可靠的动态测试误差，必须将先验分析法和数据处理法及仿真实验、测试技术等有机结合起来综合运用。

## 6.2.2 动态测试数据的准备

动态测试数据中包含被测变量的测试结果及系统误差和随机误差,通常表现为非平稳随机过程。因此,动态测试数据的处理需要以随机过程的统计分析方法为基础,建立动态测试数据的具体数学模型,并拟定识别和提取其确定性成分,表述和分解其随机性成分,进而分离动态测试的系统误差和抑制随机误差,最终得到精确可靠的测量结果,并给出动态测试误差的评定指标及其估算结果。在整个动态测试数据处理中,数据预处理和数据检验将为后续的拟定误差分离及其修正提供必要的信息,这也是进行动态测试误差评定的依据。

**1. 数据准备**

数据准备包括数据编排、数字化(对数字式分析仪或计算机测量分析系统)和数据预处理。

1) 数据编排

数据编排的目的是排除原始信号记录中的异常数据,其通常是由在记录和获取数据过程中出现某种干扰或偶然错误(如数据丢失、传感器失灵等)等原因造成的。数据编排就是通过对数据时间历程信号的直观检查来完成的。如果发现异常,必须将这部分记录或数据剔除,以免造成信号分析误差。

2) 数字化

数字化的目的是采用模数转换器,将连续时间历程的模拟量信号转换成离散时间序列的数字量数据。要将连续模拟量转换为离散数字量,需要对连续模拟信号进行采样,因此,选择合适的采样频率是非常重要的,遵循的基本原则是信号分析处理中的时域采样定理。鉴于实际遇到的信号不一定是频带有限的,对于这类信号,如何选择采样频率至关重要。通常是选择一个 $f_c$,使信号能量的大部分(如 98%)都落在 $(-f_c, f_c)$ 的频率范围内,然后选至少为 $2f_c$ 的采样频率进行采样,即对于一个非频限信号,$f_c$ 依据式(6.2.4)选择:

$$\int_{-f_c}^{f_c} |X(f)|^2 \mathrm{d}f = 0.98 \int_{-f_c}^{f_c} |X(f)|^2 \mathrm{d}f \tag{6.2.4}$$

需要说明的是,为减小采样数据处理 $x(t)$ 时引入的误差,在对时域连续信号进行数据处理时通常会在 A/D 变换前设置带宽为 $(-f_c, f_c)$ 的低通滤波器,即使用抗混叠滤波器。对于选择性能好的滤波器,采样频率可根据滤波器截止频率的 2~3 倍来考虑。

实际应用中,若事先无法获知原始连续信号的最高频率 $f_c$,可假设采样间隔 $\Delta t_1 > \Delta t_2$,比较 $X_{\Delta 1}(f)$ 与 $X_{\Delta 2}(f)$。若两者差别太大,可以用任意间隔 $\Delta t_1$、$\Delta t_2$ 分别采样,得到频谱 $X_{\Delta 1}(f)$ 与 $X_{\Delta 2}(f)$,并视 $f_c \leqslant 1/(2\Delta t_1)$。如果差别较大,取 $\Delta t_2 > \Delta t_3$ 再采样,将频谱 $X_{\Delta 3}(f)$ 与 $X_{\Delta 2}(f)$ 进行比较。如果差别不大,则可认为 $f_c \leqslant 1/(2\Delta t_2)$。否则,依次类推,确定 $f_c$。若希望较精确地确定 $f_c$,则需多次采样进行相对比较。还有,在进行时域采样时,为便于 FFT 的计算,采样点一般取 2 的幂数,例如,许多信号分析设备取为 1024 点。

此外,在对有限长数据进行处理时,必然有截断,而截断带来的能量泄漏是影响信号分析精度的重要因素。虽然用宽度为 $T$ 的窗函数去截断一个周期函数,在宽度 $T$ 内有 $n$ 个完整周期波形($n$ 为正整数),则进行有限傅里叶变换时可避免泄漏,但通常情况下,泄漏总是客观存在的，需要利用加窗的方法以减小泄漏。经验表明，窗的长度比窗的类型更为重要。时窗越长，模糊效应越小，即泄漏越小，因而频谱越接近真实谱，分析精度也越高，但分析点数相应增加。在实际工作中，可利用如下方法来选择窗长 $T$。

(1)先假设待分析信号中不包括周期信号，则选择 $T$ 的方法之一是使 $T$ 以外的信号值很小或近似为零；另一种方法是"试选"，即首先选 $T_1$，并计算截断信号的谱，然后选择较大的 $T_2$，如 $T_2=2T_1$，若此时频谱与前一个频谱基本相同，则可选择 $T_2$ 作为窗长。否则，选再大些的 $T_3$，如 $T_3=2T_2$，依此类推，直至前后两次相继算出的频谱基本相同。

(2)如果待分析信号中包含一个周期性信号，则频谱将由周期性信号和非周期信号两部分组成。其中，周期性信号部分由冲激函数组成，但由于截断效应，周期性信号的谱是尖峰脉冲而不是冲激脉冲。若将 $T$ 加倍，则尖峰脉冲的高度也加倍，而宽度则减少一半。因此，由周期信号形成的尖峰与由非周期信号形成的尖峰很容易辨识。

在实际工作中，先对 $T=T_1$ 的频谱进行计算，接着是 $T=2T_1$ 的频谱。若此时计算得到的频谱，除去那些高度被近似加倍的尖峰脉冲之外，其他部分与前一个频谱大致相同，则 $T=2T_1$ 的谱即可为实际谱的近似。否则，将 $T_2$ 再加倍，直至得到实际谱的较好近似。

3)数据预处理

信号数字化之后，还必须进行预处理才能进行分析。信号预处理包括改变信号的数据形式、数据校准、剔点处理和预检数据。

(1)改变信号的数据形式。

本处理部分是将模数转换系统产生的数据形式改变为计算机系统所能接受的标准数据形式，使数据的位数、表达方式等都符合要求。

(2)数据校准。

这部分工作是将数据单位转换成合适的物理单位，常用的方法有阶跃校准和正弦校准两种。校准工作通常在数据记录之前进行，如果为精确测试，则在测试前和测试后均需要进行校准。常见的测试系统校准工作可分为两部分内容：一是根据标准化要求通过精确输入对传感器进行激励；二是将传感器(或变换器)从电路中断开，接入校准仪器。

(3)异点处理。

动态测试过程中，由于传输环节中信号的突然损失、外界突显的干扰信号等因素有可能会混入一些虚假数据，称为异点，属于粗大误差。由于这些因素往往具有突然性，其并不反映被测对象和测试系统的正常信息，却往往会影响分析结果。因此，在数据处理分析中，最好能检测并消除异点。尽管手段并不十分完善，但还是有一些方法，如 Tukey 提出的稳健性的 53H 法，可检测出异点。检测异点的基本思路是假设正常数据是"平滑"的，而异点是"突变"的，可首先做原始数据的平滑估计，并假定系数 $k$ 表示正常数据偏离平滑估计范围。若原始数据中有的数值超出此范围，则判断该数值为异点。因此，该方法的关键是产生平滑估计和选取 $k$ 值。其中，利用"中位数"的方法可抑制概率分布偏离及与异常值的影响，从而产生评估估计。但在实际应用中人们还常常是将数据用表格或图形形式输出后，用人工分析法进行检测，进而将异点消除或放弃使用该组数据。

(4)预检处理。

预检数据是对数据进行分析之前的一次检验，目的是发现和处理数据中存在的某种问题，如剔除不合理的数据和趋势项。趋势项是指周期长于记录长度的频率成分，这通常是信号在测量、传输和记录过程中，由于系统的零漂或其他原因引起的，其表现为在时间序列中线性的或慢性的趋势误差。如果不剔除，其会使以后的相关分析和谱分析的结果出现很大的畸变。但是趋势项并不是误差，而是物理过程本身所固有的，其本身就是一个需要知道的结果，这样的趋势项就不能剔除，在剔除趋势项时应该特别谨慎。只有物理上需要剔除的和数据中明显的、确实是误差趋势项才能剔除。

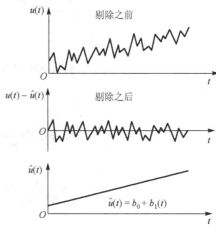

　　趋势项可以随时间呈线性变化，也可以是时间的高阶多项式，剔除的方法主要有高通滤波法、平均偏斜法和最小二乘法等。因为趋势项是低频信号，可用高通滤波器将其滤去，这种方法多用于模拟式分析仪；平均偏斜法适用于趋势项呈线性变化的情况；而最小二乘法既能剔除线性趋势项，又能剔除高阶多项式的趋势项。图 6.2.2 给出了利用最小二乘法进行线性趋势项剔除的示意图，图中 $u(t)$ 为原始信号，$\hat{u}(t)$ 为利用最小二乘法对原始信号中线性趋势项的拟合曲线，$u(t)-\hat{u}(t)$ 为剔除线性趋势项后的信号。

图 6.2.2　线性趋势项剔除的示意图

**2. 数据检验**

　　在信号分析之前，对数据的基本特性(平稳性、各态历经性、周期性和正态性)作一些检验是十分必要的。掌握数据的这些基本统计特性，在选择动态测试数据处理方法、分离测试误差方案的拟定、判别数学模型的拟合效果，以及拟合误差或估计精度的分析等方面都具有重要意义。

　　1)平稳性检验

　　平稳性数据较之非平稳数据在特征量统计、数学模型拟合，以及拟合误差分析和拟合效果检验等数据处理方法上要简单得多。因此，预先检验数据的平稳性，有助于简化动态测试数据处理方法。如果不是各态历经的数据，就不能只分析一个样本记录，其随机过程的统计特性必须从多个样本的总体分析中得到。对于各态历经过程的检验，主要靠物理判断。物理判断的依据是：若随机过程的各个样本本身是平稳的，且在获得各个样本时其基本物理因素大致相同，则可认为由这些样本所代表的随机过程是各态历经的。例如，在流体力学中，通常假设平稳过程是各态历经的，虽然该假设难以严格证明，但至今为止，采用这种假设未发现矛盾。在工程实际中，一般都要对数据作平稳性检验。

　　平稳性检验的方法如下：

　　(1)最简单的方法是对产生该随机数据的物理现象及其物理特性进行观察。如果该现象的基本物理因素不随时间而变，那么可假设数据是平稳的。

　　(2)针对平稳数据应具有的特征：数据平均值波动很小、信号波形峰谷变化比较均匀，以及频率结构比较一致等，也可通过直接观察信号的时间历程来确定数据是否平稳。图 6.2.3 给出了四种波形的幅值变化曲线，其中，波形(a)的平均值变化很大，波形(b)的峰谷变化很不均匀，波形(c)的频率结构很不一致，只有波形(d)同时符合上述三个特征特性，则可认为(d)是平稳的,而其余的都是不平稳的,但是这种方法具有一定的主观性,因此检验比较粗糙。

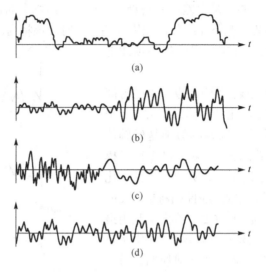

图 6.2.3 四种不同特性数据的时间历程记录

(3)利用统计理论来检验一组随机数据的平稳性,主要可分为参数检验法和非参数检验法两大类,包括分段估计参数检验法、滑动平均递推估计参数检验法、逆序数检验法,以及轮次数检验法。其中,轮次数检验法具有方便、实用的特点。

最后,在用单个样本记录检验数据的平稳性时,需要注意:如果过程是非平稳的,则样本记录必须反映其非平稳特性;且样本记录必须足够长,从而能够辨别数据中非平稳趋势项和时间历程的随机起伏量。

2)周期性检验

通过周期性检验,可以从由平稳数据计算得到的功率谱密度函数、振幅的概率密度函数和自相关函数等结果中,直接观察检测到的随机数据以外的周期分量。在实际分析时,为了验证采用功率谱密度函数对信号进行周期性检验的正确性,可以先用一定带宽的滤波器将一个周期性信号与一个随机窄带信号叠加,并对两者进行周期性鉴别。通过鉴别的结果判断该方式下信号的周期性检验结果,以避免在解释信号周期性检验结果时出现错误。

例如,为了验证用功率谱密度函数检验信号的周期性分量的正确性,图 6.2.4 分别给出了 50Hz 带宽(图 6.2.4(a))和 2Hz 带宽(图 6.2.4(b))滤波器的分析结果,在 2Hz 带宽滤波器

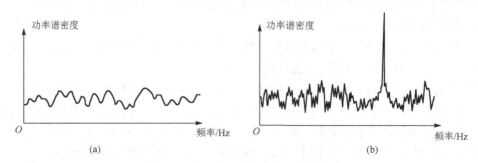

图 6.2.4 随机信号中正弦谱峰的检测

的分析结果中能够很清晰地看出正弦分量的存在。这就说明很弱的周期分量也可以在高分辨率的谱图上被表示出来。不过要注意正弦谱峰与窄带随机信号的区分。

3) 正态性检测

对于随机信号进行解析分析时，为推导方便，往往对数据作正态假设。因此，在这种情况下，需要对数据作正态性检验，否则就没有把握使用这种解析的结果。

关于正态性检验，可以根据现象的特性来判断是否为正态分布。例如，根据样本记录，测量其概率密度函数或概率分布函数，并将结果与理论正态分布比较和判定。此外，还可通过概率统计方法进行检测。例如，皮尔逊 $\chi^2$ 检验法是常用的总体分布规律的检验方法，且不仅限于检验正态分布，也适用于检验非正态分布，但是要求样本容量较大，多需对数据分组，并统计其出现的频数及直方图后，进行这种 $\chi^2$ 检验；科尔莫戈罗夫-斯米尔诺夫检验法则是根据实验统计的累积频率与相应的频率分布函数值的最大差值来检验数据分布规律的，适用于大样本的正态性检验，后被推广至小样本且不限于检验正态分布；偏态与峰态检验法考虑到正态分布可完全由其前二阶矩确定，而非正态分布还需要考虑分别反映不对称性和峰凸状态的三阶矩和四阶矩，这两种分布特性可用偏态系数和峰态系数表示，大量实践表明，峰态系数对概率分布两侧拖尾状态较敏感，且这种偏态与峰态检验方法较简单，因此近年来被广泛应用，但仅适用于正态性检验。

## 6.2.3　动态测试误差的分离

动态测试数据处理与评定的必要前提及关键是，首先从动态测试数据中将动态测试误差分离出来。为了有效进行动态测试误差的分离，需了解它们对动态测试数据中被测变量真值的影响，目前多采用数据处理法来确定动态测试误差。

以连续系统为例，动态测试数据 $Y(t)$ 多包含确定函数 $f(t)$ 和随机函数 $X(t)$，即

$$Y(t) = f(t) + X(t) = \left[ p(t) + d(t) \right] + X(t) \tag{6.2.5}$$

式中，确定函数 $f(t)$ 由非周期函数 $d(t)$ 和周期函数 $p(t)$ 组成；$d(t)$ 可由不同变化规律的若干初等函数组成，或展成代数多项式或广义多项式；$p(t)$ 由不同周期或频率的若干谐波分量组成，或展成三角多项式等；$X(t)$ 多为平稳随机过程，有时为非平稳随机过程(尤其在长过程测试中)。

另外，动态测试数据 $Y(t)$ 又是由被测变量真实值 $Y_0(t)$ 及其测量误差 $e(t)$ 组成的，该真实值 $Y_0(t)$ 也可划分为确定函数 $f_0(t)$ 和随机函数 $X_0(t)$，且误差 $e(t)$ 由系统误差 $e_s(t)$ 和随机误差 $e_r(t)$ 组成，因而得到

$$\begin{aligned} Y(t) &= Y_0(t) + e(t) = f_0(t) + X_0(t) + e(t) \\ &= \left[ p_0(t) + d_0(t) \right] + X_0(t) + \left[ e_s(t) + e_r(t) \right] \end{aligned} \tag{6.2.6}$$

式中，下标"0"均表示属于真实的被测变量。

式(6.2.6)可称为动态测试数据的组合模型。该式也表明了动态测试误差对动态测试数据中所含各种成分及其统计特征量的影响，其可作为分离测试误差的依据，即在识别、提取出的确定性成分中分离出系统误差，以及在表述分解随机性成分中，对各特征量分离或抑制随机误差的影响。因此，动态测试误差分离的工作就是求出上式的右方各项，从中分离出系统误差 $e_s(t)$ 和随机误差 $e_r(t)$。

　　但是一般情况下要进行全面的测试误差分离是很难实现的，通常都需要事先掌握有关被测变量与测试误差的必要信息，如被测变量是确定函数还是随机函数，或两者兼有，甚至需要了解其具体的函数形式与统计特性；测试误差是否含有系统误差及其变化的函数形式，其所含随机误差是否可视为白噪声，或平稳，或非平稳等。这样，根据这些先验信息，拟定接近实际的数学模型及对其随机扰动做出合乎实际的假定，并由此拟定分离测试误差的动态测试数据处理方案。不过，通常在拟定该方案中需要进行理想化处理，即采取"取主舍次"的简化，以避免烦琐的数据处理引入计算误差。

　　对于系统误差而言，重复测量数据误差曲线的均值可作为系统误差，但单纯借助数据处理来分离系统误差并非易事。考虑到系统误差 $e_s(t)$ 也可再划分为非周期成分和周期成分，则通常仅当被测变量与系统误差中非周期成分的函数形式不同，或它们周期成分中的周期或频率不同时才便于分离。否则，还需借助测定方法才能予以分离或修正。

　　对于随机误差而言，可首先利用统计处理方法对具有某种统计特性的动态测试数据进行求均值、方差、协方差、谱密度等统计处理，最后分离出随机误差。这种方法必须事前对测量数据中各种组成成分的特性进行判断，如先验性分析等，且对数据进行统计处理后，依据统计特性的不同分离出动态测试误差。

　　综上所述，一般情况下没有通用的测试误差与测量结果的分离方案，只能在一些特殊情况下，对其作具体分析后拟定出分离方法。在分离测量结果与测试误差时，通常是首先对动态测试数据 $Y(t)$ 求解，以所得的均值函数表示其中的确定性成分。同时，常常将其分解为多种函数形式的组合，如以被测变量和系统误差可能含有的各种定性函数形式组成的广义多项式来拟合该均值函数，以便进一步分离测量结果与系统误差。其次，在确定动态测试数据的均值函数时，即提取其确定性成分后，再将动态测试数据减去其均值函数，即加以中心化，然后对其进行相关分析与谱分析，即统计估算其协方差函数、相关函数或谱密度。接下来，根据被测变量中随机性成分与随机误差的不同统计特性来予以分离，从而最终确定随机误差的评定指标，并进行估算。图 6.2.5 给出了动态测试误差的分离与评定流程，从中也可以看出由动态测试原始数据分离出被测量真实值和动态测试误差的途径。

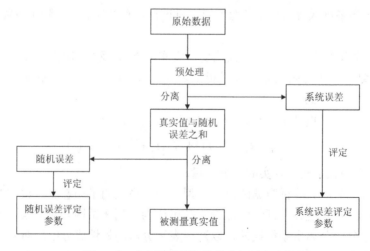

图 6.2.5　动态测试误差的分离与评定流程

### 6.2.4　动态测试误差的评定

动态测试误差的评定就是根据测量数据确定表征误差大小和其他特性的参数。动态测试误差的分析与评定要比静态测试复杂，应考虑其时变性、随机性和相关性，以及测试系统的动态特性等，应以随机过程理论为依据。另外，动态测试误差评定指标在实质上与静态测试类同，差异仅在于其时变性。若动态测试误差在不同瞬时均为统计独立的，则在处理方法上两者并无差异，而动态测试误差的相关性是其与静态测试误差的本质区别。在评定动态测试误差时，需考虑以下几方面。

1) 平稳性辨别

通常只要被测过程与测试系统内部状态及其外部条件均保持相对稳定，其动态测试误差可视为接近平稳。对于较长过程的动态测试，总会有缓慢的变动，甚至出现急剧变化，使其动态测试误差表现出非平稳性，包括一阶和二阶非平稳性。实践经验表明，多数动态测试误差可近似视为具有平稳性，甚至接近具有正态性。这时，只需取得动态测试误差的一个时间足够长的样本函数进行误差评定。

2) 系统误差评定

以动态测试误差的均值函数为评定指标，同时也可结合其最大和最小偏差。对于平稳性误差，则为常量均值。

3) 随机误差评定

通常以动态测试误差的自协方差函数为评定指标，这样可表示出其方差函数和自相关函数。具体而言，可以从幅值、时域和频域等三个方面来综合评定其统计特性。其中，在频域上可采用谱密度函数来评定平稳性误差的统计特性，即反映出其所含频率成分的方差分量，从而比较不同频率成分的强弱，进而确定误差来源。

在具体的实际应用中，由于动态测试误差表现为随机过程，多可按其各态历经性将其评定指标分别按总体平均和时间平均两种类型来估计，而且多采用数字计算的离散形式。下面就通过一个具体的案例介绍一下动态测试系统误差和随机误差的求取方法。

**例 6.2.1**　在冲击试验中，正确测量冲击试验台施加在试样上的冲击加速度波形，保证其在允许范围内。根据试验规范，冲击加速度波形标称值为峰值加速度 $50g$，脉冲持续时间 3ms 的半正弦波 $(1g=10\text{m/s}^2)$。现有压电加速度计—前置放大器—数字示波器，并在每个方位上配以规定的滤波器，重复 6 次测得冲击加速度波形曲线 1。将这 6 次数据取平均，可得到冲击加速度波形曲线的均值 2，将其代替真值，称为约定真值或真实值，如图 6.2.6 所示，图中的差值即为冲击加速度波形的动态测试误差。该系统的动态特性引起的动态误差即为系统误差，表现为确定的时变函数，如图 6.2.7 所示，试计算相应的动态测试误差指标。

**解**　根据图 6.2.5，首先评价动态测试系统误差，假设对被测参数重复进行 $n$ 次测量，通过测量及数据处理得到 $n$ 个表示该系统误差的确定性时变量，每个时变量中经过采样得到 $N$ 个样本，取 $e_{ski}$ 为第 $k$ 个样本中 $N$ 个数据中的第 $i$ 个系统误差，则应将它们的算术平均值 $m_{si}$ 或最大值 $m_{sim}$ 作为评定参数，即

$$m_{si} = \sum_{k=1}^{n} \frac{e_{ski}}{n}, \quad i = 1, 2, \cdots, N$$

$$m_{sim} = \max_{k=1}^{n} \{e_{ski}\}, \quad i = 1, 2, \cdots, N$$

式中，下标 s 表示系统误差，且 $\max_{k=1}^{n}\{e_{ski}\}$ 表示在 $n$ 个 $e_{ski}$ 中取绝对值最大的值。

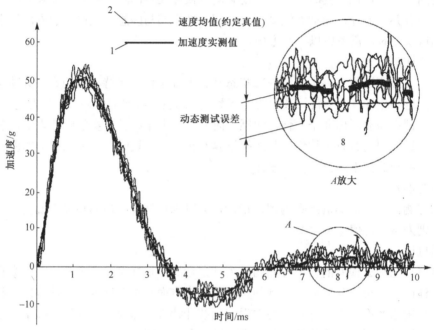

图 6.2.6　试样上冲击加速度波形曲线

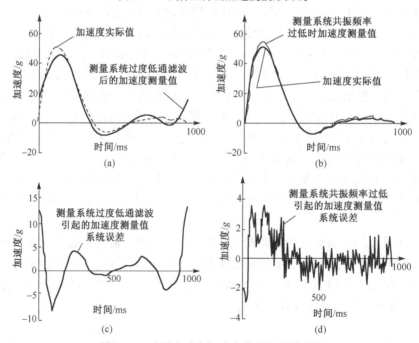

图 6.2.7　试样上冲击加速度的系统误差分析

其次，根据前面定义的式(6.2.1)，对(约定)真值进行相减后可得到各条重复测量曲线的算术平均值曲线，所得结果反映了误差的平均变化规律，进而以此为依据确定总的系统误差评定参数。

然后评定动态测试随机误差。对于多次重复测量的动态测试误差，若各次测量相互独立且测量条件相同，则可以选择若干随机过程总体平均的评定参数作为动态测试随机误差的评定参数。若进行了 $n$ 次重复的动态测试，每次测试中采样 $N$ 个数据，取 $r_{rki}$ 和 $r_{rkj}$ 分别为第 $k$ 个样本中第 $i$ 个和第 $j$ 个动态测试随机误差，则动态测试随机误差的总体评定参数如下：

总体均值

$$m_{ri} = \sum_{k=1}^{n} \frac{e_{rki}}{n}$$

总体标准差

$$\sigma_i = \sqrt{\frac{1}{n-1}\sum_{k=1}^{n}(e_{rki}-m_{ri})^2}$$

总体极限误差

$$\delta_{\lim i} = k_p \sigma_i \quad (k_p\text{通常取}3)$$

总体协方差

$$C_{i,j} = \frac{1}{n-1}\sum_{k=1}^{n}\left[(e_{rki}-m_{ri})(e_{rkj}-m_{rj})\right]$$

式中，$1 \leqslant i \leqslant N$，$1 \leqslant j \leqslant N$。

特别地，若动态测试随机误差为各态历经的，则可用一个随机误差样本 $e_r(t)$ 按时间平均的误差评定参数来评定动态测试随机误差，且其数值应与总体平均的评定参数一致。取 $e_{ri}$ 和 $e_{rj}$ 是任意一个样本中第 $i$ 个和第 $j$ 个动态测试随机误差，则总体评定参数如下：

时间均值

$$\overline{e}_r = \frac{1}{N}\sum_{i=1}^{N}e_{ri}$$

时间平均方差

$$\sigma^2 = \frac{1}{N}\sum_{i=1}^{N}(e_{ri}-\overline{e}_r)^2$$

时间平均协方差

$$C_{i,j} = \frac{1}{N-j}\sum_{i=1}^{N-j}\left[(e_{ri}-\overline{e}_r)(e_{r(i+j)}-\overline{e}_r)\right]$$

最后进行总结，在动态测试误差的实际评定中，并不是要求计算所有评定指标。这些指标的具体选择，不仅与动态测试误差的表现形式有关，还要具体考虑误差评定的目的和要求。若误差评定后需要进行误差合成处理，则还必须求解协方差参数。

**例 6.2.2**　对某加速度 6 次重复测量的结果进行离散化处理，得到了 6 个长度均为 1000 的离散误差序列，按照动态误差分析的步骤，已经将被测量的真实值和系统误差部分分离出来，得到的随机误差部分数据如表 6.2.1 所示。试采用例 6.2.1 中给出的方法评价该动态测试的随机误差。

**表 6.2.1　加速度动态测试随机误差测量结果及相应方法的计算结果**

| 时间<br>$i/0.01\text{ms}$ | 样本 1<br>$e_{r1i}/g$ | 样本 2<br>$e_{r2i}/g$ | 样本 3<br>$e_{r3i}/g$ | 样本 4<br>$e_{r4i}/g$ | 样本 5<br>$e_{r5i}/g$ | 样本 6<br>$e_{r6i}/g$ | 总体均<br>值 $m_{ri}/g$ | 总体<br>标准差<br>$\sigma_i/g$ | 总体误差上下限<br>$(m_{ri}\pm3\sigma_i)/g$ | |
| --- | --- | --- | --- | --- | --- | --- | --- | --- | --- | --- |
| | | | | | | | | | 下限 | 上限 |
| 1 | −2.048 | 1.873 | −1.518 | −1.167 | −1.707 | −4.586 | −1.525 | 2.065 | −7.719 | 4.670 |
| 2 | −1.723 | 1.734 | −1.027 | −1.644 | −1.902 | −4.538 | −1.517 | 2.007 | −7.539 | 4.505 |
| 3 | −1.431 | 1.397 | −0.355 | −2.100 | −2.090 | −4.190 | −1.462 | 1.879 | −7.099 | 4.175 |
| 4 | −1.231 | 0.933 | 0.264 | −2.451 | −2.274 | −3.584 | −1.390 | 1.725 | −6.565 | 3.784 |
| 5 | −1.129 | 0.444 | 0.585 | −2.642 | −2.449 | −2.848 | −1.340 | 1.558 | −6.012 | 3.334 |
| 6 | −1.080 | 0.023 | 0.435 | −2.662 | −2.591 | −2.164 | −1.340 | 1.347 | −5.380 | 2.700 |
| 7 | −1.013 | −0.275 | −0.236 | −2.548 | −2.671 | −1.715 | −1.410 | 1.077 | −4.641 | 1.822 |
| 8 | −0.858 | −0.443 | −1.328 | −2.376 | −2.656 | −1.632 | −1.549 | 0.856 | −4.117 | 1.020 |
| 9 | −0.586 | −0.517 | −2.611 | −2.237 | −2.527 | −1.952 | −1.738 | 0.949 | −4.584 | 1.108 |
| 10 | −0.220 | −0.554 | −3.798 | −2.211 | −2.283 | −2.605 | −1.945 | 1.339 | −5.962 | 2.072 |
| ⋮ | ⋮ | ⋮ | ⋮ | ⋮ | ⋮ | ⋮ | ⋮ | ⋮ | ⋮ | ⋮ |
| 996 | −1.432 | 1.124 | 0.361 | −0.471 | −0.747 | −2.792 | −0.660 | 1.372 | −4.774 | 3.455 |
| 997 | −1.937 | 1.092 | −0.252 | −0.381 | −0.847 | −3.116 | −0.907 | 1.459 | −5.285 | 3.471 |
| 998 | −2.286 | 1.280 | −0.917 | −0.361 | −1.036 | −3.518 | −1.140 | −1.643 | −6.067 | 3.788 |
| 999 | −2.409 | 1.562 | −1.445 | −0.478 | −1.265 | −3.962 | −1.333 | 1.855 | −6.897 | 4.231 |
| 1000 | −2.309 | 1.798 | −1.671 | −0.756 | −1.495 | −4.355 | −1.465 | 2.013 | −7.503 | 4.574 |
| 时间均值<br>$\bar{e}_r/g$ | −0.124 | 0.106 | 0.034 | 0.057 | −0.020 | −0.054 | | | | |
| 时间平均<br>方差<br>$\sigma^2/g^2$ | 3.539 | 4.430 | 3.858 | 4.366 | 3.698 | 3.964 | | | | |

**解**　根据题意，样本 1～样本 6 已经是动态测试随机误差序列，因此可以参照例 6.2.1 中的方法，首先按照总体平均法的计算公式求取平均值和标准差，进而考虑到该序列可能是各态历经随机过程，因此也可以按照时间平均法的计算公式进行求解，两种方法计算得到的均值和标准差(或方差)结果均列在表 6.2.1 中，总体平均法的计算结果见表中第 8～11 列，时间平均法的计算结果见表中最后两行。

从表 6.2.1 中可以看到，总体平均法的应用没有限制条件，计算过程中用到了样本 1～样本 6 的全部数据，对于 1～1000 的每个数据点，都计算了均值和标准差，并且参照 $3\sigma$ 准则得到了极限误差。而如果用时间平均法进行求解，前提条件是该随机过程为各态历经随机过程，而各态历经的前提又必须是平稳随机过程，平稳就是均值和方差应该为常数。从表 6.2.1 中可见，样本 1～样本 6 的时间均值基本上保持稳定，方差的波动性要稍微大一些，但是对于 1000 个点的样本来说，这个波动是在允许的范围之内的，所以可以认为均值和方差是稳定的，符合平稳随机过程的特点。如果想进一步验证是否为各态历经，可以参照前面的判断条件进行计算，本例题在此就不再进行深入分析和讨论了。

综上所述，表 6.2.2 列出了通常情况下动态测试误差的分类及其相应的评定指标，在评定动态测试误差 $e(t)$ 时，可根据要求估计其均值函数 $\mu_e(t)$、协方差函数 $C_e(t_1,t_2)$ 或 $C_e(\tau)$，或方差函数 $\sigma_e^2(t)$ 和相关系数 $\rho_e(t_1,t_2)$ 或 $\rho_e(\tau)$，以及谱密度函数 $s_e(\omega)$。

**表 6.2.2　动态测试误差类型及评定指标**

| 类型 | 系统误差 | 随机误差 | | |
|------|---------|---------|---|---|
| 白噪声 | $\mu_e(t)$ | $\sigma_e^2(t)$ | | |
| 平稳性误差 | | $C_e(\tau)$ | $\sigma_e^2(t)$ $\rho_e(\tau)$ | $s_e(\omega)$ |
| 一阶非平稳误差 | $\mu_e(t) = d_e(t) + p_e(t)$ | | | |
| 二阶非平稳误差 | $d_e(t)$ 表示非周期函数 $p_e(t)$ 表示周期函数 | $C_e(t_1,t_2)$ | $\sigma_e^2(t)$　$\rho_e(t_1,t_2)$ | |

# 6.3　测试系统动态实验数据处理方法

本章前面的内容都是考虑如何从测量结果的角度着手分析动态测量数据的特征，实际应用中必然会遇到测试系统的动态性能评价和建模问题，这就是本节的重点内容。

## 6.3.1　测试系统的动态响应及动态性能指标

对于测试系统的动态特性，可以从时域和频域来分析。对于时域分析来讲，主要分析测试系统在阶跃输入或冲击输入情况下的响应特性，进而获取其动态性能指标，这里只针对阶跃响应进行分析。而对于测试系统的频域分析，则是分析在正弦输入下的稳态响应，主要从测试系统的幅频特性与相频特性来讨论其动态性能指标。

**1. 测试系统时域动态性能指标**

对于测试系统的阶跃响应，其输入量表达形式为 $x(t) = \varepsilon(t)$，若要求输出实时、无失真地反映输入变化，则 $y(t) = k\varepsilon(t)$（$k$ 为静态增益）。但实际当中很难做到这一点，为了评估测试系统实际输出偏离理想输出的程度，常在实际输出响应曲线中从幅值和时间两方面找出有关特征量，并以此作为衡量测试系统性能的依据。

1）一阶测试系统的时域响应特性与动态性能指标

设某一阶测试系统的传递函数为

$$G(s) = \frac{k}{Ts+1} \tag{6.3.1}$$

式中，$T$ 为测试系统的时间常数，$k$ 为测试系统的静态增益。

则当输入为单位阶跃信号时，测试系统的输出为

$$Y(s) = G(s) \cdot X(s) = \frac{k}{Ts+1} \cdot \frac{1}{s} \tag{6.3.2}$$

可得

$$y(t) = k[\varepsilon(t) - e^{-t/T}] \tag{6.3.3}$$

图 6.3.1 给出了一阶测试系统阶跃输入下的归一化响应曲线，为了便于分析测试系统的动态误差，引入相对动态误差的概念：

$$\xi(t) = \frac{y(t) - y_s}{y_s} \times 100\% = -e^{-t/T} \times 100\% \tag{6.3.4}$$

式中，$y_s$ 为测试系统的稳态输出。

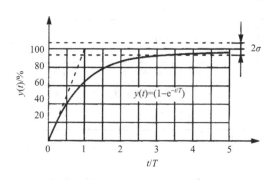

图 6.3.1　阶跃输入下的归一化响应曲线

图 6.3.2 给出了一阶测试系统阶跃输入下的相对动态误差曲线 $\xi(t)$。对于一阶测试系统的实际输出特性曲线，通常选择几个特征时间点作为动态性能指标。

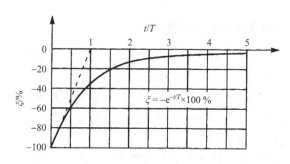

图 6.3.2　阶跃输入下的相对动态误差

(1)时间常数 $T$：输出由零上升到稳态值的 63% 时所需的时间称为系统的时间常数。

(2)响应时间 $t_s$：输出上升到与稳态值偏差不超过规定值所需的时间。通常定义为动态相对误差小于 5%、2% 或 10% 时对应的时间，其中小于 5% 应用最广泛。

(3)延迟时间 $t_d$：输出上升到稳态输出一半时所需的时间。

(4)上升时间 $t_r$：输出由 10% 上升到 90% 的时间，也可定义为由 5% 上升到 95% 的时间。

对于一阶测试系统来讲，时间常数越大，达到稳定值的时间就越长，测试系统的动态特性就越差，因此对一阶测试系统来讲，改善其动态性能的措施就是减小时间常数。

2)二阶测试系统的时域响应特性与动态性能指标

设某二阶测试系统的传递函数为

$$G(s) = \frac{k\omega_n^2}{s^2 + 2\xi_n \cdot \omega_n \cdot s + \omega_n^2} \tag{6.3.5}$$

输入单位阶跃信号后，输出为

$$Y(s) = G(s) \cdot X(s) = \frac{k\omega_n^2}{s^2 + 2\xi_n \cdot \omega_n \cdot s + \omega_n^2} \cdot \frac{1}{s} \tag{6.3.6}$$

二阶测试系统的动态性能指标与 $\omega_n$、$\xi_n$ 有关，其归一化后的输出特性曲线与阻尼比系数密切相关，如图 6.3.3 所示。

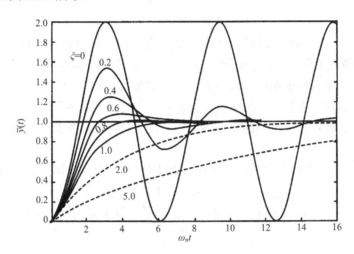

图 6.3.3　二阶测试系统归一化阶跃响应曲线与阻尼比系数的关系

可见，二阶测试系统的响应曲线分为三种情况：$\xi_n > 1$（过阻尼无振荡系统）、$\xi_n = 1$（临界阻尼无振荡系统）和 $0 < \xi_n < 1$（欠阻尼振荡系统）。

对于过阻尼和临界阻尼这两种情况，由于响应曲线不存在振荡，因此动态性能指标类似于一阶测试系统，仍然包括响应时间 $t_s$、上升时间 $t_r$ 与延迟时间 $t_d$，这三个性能指标均与 $\omega_n$、$\xi_n$ 密切相关。而对于欠阻尼的情况，因为阶跃响应曲线出现了振荡，所以动态性能指标中应包括与振荡有关的参数。

（1）振荡次数：误差曲线幅值超过允许误差限的次数。

（2）峰值时间 $t_P$ 和超调量 $\sigma_P$：阶跃响应曲线从起始点到第一个振荡幅值点所需的时间称为峰值时间，是阻尼振荡周期的一半。超调量是指峰值时间对应的相对动态误差。

（3）振荡衰减率 $d$：相邻阻尼振荡周期的峰值之比，衰减率越大表明衰减越快。

**2. 测试系统频域动态性能指标**

频域动态性能是分析在正弦输入下，测试系统的稳态响应结果。对于 $x(t) = \sin(\omega t)$，理想情况下希望 $y(t) = k\sin(\omega t)$，但实际当中不可能做到这一点，通常情况下测试系统的实际输出曲线为

$$y(t) = k \cdot A(\omega) \cdot \sin(\omega t + \varphi(\omega)) \tag{6.3.7}$$

式中，$A(\omega)$ 为测试系统归一化的幅值频率特性；$\varphi(\omega)$ 为测试系统的相位频率特性。

1）一阶测试系统的频率响应特性及动态性能指标

一阶测试系统归一化后的幅频特性与相频特性分别为

$$A(\omega) = \frac{1}{\sqrt{1 + (T\omega)^2}} \tag{6.3.8}$$

$$\varphi(\omega) = -\arctan(T\omega) \tag{6.3.9}$$

与理想情况下无失真的测试系统输出的差值分别为

$$\Delta A(\omega) = A(\omega) - A(0) = \frac{1}{\sqrt{1 + (T\omega)^2}} - 1 \tag{6.3.10}$$

$$\Delta\varphi(\omega) = \varphi(\omega) - \varphi(0) = -\arctan(T\omega) \tag{6.3.11}$$

可以看到：当$\omega$增加时，幅值和相位误差均快速增加，这说明测试系统的性能变差，在极限情况下，$\omega$趋近于无穷大，幅值增益衰减为0，相位误差达到最大，为–90°。

因此，一阶测试系统的响应曲线与输入信号的频率变化密切相关，当频率较低时，输出能够较好地跟踪输入变化，而频率较高时输出则很难跟踪输入变化，出现较大的幅值衰减和相位误差，这就使得动态性能指标中必须对输入信号的工作频率加以限制，因而出现了如下性能指标。

(1)通频带$\omega_B$：幅值增益对数特性衰减–3dB时对应的频率范围，计算得到

$$\omega_B = 1/T \tag{6.3.12}$$

(2)工作频带$\omega_g$：归一化幅值误差小于规定的允许误差$\sigma$时所对应的频率范围，可得

$$\omega_g = \frac{1}{T}\sqrt{\frac{1}{(1-\sigma)^2} - 1} \tag{6.3.13}$$

可以看到，提高测试系统动态性能的途径是减小时间常数 $T$，从而使得通频带和工作频带都有提高，这与时域性能指标分析中所得的结论是相符合的。

2)二阶测试系统的频率响应特性及动态性能指标

二阶测试系统的分析方法与一阶测试系统类似，其归一化后的幅频特性、相频特性与理想情况下无失真测试系统输出(幅值为1，相位为零)的差值分别为

$$\Delta A(\omega) = \frac{1}{\sqrt{\left[1 - \left(\dfrac{\omega}{\omega_n}\right)^2\right]^2 + \left(2\xi_n \cdot \dfrac{\omega}{\omega_n}\right)^2}} - 1 \tag{6.3.14}$$

$$\Delta\varphi(\omega) = \begin{cases} -\arctan\dfrac{2\xi_n \cdot (\omega/\omega_n)}{1 - (\omega/\omega_n)^2}, & \omega \leqslant \omega_n \\[4mm] -\pi + \arctan\dfrac{2\xi_n \cdot (\omega/\omega_n)}{(\omega/\omega_n)^2 - 1}, & \omega > \omega_n \end{cases} \tag{6.3.15}$$

分析式(6.3.14)和式(6.3.15)所示的幅值误差和相位误差可以看出：$\omega=0$ 时，输出不失真、不衰减；$\omega$趋近无穷大时，相对幅值误差与相位延迟均达到最大。所以也应当对二阶测试系统的工作频率范围进行限制，与一阶测试系统的不同之处在于，依据 $dA(\omega)/d\omega = 0$，可得阻尼比系数小于 0.707 时，二阶测试系统的幅频特性将出现峰值，因此，对于二阶测试系统而言，定义其通频带意义不大，工作频带的意义更大一些，这就是二阶测试系统只有

工作频带一个频域性能指标的主要原因。

### 6.3.2　测试系统动态特性测试与动态模型建立

在 6.3.1 节中，动态性能指标的求取要求事先知道一阶或二阶系统的传递函数，传递函数的求取就是测试系统动态模型的建立过程。建立测试系统的动态模型，也可以从时域和频域分别进行。

**1. 由阶跃响应曲线获取系统的传递函数的回归分析方法**

对于一阶测试系统来说，在阶跃输入下，系统的输出响应是非周期型的。对于二阶测试系统来说，阶跃输入下，当阻尼比系数 $\xi_n \geqslant 1$ 时，系统的输出响应是非周期型的；而当 $0 < \xi_n < 1$ 时，系统的输出响应为衰减振荡型。下面分别进行讨论。

1)由非周期型阶跃响应过渡过程曲线求一阶或二阶测试系统传递函数的回归分析

(1)一阶系统。

典型一阶系统的传递函数如式(6.3.1)所示，式中 $k$ 为静态增益，由静态标定获得。因此只要根据实验过渡过程曲线求出时间常数 $T$，就可以得到测试系统的动态数学模型。

一阶测试系统的归一化阶跃过渡过程为

$$y_n(t) = 1 - \mathrm{e}^{-t/T} \tag{6.3.16}$$

进而可得

$$\mathrm{e}^{-t/T} = 1 - y_n(t) \Rightarrow -\frac{t}{T} = \ln[1 - y_n(t)] \tag{6.3.17}$$

取 $Y = \ln[1 - y_n(t)]$，$A = -\dfrac{1}{T}$，则式(6.3.17)可以转换为

$$Y = At \tag{6.3.18}$$

因此，通过求取式(6.3.17)描述的线性特性方程，求解回归直线的斜率 $A$，就可以得到时间常数，进而得到传递函数。需要注意的是，求解过程完毕后，还应进行回归效果的检验，验证回归效果和测试结果是否吻合。

**例 6.3.1**　某系统的单位阶跃响应的实测动态数据如表 6.3.1 所示，试回归其传递函数。

表 6.3.1　某系统单位阶跃响应的实测动态数据

| 实验点数 $i$ | 1 | 2 | 3 | 4 | 5 | 6 | 7 |
|---|---|---|---|---|---|---|---|
| 时间 $t/\mathrm{s}$ | 0 | 0.1 | 0.2 | 0.3 | 0.4 | 0.5 | 0.6 |
| 实测值 $y_i(t)$ | 0 | 0.426 | 0.670 | 0.812 | 0.892 | 0.939 | 0.965 |
| $Y_i = \ln[1 - y_i(t)]$ | 0 | −0.555 | −1.109 | −1.671 | −2.226 | −2.797 | −3.352 |
| 回归值 $\hat{y}_i(t)$ | 0 | 0.428 | 0.672 | 0.813 | 0.893 | 0.939 | 0.965 |
| 偏差 $\hat{y}_i(t) - y_i(t)$ | 0 | 0.002 | 0.002 | 0.001 | 0.001 | 0.000 | 0.000 |

利用最小二乘法求解 $Y_i$ 与时间 $t$ 的回归直线，回归直线的斜率为

$$A = -5.58$$

因此可得时间常数为

$$T = -\frac{1}{A} = 0.1792$$

回归得到的传递函数为

$$G(s) = \frac{1}{0.1792s + 1}$$

利用该传递函数检验回归效果，得到回归值，并与实测值进行比较，即可得到表 6.3.1 中最后一行的结果，可见回归效果良好。

(2) 二阶系统。

典型二阶系统的传递函数如式(6.3.5)所示，可进一步表示为

$$G(s) = \frac{k\omega_n^2}{s^2 + 2\xi_n \cdot \omega_n \cdot s + \omega_n^2} = \frac{kp_1p_2}{[s - (-p_1)][s - (-p_2)]} \tag{6.3.19}$$

下面根据不同情况对建模过程进行简要的分析。

当 $\xi_n = 1$ 时，$p_1 = p_2 = \omega_n$，归一化单位阶跃响应为

$$y_n(t) = 1 - (1 + \omega_n t)e^{-\omega_n t} \tag{6.3.20}$$

当 $t = 1/\omega_n$ 时，$y_n = 0.26$，可见，归一化阶跃响应曲线纵坐标取值为 0.26 时所对应的横坐标 $t_{0.26}$ 的倒数就是系统近似的固有频率。

当 $\xi_n > 1$ 时，归一化单位阶跃响应为

$$y_n(t) = 1 - \frac{\left(\xi_n + \sqrt{\xi_n^2 - 1}\right)e^{\left(-\xi_n + \sqrt{\xi_n^2 - 1}\right)\omega_n t}}{2\sqrt{\xi_n^2 - 1}} + \frac{\left(\xi_n - \sqrt{\xi_n^2 - 1}\right)e^{-\left(\xi_n + \sqrt{\xi_n^2 - 1}\right)\omega_n t}}{2\sqrt{\xi_n^2 - 1}} \tag{6.3.21}$$

可以看到，此时系统有两个负实根，一个绝对值较小，另一个绝对值较大。因此，经过一段时间后，绝对值较大的部分衰减较快，过渡过程中就只有绝对值较小的暂态分量和稳态值，即

$$y_n(t) = 1 - \frac{\left(\xi_n + \sqrt{\xi_n^2 - 1}\right)e^{\left(-\xi_n + \sqrt{\xi_n^2 - 1}\right)\omega_n t}}{2\sqrt{\xi_n^2 - 1}} \tag{6.3.22}$$

因此可利用这个特点，选取实际测试数据的后半段，此时就只有式(6.3.22)的函数关系存在，处理过程类似一阶系统阶跃响应的处理方法，求出 $\omega_n$ 和 $\xi_n$ 的大小后，代入式(6.3.5)即可得到二阶系统的传递函数。

应当说明的是，求解系数的过程是正向过程，求解完毕后，也应像一阶系统那样进行回归效果的检验。

2) 由衰减振荡型阶跃响应过渡过程曲线求二阶测试系统传递函数的回归分析

对于衰减振荡型的二阶测试系统来讲，其包含的信息更加丰富，而要求求得的参数只有 $\omega_n$ 和 $\xi_n$ 两个，因此可有多种方法进行传递函数的求取。这部分内容就不在这里赘述，读者可自行查阅相关参考文献。

**2. 由实验频率特性获取系统的传递函数的回归分析方法**

许多测试系统的动态标定可以在频域内进行，即通过测试系统的频率特性来获取其动态性能指标和建立其动态模型。

1) 一阶系统

典型一阶系统归一化后的幅值频率特性为

$$A(\omega) = \frac{1}{\sqrt{1+(T\omega)^2}} \tag{6.3.23}$$

取 $A(\omega)$ 为 0.707、0.900 和 0.950 时的频率 $\omega_{0.707}$、$\omega_{0.900}$、$\omega_{0.950}$，由式(6.3.23)得

$$\begin{cases} \omega_{0.707} = \dfrac{1}{T} \\[2mm] \omega_{0.900} = \dfrac{0.484}{T} \\[2mm] \omega_{0.950} = \dfrac{0.329}{T} \end{cases} \tag{6.3.24}$$

最后，可将式(6.3.24)中得到的三个时间常数取平均作为最终的时间常数结果，也可以采用最小二乘法回归来进行时间常数的求取。

2) 二阶系统

二阶系统的幅频特性分为两类：有峰值的和无峰值的。

当 $\xi_n < 0.707$ 时，幅频特性有峰值，峰值大小 $A_{\max}$ 和对应的频率 $\omega_r$ 分别为

$$\begin{cases} A_{\max} = \dfrac{1}{2\xi_n\sqrt{1-\xi_n^2}} \\[2mm] \omega_r = \sqrt{1-\xi_n^2}\,\omega_n \end{cases} \tag{6.3.25}$$

因此，可通过幅频特性曲线读出 $A_{\max}$ 和 $\omega_r$，然后解式(6.3.25)所对应的方程，即可得到 $\omega_n$ 和 $\xi_n$ 的结果。当然，考虑到如果仅靠一个点的结果来计算 $A_{\max}$ 和 $\omega$，会因为数据量过少而影响精度，则也可以参考一阶系统的处理方法，选取多个频率点，基于这些频率点与 $A$ 和 $\omega$ 的不同函数关系，最终采用最小二乘法求解获得精度更高的结果。

对于无峰值的响应曲线而言，求解过程类似于一阶系统，也是读取 $\omega_{0.707}$、$\omega_{0.900}$、$\omega_{0.950}$ 的值，然后利用这三者与 $\omega_n$ 和 $\xi_n$ 的关系来进行求解。

<h2 style="text-align:center">习　　题</h2>

6-1  随机过程的统计特征有哪些？简述每个特征的主要特点。

6-2  如题图 6.1 所示的单个锯齿波信号，求其频谱，并作幅值频谱图。

6-3  如题图 6.2 所示的连续锯齿波信号，求其频谱，并作幅值频谱图。

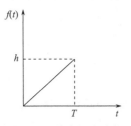

题图 6.1  单个锯齿波信号

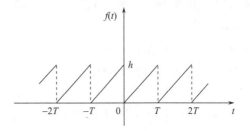

题图 6.2  连续锯齿波信号

6-4　设随机振幅函数信号：

$$X(t) = Y\cos\omega_0 t$$

式中，$\omega_0$ 为常数；$Y$ 是均值为 0、方差为 1 的正态随机变量。求 $t = 0$、$\dfrac{2\pi}{3\omega_0}$、$\dfrac{\pi}{2\omega_0}$ 时 $X(t)$ 的概率密度，以及任意时刻 $t$ 时 $X(t)$ 的一维概率密度。

6-5　随机信号 $x(t)$ 为

$$x(t) = A\cos(\omega_0 t + \varphi)$$

式中，$\omega_0$ 为常数；$A$ 和 $\varphi$ 是两个独立的随机变量，概率密度分别为

$$f(A) = 1, \quad 0 \leqslant A \leqslant 1, \quad f(\varphi) = \frac{1}{2\pi}, \quad 0 \leqslant \varphi \leqslant 2\pi$$

求 $x(t)$ 的均值 $m_x(t)$、方均值 $\psi_x^2(t)$、方差 $D_x(t)$、自相关函数 $R_x(t,\ t+\tau)$ 和自协方差函数 $C_x(t,\ t+\tau)$，并判断 $x(t)$ 是否属于平稳随机过程以及是否属于各态历经随机过程。

6-6　已知某放大器的频谱为

$$s_x(\omega) = \begin{cases} K, & -\omega_0 \leqslant \omega \leqslant \omega_0 \\ 0, & \text{其他} \end{cases}$$

试求该放大器的自相关函数、方差和标准自相关函数。

6-7　随机过程为

$$x(t) = A\cos(\omega_0 t + \varphi)$$

式中，$A$ 和 $\omega_0$ 是常数；$\varphi$ 为区间 $(0,2\pi)$ 上均匀分布的随机变量。求 $x(t)$ 的均值、方差和自相关函数。

6-8　设有一个随机过程 $X(t)$ 由 4 条样本函数组成，而且每条样本函数出现的概率相等，$X(t)$ 在 $t_1$、$t_2$ 的取值如题表 6.1 所示，求 $R_X(t_1,t_2)$。

题表 6.1　$X(t)$ 的 4 条样本函数在 $t_1$、$t_2$ 的取值

| $t$ | $x_1(t)$ | $x_2(t)$ | $x_3(t)$ | $x_4(t)$ |
|---|---|---|---|---|
| $t_1$ | 1 | 2 | 6 | 3 |
| $t_2$ | 5 | 4 | 2 | 1 |

6-9　已知某随机函数 $x(t)$ 的相关函数为指数函数型：

$$R_x(\tau) = Ce^{-\alpha|\tau|}$$

式中，$\alpha > 0$，$C$ 为常数。试求该过程的谱密度 $s_x(\omega)$。

6-10　两个统计独立的平稳随机过程 $X(t)$ 和 $Y(t)$，均值都为 0，自相关函数分别为 $R_X(\tau) = e^{-|\tau|}$，$R_Y(\tau) = \cos 2\pi\tau$，试求：

(1) $Z(t) = X(t) + Y(t)$ 的自相关函数；

(2) $W(t) = X(t) - Y(t)$ 的自相关函数；

(3) 互相关函数 $R_{ZW}(\tau)$。

6-11　已知平稳随机过程 $X(t)$ 的自相关函数为 $R_X(\tau) = 4e^{-|\tau|}\cos(\pi\tau) + \cos(3\pi\tau)$，试求功率谱密度函数 $s_X(\omega)$。

6-12　已知平稳随机过程 $x(t)$ 的谱密度函数为 $S(\omega)=\dfrac{\omega^2+2}{\omega^4+5\omega^2+6}$ ，求 $x(t)$ 的自相关函数及均方值。

6-13　设随机过程 $Y(t)=aX(t)\sin(\omega_0\tau)$ ，其中 $a$ 和 $\omega_0$ 均为常数，$X(t)$ 是功率谱密度为 $s_X(\omega)$ 的平稳过程，则利用维纳-辛钦公式，试求 $Y(t)$ 的功率谱密度函数。

6-14　设随机振幅正弦波 $x(t)=A\sin(\omega_0 t)$ ，其中 $\omega_0$ 为常数，$A$ 为正态随机变量，且 $A\sim N(0,\sigma^2)$ ，试讨论 $x(t)$ 的平稳性和各态历经性。

6-15　设有质量-弹簧系统如题图 6.3(a)所示，现基础下方受到一个垂直向上的半正弦加速度冲击激励，如题图 6.3(b)所示，测得质量块 $m$ 的冲击加速度响应 $a(t)$ 数据见题表 6.2。

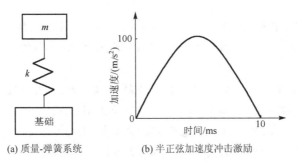

(a) 质量-弹簧系统　　　　(b) 半正弦加速度冲击激励

题图 6.3　质量-弹簧系统结构及半正弦加速度冲击激励信号

题表 6.2　质量块的冲击加速度响应结果

| 时间 $t$/s | 0.001 | 0.002 | 0.003 | 0.004 | 0.005 | 0.006 | 0.007 | 0.008 | 0.009 | 0.010 |
|---|---|---|---|---|---|---|---|---|---|---|
| 加速度/(m/s²) | 87 | 163 | 207 | 205 | 174 | 102 | 11 | −78 | −149 | −197 |

(1) 已知该质量-弹簧系统的自振频率为 25Hz，通过推导后进行曲线拟合，质量块 $m$ 的冲击加速度响应 $a(t)$ 可表示为

$$a(t)=150\sin(150\pi t)-50\sin(50\pi t)+100\sin(100\pi t)$$

式中，时间 $t$ 的单位为 s；加速度 $a(t)$ 的单位为 m/s²。若将此拟合曲线取作真实值，试计算该次测量的动态测试误差的各瞬时值。

(2) 若该测量的系统误差可忽略，求动态测试的随机误差的时间均值和方差。

6-16　用丝杆动态检查仪测量某单头螺旋线丝杆 0～300mm 范围内的螺旋线轴向误差，共测量 6 次，测得实际螺旋线与理论螺旋线在丝杆轴向的偏差 $\Delta P$ 数据如题表 6.3 所示(全部为正值)。

题表 6.3　某单头螺旋线丝杆 0～300mm 范围内的螺旋线轴向误差结果表

| 轴向长度 $l$/mm | 第一次 $\Delta P_1$/μm | 第二次 $\Delta P_2$/μm | 第三次 $\Delta P_3$/μm | 第四次 $\Delta P_4$/μm | 第五次 $\Delta P_5$/μm | 第六次 $\Delta P_6$/μm |
|---|---|---|---|---|---|---|
| 30 | 0.20 | 0.12 | 0.06 | 0.18 | 0.04 | 0.02 |
| 60 | 0.22 | 0.22 | 0.15 | 0.30 | 0.14 | 0.15 |
| 90 | 0.26 | 0.28 | 0.24 | 0.39 | 0.31 | 0.34 |
| 120 | 0.31 | 0.48 | 0.37 | 0.49 | 0.38 | 0.37 |
| 150 | 0.48 | 0.51 | 0.47 | 0.60 | 0.44 | 0.53 |

续表

| 轴向长度 | 第一次 | 第二次 | 第三次 | 第四次 | 第五次 | 第六次 |
|---|---|---|---|---|---|---|
| $l$/mm | $\Delta P_1$/μm | $\Delta P_2$/μm | $\Delta P_3$/μm | $\Delta P_4$/μm | $\Delta P_5$/μm | $\Delta P_6$/μm |
| 180 | 0.69 | 0.65 | 0.53 | 0.58 | 0.56 | 0.62 |
| 210 | 0.79 | 0.68 | 0.73 | 0.66 | 0.65 | 0.67 |
| 240 | 0.78 | 0.88 | 0.75 | 0.78 | 0.84 | 0.79 |
| 270 | 0.90 | 0.95 | 0.98 | 0.86 | 0.85 | 0.86 |
| 300 | 0.99 | 1.07 | 1.00 | 1.04 | 0.92 | 1.01 |

(1)若认为被测丝杆是高精度标准丝杆，本身的加工误差可以忽略，且动态测量系统误差也可忽略，求动态测量随机误差的总体均值、总体标准差和总体极限误差，第二次测量的时间均值和时间平均方差又各是多少？

(2)在(1)结果的基础上，若认为丝杆本身的加工误差不可以忽略，与轴向长度呈线性关系，而动态测量系统误差仍可忽略，试用线性回归的方法求偏差与轴向长度间的关系。

(3)在(2)结果基础上，求动态测量随机误差的总体均值和总体方差。

6-17　测试系统的时域、频域特性指标主要有哪些？各自代表的物理意义是什么？

6-18　某测试系统的阶跃响应过程如题表 6.4 所示，试求其一阶动态回归模型。

题表6.4　某测试系统的阶跃响应结果

| 实验点数 | 1 | 2 | 3 | 4 | 5 | 6 |
|---|---|---|---|---|---|---|
| 时间 $t$/s | 0 | 0.2 | 0.4 | 0.8 | 1.0 | 1.2 |
| 实测值 $y(t)$ | 0 | 0.488 | 0.738 | 0.865 | 0.641 | 0.815 |

6-19　一阶测试系统的一组实测的幅值频率特性点为 $[\omega_i, A(\omega_i)](i=1,2,\cdots,N)$，基于这组点，利用最小二乘法求其一阶测试系统的动态模型。

# 第7章 测试系统的误差分析与补偿

前面介绍的误差分析与补偿都是针对测量结果进行的，获取原始测量结果后，利用粗大误差、系统误差及随机误差的分析处理方法，或者不确定度分析的方法，求得最终的测量结果。而在实际测量过程中，还会遇到另外一种情况，即围绕测试系统的设计，要求测量总误差不超过允许值，此时必须对测试系统内部可能的误差因素影响进行讨论，明确测试系统内部误差因素的传递规律，综合评估测试系统设计对总误差的影响，进而寻求行之有效的误差补偿方法进行补偿，实现高质量的测量。

## 7.1 概　　述

本节主要想阐述清楚一个问题，就是测量结果的误差分析与补偿和测试系统的误差分析与补偿，这两者之间的联系和区别是什么。毫无疑问，两者的出发点是一样的，都是想通过努力获取到高质量的测量结果，但是前者的切入点是测量结果，后者的切入点是测试系统，目标和对象的不同也决定了两者开展工作的重点是不同的。

### 1. 测量结果误差分析与补偿的特点

针对测量结果的误差分析与补偿，主要见于本书第 2、3、6 章。第 2 章中介绍的是经典误差分析理论，得到测量结果之后，深入分析测量结果呈现出的特点，首先分析是否存在系统误差，存在之后如何进行修正或消除；然后判断测量结果中是否存在粗大误差，如果存在，如何剔除；最后利用随机误差分析的方法来求取算术平均值、标准差及极限误差，并在设定的置信概率下确定置信区间。第 3 章介绍了现代误差理论，其基本思想主要是不确定度分析与评价，在对采取的测量方法、选取的测量仪器、设定的实验条件进行分析后，确定可能存在的不确定度分量，对所有不确定度分量进行评价后，根据测量需求求得合成标准不确定度和扩展不确定度，最终可以根据置信概率确定半宽区间。第 6 章则是针对动态测量结果进行误差分析，采取的仍然是类似静态数据处理的思路。

综上，针对测量结果进行的误差分析与补偿，确实隐含了测量方法、测量人员、测量仪器、测量环境等因素的影响，聚焦的是测量结果，采取的是总体分析的方法，并没有深入分析测量过程中存在的各误差因素是如何影响测量结果的，以及这些误差因素的传播规律。因此可以认为是从宏观的角度进行误差分析与处理。那么，是否还有微观的角度呢？答案是肯定的，微观的角度就是从测试系统的内部入手，综合考虑测量方法、测量人员、测量仪器、测量环境等因素是如何作用到测试系统输出的，因此也把微观分析的方法称为测试系统的误差分析与补偿。

### 2. 测试系统误差分析与补偿的切入点

既然称为测试系统的误差分析与补偿，那么首先定义什么是测试系统。在 JJF 1001—2011《通用计量术语及定义》中给出了测量系统的定义：一套组装的并适用于特定量在规定区间内给出测得值信息的一台或多台测量仪器。可见，测量系统的最终落脚点是测量仪器，可以是一台测量仪器，也可以是多台测量仪器。那么测量系统和测试系统是一个概念吗？测试系统和测量方法、测量人员及测量环境是什么关系呢？

绪论中已经提到，测量和测试在严格意义上讲是有区别的，但是一般意义上讲，两者之间的区别不大，其内涵经常被认为是相同的，而体现到测量系统和测试系统这两个概念上，则可以认为是没有区别的。因此，可以借用测量系统的定义来定义测试系统。通过对其定义的分析，可以认为测试系统是测量方法的具体实现，是测量人员的研制成果，是应用于测量环境下才能够实现对未知量测量的，因此研究测试系统的误差分析与补偿，已经涵盖了测量的各个要素，是从测量的内部着手进行误差分析与处理的。

假定测试系统内部某个环节产生了误差，那么这个误差是如何在系统内部传递的，对测试系统输出的影响是什么？这就是测试系统误差分析的内容；而在全面的测试系统误差分析之后，如何对测试系统的设计方案进行改进，或者在测试系统内部适当的位置加上补偿环节，以抵消误差的影响，这就是测试系统的误差补偿。也就是说，测试系统的误差分析与补偿，其核心是分析误差的传播规律及其影响，进而寻求从测试系统内部改进测量结果的方案，整个工作的过程体现了微观分析的思想。

测试系统的测量过程分为静态测量和动态测量两种，因此也就对应了测试系统静态误差的分析与补偿以及测试系统动态误差的分析与补偿，下面就分别进行介绍，希望大家能够认真思考测试系统误差分析与补偿方法的实质是如何体现微观分析的思想，并在思考之后能够将微观分析的思想合理应用到测量实践中。

# 7.2　测试系统静态误差的分析与补偿

## 7.2.1　静态误差分析与补偿的基本思想

如果想从测试系统的内部入手分析误差，那么切入点在哪里呢？我们可以借鉴电路分析的思路，电路分析的基本思路就是将复杂的电路进行分解，最终落脚到电阻、电容、电感等基本元器件，掌握了这些元器件的工作原理及物理规律，就可以分析任何复杂的电路系统。因此，测试系统的误差分析与补偿也是类似的原理，就是尝试将系统分为若干个基本环节的串、并联组合，通过对各个环节误差的分析处理，明确测量过程中各误差因素在测试系统内部的传递规律，进而得到各误差因素对测试系统测量结果的整体影响，在此基础上，即可寻求改善测试系统测量性能的措施。

本书关于测试系统的误差分析与补偿是以线性系统为研究对象，可以将其拆分为若干个线性环节的组合，一个线性环节的基本结构如图 7.2.1 所示，没有任何干扰的情况下，该线性环节的输出为 $y$，其函数表达形式为

$$y = kx \tag{7.2.1}$$

式中，$k$ 为静态传递系数；$x$ 为环节输入信号。

作用在一个环节上的干扰可能有三种：输入端干扰、输出端干扰和环节内部干扰。而环节内部干扰所引起的误差可能有两种：一种是使环节传递系数产生误

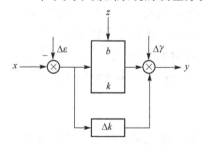

图 7.2.1　带有各种干扰的环节方框图

差，另外一种是不改变传递系数，只引起输出信号大小的变化。当三种干扰因素同时存在时，均会对环节的输出产生影响，此时的环节输出 $y'$ 可以用式(7.2.2)表示：

$$
\begin{aligned}
y' &= (k + \Delta k)(x - \Delta\varepsilon) + \Delta\gamma + bz \\
&= y + x\Delta k - k\Delta\varepsilon - \Delta k\Delta\varepsilon + \Delta\gamma + bz
\end{aligned}
\tag{7.2.2}
$$

式中，$\Delta k$ 为静态传递系数误差；$\Delta\varepsilon$ 为输入端干扰；$\Delta\gamma$ 为输出端干扰；$z$ 为环节内部干扰；$b$ 为干扰 $z$ 的传递系数。

通过式(7.2.2)可以看出，在没有误差干扰的情况下输出为 $y$，当三种干扰情况都存在时，输出多出了系列干扰项，定义实际输出与理想输出间的偏差为 $\Delta y$，则

$$
\Delta y = y' - y = x\Delta k - k\Delta\varepsilon - \Delta k\Delta\varepsilon + \Delta\gamma + bz
\tag{7.2.3}
$$

式(7.2.3)明确给出了每个误差项对环节输出的影响，也就是说，通过该式可以清楚地看到每个误差项的传播规律，从而得到其对测量结果的影响。假定测试系统可以分解为若干个环节的组合，那么通过类似方法即可求得每个误差项对最终测量结果的影响，从而为最终的测试系统误差补偿奠定基础。

对研究线性系统的静态误差来讲，有两个比较特殊的环节，即理想微分环节和理想积分环节。理想微分环节在不考虑干扰时静态输出为零，当干扰是常值干扰时，微分环节的静态方程式就只有输出端干扰和环节内干扰的影响，即

$$
y = \Delta\gamma + bz
\tag{7.2.4}
$$

当输入端与环节当中有动态变化的干扰时，输出应加上这些干扰的微分分量。

各种干扰下理想积分环节的静态方程式可写为

$$
y = \frac{1}{p}(k + \Delta k)(x - \Delta\varepsilon) + \Delta\gamma + bz \Rightarrow py = (k + \Delta k)(x - \Delta\varepsilon) + p\Delta\gamma + pbz
$$

$$
\Rightarrow \frac{\mathrm{d}y}{\mathrm{d}t} = (k + \Delta k)(x - \Delta\varepsilon) + \frac{\mathrm{d}\Delta\gamma}{\mathrm{d}t} + \frac{\mathrm{d}bz}{\mathrm{d}t}
\tag{7.2.5}
$$

$$
\Rightarrow \mathrm{d}y = (k + \Delta k)(x - \Delta\varepsilon)\mathrm{d}t + \mathrm{d}\Delta\gamma + \mathrm{d}bz
$$

式中，$p = \mathrm{d}/\mathrm{d}t$ 是微分算子，其余各符号与式(7.2.2)相同。

一些类属于线性环节的计算元件也可用与式(7.2.2)类似的形式表示，如正余弦旋转变压器等，在考虑了各种干扰后的静态方程式可写为

$$
\begin{cases}
y_1 = (k + \Delta k)\sin(x - \Delta\varepsilon) + \Delta\gamma_1 + bz_1 \\
y_2 = (k + \Delta k)\cos(x - \Delta\varepsilon) + \Delta\gamma_2 + bz_2
\end{cases}
\tag{7.2.6}
$$

通过前面的讨论可以看到，当具体环节具体干扰的符号已知时，可以用真实的干扰符号分析系统误差，而当干扰信号未知时，可假设一种符号来分析问题，然后通过分析结果的反馈判断预置符号正确与否。在实际分析中有些干扰项不存在时，即可将该干扰项的系数设置为零。多数情况下，可以忽略二阶以上的小量。这些都是在下面介绍系统静态误差分析过程中应当注意的问题。

### 7.2.2　开环系统的静态误差分析与补偿

#### 1. 开环系统的静态误差分析方法

介绍了环节的基本原理及函数表达式后，即可进行测试系统的误差分析与补偿。一般

来讲，测试系统可以看成多个环节的串并联组合，最简单的就是多个环节的串联，如图 7.2.2 所示。下面就以这种情况为例阐述开环系统的静态误差分析方法，其他情况下的误差分析过程与此类同。

图 7.2.2    串联开环系统方框图

为了使得问题具有一般性，假设系统由 $n$ 个串联环节组成，且每个环节均具有前面所说的三种干扰，即每个环节均可用式 (7.2.2) 来表示。

则系统的静态方程式为

$$y_n = \left[ \prod_{i=1}^{n} k_i + \sum_{i=1}^{n} \left( \prod_{j=1}^{n} k_j \right) \frac{\Delta k_i}{k_i} \right] \cdot x + \sum_{i=1}^{n} \left( \prod_{j=i+1}^{n} k_j \right) (\Delta \gamma_i + b_i z_i) - \sum_{i=1}^{n} \left( \prod_{j=i}^{n} k_j \right) \Delta \varepsilon_i \qquad (7.2.7)$$

式中，$k_i$ 为第 $i$ 环节的静态传递系数；$\Delta k_i$ 为第 $i$ 环节静态传递系数误差；$\Delta \gamma_i$ 为第 $i$ 环节输出端干扰；$\Delta \varepsilon_i$ 为第 $i$ 环节输入端干扰；$z_i$ 为第 $i$ 环节当中的干扰；$b_i$ 为第 $i$ 环节对干扰 $z_i$ 的传递系数。

应当强调的是，在推导上述方程式时，是忽略了 $\Delta k_i$、$\Delta \varepsilon_i$ 等二阶小量的。在研究复杂系统时，常常需要将这 $n$ 个环节合并为一个等效环节，等效方程式可写为

$$y_n = (K_0 + \Delta K_0)(x - \Delta \varepsilon_0) + \Delta \gamma_0 + B_0 Z_0 \qquad (7.2.8)$$

对比式 (7.2.7) 和式 (7.2.8) 中等号的右半部分，可以推导出式 (7.2.8) 中各项系数的表达形式，这里就不再详细推导。

式 (7.2.8) 与式 (7.2.2) 的形式是类似的，由此可见将 $n$ 个环节串联合并成一个等效环节后，等效环节的输入输出函数关系仍然可以采用式 (7.2.2) 的形式来表示。

式 (7.2.7) 和式 (7.2.8) 都比较复杂，因此，为了快速计算系统对输入量及各干扰的误差传递系数，应用下面的系数传递规则会更加容易一些。

**输入量及干扰误差传递系数规则：**系统对输入量及各干扰信号的误差传递系数等于信号从作用点起至输出端的所有传递系数之连乘积，遇有并联回路，乘上并联回路各支路的传递系数之和。或者说，输入量及各干扰所引起的输出量等于输入量及干扰乘上从起作用点起至输出端的所有传递系数之连乘积，遇有并联回路时，必须乘上并联回路各支路的传递系数之和，系统的总输出等于作用在该系统中的所有输入量及干扰所引起的输出量之代数和。

**例 7.2.1**    对于串联开环系统，当第 $i$ 个环节三种干扰都存在的情况下，如图 7.2.3 所示，试利用干扰传递系数规则计算各干扰分量对输出结果的影响。

**解**    基于干扰传递系数规则，当第 $i$ 个环节存在输入端干扰 $\Delta \varepsilon_i$、输出端干扰 $\Delta \gamma_i$ 及环节内部干扰 $z_i$ 时，并且环节内部干扰没有引起第 $i$ 个环节传递系数 $k_i$ 的变化，则可以得到这些因素引起的输出误差为

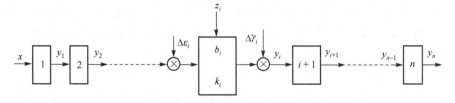

图 7.2.3　某串联开环系统误差传递方框图

$$\Delta y = \prod_{j=i+1}^{n} k_j \cdot (k_i \Delta\varepsilon_i + b_i z_i + \Delta\gamma_i)$$

可见，输出端干扰$\Delta\gamma_i$及环节内部干扰 $z_i$ 均是从第 $i$+1 个开始作用到输出端的，而输入端干扰相比较这两个干扰，是从第 $i$ 个环节开始作用，因此多了一个系数 $k_i$。如果环节内部的干扰引起了传递系数的变化，假定变化量为$\Delta k_i$，则引起的输出误差为

$$\Delta y = \prod_{j=i+1}^{n} k_j \cdot [(k_i + \Delta k_i)\Delta\varepsilon_i + b_i z_i + \Delta\gamma_i]$$

**例 7.2.2**　各种惯性导航系统或其他组合导航系统，都是以对象的加速度信号作为领航定位的原始数据，要得到对象所在位置的数据，必须将加速度信号积分两次。以图 7.2.4 为例，其中 $I_1$ 和 $I_2$ 为两个积分环节，假定在第一个积分环节之前、积分环节之间和第二个积分环节之后有许多串联环节，且这些串联环节可用图中的等效环节 1、2、3 来表示，试分析该串联开环系统误差传递的特点和规律。

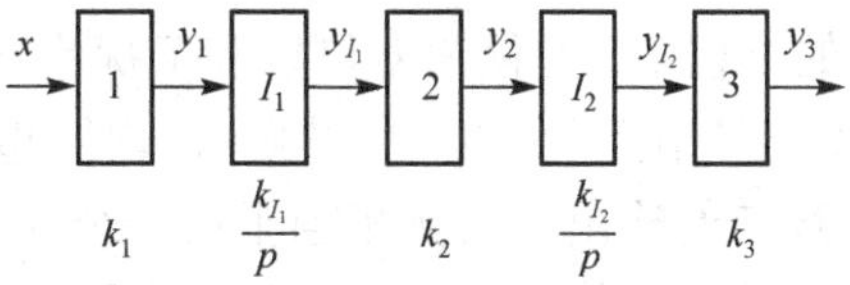

图 7.2.4　具有两个积分环节的串联开环系统方框图

**解**　对图 7.2.4 所示系统进行误差分析时，应当注意积分环节的特点，理论上只有当输入为零时，输出才保持常值不变。在实际应用时，可以认为当输入小于系统的死区时，输出不变。因此下面就只分析当输入超过死区范围后，系统正常工作时的情况。此时可列出如下系统方程式：

$$y_3 = \frac{k_1 k_2 k_3 k_{I_1} k_{I_2}}{p^2} \cdot x + \Delta y$$

式中

$$\begin{aligned}\Delta y =& [\Delta\gamma_3 + b_3 z_3 + k_3(\Delta\gamma_{I_2} + b_{I_2} z_{I_2} - \Delta\varepsilon_3)] \\ &+ \frac{k_{I_2} k_3}{p}[k_2(\Delta\gamma_{I_1} + b_{I_1} z_{I_1} - \Delta\varepsilon_2) + \Delta\gamma_2 + b_2 z_2 - \Delta\varepsilon_{I_2}] \\ &+ \frac{k_{I_1} k_2 k_{I_2} k_3}{p^2}[\Delta\gamma_1 + b_1 z_1 - \Delta\varepsilon_{I_1} + k_1(\Delta x - \Delta\varepsilon_1)]\end{aligned}$$

可见，$\Delta y$ 包含三个误差项，第一个误差项是第二个积分环节至输出端的各种干扰产生

的误差，第二个积分环节的输出对应的物理量是位移，因此这部分误差项对应的是不随时间变化的距离误差。第二个误差项是第一个积分环节输出端至系统输出端的各种干扰所产生的误差，这部分误差与时间成比例，随工作时间增加而增大。第一个积分环节输出对应的物理量是速度，因此第二项误差对应的是速度误差，其所引起的积分之后的距离误差与时间成比例。第三个误差项是作用在第一个积分环节前和输入端的干扰，所产生误差与时间的平方成比例。这部分误差是加速度误差，引起的距离误差与时间的平方成比例。

因此，通过对惯性导航系统的分解，将其分为若干个积分环节和串联环节的组合，应用测试系统的误差分析方法，能够清晰地看到各个误差干扰因素对系统输出的影响，也能够清晰地看到各个误差因素影响的是加速度、速度还是位移，这就充分说明了测试系统误差分析方法的有效性。

**2. 开环系统静态误差的补偿方法**

通过对系统静态方程式的分析可见，误差补偿的实质就是在静态方程式中适时添加与干扰信号反方向的信号分量，从而起到抵消干扰信号的作用。

以补偿传递系数的误差为例，若第 $i$ 环节传递系数有 $\Delta k_i$ 变化，则对系统总的传递系数的影响是总传递系数乘上 $1+\Delta k_i/k_i$，所引起输出量 $y$ 的相对变化为 $\Delta y$，相对误差为 $\delta y=\Delta y/y$，数值上等于 $\Delta k_i/k_i$。因此，要补偿这部分误差，可以考虑在第 $i$ 环节上并联一个环节，环节的传递系数为 $-\Delta k_i/k_i$，即可完全补偿传递系数变化带来的影响。如果并联环节实现起来有困难，可以考虑在系统输出端施加一个变化量为 $1-\Delta k_i/k_i$ 的补偿环节，则总的传递系数将在原传递系数的基础上乘上 $1-(\Delta k_i/k_i)^2$，$\Delta k_i/k_i$ 的影响变成了二阶分量，数值上将大为减小，也会起到误差抑制的作用。

综上所述，在误差补偿的过程中，补偿信号可以和干扰信号作用在同一个环节上（同一位置补偿），也可以作用在不同环节上（不同位置补偿），均能起到良好的补偿效果。

在串联环节中，前一个环节的输出端干扰相当于后一个环节的输入端干扰，因此输入端干扰与输出端干扰的补偿方法是相似的，均可以采取在同一位置补偿或在不同位置补偿的方法。在同一位置补偿时，补偿信号与干扰信号的大小相等、方向相反。而在不同位置补偿时，需要考虑不同位置中间所隔环节的作用，补偿信号的方向与干扰信号相反，但大小要受到所隔环节的影响。

**例 7.2.3**　某串联开环系统的方框图如图 7.2.5 所示，存在如图所示的干扰，即第 1 个和第 2 个环节存在输出端干扰，第 3 个环节存在输入端干扰，试结合该开环系统阐述同一位置补偿和不同位置补偿的方法和效果。

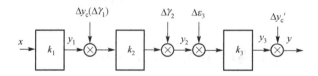

图 7.2.5　串联开环系统误差补偿示意图

**解**　如果想用 $\Delta y_c$ 来补偿 $\Delta\gamma_2$，则 $\Delta y_c=-\Delta\gamma_2/k_2$，两者方向相反，大小满足一定关系，可以实现全补偿，这是不同位置进行误差补偿的特点。即可以灵活选择补偿位置，此外就是在不同位置补偿时，可用一个补偿信号同时补偿几个干扰信号，如图 7.2.5 所示，假定

$$\Delta y_c' = -[k_2 k_3 \Delta \gamma_1 + k_3 (\Delta \gamma_2 + \Delta \varepsilon_3)]$$

则所有的干扰信号都将在系统末端得到全补偿，这也是很多测试系统在末端增加调零装置以补偿各环节零位误差的原因。

如果在误差产生的地方施加与误差信号大小相等、方向相反的补偿信号，即可实现同一位置的补偿，也能够达到全补偿的效果。但是通常情况下这种方法难以实现，一方面是因为精准分析每个误差因素的作用点和大小本身就是一个难题；另一方面就是从具体实现的角度来看，也很难在误差干扰产生的位置有效施加补偿信号；最后就是相比较在系统末端一次性补偿而言，同一位置补偿施加补偿信号的数量也是不容忽视的问题。

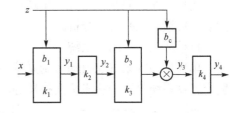

图 7.2.6　环节内部干扰的补偿原理方框图

对于环节内部的干扰信号，如果想有效补偿，则必须要有能够感受该干扰信号的补偿环节，如图 7.2.6 所示。

从图 7.2.6 中可见，环节 1 和环节 3 都受到了环节内部干扰因素 $z$ 的影响，要使它们相互抵消，需要做到：

$$(b_1 k_2 k_3 + b_3) \cdot z = 0$$

但是实际应用很难实现，因此需要增加如图 7.2.6 所示的补偿环节 $b_c$，并令

$$b_c = -(b_1 k_2 k_3 + b_3)$$

就可以实现对干扰 $z$ 的全补偿。

通过上面的分析，可以得到开环系统中对干扰信号的全补偿方法如下：要使系统对某一干扰实现全补偿，则系统对该干扰至少要有两个通道，系统全补偿的条件为该干扰在两个通道中从干扰作用点至两个通道汇合处的总传递系数的代数和为零。

最后介绍具有积分环节的测试系统误差补偿问题。针对积分环节，误差必须分段补偿，分段点就是积分环节。对于具有两个积分环节的系统，应该分三段进行误差补偿(第一积分环节之前，两个积分环节之间，第二积分环节之后)，分段内的补偿方法可以采用与上述方法相同的思想进行。通常意义上讲，在积分环节前的干扰不能在积分环节之后补偿。但如果在积分环节之后有一个与时间成比例的误差，便可以在积分环节之前加一常值信号补偿，需要注意的是补偿信号的大小要配合好。

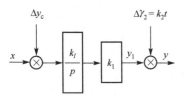

图 7.2.7　具有一个积分环节的开环系统

**例 7.2.4**　具有一个积分环节的开环系统如图 7.2.7 所示，假定干扰 $\Delta \gamma_2$ 与时间呈线性关系，试讨论在输入端进行常值误差补偿的可行性。

**解**　根据误差传递系数规则，是有可能在积分环节前用常值补偿信号 $\Delta y_c$ 来补偿 $\Delta \gamma_2$ 的，如果要做到全补偿，需要满足：

$$\frac{k_1 k_I}{p} \Delta y_c = \Delta \gamma_2 = k_2 t \quad \Rightarrow \quad \Delta y_c = \frac{k_2}{k_1 k_I}$$

式中，$k_1$ 是为了实现全补偿而加入调整环节的传递系数。

### 7.2.3  闭环系统的静态误差分析与补偿

**1. 闭环系统的静态误差分析方法**

闭环系统按照结构可分为单环和多环两种，下面先从单环反馈式系统入手，然后推广到多环反馈式系统进行分析。

1) 单环反馈式闭环系统

单环反馈式系统在自动控制系统中应用广泛，例如，很多飞行器的飞行参数传感器、航空罗盘系统以及一些坐标变换器等，都是采用的单环反馈系统。为了不失一般性，可设计如图 7.2.8 所示的单环反馈式系统，其由四个环节组成，其中每个环节均可以是多个环节串联或并联组合而成。

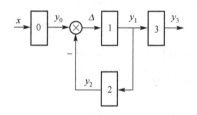

图 7.2.8  单环反馈式系统结构示意图

图 7.2.8 中，环节 0 可以是敏感元件或信号发生装置；环节 1 可以是信号放大装置、执行装置等；环节 2 是系统中的反馈装置或调节装置；环节 3 则代表信号输出或传动装置等。

当这些环节都是线性环节，且不计误差影响时，系统的静态方程式为

$$y_3 = \frac{k_0 k_1 k_3}{1 + k_1 k_2} \cdot x \qquad (7.2.9)$$

当 $k_0 = k_3 = 1$，且 $k_1 k_2 \gg 1$ 时，$y_3 \approx x/k_2$ 或 $y_0 \approx k_2 y_1$，其物理意义是：当 $k_1 k_2 \gg 1$ 时，比较环节的输出误差信号 $\Delta$ 很小，忽略其影响后 $y_0 \approx k_2 y_1$，这是单环反馈式系统的基本特征。而当 $k_0$、$k_3$ 都不等于 1 时，$y_3 = (k_0 k_3 x)/k_2$。

上述简化分析方法在实际的系统分析中广泛应用，特别是对于要实现某个解算任务时，其作用更为明显。例如，要实现系统输出 $y_3$ 和输入 $x$ 间的函数关系，可以在 $k_0$、$k_2$、$k_3$ 三个环节上考虑，用一般函数来表示这三个环节的特性，如图 7.2.9 所示。

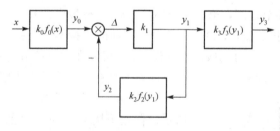

图 7.2.9  具有三个环节的单环反馈式系统

则在系统静止时，忽略误差信号 $\Delta$，便可求出系统输出输入的关系为

$$y_3 = \frac{k_0 k_3 f_0(x) f_3(y_1)}{k_2 f_2(y_1)} \cdot x \qquad (7.2.10)$$

这就是单环反馈式系统的基本解算关系。

当考虑到各环节的误差与干扰后，图 7.2.8 所示系统的静态方程式为

$$y_3 = \frac{k_0 k_1 k_3}{1 + k_1 k_2} \cdot x + \Delta y \tag{7.2.11}$$

若考虑到有时反馈系统为正反馈的情况，则可得如下静态方程式：

$$y_3 = \frac{k_0 k_1 k_3}{1 \pm k_1 k_2} \cdot x + \Delta y \tag{7.2.12}$$

式(7.2.11)和式(7.2.12)中的 $\Delta y$ 是各环节上各种干扰引起的误差项，可以采用下面的简化方法进行计算。

(1)先简化环节静态方程式，将 $\Delta \gamma_i + b_i z_i - k_i \Delta \varepsilon_i$ 三项用 $\Delta \gamma_i$ 一项来代表，且不考虑 $\Delta k_i$ 的影响，则图 7.2.8 可以化为图 7.2.10 所示的形式。

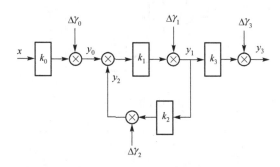

图 7.2.10　各环节都有干扰的单环反馈式系统

(2)对图 7.2.10 所示情况，可采用如下规则。

当闭环系统为负反馈时，分母为闭环部分传递系数之积加 1，而存在正反馈时，则是 1 减去闭环部分传递系数之积；系统对各干扰之传递系数的分子等于从干扰作用点起沿方框图所示的箭头方向至输出端的所有环节传递系数之积，对负(正)反馈系统来说，所有作用在反馈回路的干扰之传递系数均带负(正)号；在比较环节之前和反馈点之后还有串联环节时，其规则与串联系统相同。

采用简化方法后，得到如图 7.2.10 所示系统的静态方程式：

$$y_3 = \Delta \gamma_3 + \frac{1}{1 \pm k_1 k_2} (k_0 k_1 k_3 x + k_1 k_3 \Delta \gamma_0 + k_3 \Delta \gamma_1 \mp k_1 k_3 \Delta \gamma_2) \tag{7.2.13}$$

对照式(7.2.12)，可得

$$\Delta y = \Delta \gamma_3 + \frac{1}{1 \pm k_1 k_2} (k_1 k_3 \Delta \gamma_0 + k_3 \Delta \gamma_1 \mp k_1 k_3 \Delta \gamma_2) \tag{7.2.14}$$

可见，简化计算方法能够快速计算出考虑干扰后的系统静态方程式，且方程式中各误差项的物理意义非常明确，哪些环节的传递系数对哪些误差项有影响一目了然。

复杂系统中一个单环反馈系统可被等效成一个环节，其各环节干扰所引起的误差可看成一个总误差。这样做有助于能粗能细地分析系统，有利于全面分析系统中存在的问题并找到解决方法。

2)多环反馈式闭环系统

多环反馈式闭环系统的形式很多，实质上均可利用结构图变换的方法进行化简，将几个串联环节、几个并联环节、单环反馈系统等分别用对应的等效环节代替，以逐渐简化。

图 7.2.11(a)所示为一个双环反馈式系统，该系统可进一步简化为图 7.2.11(b)所示的单环反馈式系统。简化的关键环节是将 $k_1$、$k_2$、$k_3$、$k_4$ 组成的单环反馈式系统等效为 $k_7$ 环节，其传递系数 $k_7$ 与误差表达式 $\Delta\gamma_7$ 均可用前面的方法求出。$k_0$、$k_5$、$k_6$、$k_7$ 组成的环节仍然可以运用前面讲到的原理进行简化，从而得到最终的系统方程式。

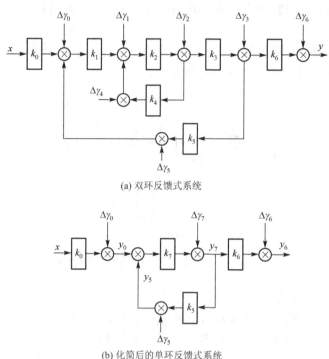

(a) 双环反馈式系统

(b) 化简后的单环反馈式系统

图 7.2.11　一种双环反馈式系统及其简化方框图

因此，对于多环反馈式系统来讲，可以采用逐步简化的方法将系统简化成单环反馈式系统，然后就可按照单环反馈式系统中所讲的方法进行误差分析。

3) 积分环节的分析处理

开环系统的误差分析与补偿中强调了积分环节的分析补偿问题，对闭环系统来讲，仍然要注意积分环节的特点。图 7.2.12 是在前向通路中有一个积分环节的系统。

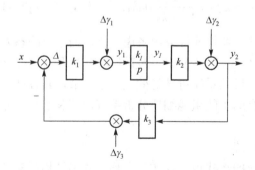

图 7.2.12　前向通路中有一个积分环节的单环反馈式系统

假定系统存在如图 7.2.12 所示的三种干扰，则系统方程式为

$$y_2 = \frac{1}{p + k_1 k_2 k_3 k_I}[k_1 k_2 k_I (x - \Delta\gamma_3) + k_1 k_2 \Delta\gamma_1 + p\Delta\gamma_2] \tag{7.2.15}$$

可见，作用在积分环节前的干扰 $\Delta\gamma_1$ 和 $\Delta\gamma_3$ 都会产生静态误差，作用在积分环节后的 $\Delta\gamma_2$ 只有以等速变化(即 $p\Delta\gamma_2 =$ 常数)时才会产生静态误差。

**2. 闭环系统静态误差的补偿方法**

对于闭环系统的误差补偿来讲，有着与开环系统不同的特点。下面分负反馈和正反馈两种情况分别讨论。

1) 负反馈系统的误差补偿

对于负反馈系统来讲，由于作用在反馈回路中的干扰的传递系数均带负号，因此作用在反馈回路的干扰与正馈回路的干扰符号相同的也能相互补偿，这是与开环串联系统的不同之处。例如，要补偿温度误差，在开环串联系统中，如果被补偿的温度误差的温度系数是正的，则补偿元件的温度系数一定是负的才行。而在负反馈系统中则不然，在反馈回路中用温度系数为正的补偿元件，也可以补偿正馈回路中的正温度系数误差。

**例 7.2.5** 以图 7.2.10 所示的系统为例，假定为负反馈系统，则若要用反馈回路中的 $\Delta\gamma_2$ 来补偿正馈回路中的 $\Delta\gamma_0$ 和 $\Delta\gamma_1$，如何设计实现？

**解** 根据前面的分析，只要满足：

$$k_1 k_3 \Delta\gamma_0 + k_3 \Delta\gamma_1 - k_1 k_3 \Delta\gamma_2 = 0$$

$$\Delta\gamma_2 = \frac{k_1 \Delta\gamma_0 + \Delta\gamma_1}{k_1}$$

即可，$\Delta\gamma_2$ 与 $\Delta\gamma_0$ 和 $\Delta\gamma_1$ 可以是同号的，且这个补偿量的大小与 $k_3$ 无关。

2) 正反馈系统的误差补偿

对正反馈系统来讲，由于作用在反馈回路中的干扰的传递系数仍为正，因此若想实现误差补偿，则补偿原则同开环串联系统。也就是说，若想实现误差全补偿，前提条件就是补偿信号与被补偿信号的方向相反。

3) 误差补偿的实例

为了帮助大家了解测试系统静态误差补偿的过程，下面以电位差计式航空排气温度表为例进行介绍，其工作原理如图 7.2.13 所示。

该温度表是基于热电偶测温的原理实现的。首先测量得到热电偶 3 输出的热电势 $E_t$ 与反馈电位计 $R_p$ 输出电压之差，之后该差值由振子变换器 5 变换为交流信号，并经两级放大器放大后，输出给伺服电动机 M 的控制绕组，使电动机转动，并经减速器带动反馈电位计的电刷转动，直到系统最终平衡，显示面板 1 上的指针在刻度盘上的读数即为最终的温度测量结果。图 7.2.13 中测速电桥 T 是用来改善系统动态性能的。

热电偶的方程式可写为

$$E_t = k_t(t_2 - t_1) + \Delta E_t = k_t(t - \Delta t_1) + \Delta E_t$$

式中，$t_1$ 为冷端温度；$t_2$ 为热端温度；$t = t_2 - t_1$ 为冷热端温差；$\Delta t_1$ 为冷端温度变化；$k_t$ 为热电势特性曲线的斜率；$\Delta E_t$ 为特性曲线的非线性误差。

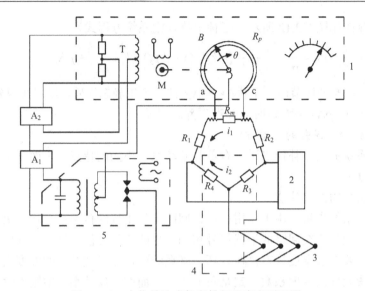

图 7.2.13　电位差计式航空排气温度表原理图

1—显示面板；2—直流基准电源；3—热电偶；4—热电偶的冷端补偿；5—振子变换器；

M—电动机；A—放大器；T—测速电桥；$R_p$—反馈电位计

为了补偿热电偶的非线性误差，反馈电位计 $R_p$ 也要做成非线性的，所以反馈环节可以看作一个带有非线性误差的线性电位计，其方程式为

$$r_p = k_p\theta + \Delta r_p'$$

式中，$\theta$ 为反馈电位计电刷转角；$k_p$ 为反馈电位计斜率；$\Delta r_p'$ 为反馈电位计非线性误差。

当电刷转到任意角度 $\theta$ 时，$R_p$ 可分成 $r_p = k_p\theta$ 和 $R_p - r_p$ 两部分，与 $R_m$ 组成一个三角形线路，如图 7.2.14(a) 所示，可将其化成如图 7.2.14(b) 所示的星形线路。

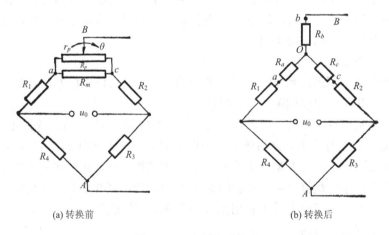

(a) 转换前　　　　　　　　　　　　　(b) 转换后

图 7.2.14　电桥部分线路

图 7.2.14 中，$R_a = \dfrac{R_m r_p}{R_p + R_m}$；$R_c = \dfrac{R_m(R_p - r_p)}{R_p + R_m}$。

此时，电桥 $AB$ 两点之间的不平衡电压为

$$U_{AB} = u_0 \left( \frac{R_a + R_1}{R_1 + R_2 + R_{np}} - \frac{R_4}{R_4 + R_3} \right)$$

式中，$R_{np} = \dfrac{R_p R_m}{R_p + R_m}$。

进而可得电桥的传递系数：

$$k_g = \frac{\partial U_{AB}}{\partial r_p}$$

当 $r_p$ 有微小变化 $\Delta r_p$ 时，$U_{AB}$ 的变化 $\Delta U_{AB}$ 为

$$\Delta U_{AB} = k_g \cdot \Delta r_p$$

为了补偿热电偶的冷端温度变化 $\Delta t_1$ 所引起的误差，可将 $R_4$ 做成温度补偿电阻，将其与热电偶的冷端放在一起，当冷端温度变化时，有

$$R_4 = R_{40}(1 + \alpha \Delta t_1)$$

进而得到 $U_{AB}$ 对冷端温度变化 $\Delta t_1$ 的变化率，令其为 $\beta_t$，则整个电桥环节的环节方程可表示为

$$\Delta U_{AB} = k_g \cdot \Delta r_p + \beta_t \cdot \Delta t_1$$

式中，等号右边第一项表示电桥对反馈电位计变化的响应结果；第二项则是对热电偶冷端干扰的传递结果。

其余各环节方程在此不再赘述，一般参考书中均已列出。在得到各环节方程式后可得到如图 7.2.15 所示的系统方框图。

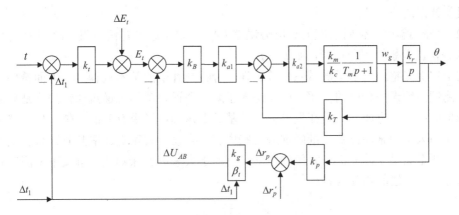

图 7.2.15　电位差计式排气温度表系统方框图

图 7.2.15 中，$k_B$ 为振子变换器的传递系数；$k_{a1}$ 和 $k_{a2}$ 分别表示反馈信号接入之前和之后的放大器的放大系数；$k_m/k_c$ 为电动机的传递系数；$T_m$ 为电动机的电动机械时间常数；$k_r$ 为减速机的传递系数；$k_T$ 为测速电桥的传递系数。

图 7.2.15 可以进一步简化，如图 7.2.16 所示。

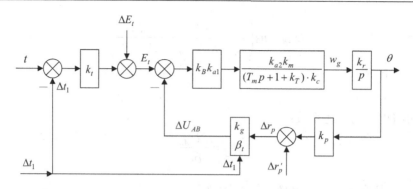

图 7.2.16　电位差计式排气温度表系统简化方框图

由图 7.2.16 可以很方便地求出系统的静态方程式为

$$\theta = \frac{k_t}{k_g k_p}(t - \Delta t_1) + \frac{1}{k_g k_p}(\Delta E_t - k_g \Delta r_p' - \beta_t \Delta t_1) = \frac{k_t}{k_g k_p}t + \frac{1}{k_g k_p}(\Delta E_t - k_g \Delta r_p' - k_t \Delta t_1 - \beta_t \Delta t_1)$$

可以看到，上式等号右边第一项对应排气温度表的刻度方程，即仪表指针转角与温度间的关系，该方程只与电位计和电桥参数有关，而和其余部件参数无关。第二项对应了排气温度表的误差项，进行有效的补偿应遵循如下原则：

(1)热电偶的非线性特性 $\Delta E_t$ 可以用反馈电位计的非线性特性 $\Delta r_p'$ 来补偿。要得到全补偿，则必须使 $k_g \Delta r_p' = \Delta E_t$。因为 $\Delta E_t$ 不是常数，故反馈电位计的非线性特性也应该随电刷转角的不同而不同，从而使得整个量程范围内 $k_g \Delta r_p' = \Delta E_t$。还有一点要说明的是，因为反馈电位计是在负反馈回路中，所以补偿量 $\Delta r_p'$ 与 $\Delta E_t$ 的符号是相同的，这也实际验证了负反馈回路误差补偿的一个特点。

(2)由冷端温度变化所引起的热电势误差 $k_t \Delta t_1$ 可以由温度补偿电阻 $R_4$ 产生的补偿信号 $\beta_t \Delta t_1$ 来补偿，若想做到全补偿，则 $k_t = -\beta_t$。

这个实例完整地展示了测试系统静态误差分析与补偿的基本过程，一方面希望大家准确理解测试系统误差分析的实质，就是深入了解各个误差项的传递规律，最终是如何影响测量结果的；另一方面，就是在误差分析的基础上，如何寻求有效的补偿？核心就是补偿信号的作用大小和施加位置。准确理解这些内容，有助于大家更加清楚测试系统误差分析与补偿和测量结果误差分析与补偿的不同，有助于大家更加深刻地理解接下来测试系统动态误差分析与补偿的相关内容。

# 7.3　测试系统动态误差的分析与补偿

前面对测试系统静态误差的分析与补偿方法进行了全面讨论，测试系统动态误差的分析与补偿则是本节的讨论重点。

## 7.3.1　开环系统的动态误差分析与补偿

### 1. 开环系统的动态误差分析方法

与静态误差分析的方法类似，先考虑在各种误差与干扰因素下，单输入单输出线性环

节的一般方程式如何表示。此时线性环节可能存在的各
种干扰与误差来源仍然是输入端干扰、输出端干扰和环
节当中的干扰这三种。当一个环节同时存在这些干扰
时，可用图 7.3.1 来表示，并可得到如下方程式：

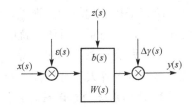

$$y(s) = W(s)[x(s) + \varepsilon(s)] + \Delta\gamma(s) + b(s)z(s) \qquad (7.3.1)$$

式中，$y(s)$ 为输出量拉普拉斯变换（简称拉氏变换）；

图 7.3.1　具有各种干扰的环节方块图

$W(s)$ 为传递函数；$x(s)$ 为输入量拉氏变换；$\varepsilon(s)$ 为输入
端干扰的拉氏变换；$\Delta\gamma(s)$ 为输出端干扰的拉氏变换；$z(s)$ 为环节当中干扰的拉氏变换；$b(s)$
为环节对干扰 $z(s)$ 的传递函数。

在分析测试系统的具体问题时，需针对系统测试系统各环节的特点来列出具体的环节
方程式，没有的干扰因素可在公式中剔除；而干扰符号未知时，则可假定一种符号进行分
析讨论，根据分析结果反馈符号变化；对干扰性质的判断也异常重要，分析误差时一定要
分清楚干扰是随机性质的干扰还是有规律性的干扰。

下面以图 7.3.2 所示的 $n$ 个环节串联而成的开环系统为例，分析串联开环系统的动态误
差，为了分析方便仅假定第 $i$ 个环节存在误差，可以用式（7.3.1）来描述，其余各环节则不
考虑误差因素的影响。

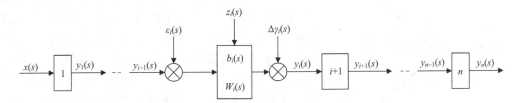

图 7.3.2　串联开环系统方块图

对于图 7.3.2 所示的串联开环系统来说，求系统方程与各干扰的误差传递函数时可用
7.2.2 节中的"输入量及干扰误差传递系数规则"来进行计算，不同之处是将其中所有的传
递系数都改为传递函数。在不考虑任何误差与干扰因素的影响时，系统静态方程为

$$y_n = \prod_{i=1}^{n} k_i x \qquad (7.3.2)$$

式中，$k_i$ 为第 $i$ 环节的静态传递系数。

同理，不存在任何干扰与误差因素影响时，系统的动态方程式为

$$y_n(s) = \prod_{i=1}^{n} W_i(s)x(s) \qquad (7.3.3)$$

在系统进入稳态之前，两者之差即为测试系统的动态误差，这种动态误差是由系统各
环节的动态特性所引起的，而不是干扰引起的，因此定义为第一类动态误差。

而第 $i$ 环节各干扰与误差引起的动态误差方程式为

$$\Delta\gamma_{ci}(s) = \prod_{j=i}^{n} W_j(s)\varepsilon_i(s) + \prod_{j=i+1}^{n} W_j(s)[\Delta\gamma_i(s) + b_i(s)z_i(s)] \qquad (7.3.4)$$

所有干扰引起的动态误差，可以定义为第二类动态误差。这一类动态误差既与干扰的性质有关，又与系统对该干扰的传递函数有关。

得到两类动态误差的方程式后，即可利用自动控制原理中介绍的方法来分析这些方程式，这部分内容大家可自行查阅参考书。

**2. 开环系统动态误差的补偿方法**

对不同的动态误差，采取的补偿措施是不同的。即使同为第一类动态误差，也有不同的补偿方法，必须具体问题具体分析。

例如，如果希望得到一个放大倍数为 $K$ 的理想放大系统，而构建出的测试系统传递函数为 $W(s)$，且系统当中存在惯性环节，使得系统输出不能及时跟踪输入信号的变化而产生动态误差。可以采用图 7.3.3 所示的方法，在系统的输出端串联一个环节，环节的传递函数为 $K/W(s)$，则加上补偿环节后的系统总输出将成为一个理想放大系统。图中，$y$ 和 $y_t$ 分别为实测值和理论值。

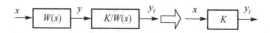

图 7.3.3    动态误差补偿的基本原理图

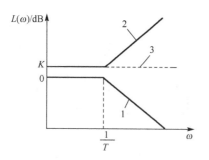

图 7.3.4    一阶系统的动态
误差补偿效果图

假定构建的测试系统是一阶系统，其补偿效果示意图如图 7.3.4 所示。图中，曲线 1 表示一阶测试系统的对数幅频特性，曲线 2 是补偿环节的对数幅频特性，依据图 7.3.3 所示的补偿原理，即可得到图中曲线 3 所示的总的对数幅频特性，是一个希望得到的线性放大的特性曲线，前提条件是补偿环节和测试系统的时间常数一致。

但是实际当中无法做到图 7.3.4 所示的全补偿，系统对所有频率信号都是同样的放大倍数是不可能的，因此通常的做法是通过补偿网络来拓展测试系统的带宽，从而在尽可能宽的频率范围内保持同样的放大。其基本原理如图 7.3.5 所示。

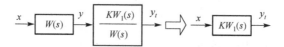

图 7.3.5    实际应用中的动态误差补偿示意图

图 7.3.5 中，补偿后的系统传递函数为 $KW_1(s)$，$K$ 可以根据需要进行灵活调整。关键是 $W_1(s)$ 部分，对于一阶系统，其时间常数应小于 $W(s)$；对于二阶系统，其工作频带要大于 $W(s)$，这样才能够达到动态误差补偿的要求。

**例 7.3.1**    热电偶在感受阶跃信号的输入时,输出热电势的过渡过程曲线如图 7.3.6 所示,试寻求有效的测试系统性能改进措施。

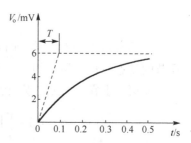

图 7.3.6    热电偶阶跃响应曲线

**解**　从图 7.3.6 中可以得到时间常数为 0.1s，因此可得热电偶的传递函数为

$$W(s) = \frac{K}{0.1s + 1}$$

式中，$K$ 为静态系数，通过静态标定过程获得。

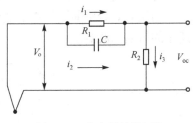

根据题意，如果想要改善该一阶测试系统的性能，关键是改善响应时间，也就是说减小时间常数，加快响应过程，可以采用图 7.3.7 所示的补偿网络。

基于电路理论，可以得到图 7.3.7 所示系统的传递函数为

图 7.3.7　热电偶补偿网络

$$\frac{V_{oc}(s)}{V_o(s)} = K_1 \cdot \frac{T_1 s + 1}{T_2 s + 1}$$

式中，$K_1 = R_2 / (R_1 + R_2)$，$T_1 = R_1 C$，$T_2 = K_1 T_1$。

因此，设计时取 $T_1 = 0.1$s，则加上补偿网络后热电偶系统的传递函数为

$$W_1(s) = \frac{V_{oc}(s)}{t(s)} = W(s) \times \frac{V_{oc}(s)}{V_o(s)} = \frac{K}{0.1s + 1} \times \frac{K_1(0.1s + 1)}{T_2 s + 1} = \frac{K_1 K}{T_2 s + 1}$$

可以看到，加上补偿网络后，静态系数和时间常数均发生变化，由于 $K_1$ 恒小于 1，所以静态系数减小为 $K_1 K$；时间常数 $T_2$ 也减小为 $K_1 T_1$，从而提升了响应时间。在获取响应速度改善的同时，也牺牲了静态灵敏度，这就是这类动态补偿网络的缺点。进一步补偿静态系数损失的方法就是在动态补偿网络后面再加上一级放大电路，但要注意放大电路的带宽应大于补偿后的热电偶测温系统的带宽。

**3. 动态误差补偿网络的设计方法**

通过例 7.3.1 可以看到，动态误差补偿网络的设计与施加能够有效地改进测试系统的性能，如何设计并实现是研究工作的难点，特别是涉及复杂的传递函数时。下面就介绍一种由简单的低通滤波器组合而构成各种复杂传递函数的方法。

图 7.3.8 给出的是利用低通滤波器组成高通滤波器的方法。

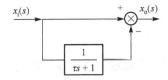

图 7.3.8　用低通滤波器组成高通滤波器 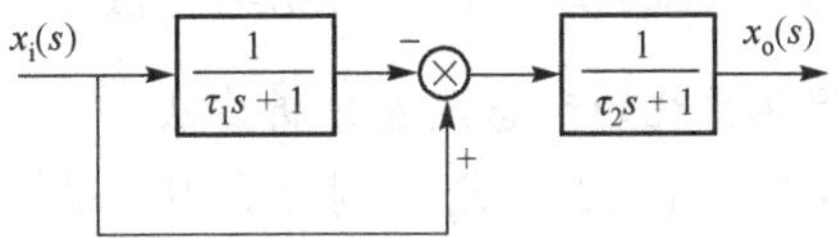　　　　图 7.3.9　用低通滤波器组成带通滤波器

对于图 7.3.8 所示系统，其传递函数为

$$\frac{x_o(s)}{x_i(s)} = \frac{\tau s}{\tau s + 1} \tag{7.3.5}$$

可以看到，式 (7.3.5) 是一个典型的一阶高通滤波器的传递函数表达式。

图 7.3.9 是由低通滤波器构建带通滤波器的示意图。

图 7.3.9 所示系统的传递函数为

$$\frac{x_{\mathrm{o}}(s)}{x_{\mathrm{i}}(s)} = \frac{\tau_1 s}{(\tau_1 s + 1)(\tau_2 s + 1)} \tag{7.3.6}$$

可以看到，式(7.3.6)是一个典型的带通滤波器的传递函数表达式。

图 7.3.10 给出的则是由低通滤波器组成复杂传递函数的方法，其中虚线部分即图 7.3.9 所示的带通滤波器。

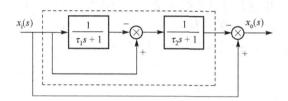

图 7.3.10　由低通滤波器组成复杂传递函数

图 7.3.10 所示系统的传递函数为

$$\frac{x_{\mathrm{o}}(s)}{x_{\mathrm{i}}(s)} = \frac{\tau_1 \tau_2 s^2 + \tau_2 s + 1}{(\tau_1 s + 1)(\tau_2 s + 1)} \tag{7.3.7}$$

可见，由简单的低通滤波器即可组建各种形式的传递函数，因而可根据系统的实际需要来组建不同的补偿网络。

前面介绍的动态误差补偿方法均是针对第一类动态误差而言的，对于第二类动态误差，可采用类似 7.2.2 节中开环系统静态误差的解决方法，所不同的是在研究动态问题时，传递系数均应改成相应的传递函数。

需要强调说明的是，动态测量中做到全补偿是非常困难的，有的时候只要做到减小干扰对测量结果的影响就可以了。例如，在一些瞬态测量中，整个测量过程的时间很短，若测量过程中温度对系统的影响较大，则可考虑在系统设计过程中设计延缓温度对系统影响的环节，使得测量系统在实验时间内对温度变化来不及反应，从而达到减小温度干扰对测量结果影响的目的。

### 7.3.2　闭环系统的动态误差分析与补偿

#### 1. 闭环系统的动态误差分析方法

下面以单环反馈系统为例分析闭环系统的动态误差，关键是要求出各干扰的误差传递函数。图 7.3.11 给出了一个单环反馈系统的示意图。为方便分析，将各环节的传递函数写成有分子 $M_i(s)$ 与分母 $D_i(s)$ 的形式。

求解图 7.3.11 所示系统的方程式需要掌握如下规则：

(1) 系统的特征式等于闭环中所有传递函数的分母乘积与分子乘积之和。

(2) 系统对各干扰(包括输入量)的传递函数之分母均为特征式，分子则等于从信号作用点起，沿箭头方向至输出端的所有传递函数分子与逆箭头方向经反馈回路至输出端的所有传递函数的分母的乘积，对负反馈系统，所有作用在反馈回路中的干扰的传递函数均应带负号。

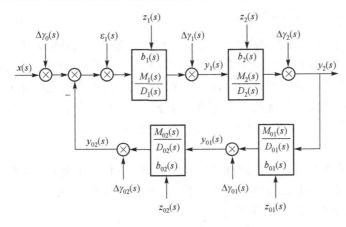

图 7.3.11　单环反馈系统示意图

(3) 系统对作用在比较环节之外的干扰(包括输入量)的传递函数的分子, 等于正馈回路各传递函数的分子与反馈回路各传递函数的分母的乘积。

由此, 求出图 7.3.11 所示系统的特征式为

$$N(s) = M_1(s)M_2(s)M_{01}(s)M_{02}(s) + D_1(s)D_2(s)D_{01}(s)D_{02}(s) \qquad (7.3.8)$$

当存在 $\Delta\gamma_0$、$\Delta\gamma_{02}$、$z_{02}$ 和 $\varepsilon_1$ 四个干扰信号时, 输出为

$$y_2(s) = \frac{M_1(s)M_2(s)D_{01}(s)D_{02}(s)}{N(s)}[x(s) + \Delta\gamma_0(s) + \varepsilon_1(s) - \Delta\gamma_{02}(s) - b_{02}(s)z_{02}(s)] \qquad (7.3.9)$$

系统输出与输入量的正确关系为

$$y_t = \frac{x}{k_{01}k_{02}} \qquad (7.3.10)$$

式中, $k_{01}$、$k_{02}$ 分别为反馈回路中第一、第二环节的静态传递系数; $y_t$ 为理论输出值。

所有干扰信号均为零且只有输入量 $x$ 时, 系统动态误差(即第一类动态误差)为

$$\Delta y_{c1}(s) = \left[\frac{M_1(s)M_2(s)D_{01}(s)D_{02}(s)}{N(s)} - \frac{1}{k_{01}k_{02}}\right] \cdot x(s) \qquad (7.3.11)$$

而对各干扰信号产生的第二类动态误差, 可以利用前述原则进行误差传递函数的求取, 如系统对作用在反馈回路上 $\Delta\gamma_{01}$、$z_{01}$ 等干扰信号的误差传递函数为

$$\Delta y_{c2}(s) = \frac{-M_{02}(s)M_1(s)M_2(s)D_{01}(s)}{N(s)} \cdot [\Delta\gamma_{01}(s) + b_{01}(s)z_{01}(s)] \qquad (7.3.12)$$

可见, 利用前述规则可以很方便地求解出所需要的各种误差传递函数, 从而有助于利用误差传递函数进一步分析与补偿测试系统的动态误差。

**2. 闭环系统动态误差的补偿方法**

1) 第一类动态误差的补偿方法

常用的闭环系统第一类动态误差的补偿方法有两种: 一种是把闭环系统看成一个等效环节, 按照 7.3.1 节中的方法, 在输出端增加一个补偿网络, 将总的频带展宽, 改变其频响特性, 从而使动态误差减小; 另一种是在闭环内部加上校正装置, 改善其频响特性, 这部分属于"自动控制原理"课程的讲解内容, 本书在此不再赘述。

2）第二类动态误差的补偿方法

对于第二类动态误差的补偿方法，与测试系统静态误差的补偿方法类似，只不过处理误差传递函数的过程较误差传递系数的处理过程更复杂一些。两者的原则是相同的，即要做到对误差的全补偿，就要使系统对该干扰至少有两个或两个以上的通道，在相距最远的两个作用点之间，系统对干扰的误差传递函数分子的代数和为零。

**例 7.3.2**　对图 7.3.11 所示系统，若 $z_2$ 和 $z_{01}$ 是同一干扰，试分析对该干扰进行全补偿的可能性。

**解**　通过前面的分析，如果想做到对该干扰的全补偿，需要对该干扰提供两个作用通道，并满足系统对干扰的误差传递函数分子的代数和为零的条件。

系统对 $z_2$ 的误差传递函数分子为

$$D_2(s)D_1(s)D_{02}(s)D_{01}(s)b_2(s)z_2(s)$$

同理可得系统对 $z_{01}$ 误差传递函数的分子：

$$-M_{02}(s)M_1(s)M_2(s)D_{01}(s)b_{01}(s)z_{01}(s)$$

如果想要做到全补偿，则需要两式之和为零，即

$$D_2(s)D_1(s)D_{02}(s)D_{01}(s)b_2(s) - M_{02}(s)M_1(s)M_2(s)D_{01}(s)b_{01}(s) = 0$$

假定式中其他传递函数不变，仅通过设计 $b_{01}$ 环节来补偿干扰对系统的影响，则 $b_{01}$ 的传递函数为

$$b_{01}(s) = \frac{D_2(s)D_1(s)D_{02}(s)D_{01}(s)b_2(s)}{M_{02}(s)M_1(s)M_2(s)D_{01}(s)} = \frac{D_2(s)D_1(s)D_{02}(s)b_2(s)}{M_{02}(s)M_1(s)M_2(s)}$$

可见，通过合理设计 $b_{01}$ 环节，满足上式的要求即可实现对干扰的全补偿，其他干扰的补偿过程与此相似，大家可以自行进行推导。关键是掌握补偿的核心思想，即对干扰提供两个通道，并使系统对干扰的总传递函数分子为零。

# 7.4　提高测试系统性能的途径

## 7.4.1　提高测试系统静态性能的途径

测试系统静态性能的提高可以考虑从两方面进行：一是在系统的设计与实现环节，通过对原理方案的全面衡量及对测试系统构成中各器件、装置的性能进行认真筛选来改善其性能；二是将一些效果明显的误差补偿方法集成到微处理器或计算机中来改善其性能。

### 1. 测试原理方案及系统组成器件的改善

测试原理方案的选取是测试系统设计中最重要的，方案选择不当会直接导致测试系统性能的下降。例如，有的闭环仪表原先由三套位置随动系统组成，如图 7.4.1(a) 所示，整个仪表的总静态误差为三套系统的误差的代数和。从原理设计上考虑，可以将系统改造成图 7.4.1(b) 的形式(图中各环节的传递系数应当重新分配)，从随动系统的数量上讲少用了一套，而从系统误差的角度上来讲，也会有所改善。

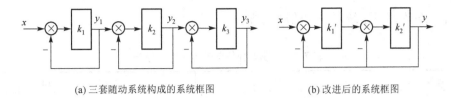

(a) 三套随动系统构成的系统框图　　　　　　　　(b) 改进后的系统框图

图 7.4.1　原理方案对系统性能改善示意图

确定测量方案后，正确选取元器件也非常关键，特别是对复杂测试系统来讲，元器件误差的累积影响非常大。当然，也可以考虑在系统结构设计上设计合适的补偿环节来消除影响，但是这样做会增加系统的复杂程度，且补偿环节的引入，其元器件的误差也是一个新的误差来源，因此考虑元器件误差影响时首先还是把好质量关，根据系统误差的允许程度来认真筛选元器件。

**2. 误差补偿的引入**

误差补偿方法的引入前面环节中已有论述，对开环系统和闭环系统来讲均有不同的实现方式，可以根据需要选取，但有的时候难以建立测试系统的数学模型，也就难以采取前面的误差补偿方法进行有效补偿。因此，更多的时候是考虑对测试系统测量结果的误差分布规律进行分析，采取相应的数学方法进行误差补偿，也就是说基于分布规律的特点分析，在测试系统的末端增加合适的补偿环节，实现一次性补偿。伴随着微处理器技术以及计算机的快速发展，更多的测试系统以微处理器或计算机为平台来搭建，因此误差补偿模型可以很方便地进行集成，从而实现良好的误差补偿效果。

**例 7.4.1**　图 7.4.2 所示为一个火电厂锅炉污水流量的测试系统，该系统通过测量孔板前后的差压信号、锅炉汽包压力信号和进入排污管道的来流压力信号来进行污水流量的测量，请根据污水流量的实际测量结果设计合适的补偿环节以改善测量性能。

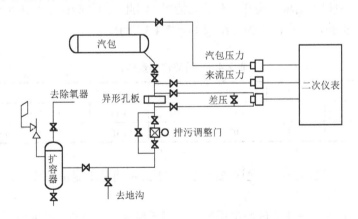

图 7.4.2　火电厂锅炉污水流量测试系统示意图

**解**　图 7.4.2 所示方案实现的难点在于污水流量为汽液两相流，因此流量测量结果波动性较大，虽通过异形孔板结构改善了波动性能，但是仍难以达到测量精度要求，因此考虑在二次仪表部分进行误差补偿。

表 7.4.1 为误差补偿前的实际测量结果，实际流量为标定装置采集到的标准流量测量结

果，显示流量为测量系统采集到的测量结果。

表 7.4.1　误差补偿前的流量测量结果

| 实际流量/(t/h) | 2.044 | 3.355 | 4.042 | 5.013 | 5.978 | 8.102 | 9.992 |
|---|---|---|---|---|---|---|---|
| 显示流量/(t/h) | 1.93 | 3.23 | 3.88 | 4.80 | 5.67 | 7.77 | 9.67 |
| 误差/% | −5.58 | −3.73 | −4.01 | −4.25 | −5.15 | −4.10 | −3.22 |

可以看到，测量精度达不到 2.50%的设计指标，但是通过计算测量结果的线性度，可以看到，显示流量和实际流量的线性相关系数可以达到 0.9999，因此，可以考虑在二次仪表中对测量结果的初值增加线性拟合的环节来改善测量结果的精度。

经过大量的数据采集和分析，得到线性拟合的结果为

$$y_r = 1.03221 y_d + 0.0562$$

式中，$y_r$ 为实际流量；$y_d$ 为显示流量。

实际应用时将该拟合直线嵌入图 7.4.2 所示的二次仪表中，再次进行现场测量时得到表 7.4.2 所示的测量结果。

表 7.4.2　误差补偿后的流量测量结果

| 实际流量/(t/h) | 2.028 | 3.336 | 4.031 | 4.938 | 5.938 | 8.123 | 10.074 |
|---|---|---|---|---|---|---|---|
| 显示流量/(t/h) | 1.98 | 3.35 | 3.98 | 4.96 | 5.84 | 8.01 | 10.08 |
| 误差/% | −2.37 | 0.42 | −1.27 | 0.45 | −1.65 | −1.39 | 0.06 |

可见，测量结果满足 2.50%的设计指标，但是误差分布有所变化，表 7.4.1 中误差均为负值，而表 7.4.2 中误差出现了有正、有负的情况，因此，为了验证系统测量结果的稳定性，又进行了重复性实验，重复性实验的结果如表 7.4.3 所示。

表 7.4.3　重复性测量结果

| 实际流量/(t/h) | 4.105 | 4.098 | 4.126 | 4.105 | 4.139 | 4.137 | 4.130 |
|---|---|---|---|---|---|---|---|
| 显示流量/(t/h) | 4.17 | 4.14 | 4.07 | 4.15 | 4.14 | 4.17 | 4.14 |
| 误差/% | 1.58 | 1.02 | −1.36 | 1.10 | 0.02 | 0.80 | 0.24 |

可见，测量结果均落在误差允许范围之内，因此说明系统测量结果的稳定性令人满意，误差补偿的效果很好。

应当看到，上述误差补偿过程是采取在测试系统末端一次性补偿的方法，达到的效果是令人满意的。当然，也可以采取另外一种方法，即首先对测试系统进行分解，将其看成是若干个串联环节的组合，然后就可以应用前面讲述的内容在环节当中加入一些抗干扰的措施，最后实现对干扰的有效补偿。

## 7.4.2　提高测试系统动态性能的途径

改善测试系统动态性能的途径与静态性能相仿，都是通过两种途径进行改善：一种是在原理实现方案及系统组成器件的质量上做优选；另一种就是采用软计算的方法，在系统末端考虑引入微处理器技术和相应的动态误差补偿算法，通过算法的实现来抑制误差的影响，从而达到改善测试系统动态性能的目的。

**1. 测量原理方案及系统组成器件上的改善**

对于动态测量来讲，原理方案的设计更为重要，例如，对于图 7.4.3 所示的串联系统，这种测量系统的工作频带取决于最薄弱环节的频带，因此设计这样的测量系统，一定要抓住测量系统设计中的最薄弱环节，针对薄弱环节开展针对性的设计，才有可能得到性能良好的测试系统。

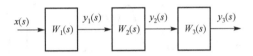

图 7.4.3　串联系统示意图

进一步以压电式压力测试系统为例，压电传感器的工作频带较电容式或电感式压力传感器要高 1~2 个数量级，且传感器对后续放大器的输入阻抗要求也很高，因此对这样的系统，放大器环节的设计非常重要，若忽略了这个环节的设计，则放大器必将成为限制测试系统性能的瓶颈环节。

在系统组成器件的选取上，误差补偿的基本思想也类似静态性能部分，要首先评估各器件误差传递到输出对整个测量结果的影响，然后在这个评估结果的指引下对元器件的质量进行把关，最后要做的就是根据系统测量结果的反馈来不断调整，以达到改善测试系统性能的目的。

**2. 误差补偿的引入**

对于误差补偿方法的引用，前面已经讲到很多方法，但是基本上都要求准确建立测试系统的数学模型，通常情况下很难做到。因此更为实用的方法就是实际测量测试系统动态响应的结果，然后根据结果偏离的情况，在系统末端加上滤波器环节来进行改善，应用广泛的是数字滤波器技术，可以方便地嵌入微处理器中加以实施。

**例 7.4.2**　一个典型的二阶惯性系统如图 7.4.4 所示，图中，$m$ 为质量块，$k$ 为弹簧的刚度，$c$ 为阻尼器的阻尼系数，试根据实际测量结果寻求改善性能的措施。

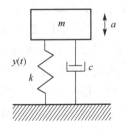

**解**　当系统感受加速度变化时，质量块 $m$ 相对于基座的位移 $y$ 与系统加速度 $a$ 间的函数关系为

$$m\frac{\mathrm{d}^2 y}{\mathrm{d}t^2} + c\frac{\mathrm{d}y}{\mathrm{d}t} + ky = ma$$

两边进行拉氏变换后，传感器的传递函数为

图 7.4.4　非力平衡式加速度
传感器机械结构模型

$$H(s) = \frac{Y(s)}{A(s)} = \frac{1}{s^2 + 2\xi\omega_0 s + \omega_0^2}$$

式中，$\omega_0 = \sqrt{k/m}$ 为传感器的固有频率；$\xi = c/(2\sqrt{mk})$ 为传感器的阻尼比。

由传递函数可知，传感器在某些情况下有可能出现谐振，从而引起较大测量误差。通常的做法是增加传感器的阻尼比，使得系统工作在临界阻尼状态，或者限制传感器的工作频率，但这都将限制其应用范围。因此，可考虑加入补偿网络以实现误差补偿，同时尽可能拓宽工作频带，误差补偿网络的示意图如图 7.4.5 所示。

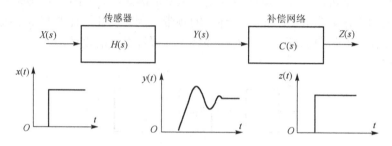

图 7.4.5　加速度传感器误差补偿示意图

理想情况下，若 $C(s) = 1/H(s)$，则输出能够完全跟踪输入变化，但此时：

$$C(s) = s^2 + 2\xi\omega_0 s + \omega_0^2$$

由奈奎斯特判据可知该补偿网络不稳定，无法构建。那么，是否可以另辟蹊径，可以不是理想的补偿网络，补偿后虽达不到完全无失真，但动态误差可以大大减小呢？

设定补偿后的系统传递函数仍然是一个二阶系统，传递函数为

$$H'(s) = H(s) \cdot C(s) = \frac{1}{s^2 + 2\xi_1\omega_1 s + \omega_1^2}$$

则补偿网络的传递函数为

$$C(s) = \frac{s^2 + 2\xi\omega_0 s + \omega_0^2}{s^2 + 2\xi_1\omega_1 s + \omega_1^2}$$

可见，补偿网络串联接入系统后，系统仍为二阶系统，但其系统具有了新的固有频率和阻尼比系数，因此可通过构造补偿网络使得 $\omega_1 \gg \omega_0$ 以及 $\xi_1$ 接近临界阻尼，从而改善加速度传感器的动态性能。

从补偿网络的传递函数可以看出，其实际上是具有某种频率特性的滤波器的传递函数，因此可以考虑在传感器的后续电路中设计相应的模拟滤波器来实现这个传递函数，但由于特殊类型模拟滤波器的设计比较复杂，且模拟滤波器的设计会带来很多新的干扰信号，随着数字信号处理器技术的快速发展，数字滤波器的应用更加广泛，因此下面就利用数字滤波器的设计方法来实现误差补偿网络。

采用双线性变换可以将补偿网络的传递函数转换为 $z$ 域表达式：

$$C(Z) = \frac{(4 + 4T\xi\omega_0 + T^2\omega_0^2) + (2T^2\omega_0^2 - 8)Z^{-1} + (4 - 4T\xi\omega_0 + T^2\omega_0^2)Z^{-2}}{(4 + 4T\xi_1\omega_1 + T^2\omega_1^2) + (2T^2\omega_1^2 - 8)Z^{-1} + (4 - 4T\xi_1\omega_1 + T^2\omega_1^2)Z^{-2}}$$

式中，$T$ 为采样时间。

假定加速度传感器的固有频率 $\omega_0 = 339 \times 2\pi(\text{rad/s})$，阻尼比 $\xi = 0.314$，补偿后的系统固有频率为 $\omega_0 = 1073 \times 2\pi(\text{rad/s})$，阻尼比 $\xi = 0.684$，则可得补偿网络的 $z$ 域表达式：

$$C(Z) = \frac{0.6847 - 1.2556Z^{-1} + 0.5997Z^{-2}}{1 - 1.1257Z^{-1} + 0.4143Z^{-2}}$$

进而得到数字滤波器的表达形式为

$$z(n) = 0.6847y(n) - 1.2556y(n-1) + 0.5997y(n-2) + 1.1257z(n-1) - 0.4143z(n-2)$$

式中，$y(n)$、$y(n-1)$、$y(n-2)$ 分别为滤波器当前输入值、前次输入值和前 2 次输入值；$z(n)$、$z(n-1)$、$z(n-2)$ 分别为滤波器当前输出值、前次输出值和前 2 次输出值。

加入补偿网络的系统结构如图 7.4.6 所示，图中计算机通过 A/D 采集模拟信号，然后送入数字滤波器中处理，处理后数据通过 D/A 模块输出，系统对冲激响应和阶跃响应的曲线分别如图 7.4.7(a) 和图 7.4.7(b) 所示。

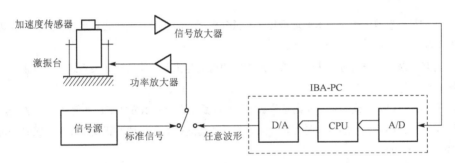

图 7.4.6　加速度传感器动态特性补偿实验装置

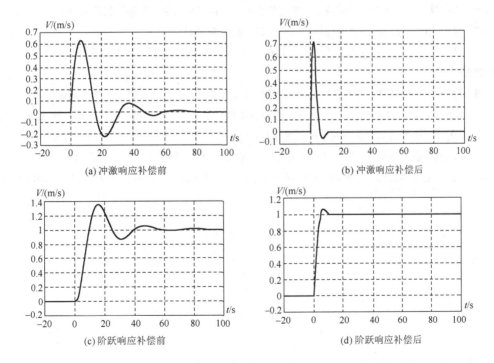

图 7.4.7　冲激响应和阶跃响应补偿前后的测量曲线

图 7.4.6 中，理想情况下补偿后的输出信号完全同步输入信号，则补偿后的信号可反馈作激励信号，形成一个闭环反馈控制系统。从图 7.4.7 可见，引入补偿网络后，冲激响应和阶跃响应曲线的动态特性明显改善，说明补偿网络的补偿效果还是达到了预期目的，是有可能直接反馈作激励信号，形成闭环系统的。

综上，本节对改善测试系统性能的方法进行了简要介绍，概括起来主要有两点：一是测量方法的优化以及元器件性能的优选，这个体现在测试系统设计之初，属于未雨绸缪的措施；二是在测试系统的内部施加补偿环节，通常是在测试系统的末端施加一次性的补偿，这个是亡羊补牢的措施。无论哪种措施，其出发点都是一样的，就是提升测试系统的性能。所以，大家在实际使用时，可以根据需要进行深入分析和判断，确定有效方法并建立准确的模型，即可最终达到提升性能的目标。

# 习　题

7-1　环节静态误差表达的基本原理是什么？试分析环节静态误差表达式和系统静态误差表达式的共同点和不同点。

7-2　开环系统误差分析过程中，系数传递规则的内涵与作用是什么？如果系统中遇有积分环节，如何分析处理？

7-3　开环系统误差补偿的基本原则是什么？如果在系统中存在积分环节，如何进行误差补偿？

7-4　单环反馈闭环系统的基本特点是什么？系数传递规则如何描述？正反馈和负反馈时，传递规则的变化在于什么地方？

7-5　多环反馈闭环系统误差分析的基本原则是什么？如果遇到积分环节，如何处理？

7-6　闭环反馈系统误差补偿的基本思想是什么？正反馈和负反馈时误差补偿的异同点是什么？

7-7　提高测试系统静态性能的途径有哪些？试分别举例说明。

7-8　开环系统动态测量误差分析中第一类和第二类动态误差的特点分别是什么？试给出具体实例说明两者的区别。

7-9　对于开环系统的第一类动态误差，如何进行有效的误差补偿？试给出具体实例说明。

7-10　闭环系统动态误差分析中，传递函数如何求取？正反馈和负反馈的不同体现在什么地方？

7-11　闭环系统中第二类动态误差如何进行有效的补偿？

7-12　在测试系统动态性能的提高过程中，在测量原理设计过程中应当注意什么问题？

7-13　试给出具体实例，说明如何在测试系统末端加入动态误差补偿网络，以提高测试系统的动态性能。

# 第8章 误差分析与数据处理应用实例

本书前面的章节对误差分析与数据处理的相关理论进行了全面介绍,本章则主要从工程应用的角度出发,介绍误差理论及数据处理的方法在实际工程中的应用,涉及误差分析、不确定度评定、测试系统误差补偿、量值溯源和精度评定等内容,应用到的知识点基本涵盖了全书内容。希望读者能够在学习实例的同时,准确理解实例中间包含的知识点,达到理论和实践有效结合的目的。

## 8.1 量块校准的不确定度评定

### 8.1.1 量块术语及其长度定义

量块是用耐磨材料制造的,横截面为矩形,并具有一对相互平行测量面的实物量具。量块是一种端面长度标准。通过对计量仪器、量具和量规等示值误差检定等方式,使机械加工中各种制成品的尺寸溯源到长度基准。一个量块的测量面可以和另一个量块的测量面相研合而组合使用,也可以和类似表面质量的辅助体表面相研合而用于量块长度的测量。

量块的长度 $l$ 定义为量块一个测量面上的任意点到与其相对的另一测量面相研合的辅助体表面之间的垂直距离,如图 8.1.1 所示。辅助体的材料和表面质量应与量块相同。量块的中心长度 $l_c$ 对应于量块未研合测量面中心点的量块长度。量块标称长度 $l_n$ 标记在量块上,用以表明其与主单位(m)之间关系的量值,也称为量块长度的示值。特别说明:①量块任意点不包括距测量面边缘为 0.8mm 区域内的点;②量块长度包括单面研合的影响。

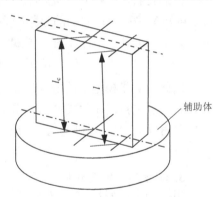

辅助体

图 8.1.1 量块及长度定义

### 8.1.2 量块校准的不确定度评定示例

该示例主要是巩固建立测量模型并进行不确定度评定的知识点;通过此示例说明如何将相关的输入量经过适当处理后使输入量间不相关,从而简化了合成标准不确定度的计算,最后给出了对于非线性测量函数,如何考虑高阶项后进行测量不确定度的评定。

**1. 校准方法**

标称值为 50mm 的被校量块,通过与相同长度的标准量块比较,由比较仪上读出两个量块的长度差 $d$,被校准量块长度的校准值 $L$ 为标准量块长度 $L_s$ 与长度差 $d$ 之和,即

$$L = L_s + d \qquad (8.1.1)$$

实测时，$d$ 取 5 次读数的平均值 $\overline{d}$，可得 $\overline{d} = 0.000215\text{mm}$；标准量块长度 $L_s$ 由校准证书给出，其校准值 $L_s = 50.000623\text{mm}$。

**2. 测量模型**

长度 $d$ 在考虑到影响量后为

$$d = L(1+\alpha\theta) - L_s(1+\alpha_s\theta_s) \tag{8.1.2}$$

式中，$L$ 为被校准量块长度，即被校准量块在 20℃时的长度；$L_s$ 为校准证书上给出的 20℃条件下标准量块的长度；$\alpha$ 和 $\alpha_s$ 分别为被校准量块和标准量块的热膨胀系数；$\theta$ 和 $\theta_s$ 分别为被校准量块和标准量块相对于 20℃参考温度的偏差。

因此，被校准量块的测量模型为

$$L = \frac{1}{1+\alpha\theta}[L_s(1+\alpha_s\theta_s) + d] \tag{8.1.3}$$

该模型为非线性函数，按照泰勒级数展开可得

$$L = L_s + d + L_s(\alpha_s\theta_s - \alpha\theta) + \cdots \tag{8.1.4}$$

忽略高次项后得到近似的线性函数式，如下：

$$L \approx L_s + d + L_s(\alpha_s\theta_s - \alpha\theta) \tag{8.1.5}$$

由于被校准量块与标准块处于同一温度环境中，因此 $\theta$ 与 $\theta_s$ 是相关的量；两个量块采用同样的材料，$\alpha$ 和 $\alpha_s$ 也是相关的量。为避免相关，设被校准量块与标准量块的温度差为 $\delta_\theta$，可知 $\delta_\theta = \theta - \theta_s$；它们的热膨胀系数差为 $\delta_\alpha$，且 $\delta_\alpha = \alpha - \alpha_s$；将 $\delta_\theta$ 和 $\delta_\alpha$ 代入上式，又设 $l$ 和 $l_s$ 分别为 $L$ 和 $L_s$ 的估计值，由此上式可以改写成如下的公式：

$$l = f(l_s, d, \alpha_s, \theta, \delta_\alpha, \delta_\theta) \approx l_s + d - l_s(\delta_\alpha\theta + \alpha_s\delta_\theta) \tag{8.1.6}$$

因此，测量模型中的输入量 $\delta_\alpha$ 与 $\alpha_s$ 以及 $\delta_\theta$ 与 $\theta$ 不再相关。

特别要注意：在此式中的 $\delta_\alpha$ 和 $\delta_\theta$ 是近似为零的，但是不确定度不为零，在不确定度评定中要考虑。由于 $\delta_\alpha$ 和 $\delta_\theta$ 近似为零，所以被测量的估计值如下：

$$l = l_s + \overline{d} \tag{8.1.7}$$

**3. 测量不确定度分析**

根据测量模型 $l = f(l_s, d, \alpha_s, \theta, \delta_\alpha, \delta_\theta)$，即 $l \approx l_s + d - l_s(\delta_\alpha\theta + \alpha_s\delta_\theta)$，由于各输入量间不相关，因此合成标准不确定度的计算公式为

$$u_c(l) = \sqrt{c_1^2 u^2(l_s) + c_2^2 u^2(d) + c_3^2 u^2(\alpha_s) + c_4^2 u^2(\theta) + c_5^2 u^2(\delta_\alpha) + c_6^2 u^2(\delta_\theta)} \tag{8.1.8}$$

式中，灵敏系数：

$$c_1 = c_{l_s} = \partial f / \partial l_s = 1 - (\delta_\alpha\theta + \alpha_s\delta_\theta) = 1, \quad c_2 = c_d = \partial f / \partial d = 1$$

$$c_3 = c_{\alpha_s} = \partial f / \partial \alpha_s = -l_s\delta_\theta = 0$$

$$c_4 = c_\theta = \partial f / \partial \theta = -l_s\delta_\alpha = 0, \quad c_5 = c_{\delta_\alpha} = \partial f / \partial \delta_\alpha = -l_s\theta, \quad c_6 = c_{\delta_\theta} = \partial f / \partial \delta_\theta = -l_s\alpha_s$$

可见，灵敏系数 $c_3$ 和 $c_4$ 为零，也就是说明 $\alpha_s$ 及 $\theta$ 的不确定度对测量结果的不确定度没有影响。合成标准不确定度公式可以写简化为

$$u_c(l) = \sqrt{u^2(l_s) + u^2(d) + l_s^2\theta^2 u^2(\delta_\alpha) + l_s^2\alpha_s^2 u^2(\delta_\theta)} \tag{8.1.9}$$

**4. 不确定度分量的评定**

1) 标准量块的校准引入的不确定度 $u(l_s)$

标准量块的校准证书给出：校准值为 $l_s = 50.000623\text{mm}$，$U = 0.075\mu\text{m}(k = 3)$，有效自由度为 $\nu_{\text{eff}}(l_s) = 18$。则标准量块校准引入的标准不确定度为

$$u(l_s) = 0.075\mu\text{m}/3 = 25\text{nm}, \quad \nu_{\text{eff}}(l_s) = 18 \tag{8.1.10}$$

2) 测得的长度引入的不确定度 $u(d)$

(1) 由测量重复性引起长度差测量的不确定度 $u(\bar{d})$。

对两个量块的长度差进行 25 次独立重复观测，用贝塞尔公式可得单次测量的标准差为 $s(d) = 13\text{nm}$；本次比较仅测 5 次，取 5 次测量的算数平均值为被校准量块的长度，所以读数观测的重复性引入的标准不确定度 $u(\bar{d})$ 是平均值的实验标准差为 $s(\bar{d})$：

$$u(\bar{d}) = s(\bar{d}) = \frac{s(d)}{\sqrt{n}} = \frac{13}{\sqrt{5}} = 5.8(\text{nm}) \tag{8.1.11}$$

由于 $s(d)$ 是通过 25 次测量得到的，因此 $u(\bar{d})$ 的自由度 $\nu(\bar{d}) = 25 - 1 = 24$。

(2) 由比较仪示值不准引起长度差测量的不确定度 $u(d_1)$。

根据所用比较仪的校准证书，由于"随机误差"引起的不确定度为 $\pm 0.01\mu\text{m}$，其包含概率为 95%，并由 6 次重复测量得到；因此，按照自由度 $\nu(d_1) = 6 - 1 = 5$，查 $t$ 分布表，可以得到 $t_{95}(5) = 2.57$，进而得到标准不确定度为

$$u(d_1) = \frac{0.01\mu\text{m}}{2.57} = 3.9\text{nm} \tag{8.1.12}$$

(3) 由比较仪的"系统误差"引起长度差测量的不确定度 $u(d_2)$。

校准证书给出的因"系统误差"引起的比较仪的不确定度按 3 倍标准差计为 $0.02\mu\text{m}$，由此引入的不确定度为

$$u(d_1) = \frac{0.02\mu\text{m}}{3} = 6.7\text{nm} \tag{8.1.13}$$

假设比较仪的相对不确定度可靠到 25%，则其自由度 $\nu(d_2) = 8$。

(4) 由以上分析得到长度差引入的不确定度 $u(d)$ 为

$$u(d) = \sqrt{u^2(\bar{d}) + u^2(d_1) + u^2(d_2)} = \sqrt{5.8^2 + 3.9^2 + 6.7^2} = 9.7(\text{nm}) \tag{8.1.14}$$

自由度为

$$\nu_{\text{eff}}(d) = \frac{u^4(d)}{\dfrac{u^4(\bar{d})}{\nu(\bar{d})} + \dfrac{u^4(d_1)}{\nu(d_1)} + \dfrac{u^4(d_2)}{\nu(d_2)}} = 25.6 \tag{8.1.15}$$

3) 热膨胀系数引入的不确定度 $u(\alpha_s)$

标准量块的热膨胀系数为 $\alpha_s = 11.5 \times 10^{-6}\text{℃}^{-1}$，其不确定性呈现出矩形分布的特点，区间为 $\pm 2 \times 10^{-6}\text{℃}^{-1}$，则标准不确定度为

$$u(\alpha_s) = \frac{2 \times 10^{-6}}{\sqrt{3}} = 1.2 \times 10^{-6}\text{℃}^{-1} \tag{8.1.16}$$

由于 $c_{\alpha_s} = \partial f / \partial \alpha_s = -l_s\delta_\theta = 0$，因此这个不确定度分量对 $l$ 的不确定度评定没有一阶的

贡献，但是其具有二阶的贡献，关于这方面的问题将在本节后面的第 8 部分进行讨论。

4）量块温度偏差引入的不确定度 $u(\theta)$

报告给出的测试台温度为 $(19.9\pm0.5)$ ℃；单次测量时的温度没有记录，说明温度的最大偏差为 $\Delta = 0.5$ ℃，也就是说，在热作用系统下温度的近似周期变化的幅度为 $0.5$ ℃，这个数值不是平均温度的不确定度，平均温度的偏差值为

$$\bar{\theta} = 19.9 - 20 = -0.1 (\text{℃}) \tag{8.1.17}$$

（1）由测试台平均温度的不确定性引起的 $\bar{\theta}$ 的标准不确定度 $u(\bar{\theta})$：

$$u(\bar{\theta}) = 0.2 \text{ ℃}$$

（2）由温度随时间周期变化引起的标准不确定度 $u(\Delta)$

温度随时间周期变化形成 $U$ 形的分布（即反正弦分布），则 $u(\Delta) = 0.5/\sqrt{2} = 0.35$ ℃。

量块温度偏差引入的不确定度 $u(\theta)$ 为上面两个因素的合成：

$$u(\theta) = \sqrt{u^2(\bar{\theta}) + u^2(\Delta)} = \sqrt{0.2^2 + 0.35^2} = 0.40(\text{℃}) \tag{8.1.18}$$

由于 $c_\theta = \partial f / \partial \theta = -l_s \delta_\alpha = 0$，该不确定度对 $l$ 的不确定度评价没有一阶的贡献，其具有二阶的贡献，关于这方面的问题将在本节后面的第 8 部分进行讨论。

5）膨胀系数差异引入的不确定度 $u(\delta_\alpha)$

估计两个量块的膨胀系数 $\delta_\alpha$ 之差在 $\pm1\times10^{-6}$ ℃$^{-1}$ 区间内，$\delta_\alpha$ 的任意值以等概率落在此范围内，则其标准不确定度为

$$u(\delta_\alpha) = \frac{1\times10^{-6}}{\sqrt{3}} = 0.58\times10^{-6} (\text{℃}^{-1}) \tag{8.1.19}$$

估计 $u(\delta_\alpha)$ 的可靠性为 10%，则其自由度 $v(\delta_\alpha) = 50$。

6）量块的温度差引入的不确定度 $u(\delta_\theta)$

被校准量块与标准量块被认为是在同一温度下，但实际上存在温度差，温度差以等概率落在 $\pm0.05$ ℃ 区间内，则标准不确定度为

$$u(\delta_\theta) = \frac{0.05}{\sqrt{3}} = 0.029 (\text{℃}) \tag{8.1.20}$$

估计 $u(\delta_\theta)$ 只有 50% 的可靠性，计算得到自由度为 $v(\delta_\theta) = 2$。

**5. 合成标准不确定度**

1）计算灵敏系数

由标准量块的校准证书得到 $l_s = 50.000623\text{mm}$，被校准量块与参考温度 20℃之差估计为 $-0.1$ ℃，标准量块的热膨胀系数为 $\alpha_s = 11.5\times10^{-6}$ ℃$^{-1}$，由这些信息可得

$$c_1 = 1, \quad c_2 = 1, \quad c_3 = 0, \quad c_4 = 0 ;$$

$$c_5 = -l_s\theta = 5.0000623\text{mm}\cdot\text{℃}^{-1}, \quad c_6 = -l_s\alpha_s = -5.75\times10^{-4}\text{mm}\cdot\text{℃}^{-1}$$

由于 $c_3$ 和 $c_4$ 均为 0，可见标准量块的热膨胀系数和被校准量块的温度与 20℃参考温度差值的不确定度对长度测量不引入一阶的贡献。

2）计算合成标准不确定度

$$u_c(l) = \sqrt{u^2(l_s) + u^2(d) + l_s^2\theta^2 u^2(\delta_\alpha) + l_s^2\alpha_s^2 u^2(\delta_\theta)} = 32\text{nm} \tag{8.1.21}$$

3）$u_c(l)$ 的自由度为

$$\nu_{\text{eff}}(l) = \frac{(32)^4}{\dfrac{(25)^4}{18} + \dfrac{(9.7)^4}{25.6} + \dfrac{(2.9)^4}{50} + \dfrac{(16.6)^4}{2}} = 17.5 \tag{8.1.22}$$

为了得到所需的扩展不确定度，该值截到相近的最小整数，即 $\nu_{\text{eff}}(l) = 17$。

**6. 确定扩展不确定度**

要求包含概率 $p$ 为 0.99，查 $t$ 分布表可得 $t_{99}(17) = 2.90$，因此扩展不确定度为 $U_{99} = t_{99}(17)u_c(l) = 2.90 \times 32 \approx 93\,\text{nm}$。

**7. 校准结果**

$$l = l_s + \bar{d} = 50.000623 + 0.000215 = 50.000838(\text{mm})，\quad U_{99} = 93\text{nm}(\nu_{\text{eff}} = 17) \tag{8.1.23}$$

或

$$l = (50.000838 \pm 0.000093)\text{mm}（p=99\%，\ \nu_{\text{eff}} = 17） \tag{8.1.24}$$

量块校准时不确定度分量汇总见表 8.1.1。

表 8.1.1　量块校准时不确定度分量汇总表

| 标准不确定度分量 $u(x_i)$ | 不确定度来源 | 标准不确定度 $u(x_i)$ | 灵敏系数 $c_i$ $c_i = \partial f/\partial x_i$ | $u_i(l) = |c_i|u(x_i)$ | 自由度 $\nu_i$ |
|---|---|---|---|---|---|
| $u(l_s)$ | 标准量块的校准 | 25nm | 1 | 25nm | 18 |
| $u(d)$ | 测得量块间的差值 | 9.7nm | | | 25.6 |
| $u(\bar{d})$ | 重复观察 | 5.8nm | 1 | 9.7nm | 24 |
| $u(d_1)$ | 比较仪的随机影响 | 3.9nm | | | 5 |
| $u(d_2)$ | 比较仪的系统影响 | 6.7nm | | | 8 |
| $u(\alpha_s)$ | 标准量块的热膨胀系数 | $1.2\times10^{-6}\text{℃}^{-1}$ | 0 | 0 | |
| $u(\theta)$ | 测试台的温度 | 0.40℃ | | | |
| $u(\bar{\theta})$ | 测试台的平均温度 | 0.2℃ | 0 | 0 | |
| $u(\Delta)$ | 室温的周期变化 | 0.35℃ | | | |
| $u(\delta_\alpha)$ | 量块膨胀系数的差异 | $0.58\times10^{-6}\text{℃}^{-1}$ | 5.0000623 mm·℃$^{-1}$ | 2.9nm | 50 |
| $u(\delta_\theta)$ | 量块的温度差异 | 0.029℃ | $-5.75\times10^{-4}$ mm·℃$^{-1}$ | 16.6nm | 2 |
| | $u_c(l) = \sqrt{u^2(l_s) + u^2(d) + l_s^2\theta^2u^2(\delta_\alpha) + l_s^2\alpha_s^2u^2(\delta_\theta)} = 32\text{nm}$ | | | | |
| | $l = l_s + \bar{d} = 50.000623 + 0.000215 = 50.000838\text{mm}，\quad U_{99} = 93\text{nm}（\nu_{\text{eff}} = 17）$ | | | | |

可见，不确定度的主要分量显然是标准量块的不确定度 $u(l_s) = 25\text{nm}$。

**8. 考虑二阶项时不确定度的评定**

如果函数 $l = f(l_s, d, \alpha_s, \theta, \delta_\alpha, \delta_\theta)$ 的非线性足够明显，使得泰勒级数展开式中的高阶项不能被忽略，上面的不确定度评定就是不完全的，因此需要考虑高阶项的影响，如下：

$$\sum_{i=1}^{N}\sum_{j=1}^{N}\left[\frac{1}{2}\left(\frac{\partial^2 f}{\partial x_i \partial x_j}\right)^2 + \frac{\partial f}{\partial x_i}\frac{\partial^2 f}{\partial x_i \partial x_j}\right]u^2(x_i)u^2(x_j)$$

因此，本案例需要在合成标准不确定度中加上两项明显的二阶项的贡献：

$$l_s u(\delta_\alpha)u(\theta) = 0.05 \times (0.58 \times 10^{-6}) \times 0.41 = 11.89 \text{(nm)} \qquad (8.1.25)$$

$$l_s u(\alpha_s)u(\delta_\theta) = 0.05 \times (1.2 \times 10^{-6}) \times 0.029 = 1.74 \text{(nm)} \qquad (8.1.26)$$

考虑二阶项后的合成标准不确定度：

$$u_c'(l) = \sqrt{32^2 + 11.89^2 + 1.74^2} = 34 \text{nm}$$

扩展不确定度：

$$U_{99} = 99 \text{nm}（\nu_{\text{eff}} = 17, \ p = 0.99, \ k = 2.90）$$

可见，考虑二次项的影响后，合成标准不确定度 $u_c(l)$ 从 32nm 增加到 34nm，扩展不确定度 $U_{99}$ 从 93nm 增加到 99nm。

# 8.2　力平衡伺服式加速度传感器的误差补偿

## 8.2.1　力平衡伺服式加速度传感器介绍

图 8.2.1(a) 是一种力平衡伺服式加速度传感器。其由片状弹簧支承的质量块 $m$、位移传感器、放大器和产生反馈力的一对磁电力发生器组成。活动质量块实际上由力发生器的两个活动线圈构成。磁电力发生器由高稳定性永久磁铁和活动线圈组成；为了提高线性度，两个力发生器按推挽方式连接。活动线圈的非导磁性金属骨架在磁场中运动时产生电涡流，从而产生阻尼力，因此也是一个阻尼器。

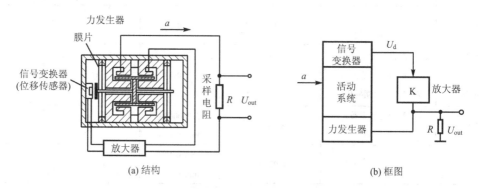

(a) 结构　　　　　　　　　　　　　(b) 框图

图 8.2.1　力平衡伺服式加速度传感器

当加速度沿敏感轴方向作用时，活动质量块偏离初始位置而产生相对位移。位移传感器检测位移并将其转换成交流电信号，电信号经放大并被解调成直流电压后，提供一定功率的电流传输至力发生器的活动线圈。位于磁路气隙中的载流线圈受磁场作用而产生电磁力去平衡被测加速度所产生的惯性力，而阻止活动质量块继续偏离。当电磁力与惯性力相平衡的时候，活动质量块即停止运动，处于与加速度相应的某一新的平衡位置。这时位移传感器的输出电信号在采样电阻 $R$ 上建立的电压降(输出电压 $U_{\text{out}}$)，就反映出被测加速度的大小。显然，只有活动质量块新的静止位置与初始位置之间具有相对位移时，位移传感器才有信号输出，磁电力发生器才会产生反馈力，因此这个系统是有静差力平衡系统。

图 8.2.1(b) 为系统结构框图。活动质量块与弹簧片组成了二阶振动系统。其传递函数为

$$W_y(s) = \frac{Y(s)}{F_a(s)} = \frac{1}{ms^2 + cs + k_s} \tag{8.2.1}$$

式中，$m$ 为活动质量块的质量(kg)；$c$ 为等效阻尼系数((N·s)/m)；$k_s$ 为弹簧片刚度(N/m)。

位移传感器在小位移范围内是一个线性环节。设其传递系数为 $K_d$，输出电压为

$$U_d = K_d Y \tag{8.2.2}$$

放大解调电路由于解调功能以及活动线圈有一定电感，因而具有一定的惯性，所以这部分可作为一个惯性环节。其传递函数为

$$W_A(s) = \frac{I(s)}{U_d(s)} = \frac{K_A}{T_A + 1} \tag{8.2.3}$$

式中，$K_A$ 为放大解调电路的传递系数(A/V)；$T_A$ 为时间常数(s)。

磁电力发生器是一个线性环节，所产生的反馈力为

$$F_f = 2\pi BDWI = K_f I \tag{8.2.4}$$

式中，$K_f$ 为磁电力发生器的灵敏度(N/A)；$B$ 为气隙的磁感应强度(T)；$D$ 为活动线圈的平均直径(m)；$W$ 为匝数。

根据系统的工作原理和各环节的传递函数，可绘出系统的结构方块图 8.2.2，并导出表征系统特性的几个传递函数。

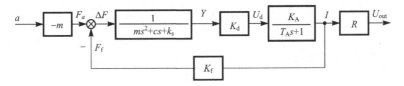

图 8.2.2　力平衡伺服式加速度传感器的结构方框图

## 8.2.2　输出电压与加速度的关系

图 8.2.2 所示的传递函数为

$$W_u(s) = \frac{U_{out}(s)}{a(s)} = \frac{-mK_dK_AR}{(ms^2 + cs + k_s)(T_As + 1) + K_dK_AK_f} \tag{8.2.5}$$

静态特性方程为

$$U_{out} = \frac{-mK_dK_AR}{k_s + K_dK_AK_f} a = -\frac{\dfrac{mK_dK_AR}{k_s}}{1 + \dfrac{K_dK_AK_f}{k_s}} a \tag{8.2.6}$$

当 $K_dK_AK_f \gg k_s$ 时，有

$$U_{\text{out}} = -\frac{mR}{K_f} a \tag{8.2.7}$$

### 8.2.3 活动质量块相对位移 $y$ 与加速度的关系

质量块相对位移与加速度之间的传递函数为

$$W_y(s) = \frac{Y(s)}{a(s)} = -\frac{m(T_A s + 1)}{(ms^2 + cs + k_s)(T_A s + 1) + K_d K_A K_f} \tag{8.2.8}$$

静态特性方程为

$$y = -\frac{m}{k_s + K_d K_A K_f} a = -\frac{m/k_s}{1 + \dfrac{K_d K_A K_f}{k_s}} a \tag{8.2.9}$$

当 $K_d K_A K_f \gg k_s$ 时，有

$$y = -\frac{m}{K_d K_A K_f} a \tag{8.2.10}$$

### 8.2.4 系统偏差 $\Delta F$ 与加速度的关系

系统偏差 $\Delta F$ 与加速度间的传递函数为

$$W_F(s) = \frac{\Delta F(s)}{a(s)} = -\frac{m(ms^2 + cs + k_s)(T_A s + 1)}{(ms^2 + cs + k_s)(T_A s + 1) + K_d K_A K_f} \tag{8.2.11}$$

静态特性方程为

$$\Delta F = -\frac{mk_s}{k_s + K_d K_A K_f} a = -\frac{m}{1 + \dfrac{K_d K_A K_f}{k_s}} a \tag{8.2.12}$$

当 $K_d K_A K_f \gg k_s$ 时，可得

$$\Delta F = -\frac{mk_s}{K_d K_A K_f} a \tag{8.2.13}$$

由上述分析，该传感器在闭环内静态传递系数很大的情况下，在静态测量或系统处于相对平衡状态时，其静态灵敏度只与闭环以外各串联环节的传递系数以及反馈支路的传递系数有关。故要求它们具有较高的精度和稳定性；而与环内前馈支路各环节的传递系数无关，因而除要求它们具有较大的数值外，对其他性能的要求则可降低。活动质量块的相对位移 $y$ 和系统力的偏差 $\Delta F$ 均与被测加速度 $a$ 成正比，且静态传递系数越大，位移和力的偏差越小；只有当静态传递系数为无穷大时，位移 $y$ 和力的偏差 $\Delta F$ 才为零。但位移为零时，将不会产生反馈力。因此，静态传递系数不能，也不会是无穷大的，在这种情况下，静态各环节传递系数的变化将会引起位移和力的偏差的误差。

### 8.2.5 系统误差补偿

在图 8.2.1 所示的传感器中，静态各环节传递系数的变化、有害加速度和摩擦力等外界干扰都会引起测量误差。为了减小静态误差，除了要求系统具有较大的开环传递系数外，

还要求支承弹簧刚度尽可能小。当弹簧刚度 $k_s$ 为 0(例如,采用无弹簧支承的全液浮式活动系统)时,传感器的基本特性将会有很大的变化,活动部分将变成一个惯性环节和一个积分环节相串联。其传递函数为

$$W_y(s) = \frac{Y(s)}{F_a(s)} = \frac{1}{(ms+c)s} \tag{8.2.14}$$

如果其他各环节仍保持与上述传感器相同,则该系统的结构框图如图 8.2.3 所示。

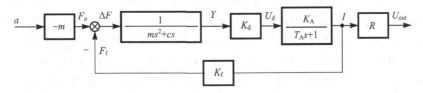

图 8.2.3 改进的无静差伺服式加速度传感器结构框图

系统输出电压与加速度的传递函数为

$$W_U(s) = \frac{U_{out}(s)}{a(s)} = -\frac{mK_d K_A R}{s(ms+c)(T_A s+1) + K_d K_A K_f} \tag{8.2.15}$$

静态特性方程为

$$U_{out} = -\frac{mR}{K_f} a \tag{8.2.16}$$

活动质量块的相对位移 $y$ 与加速度 $a$ 的传递函数和静态特性方程为

$$W_y(s) = \frac{Y(s)}{a(s)} = -\frac{m(T_A s+1)}{s(ms+c)(T_A s+1) + K_d K_A K_f} \tag{8.2.17}$$

$$y = -\frac{m}{K_d K_A K_f} a \tag{8.2.18}$$

力的偏差 $\Delta F$ 与加速度 $a$ 的传递函数和静态特性方程为

$$W_F(s) = \frac{\Delta F(s)}{a(s)} = -\frac{ms(ms+c)(T_A s+1)}{s(ms+c)(T_A s+1) + K_d K_A K_f} \tag{8.2.19}$$

$$\Delta F = 0 \tag{8.2.20}$$

可以看出,这样的改进使得传感器的静态偏差$\Delta F$为零,与被测加速度无关。系统具有无静差特性的根本原因在于,闭环前馈支路中包括积分环节。因此,如果在图 8.2.1 所示的传感器的闭环前馈支路内增设积分环节,就可构成无静差系统。

## 8.3 动态压力传感器校准的不确定度评定

### 8.3.1 动态压力的校准方法

压力是工业生产和科学研究中经常需要测量与控制的基本参数之一,压力的单位为帕斯卡(Pa)。对压力的测量离不开压力传感器,压力传感器是按照一定规律、以一定精确度把压力转换为与之有函数关系的、便于定标应用的某种信号(一般为电压或者电流信号)的

测量装置，在航空、航天、石油、化工等领域中的应用非常广泛。压力传感器一般具有测量范围宽、准确度高、便于在测试系统中控制和报警、可以远距离测量以及携带方便等特点，有些压力传感器还可用于高频变化动态压力的测量。

目前在动态压力的测量中还存在很多问题。例如，在发动机的研制、生产与使用过程中，经常出现对同一个压力测量不确定度评定结果相差悬殊的问题。动态压力测量过程中的不规范乃至混乱的状况，严重地制约着我国在高端装备测试与研发过程中对力学性能指标的科学评价需求。随着我国经济发展和科学技术的不断进步，"中国制造 2025"计划也越来越深入，很多新兴行业也对动态力值测量产生需求，与传统的应用领域相比较，测试环境更加复杂，测试条件也更加苛刻，而且对动态压力测量结果的质量要求更高。通过校准得到压力传感器的动态性能是传感器设计中的首要指标，是评价传感器性能优劣的标准，是选择测试系统核心元件的重要依据，也是提高动态压力测量质量的关键途径。

动态校准在压力传感器的研究、生产和使用中是一道必不可少的程序，通过动态校准使传感器具有确定的动态性能指标，满足科学研究、技术研发和国防军事中对压力动态测量的基本要求。

压力传感器的动态校准是通过实验的方法获得压力传感器的动态性能指标。压力传感器动态校准系统的组成如图 8.3.1 所示，主要包括：

(1)动态激励压力信号发生器，用于产生标准压力的激励信号，作用于被校准压力传感器的敏感面上。

(2)被校准压力传感器，感受压力信号并转化为可用于分析处理的电信号。

(3)放大器，对传感器的最初响应信号进行一定的调节、放大。

(4)瞬态记录仪，记录放大调节后传感器的响应信号。

(5)计算机，对最终记录的传感器响应信号进行处理，得到压力传感器的数学模型和动态性能指标。

图 8.3.1　压力传感器动态校准系统的组成

### 8.3.2　激波管动态校准系统

激波管一般由高压室和低压室两个腔体组成。在进行动态校准时，分别在高压室和低压室充入不同压力的气体介质，利用自然破膜法或控制破膜法刺破膜片。破膜之后的气体在激波管中快速流动，高压室的气体冲入低压室形成入射激波。激波后波阵面的压力突变形成正阶跃压力。入射波到达低压室端面后被反射，形成反射阶跃压力。

激波管校准系统如图 8.3.2 所示。入射激波阶跃压力和反射激波阶跃压力是激波管动态压力校准时可以采用的两个阶跃压力源。

在压力传感器动态校准的过程中，激波管内介质的运动状态如图 8.3.3 所示。在高压室和低压室之间用膜片分隔开，校准之前的高、低压室通常都是大气压，压力值都是 $p_1$。在动态校准过程中，向高压室中充入驱动气体，直到高压室和低压室的压力差达到膜片破裂

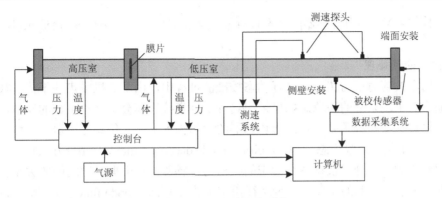

图 8.3.2　激波管校准系统

临界压力值时，膜片破裂，此时高压室的压力值为 $p_4$，激波管高、低压室的压力状态如图 8.3.3(a)所示。膜片破裂之后，在激波管中产生的激波向低压室端面的方向传播，激波的前端称为波阵面。波阵面两侧的压力值分别为 $p_2$ 和 $p_1$，接触面为驱动气体与低压室工作气体的边界，其传播速度低于波阵面的传播速度。在接触面左侧的气体压力 $p_3$ 与 $p_2$ 相等。在膜片破裂时产生的稀疏波沿着高压室端面的方向传播，稀疏波左右两侧的压力值分别为 $p_4$ 和 $p_3$，此时在激波管高低压室的压力状态如图 8.3.3(b)所示。稀疏波传播至高压室端面后形成沿相反反向传播的反射稀疏波，在反射稀疏波左右两侧的压力值分别为 $p_6$ 和 $p_3$，且 $p_6<p_3$，此时激波管高、低压室的压力状态如图 8.3.3(c)所示。激波在低压室的端面发生反射，在左右两侧形成压力值分别为 $p_2$ 和 $p_5$ 的反射激波，且 $p_5>p_2$ 的反射激波与入射激波的传播方向相反，此时激波管高低压室的压力状态如图 8.3.3(d)所示。

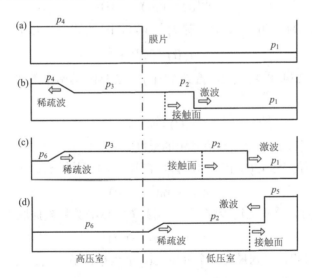

图 8.3.3　激波管内介质的运动状态

### 8.3.3　传感器的数学模型辨识

模型辨识是根据压力传感器的输入、输出数据估计出模型的参数和最优阶次，进而得到模型的传递函数。压力传感器的动态校准模型辨识采用经验模态分解-自适应最小二乘建模方法。

**1. 信号的预处理**

在使用激波管对压力传感器进行动态校准的过程中，由于随机噪声的干扰，被校准传感器的输出会出现杂乱的现象。如果采用这种数据直接建模会得到不可靠的模型，需要先对原始数据进行去噪等预处理。由于传感器的理想输出未知，传统滤波器难以估计出它的截止频率。这里采用经验模态分解(empirical mode decomposition，EMD)方法将原始信号分解为不同频带的子序列，根据各个频带的频谱与传感器输出数据频谱之间的关系将噪声数据剔除掉。分解后得到的子序列称为本征模态函数(intrinsic mode function，IMF)，IMF 满足两个条件：

(1)极值点和过零点的个数相等或者只相差一个；

(2)上、下包络线的均值为零。

假设传感器的原始输出信号为 $y_0(t)$，分解过程包括 5 个具体的步骤。

步骤(1)：识别 $y_0(t)$ 的全部局部最大值和局部最小值。

步骤(2)：采用三次样条曲线分别连接所有局部最大值和局部最小值，得到的曲线分别称为上包络线 $u(t)$ 和下包络线 $l(t)$。这两条包络线包含原始曲线的所有数据。

步骤(3)：计算上、下包络线的均值为

$$m_1(t) = \frac{1}{2}(u(t) + l(t)) \tag{8.3.1}$$

步骤(4)：$y_0(t)$ 与 $m_1(t)$ 之间的差值为

$$h_1^{(1)}(t) = y_0(t) - m_1(t) \tag{8.3.2}$$

如果 $h_1^{(1)}(t)$ 满足 IMF 的两个条件，则 $h_1^{(1)}(t)$ 为 $y_0(t)$ 的第一个 IMF 分量，否则令

$$y_0(t) = h_1^{(1)}(t) \tag{8.3.3}$$

将步骤(1)～步骤(4)重复 $k$ 次，直到 $h_1^{(k)}(t)$ 满足 IMF 的两个条件。这时将第一个 IMF 分量记为

$$c_1(t) = h_1^{(k)}(t) \tag{8.3.4}$$

第一个 IMF 分量 $c_1(t)$ 包含原始信号中的最高频成分。

步骤(5)：在原始信号 $y_0(t)$ 中减掉 $c_1(t)$，得到对应的残余分量为

$$r_1(t) = y_0(t) - c_1(t) \tag{8.3.5}$$

将 $r_1(t)$ 当作 $y_0(t)$，重复上述步骤 $i$ 次。则第 $i$ 个 IMF 分量被提取出来，表示为

$$c_i(t) = r_{i-1}(t) - r_i(t) \tag{8.3.6}$$

继续执行分解过程，直到最终残余分量 $r_m(t)$ 成为单调函数或者只有一个极值点。这时已经不能再从该分量中提出更多的 IMF。

最终，原始信号可以表示为多个 IMF 分量和最终残余分量之和的形式：

$$y_0(t) = \sum_{i=1}^{m} c_i(t) + r_m(t) \tag{8.3.7}$$

分解出来 IMF 分量的频带从高到低。如果某个 IMF 分量的频带远离原始信号 $y_0(t)$ 的

振铃频率，则可以认为该 IMF 为噪声分量，应当予以剔除。将剔除噪声分量后的 IMF 之和进行重构，就可以得到处理后的信号 $y(t)$。

### 2. 压力传感器的建模

由于压力传感器一般可以描述为一个单输入、单输出的时不变线性系统，所以采用自适应最小二乘法估计传感器数学模型的最优阶数和参数，其差分方程为

$$y(k) + \sum_{i=1}^{n} a_i y(k-i) = \sum_{i=1}^{n} b_i x(k-i) + \varepsilon(k) \tag{8.3.8}$$

式中，$\{x(k), y(k)\}$ 表示输入、输出序列，其中 $k = 1, 2, \cdots, N$，$N$ 表示序列的长度；$\varepsilon(k)$ 表示随机噪声；$\{a_i, b_i\}$ 表示模型参数，其中 $i = 1, 2, \cdots, n$，$n$ 表示模型的阶数。

令

$$\varepsilon(k) = A(d^{-1})e_y(k) - B(d^{-1})e_x(k) \tag{8.3.9}$$

式中，$A(d^{-1}) = 1 + a_1 d^{-1} + \cdots + a_n d^{-n}$；$B(d^{-1}) = b_0 + b_1 d^{-1} + \cdots + b_n d^{-n}$；$d^{-1}$ 表示移位算子；$e_x(k), e_y(k)$ 表示 $\{x(k), y(k)\}$ 序列中的随机噪声。

进一步，上式可以改写为

$$A(d^{-1})[y(k) - e_y(k)] = B(d^{-1})[x(k) - e_x(k)] \tag{8.3.10}$$

输入序列是激波管产生的阶跃压力信号，一般可以认为是理想的阶跃信号。因此输入信号中的随机噪声 $e_x(k)$ 可以忽略，则可以简化为

$$A(d^{-1})\tilde{y}(k) = B(d^{-1})\tilde{x}(k) + e_y(k) \tag{8.3.11}$$

式中，$\tilde{y}(k) = y(k)/A(d^{-1})$；$\tilde{x}(k) = x(k)/B(d^{-1})$。

可以看出，当 $\{a_i, b_i\}$ 和 $n$ 确定之后，$\tilde{x}(k)$ 与 $\tilde{y}(k)$ 之间的关系也就随之确定。

自适应最小二乘(adaptive least squares，ALS)迭代方法的具体步骤如下。

步骤(1)：根据输入和输出序列 $x(k)$ 与 $y(k)$，将 $A(d^{-1})\tilde{y}(k) = B(d^{-1})\tilde{x}(k) + e_y(k)$ 表示为

$$\boldsymbol{y}_n = \boldsymbol{\phi}_n \boldsymbol{\theta}_n + \boldsymbol{e}_y \tag{8.3.12}$$

式中

$$\boldsymbol{\theta}_n = \begin{bmatrix} -a_1 \\ \vdots \\ -a_n \\ b_1 \\ \vdots \\ b_n \end{bmatrix}, \quad \boldsymbol{y}_n = \begin{bmatrix} y(1) \\ y(2) \\ \vdots \\ y(N) \end{bmatrix}, \quad \boldsymbol{e}_y = \begin{bmatrix} e_y(1) \\ e_y(2) \\ \vdots \\ e_y(N) \end{bmatrix}$$

$$\boldsymbol{\phi}_n = \begin{bmatrix} y(0) & \cdots & y(1-n) & x(0) & \cdots & x(1-n) \\ y(1) & \cdots & y(2-n) & x(1) & \cdots & x(2-n) \\ \vdots & & \vdots & \vdots & & \vdots \\ y(N-1) & \cdots & y(N-n) & x(N-1) & \cdots & x(N-n) \end{bmatrix}$$

当 $k < 0$ 时，$x(k) = y(k) = 0$。

向量 $\boldsymbol{\theta}_n$ 可以用最小二乘法进行估计：

$$\hat{\boldsymbol{\theta}}_n^{(0)} = (\boldsymbol{\phi}_n^{\mathrm{T}} \boldsymbol{\phi}_n)^{-1} \boldsymbol{\phi}_n^{\mathrm{T}} \boldsymbol{y}_n \tag{8.3.13}$$

式中，$\hat{\boldsymbol{\theta}}_n^{(0)} = \begin{bmatrix} -\boldsymbol{a}^{(0)} \\ \boldsymbol{b}^{(0)} \end{bmatrix}$；$\boldsymbol{a}(0)$ 和 $\boldsymbol{b}(0)$ 表示模型参数的初值。

迭代的目标函数为

$$J = \sum_{k=1}^{N} e_y^2(k) = \boldsymbol{e}_y^{\mathrm{T}} \boldsymbol{e}_y \tag{8.3.14}$$

步骤(2)：第 1 次迭代时模型参数为 $\boldsymbol{a}^{(l)} = \begin{bmatrix} a_1^{(l)} & a_2^{(l)} & \cdots & a_n^{(l)} \end{bmatrix}$ 和 $\boldsymbol{b}^{(l)} = \begin{bmatrix} b_1^{(l)} & b_2^{(l)} & \cdots & b_n^{(l)} \end{bmatrix}$，对应的 $\tilde{x}(k)$ 和 $\tilde{y}(k)$ 由下式计算：

$$\begin{cases} \tilde{x}^{(l)}(k) = \dfrac{x(k)}{A^l(d^{-1})} = -\sum_{i=1}^{n} a_i^{(l)} \tilde{x}^{(l)}(k-i) + x(k) \\ \tilde{y}^{(l)}(k) = \dfrac{y(k)}{A^l(d^{-1})} = -\sum_{i=1}^{n} a_i^{(l)} \tilde{y}^{(l)}(k-i) + y(k) \end{cases} \tag{8.3.15}$$

式中，$A^{(l)}(d^{-1})$ 为 $A(d^{-1})$ 的第 1 次迭代后的估计值；当 $k < 0$ 时，$\tilde{x}^{(l)}(k) = \tilde{y}^{(l)}(k) = 0$。

步骤(3)：执行第 $l+1$ 次迭代，对下式采用最小二乘法估计出 $a(l+1)$ 和 $b(l+1)$。

$$A(d^{-1}) \tilde{y}^{(l)}(k) = B(d^{-1}) \tilde{x}^{(l)}(k) + e_y(k) \tag{8.3.16}$$

步骤(4)：令 $l = l+1$，重复步骤(2)和步骤(3)，直到

$$\left| (J^{(l+1)} - J^{(l)}) / J^{(l)} \right| < \delta \quad \text{或者} \quad l = L \tag{8.3.17}$$

式中，$\delta$ 和 $L$ 分别为收敛指标和最大迭代次数。迭代结束后就可以得到最优模型参数。

需要注意的是，当主要噪声的频带靠近或者覆盖原始输出信号的振铃频率时，模型参数的估计精度降低甚至不能收敛。再者，在描述压力传感器的动态特性时通常认为是二阶线性模型；在实际的动态校准过程中很容易被一些不可控的因素影响，如果仍然用二阶线性模型表示，就会增大动态特性的估计误差。为解决这个问题，可以采用残余方差准则估计模型的最优阶数。

残余方差的定义为

$$\hat{\sigma}_\varepsilon^2(n) = \frac{1}{N}(y - \phi_n \hat{\theta}_n)^{\mathrm{T}}(y - \phi_n \hat{\theta}_n) \tag{8.3.18}$$

式中，$y$ 表示压力传感器的输出信号；$\hat{\theta}_n$ 表示模型参数向量的估计值。

采用经验模态分解的自适应最小二乘方法(EMD-ALS)就可以消除输出信号中的随机噪声，得到被校准压力传感器合理的数学模型。这种建模方法的基本流程如图 8.3.4 所示。

### 8.3.4　压力传感器动态特性参数不确定度评定

压力传感器动态特性参数不确定度是表征动态校准结果的重要指标，包括时域动态特性参数不确定度和频域动态特性参数不确定度两项主要指标。其中，时域动态特性参数主要包括上升时间、调节时间和超调量；频域动态特性参数主要包括谐振频率和幅值误差为 10%的工作频带。压力传感器动态特性参数不确定度的评定流程如图 8.3.5 所示。

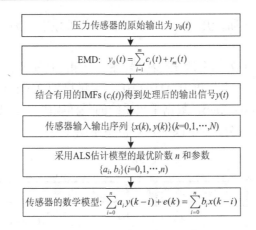

图 8.3.4　传感器建模的基本流程

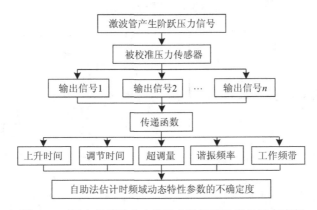

图 8.3.5　压力传感器动态特性参数不确定度的评定流程

具体评定步骤如下：

(1) 利用激波管系统对给定压力传感器进行动态校准，得到传感器的输出信号；

(2) 采用有效的参数模型辨识方法建立压力传感器的数学模型，得到相应的传递函数；

(3) 根据传递函数模型分别获取压力传感器的时域输出曲线和幅频特性曲线，计算出时频域动态特性参数；

(4) 开展多次重复校准实验，得到压力传感器的动态特性参数序列。采用自助法计算参数自助样本的概率密度直方图，估计出不同置信水平的扩展不确定度和相对不确定度。

得到压力传感器的数学模型之后，根据模型的时域输出曲线和幅频特性曲线分别计算出时频域动态特性参数。

采用激波管装置对压力传感器进行单次校准实验的时间一般比较长，校准的成本也比较高，实际校准的重复性实验次数普遍比较少。假设进行 $n$ 次重复性校准实验分别得到时频域动态特性参数序列的长度都是 $n$。

使用激波管动态校准系统开展实验，如图 8.3.6 所示。激波管主要由高压室和低压室两部分构成，高、低压室的长度分别为 4m 和 7m，直径均为 0.1m。在高压室与低压室之间用铝膜片分隔开。在进行动态校准实验时，先向高压室内充入空气。当高、低压室之间的差压达到铝膜片承受的最大压力时，膜片破裂。产生的激波由高压室向低压室的端面方向传播,在端面处形成反射激波阶跃压力。安装在端面上的被校准压力传感器 S6 接收到该阶跃激励产生的输出信号。

图 8.3.6 中的 S5 和 S1 为两个测压传感器,S2 为测温传感器,S3 和 S4 为两个测速传感器。被校准压力传感器型号为 PCB M102A02,灵敏度为 2.67mV/kPa,最大测量范围为 690kPa,铝膜片的厚度为 0.07mm,数据采集系统的采样频率为 5MHz。得到被校准压力传感器输出的时域和频域曲线分别如图 8.3.7(a) 和 (b) 所示。

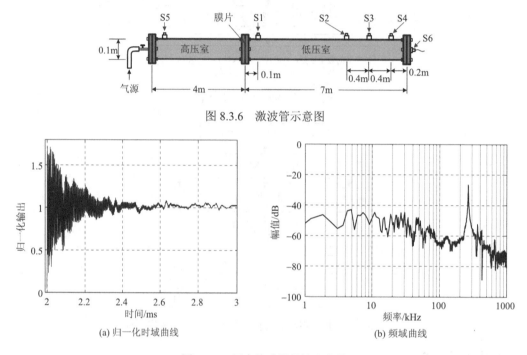

图 8.3.6　激波管示意图

(a) 归一化时域曲线　　　(b) 频域曲线

图 8.3.7　压力传感器的输出曲线

从图 8.3.7(a) 中可以看出,压力传感器输出的振荡幅值会随时间逐渐减小,如在 2.1ms 处出现明显的下降段,但在 2.6ms 之后仍然存在波动。从图 8.3.7(b) 的频谱曲线可以看出,在 1～100kHz 频率范围内的频谱幅值比较大,并且存在明显的波动,这些现象会降低压力传感器的建模精度。在频谱曲线最大峰值处对应的频率称为振铃频率。

对压力传感器输出信号进行 EMD 处理的结果如图 8.3.8(b) 所示。可以看出,原始输出信号被分解成了 8 个 IMF 分量和一个残余分量。

为了分离出原始输出信号中的噪声分量,分别计算 IMF 和原始输出信号之间的相关系数和振铃频率处的幅值比,见表 8.3.1。可以看出 IMF1 与原始信号间的相关系数为 0.942,远大于其他 IMF 的相关系数,表明 IMF1 包含原始信号中的大部分有用信息。从表 8.3.1 的第三列还可以看出,IMF1、IMF2 和 IMF3 包含了原始输出信号在振铃频率处 99.653% 的频谱幅值;其他 IMF 的幅值比均接近 0,由此判断出其余 IMF 分量为不包含有用信息的噪声分量。因此可选择 IMF1～IMF3 为重构传感器的输出信号,其余 IMF 分量予以剔除。

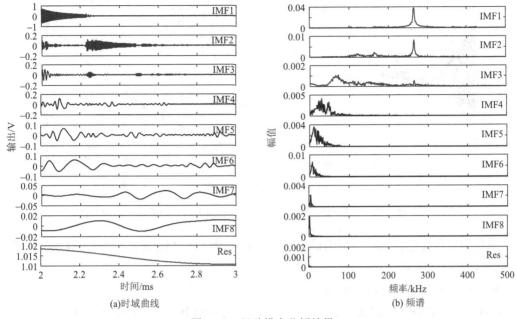

(a)时域曲线　　　　　　　　　　　　(b) 频谱

图 8.3.8　经验模态分解结果

表 8.3.1　有用 IMF 分量的选择

|  | 相关系数 | 幅值比/% | 是否选择 |
|---|---|---|---|
| 原始输出 | 1 | 100 |  |
| IMF1 | **0.942** | 80.316 | 是 |
| IMF2 | 0.181 | 17.089 | 是 |
| IMF3 | 0.116 | 2.248 | 是 |
| IMF4 | 0.131 | 0.148 | 否 |
| IMF5 | 0.106 | 0.059 | 否 |
| IMF6 | 0.127 | 0.018 | 否 |
| IMF7 | 0.092 | 0.009 | 否 |
| IMF8 | 0.038 | 0.005 | 否 |

　　将 IMF1、IMF2 和 IMF3 相加得到传感器输出的重构信号如图 8.3.9 所示。可以看出，在经过 EMD 预处理之后，原始输出信号中的低频噪声被剔除，特别是在 2.1ms 处曲线的下降段被消除，在 2.6ms 之后的曲线也趋于稳定。

　　在得到重构信号之后，采用自适应最小二乘法对压力传感器进行建模。首先确定模型的最优阶数，分别计算出不同阶数的模型残余方差和运行时间，如图 8.3.10 所示。可见，随着模型阶数的变大，残余方差值减小。当阶数大于 4 时残余方差的值趋于稳定。另外，运行时间随着阶数的变大明显增加。综合两个参数的变化判断出模型最优阶数为 4。

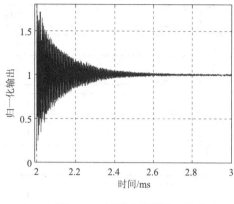

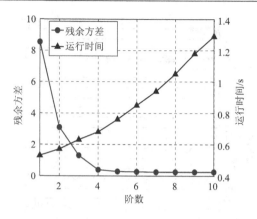

图 8.3.9    经过重构预处理的信号        图 8.3.10    最优模型阶数的估计

一旦确定了传感器数学模型的最优阶数之后，模型参数 $\{a_i, b_i\}$ （其中 $i = 1, 2, 3, 4$）就可以通过 ALS 估计出来。

压力传感器的差分方程模型为

$$
\begin{aligned}
y(k) = {} & 1.291y(k-1) - 0.033y(k-2) - 0.299y(k-3) - 0.149y(k-4) - 2.766x(k) \\
& + 3.636x(k-1) - 0.085x(k-2) - 0.674x(k-3) - 0.281x(k-4)
\end{aligned} \tag{8.3.19}
$$

对上式进行 $z$ 变换，得到的离散传递函数为

$$
G(z) = \frac{-2.766z^4 + 3.636z^3 - 0.085z^2 - 0.674z - 0.281}{z^4 - 1.291z^3 + 0.033z^2 + 0.299z + 0.149} \tag{8.3.20}
$$

令

$$
z = \frac{1 + s/(2f)}{1 - s/(2f)} \tag{8.3.21}
$$

其中，$f$=5MHz 为采样频率，则连续传递函数为

$$
G(s) = \frac{-0.165s^4 + 1.057 \times 10^7 s^3 + 1.533 \times 10^{13} s^2 + 5.857 \times 10^{19} s + 1.716 \times 10^{26}}{s^4 + 2.991 \times 10^7 s^3 + 1.761 \times 10^{13} s^2 + 6.015 \times 10^{19} s + 1.708 \times 10^{26}} \tag{8.3.22}
$$

传感器模型的时域曲线及其传递函数如图 8.3.11 所示。

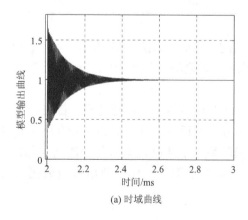

(a) 时域曲线

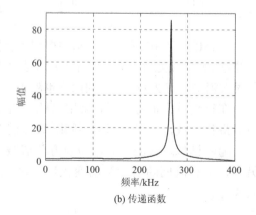

(b) 传递函数

图 8.3.11    传感器模型的时域曲线与传递函数

　　压力传感器重复校准实验 6 次，对每次的结果都进行预处理和建模，得到时频域动态特性参数见表 8.3.2。

表 8.3.2　重复校准实验 6 次的时频域动态特性参数值

| 实验次数 | $t_r$ /μs | $t_s$ /μs | $\sigma$ /% | $\omega_r$ /kHz | $\omega$ /kHz |
|---|---|---|---|---|---|
| 1 | 0.80 | 360.58 | 79.61 | 264.82 | 34.79 |
| 2 | 0.81 | 365.21 | 76.58 | 263.95 | 32.58 |
| 3 | 0.80 | 362.48 | 78.92 | 264.87 | 36.14 |
| 4 | 0.79 | 357.49 | 81.25 | 265.21 | 34.05 |
| 5 | 0.81 | 363.72 | 77.84 | 264.18 | 33.47 |
| 6 | 0.80 | 360.90 | 79.28 | 263.46 | 36.57 |

　　可以看出实验结果并不完全相同。对校准结果的差异进行分析就可以评定出各动态特性参数的不确定度。以工作频带为例，采用自助法计算动态校准不确定度。设置采样次数为 $B=3000$，组数为 $Q=30$，得到的自助概率直方图、自助累加概率和工作频带的均值分别如图 8.3.12 和图 8.3.13 所示。

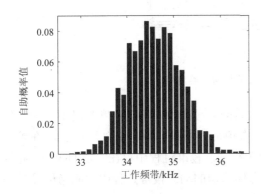

图 8.3.12　自助概率的直方图

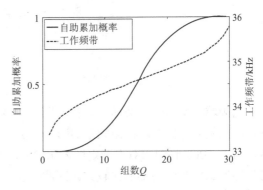

图 8.3.13　自助累加概率和工作频带的均值

　　从图 8.3.13 可以计算出工作频带在不同置信概率的扩展不确定度。类似地，采用自助法对其他动态特性参数序列进行采样，计算出自助累加概率和各组参数的均值，得到不同置信概率的扩展不确定度和估计真值见表 8.3.3。

表 8.3.3　动态特性参数不确定度的评定结果

| 评定方法 | 自适应最小二乘法 | | | | | 贝塞尔法 | |
|---|---|---|---|---|---|---|---|
| | 扩展不确定度 | | | | 估计真值 | 扩展不确定度 | 估计真值 |
| | $P=100\%$ | $P=98\%$ | $P=95\%$ | $P=90\%$ | | | |
| $t_r$ /μs | 0.012 | 0.005 | 0.003 | 0.002 | 0.802 | 0.014 | 0.802 |
| $t_s$ /μs | 4.25 | 2.72 | 2.05 | 1.54 | 361.83 | 5.42 | 361.72 |
| $\sigma$ /% | 2.48 | 1.24 | 1.07 | 0.86 | 78.96 | 3.18 | 78.91 |
| $\omega_r$ /kHz | 1.05 | 0.68 | 0.47 | 0.34 | 264.44 | 1.32 | 264.42 |
| $\omega$ /kHz | 2.46 | 1.49 | 1.13 | 0.88 | 34.53 | 3.08 | 34.60 |

可见，置信概率越小则动态特性参数的不确定度越小。因此在评定传感器动态校准不确定度时，应当根据实际需要设置相应的置信水平，以便得到合适的不确定度评定结果。

对 6 次重复实验的动态特性参数值，采用贝塞尔公式分别计算出扩展不确定度和估计真值。得到的结果如表 8.3.3 中的最后两列所示(取包含因子为 2)，经过比较可知，两种方法得到动态特性参数估计真值之间的相对误差小于 1%；采用贝塞尔公式得到的扩展不确定度比置信概率在 100%条件下自助法得到的扩展不确定度大得多。这就说明在样本量比较少的情况下，如果仍然沿用贝塞尔公式，得到的不确定度评定结果偏大。这是因为在采集数据样本量比较小的情况下，统计标准差无法准确地表征传感器动态特性分散性的真实情况。

压力传感器动态特性参数的相对不确定度如图 8.3.14 所示。

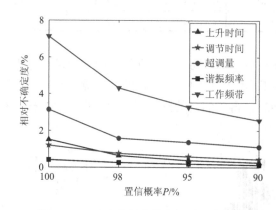

图 8.3.14　动态特性参数的相对不确定度

就频域动态特性参数而言，在不同置信概率的谐振频率相对不确定度都最小，说明传感器的重复动态校准对谐振频率的影响很小。工作频带的相对不确定度均大于 2%，在置信概率为 $P=100\%$ 时的相对不确定度为 7.12%，说明在动态校准过程中存在一定的噪声，并且对传感器工作频带的影响比较大。因此，在压力传感器的动态校准过程中，应当尽量减小低频噪声的干扰，确保工作频带校准结果的可靠性。

在时域动态特性参数的评价方面，上升时间和调节时间的相对不确定度相差很小，都小于 2%。超调量的相对不确定度略大，在置信概率为 $P=100\%$ 时的相对不确定度为 3.14%。这可能是在每次实验中膜片的破裂情况不同，产生的激波到达低压室端面时的状态有所差异，导致压力传感器产生不同超调量的响应信号。

## 8.4　双目立体视觉测量系统标定及量值溯源

### 8.4.1　双目立体视觉系统

双目立体视觉是一种基于视差原理的三维重构方法，它利用两个相对位置固定的摄像机从不同的角度对场景进行拍摄，通过计算空间点在两幅图像中的视差来获得空间点的深度图像，然后根据深度图像进一步计算空间点的三维坐标，完成空间场景表面的三维结构重建。

双目立体视觉视差原理如图 8.4.1 所示。假设两个摄像机的焦距及内部参数完全相同，两个摄像机的光轴相互平行，$x$ 轴在同一条直线上，两摄像机投影中心连线的基线距离为 $B$，当将左摄像机沿其 $x$ 轴正方向平移 $B$ 后能够与右相机完全重合。假设空间点 $P$ 在左摄像机图像和右摄像机图像上的投影坐标分别为

$$\begin{cases} p_l = \left[X_l, Y_l\right]^{\mathrm{T}} \\ p_r = \left[X_r, Y_r\right]^{\mathrm{T}} \end{cases} \tag{8.4.1}$$

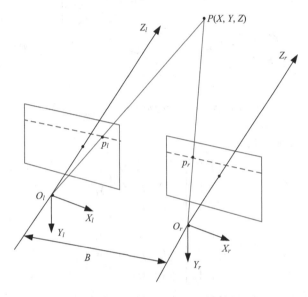

图 8.4.1　双目立体视觉视差原理

由两个摄像机之间的空间位置关系可知：$Y_l = Y_r = Y_c$。设空间点 $P$ 在左摄像机坐标系下的三维坐标为 $[x_l, y_l, z_l]^{\mathrm{T}}$，则由几何关系得

$$\begin{cases} X_l = f\dfrac{X}{Z} \\[2mm] X_r = f\dfrac{(X-B)}{Z} \\[2mm] Y_c = f\dfrac{Y}{Z} \end{cases} \tag{8.4.2}$$

进而，可以求解出

$$\begin{cases} X = \dfrac{BX_l}{d} \\[2mm] Y = \dfrac{BY_c}{d} \\[2mm] Z = \dfrac{fB}{d} \end{cases} \tag{8.4.3}$$

其中，$d = X_l - X_r$ 称为视差。由上式可知：左摄像机像面上的任意一点只要能在右摄像机像面上找到对应的匹配点，就可以根据几何约束确定该点的三维坐标。

实际情况中构成双目视觉的两个摄像机的摆放位置并非是平视状态,如图 8.4.2 所示。设左、右摄像机的焦距分别为 $f_1$ 和 $f_2$,空间点 $P$ 在右摄像机坐标系下的三维坐标为 $[x_r, y_r, z_r]^T$。

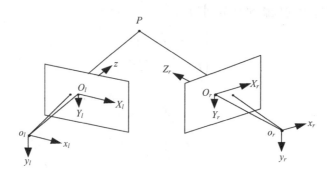

图 8.4.2　双目立体视觉系统成像几何

由摄像机透视变换模型得

$$s_l \begin{bmatrix} X_l \\ Y_l \\ 1 \end{bmatrix} = \begin{bmatrix} f_l & 0 & 0 \\ 0 & f_l & 0 \\ 0 & 0 & 1 \end{bmatrix} \begin{bmatrix} x_l \\ y_l \\ z_l \end{bmatrix} \tag{8.4.4}$$

$$s_r \begin{bmatrix} X_r \\ Y_r \\ 1 \end{bmatrix} = \begin{bmatrix} f_r & 0 & 0 \\ 0 & f_r & 0 \\ 0 & 0 & 1 \end{bmatrix} \begin{bmatrix} x_r \\ y_r \\ z_r \end{bmatrix} \tag{8.4.5}$$

其中,左摄像机坐标系与右摄像机坐标系可通过旋转、平移矩阵进行转换,即存在一个旋转矩阵 $\boldsymbol{R}$ 和一个平移矩阵 $\boldsymbol{T}$ 使得下式成立:

$$\begin{bmatrix} x_r \\ y_r \\ z_r \end{bmatrix} = \begin{bmatrix} \boldsymbol{R} & \boldsymbol{T} \end{bmatrix} \begin{bmatrix} x_l \\ y_l \\ z_l \\ 1 \end{bmatrix} = \begin{bmatrix} r_1 & r_2 & r_3 & t_x \\ r_4 & r_5 & r_6 & t_y \\ r_7 & r_8 & r_9 & t_z \end{bmatrix} \begin{bmatrix} x_l \\ y_l \\ z_l \\ 1 \end{bmatrix} \tag{8.4.6}$$

式中,$\boldsymbol{R} = \begin{bmatrix} r_1 & r_2 & r_3 \\ r_4 & r_5 & r_6 \\ r_7 & r_8 & r_9 \end{bmatrix}$,$\boldsymbol{T} = \begin{bmatrix} t_x \\ t_y \\ t_z \end{bmatrix}$。

联立上述三式,可得

$$\begin{cases} x_r = \dfrac{z_r X_r}{f_r} \\[2mm] y_r = \dfrac{z_r Y_r}{f_r} \\[2mm] z_r = \dfrac{f_r(f_l t_x - X_l t_z)}{X_l(r_7 X_r + r_8 Y_r + r_9 f_r) - f_l(r_1 X_r + r_2 Y_r + r_3 f_r)} \end{cases} \tag{8.4.7}$$

因此,如果已知两个摄像机的有效焦距和空间点在左右图像中的图像坐标,只要能够确定左右摄像机坐标系之间的转换关系就可以求空间点在左摄像机坐标系下的三维坐标。利用计算出的大量三维点云，通过三角网格拟合的方法就能够重构出物体的表面形状。

## 8.4.2　双目立体视觉系统标定方法

立体标定是计算空间上两台摄像机的几何关系的过程，也是立体校正的根本依据。双目立体视觉系统通常采用二维平面靶标对系统的双目结构进行标定。这样做的好处是经过一次拍摄流程就能够标定出左右摄像机的内部参数、畸变参数以及摄像机之间的几何关系（旋转矩阵和平移向量）。假设左右摄像机已经完成了各自的内参和畸变参数标定，那么对于任意一幅靶标平面上的空间点 $P$，我们可以根据单摄像标定将该点的三维坐标分别转换到左右摄像机的坐标系下：

$$P_l = R_l P + T_l \tag{8.4.8}$$

$$P_r = R_r P + T_r \tag{8.4.9}$$

式中，$P_l$、$P_r$ 分别表示点 $P$ 在左右摄像机坐标系下的三维坐标；$(R_l, T_l)$、$(R_r, T_r)$ 分别表示当前靶标摆放姿态下世界坐标系到左右摄像机坐标系的旋转、平移矩阵（已经通过单摄像机标定求出）。其中 $T_l$、$T_r$ 分别表示世界坐标系原点在左右摄像机坐标系下的三维坐标值，$R_l$、$R_r$ 分别表示世界坐标系旋转至左摄像机和右摄像机坐标系所需的角度参数。在上面两个式子的基础上，可以求得空间点 $P$ 在两台摄像机上的两幅视图具有如下关系：

$$P_l = R^T (P_r - T) \tag{8.4.10}$$

设 $R$ 和 $T$ 分别表示由摄像机坐标系刚体变换到左摄像机坐标系的旋转、平移矩阵，联立上面三个公式，可以得到两台摄像机之间的几何关系：

$$\begin{cases} R = R_r R_l^{-1} \\ T = T_r - RT_l \end{cases} \tag{8.4.11}$$

可以看出，对于每一张棋盘视图，都可以解出一组参数 $(R_l, R_r, T_l, T_r)$，而后代入上式求出两台摄像机之间的旋转矩阵和平移参数。但由于图像噪声和舍入误差，每一幅靶标图像都会得到不同的 $R$ 值和 $T$ 值。假设拍摄了 $N$ 幅靶标图像，那么将会得到 $N$ 组 $(R, T)$。为了进一步求解最优旋转矩阵和平移参数，将上述得到的 $N$ 组参数取平均值作为 $R$ 和 $T$ 的初始近似值，采用 Levenberg-Marquardt 迭代算法查找靶标角点在两个摄像机图像上的最小投影误差，并返回 $R$ 和 $T$ 的结果作为最终的立体标定参数值。

## 8.4.3　立体双目视觉系统全局标定及量值溯源

### 1. 主动双目立体视觉三维重构系统模型

为扩大双目立体视觉系统的测量范围，一般将双目立体视觉系统安装在一个具有俯仰和旋转功能的云台上。主动双目视觉三维重构系统坐标规定如图 8.4.3 所示。云台的俯仰轴为 $X_N$ 轴，方向向右，旋转轴为 $Y_N$ 轴，方向向下，$Z_N$ 轴以右手坐标系规则确定。令双目立体视觉系统的摄像机坐标系 $O_c X_c Y_c Z_c$ 与左摄像机的坐标系 $O_l X_l Y_l Z_l$ 重合，摄像机坐标系的 $X_c$ 轴、$Y_c$ 轴和 $Z_c$ 轴分别与云台坐标系的 $X_N$ 轴、$Y_N$ 轴和 $Z_N$ 轴平行，坐标系的原点 $O_c$ 位于左摄像机的光心。$X_w Y_w Z_w$ 表示世界坐标系。旋转后的双目立体视觉系统探测到的三维点坐标都将统一变换至世界坐标系下。由图 8.4.4 可知，当云台发生旋转或平移时，都会使摄像机坐标系发生旋转。

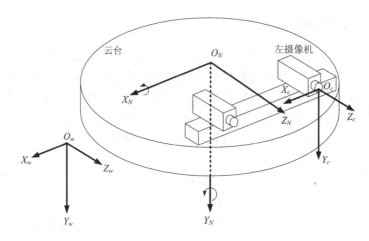

图 8.4.3　主动双目视觉三维重构系统原理示意图

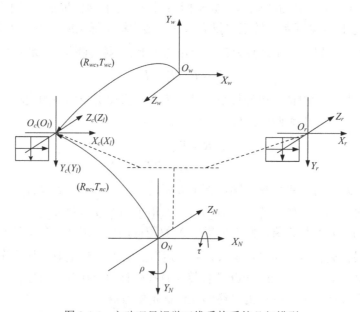

图 8.4.4　主动双目视觉三维重构系统几何模型

将系统绕 $X_N$ 俯仰的角度记为 $\tau$，其对应的旋转矩阵记为 $\boldsymbol{R}_x(\tau)$；系统绕 $Y_N$ 偏航的角度记为 $\rho$，其对应的旋转矩阵记为 $\boldsymbol{R}_y(\rho)$。根据欧拉角定义，将上述旋转矩阵定义如下：

$$\boldsymbol{R}_x(\tau) = \begin{bmatrix} 1 & 0 & 0 \\ 0 & \cos\tau & -\sin\tau \\ 0 & \sin\tau & \cos\tau \end{bmatrix} \tag{8.4.12}$$

$$R_y(\rho) = \begin{bmatrix} \cos\rho & 0 & \sin\rho \\ 0 & 1 & 0 \\ -\sin\rho & 0 & \cos\rho \end{bmatrix} \tag{8.4.13}$$

坐标系之间的转换定义为 $(R_{ab}, T_{ab})$，表示由坐标系 $a$ 到坐标系 $b$ 的旋转、平移矩阵。

**2. 主动双目立体视觉系统全局标定及量值溯源方法**

根据上述分析可知，全局标定实质上是对左摄像机坐标系与世界系之间的函数关系式中的未知参数进行标定。当系统运动时，由于系统相对于初始状态的运动参数可以实时读取，进而实现左摄像机坐标系下的三维点坐标至世界坐标系的实时转换。假设系统在运动的过程中只有俯仰角和偏航角发生改变，标定的基本思路是首先推导出初态左摄像机坐标系与世界坐标系中的函数表达式，而后使系统由初态运动至两种不同的姿态，在每一种姿态下都对左摄像机坐标系和世界坐标系的几何关系进行标定来建立约束方程，最后根据约束方程求解函数表达式中的未知参数完成标定。

如图 8.4.5 所示，在全局标定和量值溯源过程中，采用已溯源至国家长度计量基准的激光跟踪仪为标准量具，建立世界坐标系，将激光跟踪仪的靶标球镜面中心点作为标定点。首先用激光跟踪仪获取标定点的世界坐标，将主动双目视觉三维重构系统运动至不同姿态后，对不同位置的标定点进行三维测量，最终获取标定点在左摄像机坐标系下的三维坐标。

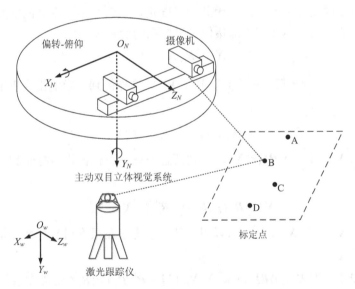

图 8.4.5　全局标定及量值溯源原理示意图

**3. 建立系统坐标系变换函数式**

假设系统的初始状态下俯仰角 $\tau_0 = 0$，偏航角 $\rho_0 = 0$。世界坐标系为 $O_w\text{-}X_wY_wZ_w$，简记为 $X_w$；初始状态时的左摄像机坐标系为 $O_c^0\text{-}X_c^0Y_c^0Z_c^0$，简记为 $X_c^0$；$T_{cw}^0$ 表示 $O_c^0$ 在世界坐标系下的三维坐标，那么可以将初始状态时的左摄像机坐标系到世界坐标系之间的关系表示为

$$X_w = R_{cw}^0 X_c^0 + T_{cw}^0 \tag{8.4.14}$$

首先，使用激光跟踪仪建立世界坐标系，并将靶标球的镜面中心作为标定点。而后将

激光跟踪仪的靶标球放置在左右摄像机公共视野范围内。利用激光跟踪仪测量标定点在世界坐标系下的三维坐标，同时使用主动双目视觉三维重构系统测量标定点在左摄像机坐标系下的三维坐标。改变靶标球位置，重复上述过程 2 次以上，得到多个标定点在世界坐标系和左摄像机坐标系下的三维坐标，即可根据双目立体视觉标定方法求解出方程中的 $\boldsymbol{R}_{cw}^0$ 和 $\boldsymbol{T}_{cw}^0$。

设初始状态的云台坐标系为 $O_n^0\text{-}X_n^0 Y_n^0 Z_n^0$，简记为 $X_n^0$，$T_{nc}^0$ 表示 $O_n^0$ 在初始状态时的左摄像机坐标系下的三维坐标，那么可以将初始状态时的云台坐标系到初始状态时的左摄像机坐标系的变换写为

$$X_c^0 = \boldsymbol{R}_{nc}^0 X_n^0 + \boldsymbol{T}_{nc}^0 \tag{8.4.15}$$

假设某一时刻系统相对于初态的俯仰角为 $\tau$，偏航角为 $\rho$。可以得到初态云台坐标系到当前云台坐标系的变换关系式：

$$\boldsymbol{X}_n = \boldsymbol{R}_x(\tau)\boldsymbol{R}_y(\rho)\boldsymbol{X}_n^0 \tag{8.4.16}$$

为了后续式推导方便，可以将上式重新写为当前云台坐标系到初态云台坐标系的函数表达式：

$$\boldsymbol{X}_n^0 = \boldsymbol{R}_y^{\mathrm{T}}(\rho)\boldsymbol{R}_x^{\mathrm{T}}(\tau)\boldsymbol{X}_n \tag{8.4.17}$$

由于摄像机是固定在云台上的，因此一旦固定，这两个坐标系之间的旋转、平移矩阵就是常量。即当前云台坐标系到当前摄像机坐标系的变换关系为

$$\boldsymbol{X}_c = \boldsymbol{R}_{nc}^0 \boldsymbol{X}_n + \boldsymbol{T}_{nc}^0 \tag{8.4.18}$$

由于 $\boldsymbol{R}_{nc}^0$ 为单位正交矩阵，故有 $\left(\boldsymbol{R}_{nc}^0\right)^{-1} = \boldsymbol{R}_{nc}^0$。这样得到了当前摄像机坐标系到当前云台坐标系的变换关系式：

$$\boldsymbol{X}_n = (\boldsymbol{R}_{nc}^0)^{\mathrm{T}}(\boldsymbol{X}_c - \boldsymbol{T}_{nc}^0) \tag{8.4.19}$$

将上式代入 $\boldsymbol{X}_n^0 = \boldsymbol{R}_y^{\mathrm{T}}(\rho)\boldsymbol{R}_x^{\mathrm{T}}(\tau)\boldsymbol{X}_n$，得到任意姿态下左摄像机坐标系到初态云台坐标系的变换关系式：

$$\boldsymbol{X}_n^0 = \boldsymbol{R}_y^{\mathrm{T}}(\rho)\boldsymbol{R}_x^{\mathrm{T}}(\tau)(\boldsymbol{R}_{nc}^0)^{\mathrm{T}}(\boldsymbol{X}_c - \boldsymbol{T}_{nc}^0) \tag{8.4.20}$$

将上式代入 $\boldsymbol{X}_c^0 = \boldsymbol{R}_{nc}^0 \boldsymbol{X}_n^0 + \boldsymbol{T}_{nc}^0$，可以得到任意姿态下左摄像机坐标系到初态左摄像机坐标系的变换关系式：

$$\boldsymbol{X}_c^0 = \boldsymbol{R}_{nc}^0 \boldsymbol{R}_y^{\mathrm{T}}(\rho)\boldsymbol{R}_x^{\mathrm{T}}(\tau)(\boldsymbol{R}_{nc}^0)^{\mathrm{T}}\boldsymbol{X}_c + [\boldsymbol{I} - \boldsymbol{R}_{nc}^0 \boldsymbol{R}_y^{\mathrm{T}}(\rho)\boldsymbol{R}_x^{\mathrm{T}}(\tau)(\boldsymbol{R}_{nc}^0)^{\mathrm{T}}]\boldsymbol{T}_{nc}^0 \tag{8.4.21}$$

将上式代入 $\boldsymbol{X}_w = \boldsymbol{R}_{cw}^0 \boldsymbol{X}_c^0 + \boldsymbol{T}_{cw}^0$，可以得到左摄像机坐标系到世界坐标系之间的变换关系式：

$$\boldsymbol{X}_w = \boldsymbol{R}_{cw}^0 \boldsymbol{R}_{nc}^0 \boldsymbol{R}_y^{\mathrm{T}}(\rho)\boldsymbol{R}_x^{\mathrm{T}}(\tau)(\boldsymbol{R}_{nc}^0)^{\mathrm{T}}\boldsymbol{X}_c + \boldsymbol{R}_{cw}^0[\boldsymbol{I} - \boldsymbol{R}_{nc}^0 \boldsymbol{R}_y^{\mathrm{T}}(\rho)\boldsymbol{R}_x^{\mathrm{T}}(\tau)(\boldsymbol{R}_{nc}^0)^{\mathrm{T}}]\boldsymbol{T}_{nc}^0 + \boldsymbol{T}_{cw}^0 \tag{8.4.22}$$

令

$$\boldsymbol{R}_d = \boldsymbol{R}_y^{\mathrm{T}}(\rho)\boldsymbol{R}_x^{\mathrm{T}}(\tau) = \begin{bmatrix} \cos\rho & \sin\rho\sin\tau & \sin\rho\cos\tau \\ 0 & \cos\tau & -\sin\tau \\ -\sin\rho & \cos\rho\sin\tau & \cos\rho\cos\tau \end{bmatrix} \tag{8.4.23}$$

则上式可以重新写为

$$X_w = R_{cw}^0 R_{nc}^0 R_y^{\mathrm{T}}(\rho) R_d X_c + R_{cw}^0 [I - R_{nc}^0 R_d (R_{nc}^0)^{\mathrm{T}}] T_{nc}^0 + T_{cw}^0 \tag{8.4.24}$$

在该姿态下可以借助激光跟踪仪和高精度立体匹配算法，得到当前姿态下左摄像机坐标系与世界坐标系之间的变换关系式：

$$X_w = R_{cw} X_c + T_{cw} \tag{8.4.25}$$

式中，$R_{cw}$、$T_{cw}$ 由标定得出。联立 $X_w = R_{cw}^0 R_{nc}^0 R_y^{\mathrm{T}}(\rho) R_d X_c + R_{cw}^0 [I - R_{nc}^0 R_d (R_{nc}^0)^{\mathrm{T}}] T_{nc}^0 + T_{cw}^0$ 和 $X_w = R_{cw} X_c + T_{cw}$，可得

$$\begin{cases} R_{cw} = R_{cw}^0 R_{nc}^0 R_d (R_{nc}^0)^{\mathrm{T}} \\ T_{cw} = R_{cw}^0 (I - R_{cw}) T_{nc}^0 + T_{cw}^0 \end{cases} \tag{8.4.26}$$

式中，$R_{cw}$、$T_{cw}$、$R_{cw}^0$、$T_{cw}^0$ 由标定得出，$R_d$ 可以查询当前云台的俯仰角度和偏航角度得出，只要能够求解出初始状态下左摄像机坐标系与初始状态下云台坐标系之间的旋转矩阵 $R_{nc}^0$ 和平移矩阵 $T_{nc}^0$，就可以得到任意姿态下左摄像机坐标系到世界坐标系的变换关系，实现主动双目视觉三维重构系统的全局标定。

**4. 全局标定及量值溯源基本步骤**

为了求解上式，可以将其重新写为下列形式：

$$\begin{cases} (R_{cw}^0)^{\mathrm{T}} R_{cw} R_{nc}^0 = R_{nc}^0 R_d \\ (I - R_{cw}) T_{nc}^0 = R_{cw}^0 (T_{cw} - T_{cw}^0) \end{cases} \tag{8.4.27}$$

记 $R_c = (R_{cw}^0)^{\mathrm{T}} R_{cw}$，$A = (I - R_{cw})$，$b = R_{cw}^0 (T_{cw} - T_{cw}^0)$，则上式可以分解为

$$\begin{cases} R_c R_{nc}^0 = R_{nc}^0 R_d \\ A T_{nc}^0 = b \end{cases} \tag{8.4.28}$$

为了求解初态云台坐标系和初态左摄像机坐标系之间的旋转矩阵 $R_{nc}^0$ 和平移矩阵 $T_{nc}^0$，全局标定步骤如下。

(1) 控制双目视觉系统从初始姿态运动至姿态 1，运动前后均使用激光跟踪仪和高精度立体匹配算法对左摄像机进行外参标定，得到 $R_{c1}$、$R_{d1}$、$A_1$ 和 $b_1$。由此可以得到第一组约束方程：

$$\begin{cases} R_{c1} R_{nc}^0 = R_{nc}^0 R_{d1} \\ A_1 T_{nc}^0 = b_1 \end{cases} \tag{8.4.29}$$

(2) 控制双目视觉系统从姿态 1 运动至姿态 2，重复上述标定过程，求得 $R_{c2}$、$R_{d2}$、$A_2$ 和 $b_2$。由此得到第二组约束方程：

$$\begin{cases} R_{c2} R_{nc}^0 = R_{nc}^0 R_{d2} \\ A_2 T_{nc}^0 = b_2 \end{cases} \tag{8.4.30}$$

设 $k_{c1}$、$k_{c2}$、$k_{d1}$、$k_{d2}$ 分别为 $R_{c1}$、$R_{d1}$、$R_{c2}$、$R_{d2}$ 决定的旋转轴方向上的单位向量，则 $R_{c1} R_{nc}^0 = R_{nc}^0 R_{d1}$ 和 $R_{c2} R_{nc}^0 = R_{nc}^0 R_{d2}$ 的解必须满足如下条件：

$$\begin{cases} k_{c1} = R_{nc}^0 k_{d1} \\ k_{c2} = R_{nc}^0 k_{d2} \end{cases} \tag{8.4.31}$$

由于 $R_{nc}^0$ 同时将 $k_{d1}$ 转到 $k_{c1}$，$k_{d2}$ 转到 $k_{c2}$，因此 $R_{nc}^0$ 必定会将 $k_{d1} \times k_{d2}$ 转到 $k_{c1} \times k_{c2}$，将该关系与上式同时放在一个等式中：

$$[k_{c1} \quad k_{c2} \quad k_{c1} \times k_{c2}] = R_{nc}^0[k_{d1} \quad k_{d2} \quad k_{d1} \times k_{d2}] \qquad (8.4.32)$$

当 $k_{c1}$ 与 $k_{c2}$ 不互相平行时，上式中的矩阵为满秩矩阵，于是有

$$R_{nc}^0 = [k_{c1} \quad k_{c2} \quad k_{c1} \times k_{c2}][k_{d1} \quad k_{d2} \quad k_{d1} \times k_{d2}]^{-1} \qquad (8.4.33)$$

(3)联立 $A_1 T_{nc}^0 = b_1$、$A_2 T_{nc}^0 = b_2$ 和 $R_{nc}^0 = [k_{c1} \quad k_{c2} \quad k_{c1} \times k_{c2}][k_{d1} \quad k_{d2} \quad k_{d1} \times k_{d2}]^{-1}$，得到关于 $T_{nc}^0$ 的三个分量的四个独立线性方程，使用最小二乘法即可从四个方程中求出 $T_{nc}^0$。

### 8.4.4　双目立体视觉系统标定及量值溯源结果

#### 1. 摄像机标定结果

使用目前通用的棋盘方格平面靶标对主动双目视觉三维重构系统的左右摄像机进行标定，两个靶标的边长分别为 45mm 和 80mm，分别如图 8.4.6 和图 8.4.7 所示。

(a) 左视图图像　　　　　　　　　　　(b) 右视图图像

图 8.4.6　边长为 45mm 的棋盘方格平面靶标图像

(a) 左视图图像　　　　　　　　　　　(b) 右视图图像

(a) 左视图图像　　　　　　　　　　　(b) 右视图图像

图 8.4.7　边长为 80mm 的棋盘方格平面靶标图像

左右摄像机标定实验结果如表 8.4.1 所示。由表 8.4.1 可知，相同型号的摄像机和镜头的内参与畸变参数相差很大；不同尺寸的平面靶标标定的结果略有不同。

表 8.4.1　摄像机内参和畸变参数标定结果

| 标定参数 | | 45mm 棋盘靶标 | | 80mm 棋盘靶标 | |
|---|---|---|---|---|---|
| | | 左摄像机 | 右摄像机 | 左摄像机 | 右摄像机 |
| 镜头焦距 | $X$ 方向 | 4829.3183 | 4847.9365 | 4830.5188 | 4842.7360 |
| /pixel | $Y$ 方向 | 4827.9435 | 4844.4023 | 4826.2973 | 4837.8532 |
| 主点坐标 | $X$ 方向 | 1001.5240 | 925.1462 | 1062.2706 | 990.3333 |
| /pixel | $Y$ 方向 | 851.3144 | 807.7254 | 902.6297 | 861.3961 |
| 径向畸变 | 一阶 | −0.1508281 | −0.2672372 | −0.1207787 | −0.1593310 |
| /mm | 二阶 | −1.7341780 | 1.5550189 | 0.3029726 | 1.0244905 |
| 切向畸变 | 一阶 | −0.0016056 | −0.0045007 | −0.0045007 | 0.0022909 |
| /mm | 二阶 | 0.00702690 | −0.0006192 | 0.0031930 | −0.0034948 |

**2. 双目立体标定结果**

分别使用 45mm、80mm 标定靶标图像对双目摄像机进行了立体标定实验，其中摄像机之间的基线距离粗略调整为 110mm，实验结果如表 8.4.2 所示。旋转矩阵显示两台摄像机的光轴基本平行，这与实际安装情况基本相符；标定出的平移向量结果表明两台摄像机之间的基线距离为 110mm 左右。

表 8.4.2　双目立体标定结果

| 参数 | 45mm 棋盘靶标 | 80mm 棋盘靶标 |
|---|---|---|
| 旋转矩阵 /mm | 0.9998022　0.0061479　0.0189145<br>−0.0062769　0.9999574　0.0067646<br>−0.0188721　−0.0068820　0.9997982 | 0.9998191　0.0059045　0.0180798<br>−0.0060168　0.9999629　0.0061603<br>−0.0180427　−0.0062679　0.9998175 |
| 平移向量 /mm | −110.80067　0.2530911　5.6157900 | −111.04000　0.3257078　4.0507271 |

**3. 全局标定及量值溯源结果**

借助激光跟踪仪对主动双目视觉三维重构系统进行全局标定实验和量值溯源，全局标定实验的具体操作步骤如下。

(1) 将主动双目视觉三维重构系统固定，而后调整系统的基线距离和摄像机的焦距，保证系统能够清晰成像。

(2) 开启系统电源，执行系统复位使其处于初始姿态，然后采用前面介绍的摄像机标定方法和立体标定方法，对系统的两台摄像机进行标定。

(3) 在标定现场，将激光跟踪仪放置在合适的位置，并使用激光跟踪仪将世界坐标系建立在云台坐标系(静态)上。将激光跟踪仪的靶标球固定在长方形标定板的表面，而后将标定板放置在系统视场范围内的适当位置，保证系统的各个摄像机和激光跟踪仪都能够"看到"靶标球的镜面中心。

(4) 激光跟踪仪记录当前靶标球镜面中心点在世界坐标系下的三维坐标，同时主动双目视觉系统的摄像机采集靶标球图像，并计算镜面中心点在左摄像机坐标系下的三维坐标。

(5)重复第(3)和(4)步，直到获得三组或三组以上的不同位置处的镜面中心点。利用这些标定点对初始姿态下的左摄像机坐标系与世界坐标系进行标定。

(6)控制主动双目视觉三维重构系统从初态运动至某姿态，记录当前运动参数(俯仰角和偏航角)，而后重复第(3)、(4)和(5)步的工作，获得第二组标定结果；再控制主动双目视觉系统从当前姿态运动至另一姿态，记录当前运动参数(俯仰角和偏航角)，而后重复第(3)、(4)和(5)步的工作，获得第三组标定结果。

(7)利用获得的三组标定结果建立两组全局标定约束方程，通过求解上述两组约束方程确定动态左摄像机坐标系至世界坐标系的函数表达式中的未知参数，完成全局标定。

为了测试全局标定的精度，将靶标球摆放在实验区域内的不同位置建立多个测试点，并使用全局标定后的系统计算这些点在世界坐标系下的三维坐标。而后将系统计算的测试点的三维坐标值与激光跟踪仪测量的三维坐标值进行对比分析，部分实验结果如表8.4.3所示。

表8.4.3　全局标定及量值溯源结果

| 标定结果 | | | 标定点 | | | | | | | |
|---|---|---|---|---|---|---|---|---|---|---|
| | | | 01 | 02 | 03 | 04 | 05 | 06 | 07 | 08 |
| 主动双目视觉三维重构系统标定结果 | 左摄像机坐标系 | $X$/mm | 242.31 | 220.12 | 183.37 | 199.42 | 157.91 | 252.59 | 159.09 | 291.55 |
| | | $Y$/mm | 126.54 | 121.18 | 66.50 | 185.53 | 129.14 | 184.91 | 136.93 | 265.36 |
| | | $Z$/mm | 2243.56 | 2439.20 | 2690.41 | 2518.02 | 2788.16 | 2907.58 | 2367.41 | 2948.10 |
| | 系统运动参数 | 偏航角/(°) | 26.69 | 33.27 | 39.57 | 33.94 | 40.29 | 38.19 | 6.68 | 26.13 |
| | | 俯仰角/(°) | 68.81 | 63.02 | 59.40 | 55.36 | 52.50 | 46.45 | 39.61 | 32.13 |
| | 世界坐标系 | $X$/mm | −1091.79 | −1386.40 | −1681.25 | −1395.46 | −1679.87 | −1677.00 | −230.35 | −1107.93 |
| | | $Y$/mm | 609.24 | 886.95 | 1171.93 | 1170.93 | 1459.16 | 1738.81 | 1736.08 | 2290.57 |
| | | $Z$/mm | 1903.46 | 1847.77 | 1785.93 | 1798.50 | 1728.76 | 1669.83 | 1637.39 | 1526.98 |
| 激光跟踪仪标定结果 | 世界坐标系 | $X$/mm | −1092.29 | −1384.50 | −1682.26 | −1391.78 | −1686.73 | −1684.09 | −227.09 | −1115.26 |
| | | $Y$/mm | 614.00 | 891.82 | 1172.14 | 1172.33 | 1453.82 | 1738.32 | 1740.40 | 2303.36 |
| | | $Z$/mm | 1910.30 | 1853.99 | 1798.56 | 1790.91 | 1734.66 | 1669.96 | 1631.04 | 1527.59 |
| 全局标定误差 | | $X$方向/mm | 0.49 | −1.91 | 1.01 | −0.68 | 0.86 | 4.09 | −3.26 | 1.33 |
| | | $Y$方向/mm | −1.76 | −3.87 | −0.21 | −1.41 | 2.34 | 0.49 | −1.32 | 1.21 |
| | | $Z$方向/mm | −2.84 | −2.22 | 2.37 | 2.59 | −3.90 | −0.03 | 0.35 | 0.39 |
| | | 综合误差/mm | 3.38 | 4.85 | 2.58 | 3.02 | 4.63 | 4.12 | 3.53 | 1.84 |

从全局标定实验结果可以看出，全局标定的综合误差均值为3.49mm，可以通过该测量值评价系统的测量精度。

## 8.5　电流测量的应用实例

电流的准确测量在日常生活中应用非常普遍，下面以电力系统输电线路中母线电流的测量为例来阐述前面所讲误差分析与数据处理理论的具体应用。

图 8.5.1 给出了典型的电力系统母线电流测试系统框图，图中测量用 CT 和保护用 Rogowski 线圈分别用来采集输电线路上的测量电流和保护电流，传感器输出信号经高压侧电路处理后转换为数字光信号，经光纤传送到低压侧，光纤在传输有效信号的同时，也实现了高、低压侧间的绝缘。高压侧电路的供电可采用特制线圈供能的方法，即图示的供能用 CT 和后续的供能电路。低压侧电路在接收到高压侧传输的数字光信号后，先经光电转换（O/E 转换）变换为电信号，然后进行相应的处理以还原成与高压侧母线电流成比例关系的电压信号，最后该电压信号既可以现场显示，也可以送入上位计算机进行处理。

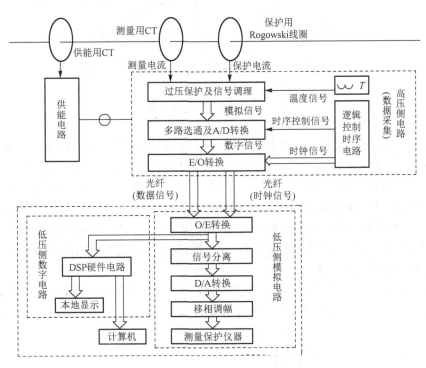

图 8.5.1　母线电流测试系统框图

该测量系统现场挂网之后连续运行了多天，这里面以其中 43 天的运行数据为例，进行数据处理与误差分析。

由于电流变化是动态的，因此必须采用动态测量的误差分析与数据处理。那么对于这样的一个动态测量过程，如何进行分析处理呢？

首先需要明确的是，这样一个数据处理过程不能够采用前面的随机过程分析方法，因为随机性数据的定义是在相同的实验条件下，不能够重复出现的数据。对于母线电流的现场测试，其变化状况未知，因此不能保证在 43 天挂网过程中被测对象保持不变。这样，测试数据的误差变化分析就比较复杂了，但仍然可以借鉴前面的基本概念对测试数据进行基本分析，从而得到一些有益的结论，对将来系统的性能改进有所帮助。

**1. 方差的变化规律**

测量结果的标准差（方差）能够反映测量结果的分散程度，因此可以分别计算 43 天中每天测量结果的方差，以此来衡量系统性能的稳定程度，计算结果如图 8.5.2 所示。

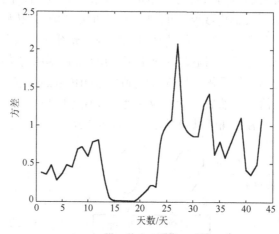

图 8.5.2　方差随天数变化图

可见，系统运行初期的方差较小，第 15～20 天的方差最低，说明这段时间内系统的测量效果较好。随着运行时间的增加，从第 24 天开始方差出现明显增加，且之后的方差再也没能达到前段时间的水平。这一方面可能是误差累积的结果，造成系统误差的增大；另一方面则可能是温度和频率波动对测试系统的影响，使得测试系统的输出持续在较大的偏差下运行。由于系统设计中，没有实时采集温度和频率信号，因此在将来的系统设计当中应考虑将这两个参数加进来，获取更为全面的测量数据，从而进行更为深入的分析。

**2. 误差波动的变化规律**

将 43 天中每天最大误差和最小误差的点分别求出，然后取两者之差，即可反映出误差波动的情况，误差波动在 43 天中的变化规律如图 8.5.3 所示。

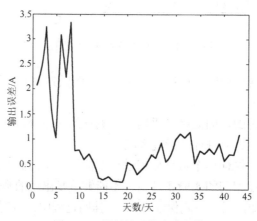

图 8.5.3　误差波动的变化规律

可见，在测试系统挂网伊始，测试系统的误差波动较大，第 10 天后测试系统性能趋于稳定。和图 8.5.2 对比分析可以看出，虽然后期系统趋于稳定，但是系统的方差却呈现增加的趋势，这说明系统是在一个距离真实值较大的偏差点上趋于稳定的，不过系统输出逐渐趋于稳定是个好的迹象，这有助于采取相应的误差补偿措施进行系统性能的改善。

**3. 最大误差点的出现规律**

若测试系统每天输出结果出现最大误差的时间相对比较固定，则说明在这个时间点上有可能有着固定的外来干扰影响测试系统的性能，因此做出了每天最大误差点随运行天数的变化规律图，如图 8.5.4 所示。

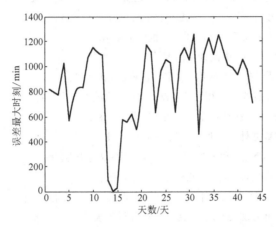

图 8.5.4  误差最大时刻随运行天数变化图

可见，最大误差点出现在 600～1200 点间的情况要多一些，即每天 10:00～20:00 更有可能出现最大误差。这有可能有两方面的原因：一是温度对测量结果的影响，白天的温度较高，因此对电流传感器及后续的信号处理电路都可能带来不良的影响；二是白天通常电力系统的负荷都比较重，频率有可能波动较大，且谐波分量也可能较大，因此带来了较大的测量误差。所以说，在获取温度以及频率的信息之后，如果有条件，可以实时进行电流信号的谐波分析，从中发现测量误差与谐波分量之间的关系，这对提高测试系统长期运行稳定性也是非常有意义的。

综上，由于目前收集的数据只是测试系统的测量值和标准互感器的输出值，因此所能进行的分析比较有限，在将来的系统设计及数据搜集工作当中，应当考虑温度、频率波动等数据的搜集，此外就是谐波分析的重要性，这些数据的搜集及其与误差分布规律之间的关系对揭示电流互感器长期运行过程中出现的一些问题有着重要的借鉴意义。

# 参 考 文 献

常建平, 李海林, 2006. 随机信号分析. 北京: 科学出版社.

程鹏, 2003. 自动控制原理. 北京: 高等教育出版社.

樊尚春, 2022. 传感器技术及应用. 4 版. 北京: 北京航空航天大学出版社.

樊尚春, 吕俊芳, 张庆荣, 等, 2005. 航空测试系统. 北京: 北京航空航天大学出版社.

樊尚春, 周浩敏, 2002. 信号与测试技术. 北京: 北京航空航天大学出版社.

费业泰, 2015. 误差理论与数据处理. 7 版. 北京: 机械工业出版社.

顾龙芳, 2006. 计量学基础. 北京: 中国计量出版社.

郝晓剑, 靳鸿, 2008. 动态测试技术及应用. 北京: 电子工业出版社.

黄俊钦, 1988. 静、动态数学模型的实用建模方法. 北京: 机械工业出版社.

黄俊钦, 2013. 测试系统动力学及应用. 北京: 国防工业出版社.

贾沛璋, 1992. 误差分析与数据处理. 北京: 国防工业出版社.

李德仁, 袁修孝, 2002. 误差处理与可靠性理论. 武汉: 武汉大学出版社.

林洪桦, 1995. 动态测试数据处理. 北京: 北京理工大学出版社.

刘振学, 黄仁和, 田爱民, 2005. 实验设计与数据处理. 北京: 化学工业出版社.

刘智敏, 1997. 现代不确定度方法与应用. 北京: 中国计量出版社.

刘智敏, 2000. 不确定度及其实践. 北京: 中国标准出版社.

鲁绍曾, 1987. 现代计量学概论. 北京: 中国计量出版社.

罗鹏飞, 张文明, 2006. 随机信号分析与处理. 北京: 清华大学出版社.

钱政, 2002. 插接式电器中组合电子式互感器的应用研究. 北京: 清华大学.

全国认证认可标准化技术委员会, 2018. 测量不确定度评定和表示: GB/T 27418—2017. 北京: 中国标准出版社.

沙定国, 2003. 误差分析与测量不确定度评定. 北京: 中国计量出版社.

沙定国, 刘智敏, 1994. 测量不确定度的表示方法. 北京: 中国科学技术出版社.

上海市计量测试技术研究院, 2002. 常用测量不确定度评定方法及应用实例. 北京: 中国计量出版社.

沈恒范, 2003. 概率论与数理统计教程. 4 版. 北京: 高等教育出版社.

王永德, 王军, 2009. 随机信号分析基础. 北京: 电子工业出版社.

王中宇, 陈晓怀, 吕京, 2019. 测量系统不确定度评定及其应用. 北京: 北京航空航天大学出版社.

王中宇, 夏新涛, 朱坚民, 2000. 测量不确定度的非统计理论. 北京: 国防工业出版社.

王中宇, 夏新涛, 朱坚民, 2005. 非统计原理及其工程应用. 北京: 科学出版社.

肖先赐, 1991. 现代谱估计——原理与应用. 哈尔滨: 哈尔滨工业大学出版社.

杨福生, 1990. 随机信号分析. 北京: 清华大学出版社.

杨惠连, 张涛, 1992. 误差理论与数据处理. 天津: 天津大学出版社.

张福渊, 郭绍建, 萧亮壮, 等, 2012. 概率统计及随机过程. 2 版. 北京: 北京航空航天大学出版社.

张强, 2009. 随机信号分析的工程应用. 北京: 国防工业出版社.

WANG Z, GAO Y, QIN P, 2002. Detection of gross measurement errors using the grey system method. The International Journal of Advanced Manufacturing Technology, 19(11): 801-804.

# 附录 1　国际单位制

国际单位制(SI)是 1960 年由第十一届国际计量大会通过的一种单位制，其国际代号 SI 源自法文 LeSystme International d'Units 中前两字的字头。国际单位制由 7 个基本单位、2 个辅助单位和 19 个具有专门名称的导出单位所组成。所有单位都各有一个主单位，利用十进制倍数和分数的 16 个词头组成 SI 单位的十进制倍数单位和分数单位，基本构成如附图 1.1 所示。

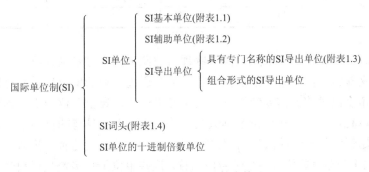

附图 1.1　国际单位制基本构成

国际单位制的基本单位、辅助单位、导出单位和词头分别如附表 1.1～附表 1.4 所示。

附表 1.1　国际单位制基本单位

| 量的名称 | 单位名称 | 单位符号 | 量的名称 | 单位名称 | 单位符号 |
|---|---|---|---|---|---|
| 长度 | 米 | m | 热力学温度 | 开[尔文] | K |
| 质量 | 千克(公斤) | kg | 物质的量 | 摩[尔] | mol |
| 时间 | 秒 | s | 发光强度 | 坎[德拉] | cd |
| 电流 | 安[培] | A | | | |

附表 1.2　国际单位制辅助单位

| 量的名称 | 单位名称 | 单位符号 | 量的名称 | 单位名称 | 单位符号 |
|---|---|---|---|---|---|
| [平面]角 | 弧度 | rad | 立体角 | 球面度 | sr |

附表 1.3　国际单位制导出单位

| 量的名称 | 单位名称 | 单位符号 | 量的名称 | 单位名称 | 单位符号 |
|---|---|---|---|---|---|
| 频率 | 赫[兹] | Hz | 磁通[量] | 韦[伯] | Wb |
| 力 | 牛[顿] | N | 磁通[量]密度,磁感应强度 | 特[斯拉] | T |
| 压力、压强、应力 | 帕斯卡 | Pa | 电感 | 亨[利] | H |
| 能[量]、功、热量 | 焦[耳] | J | 摄氏温度 | 摄氏度 | ℃ |
| 功率、辐[射能]通量 | 瓦[特] | W | 光通量 | 流[明] | lm |
| 电荷[量] | 库[仑] | C | [光]照度 | 勒[克斯] | lx |
| 电位、电压、电动势 | 伏[特] | V | [放射性]活度 | 贝可[勒尔] | Bq |
| 电容 | 法[拉] | F | 吸收剂量 | 戈[瑞] | Gy |
| 电阻 | 欧[姆] | Ω | 剂量当量 | 希[沃特] | Sv |
| 电导 | 西[门子] | S | | | |

　　国际单位制基本单位的选取原则是各物理量彼此独立,且是其他物理量单位的来源。基本单位的定义非常严格,且须经过国际计量大会通过。辅助单位也是从有助于定义其他物理量单位的角度出发的。需要特别强调的是导出单位,导出单位源于基本单位和辅助单位,因而若不单独定义会造成单位名称太长,读写不方便;且有的量虽不同但单位表达式却完全一样,如频率和放射性活度均用 $s^{-1}$ 表示。因而,为了更方便、准确地表达,国际计量大会选择了 19 个导出单位,并给予专门名称,这些单位绝大多数是以科学家的名字命名的。实际应用单位制的过程中还会遇到过大的量和过小的量,因此国际单位制中还有词头的定义,见附表 1.4,这才构成了完整的国际单位制系统。

附表 1.4　国际单位制词头

| 序号 | 词头名 | 词头符号 | 所表示的因数 | 序号 | 词头名 | 词头符号 | 所表示的因数 |
|---|---|---|---|---|---|---|---|
| 1 | 尧[它] | Y | $10^{24}$ | 11 | 分 | d | $10^{-1}$ |
| 2 | 泽[它] | Z | $10^{21}$ | 12 | 厘 | c | $10^{-2}$ |
| 3 | 艾[可萨] | E | $10^{18}$ | 13 | 毫 | m | $10^{-3}$ |
| 4 | 拍[它] | P | $10^{15}$ | 14 | 微 | μ | $10^{-6}$ |
| 5 | 太[拉] | T | $10^{12}$ | 15 | 纳[诺] | n | $10^{-9}$ |
| 6 | 吉[咖] | G | $10^{9}$ | 16 | 皮[可] | p | $10^{-12}$ |
| 7 | 兆 | M | $10^{6}$ | 17 | 飞[母托] | f | $10^{-15}$ |
| 8 | 千 | k | $10^{3}$ | 18 | 阿[托] | a | $10^{-18}$ |
| 9 | 百 | h | $10^{2}$ | 19 | 仄[普托] | z | $10^{-21}$ |
| 10 | 十 | da | $10^{1}$ | 20 | 幺[科托] | y | $10^{-24}$ |

# 附录 2　多种随机误差分布表

附表 2.1　正态分布积分表：$\Phi(t) = \dfrac{1}{\sqrt{2\pi}} \displaystyle\int_0^t e^{-t^2/2} dt$

| $t$ | $\Phi(t)$ | $t$ | $\Phi(t)$ | $t$ | $\Phi(t)$ | $t$ | $\Phi(t)$ |
|------|-----------|------|-----------|------|-----------|------|-----------|
| 0.00 | 0.0000 | 0.75 | 0.2734 | 1.50 | 0.4332 | 2.50 | 0.4938 |
| 0.05 | 0.0199 | 0.80 | 0.2881 | 1.55 | 0.4394 | 2.60 | 0.4953 |
| 0.10 | 0.0398 | 0.85 | 0.3023 | 1.60 | 0.4452 | 2.70 | 0.4965 |
| 0.15 | 0.0596 | 0.90 | 0.3159 | 1.65 | 0.4505 | 2.80 | 0.4974 |
| 0.20 | 0.0793 | 0.95 | 0.3289 | 1.70 | 0.4554 | 2.90 | 0.4981 |
| 0.25 | 0.0987 | 1.00 | 0.3413 | 1.75 | 0.4599 | 3.00 | 0.49865 |
| 0.30 | 0.1179 | 1.05 | 0.3531 | 1.80 | 0.4641 | 3.20 | 0.49931 |
| 0.35 | 0.1368 | 1.10 | 0.3643 | 1.85 | 0.4678 | 3.40 | 0.49966 |
| 0.40 | 0.1554 | 1.15 | 0.3740 | 1.90 | 0.4713 | 3.60 | 0.499841 |
| 0.45 | 0.1736 | 1.20 | 0.3849 | 1.95 | 0.4744 | 3.80 | 0.499928 |
| 0.50 | 0.1915 | 1.25 | 0.3944 | 2.00 | 0.4772 | 4.00 | 0.499968 |
| 0.55 | 0.2088 | 1.30 | 0.4032 | 2.10 | 0.4821 | 4.50 | 0.499997 |
| 0.60 | 0.2257 | 1.35 | 0.4115 | 2.20 | 0.4861 | 5.00 | 0.49999997 |
| 0.65 | 0.2422 | 1.40 | 0.4192 | 2.30 | 0.4893 | | |
| 0.70 | 0.2580 | 1.45 | 0.4265 | 2.40 | 0.4918 | | |

附表 2.2　$\chi^2$ 分布表：$P(\chi^2 \geqslant \chi_\alpha^2) = \alpha$ 的 $\chi^2$ 值（$\nu$ 为自由度，$\alpha$ 为显著度）

| $\nu$ | $\alpha$ | | | | $\nu$ | $\alpha$ | | | |
|------|------|------|------|------|------|------|------|------|------|
| | 0.1 | 0.05 | 0.02 | 0.01 | | 0.1 | 0.05 | 0.02 | 0.01 |
| 1 | 2.71 | 3.84 | 5.41 | 6.64 | 16 | 23.54 | 26.30 | 29.63 | 32.00 |
| 2 | 4.61 | 5.99 | 7.82 | 9.21 | 17 | 24.77 | 27.59 | 31.00 | 33.41 |
| 3 | 6.25 | 7.82 | 9.84 | 11.34 | 18 | 25.99 | 28.87 | 32.35 | 34.81 |
| 4 | 7.78 | 9.49 | 411.67 | 13.28 | 19 | 27.20 | 30.14 | 33.69 | 36.19 |
| 5 | 9.24 | 11.07 | 13.39 | 15.09 | 20 | 28.41 | 31.41 | 35.02 | 37.57 |
| 6 | 10.61 | 12.59 | 15.03 | 16.81 | 21 | 29.62 | 32.67 | 36.34 | 38.93 |
| 7 | 12.02 | 14.07 | 16.62 | 18.48 | 22 | 30.81 | 33.92 | 37.66 | 40.29 |
| 8 | 13.36 | 15.51 | 18.17 | 20.09 | 23 | 32.00 | 35.17 | 38.07 | 41.64 |
| 9 | 14.68 | 16.92 | 19.68 | 21.67 | 24 | 33.20 | 36.42 | 40.27 | 42.98 |
| 10 | 15.99 | 18.31 | 21.16 | 23.21 | 25 | 34.38 | 37.65 | 41.57 | 44.31 |
| 11 | 17.28 | 19.68 | 22.62 | 24.73 | 26 | 35.56 | 38.89 | 42.86 | 45.64 |
| 12 | 18.55 | 21.03 | 24.05 | 26.22 | 27 | 36.71 | 40.11 | 44.14 | 46.96 |
| 13 | 19.81 | 22.36 | 25.47 | 27.69 | 28 | 37.92 | 41.34 | 45.42 | 48.28 |
| 14 | 20.06 | 23.69 | 26.87 | 29.14 | 29 | 39.09 | 42.56 | 46.70 | 49.59 |
| 15 | 22.31 | 25.00 | 28.26 | 30.58 | 30 | 40.26 | 43.77 | 47.96 | 50.89 |

附表 2.3　$t$ 分布表：$P(|t| \geqslant t_\alpha) = \alpha$ 的 $t_\alpha$ 值（$\nu$ 为自由度，$\alpha$ 为显著度）

| $\nu$ | $\alpha$ | | | $\nu$ | $\alpha$ | | |
|---|---|---|---|---|---|---|---|
| | 0.05 | 0.01 | 0.0027 | | 0.05 | 0.01 | 0.0027 |
| 1 | 12.71 | 63.66 | 235.80 | 20 | 2.09 | 2.85 | 3.42 |
| 2 | 4.30 | 9.92 | 19.21 | 21 | 2.08 | 2.83 | 3.40 |
| 3 | 3.18 | 5.84 | 9.21 | 22 | 2.07 | 2.82 | 3.38 |
| 4 | 2.78 | 4.60 | 6.62 | 23 | 2.07 | 2.81 | 3.36 |
| 5 | 2.57 | 4.03 | 5.51 | 24 | 2.06 | 2.80 | 3.34 |
| 6 | 2.45 | 3.71 | 4.90 | 25 | 2.06 | 2.79 | 3.33 |
| 7 | 2.36 | 3.50 | 4.53 | 26 | 2.06 | 2.78 | 3.32 |
| 8 | 2.31 | 3.36 | 4.28 | 27 | 2.05 | 2.77 | 3.30 |
| 9 | 2.26 | 3.25 | 4.09 | 28 | 2.05 | 2.76 | 3.29 |
| 10 | 2.23 | 3.17 | 3.96 | 29 | 2.05 | 2.76 | 3.28 |
| 11 | 2.20 | 3.11 | 3.85 | 30 | 2.04 | 2.75 | 3.27 |
| 12 | 2.18 | 3.05 | 3.76 | 40 | 2.02 | 2.70 | 3.20 |
| 13 | 2.16 | 3.01 | 3.69 | 50 | 2.01 | 2.68 | 3.18 |
| 14 | 2.14 | 2.98 | 3.64 | 60 | 2.00 | 2.66 | 3.13 |
| 15 | 2.13 | 2.95 | 3.59 | 70 | 1.99 | 2.65 | 3.11 |
| 16 | 2.12 | 2.92 | 3.54 | 80 | 1.99 | 2.64 | 3.10 |
| 17 | 2.11 | 2.90 | 3.51 | 90 | 1.99 | 2.63 | 3.09 |
| 18 | 2.10 | 2.88 | 3.48 | 100 | 1.98 | 2.63 | 3.08 |
| 19 | 2.09 | 2.86 | 3.45 | $\infty$ | 1.96 | 2.58 | 3.00 |

附表 2.4　$F$ 分布表：$P(F \geqslant F_\alpha) = \alpha$ 的 $F_\alpha$ 值 $\alpha = 0.01$

| $\nu_2 (\nu_Q)$ | $\nu_1 (\nu_U)$ | | | | | | | | | |
|---|---|---|---|---|---|---|---|---|---|---|
| | 1 | 2 | 3 | 4 | 5 | 6 | 8 | 12 | 24 | $\infty$ |
| 1 | 4052 | 4999 | 5403 | 5625 | 5764 | 5859 | 5982 | 6106 | 6234 | 6366 |
| 2 | 98.50 | 99.00 | 99.17 | 99.25 | 99.30 | 99.33 | 99.37 | 99.42 | 99.46 | 99.50 |
| 3 | 34.12 | 30.82 | 29.46 | 28.71 | 28.24 | 27.91 | 27.49 | 27.05 | 26.60 | 26.12 |
| 4 | 21.20 | 18.00 | 16.69 | 15.98 | 15.52 | 15.21 | 14.80 | 14.37 | 13.93 | 13.46 |
| 5 | 16.26 | 13.27 | 12.06 | 11.39 | 10.97 | 10.67 | 10.29 | 9.89 | 9.47 | 9.02 |
| 6 | 13.74 | 10.92 | 9.78 | 9.15 | 8.75 | 8.47 | 8.10 | 7.72 | 7.31 | 6.88 |
| 7 | 12.25 | 9.55 | 8.45 | 7.85 | 7.46 | 7.19 | 6.84 | 6.47 | 6.07 | 5.65 |
| 8 | 11.26 | 8.65 | 7.59 | 7.01 | 6.63 | 6.37 | 6.03 | 5.67 | 5.28 | 4.86 |
| 9 | 10.56 | 8.02 | 6.99 | 6.42 | 6.06 | 5.80 | 5.47 | 5.11 | 4.73 | 4.31 |
| 10 | 10.04 | 7.56 | 6.55 | 5.99 | 5.64 | 5.39 | 5.06 | 4.71 | 4.33 | 3.91 |
| 11 | 9.65 | 7.20 | 6.22 | 5.67 | 5.32 | 5.07 | 4.74 | 4.40 | 4.02 | 3.60 |
| 12 | 9.33 | 6.93 | 5.95 | 5.41 | 5.06 | 4.82 | 4.50 | 4.16 | 3.78 | 3.36 |
| 13 | 9.07 | 6.70 | 5.74 | 5.20 | 4.86 | 4.62 | 4.30 | 3.96 | 3.59 | 3.16 |
| 14 | 8.86 | 6.51 | 5.56 | 5.03 | 4.69 | 4.46 | 4.14 | 3.80 | 3.43 | 3.00 |

| $v_2(v_Q)$ | $v_1(v_U)$ | | | | | | | | | |
|---|---|---|---|---|---|---|---|---|---|---|
| | 1 | 2 | 3 | 4 | 5 | 6 | 8 | 12 | 24 | $\infty$ |
| 15 | 8.68 | 6.36 | 5.42 | 4.89 | 4.56 | 4.32 | 4.00 | 3.67 | 3.29 | 2.87 |
| 16 | 8.58 | 6.23 | 5.29 | 4.77 | 4.44 | 4.20 | 3.89 | 3.55 | 3.18 | 2.75 |
| 17 | 8.40 | 6.11 | 5.18 | 4.67 | 4.34 | 4.10 | 3.79 | 3.45 | 3.08 | 2.65 |
| 18 | 8.28 | 6.01 | 5.09 | 4.58 | 4.25 | 4.01 | 3.71 | 3.37 | 3.00 | 2.57 |
| 19 | 8.18 | 5.93 | 5.01 | 4.50 | 4.17 | 3.94 | 3.63 | 3.30 | 2.92 | 2.49 |
| 20 | 8.10 | 5.85 | 4.94 | 4.43 | 4.10 | 3.87 | 3.56 | 3.23 | 2.86 | 2.42 |
| 21 | 8.02 | 5.78 | 4.87 | 4.37 | 4.04 | 3.81 | 3.51 | 3.17 | 2.80 | 2.36 |
| 22 | 7.94 | 5.72 | 4.82 | 4.31 | 3.99 | 3.76 | 3.45 | 3.12 | 2.75 | 2.31 |
| 23 | 7.88 | 5.66 | 4.76 | 4.26 | 3.94 | 3.71 | 3.41 | 3.07 | 2.70 | 2.26 |
| 24 | 7.82 | 5.61 | 4.72 | 4.22 | 3.90 | 3.67 | 3.36 | 3.03 | 2.66 | 2.21 |
| 25 | 7.77 | 5.57 | 4.68 | 4.18 | 3.86 | 3.63 | 3.32 | 2.99 | 2.62 | 2.17 |
| 26 | 7.72 | 5.53 | 4.64 | 4.14 | 3.82 | 3.59 | 3.29 | 2.96 | 2.58 | 2.13 |
| 27 | 7.68 | 5.49 | 4.60 | 4.11 | 3.78 | 3.56 | 3.26 | 2.93 | 2.55 | 2.10 |
| 28 | 7.64 | 5.45 | 4.57 | 4.07 | 3.75 | 3.53 | 3.23 | 2.90 | 2.52 | 2.06 |
| 29 | 7.60 | 5.42 | 4.54 | 4.04 | 3.73 | 3.50 | 3.20 | 2.87 | 2.49 | 2.03 |
| 30 | 7.56 | 5.39 | 4.51 | 4.02 | 3.70 | 3.47 | 3.17 | 2.84 | 2.47 | 2.01 |
| 40 | 7.31 | 5.18 | 4.31 | 3.83 | 3.51 | 3.29 | 2.99 | 2.66 | 2.29 | 1.80 |
| 60 | 7.08 | 4.98 | 4.13 | 3.65 | 3.34 | 3.12 | 2.82 | 2.50 | 2.12 | 1.60 |
| 120 | 6.85 | 4.79 | 3.95 | 3.48 | 3.17 | 2.96 | 2.66 | 2.34 | 1.95 | 1.38 |
| $\infty$ | 6.64 | 4.60 | 3.78 | 3.32 | 3.02 | 2.80 | 2.51 | 2.18 | 1.79 | 1.00 |

# 附录3 相关系数表

附表 3.1 相关系数表 $r_\alpha(\nu)$

| $\nu$ | $\alpha$ | | | | | | | | |
|---|---|---|---|---|---|---|---|---|---|
| | 0.50 | 0.20 | 0.10 | 0.05 | 0.02 | 0.01 | 0.005 | 0.002 | 0.001 |
| 1 | 0.707 | 0.951 | 0.988 | 0.997 | 1.000 | 1.000 | 1.000 | 1.000 | 1.000 |
| 2 | 0.500 | 0.800 | 0.900 | 0.950 | 0.980 | 0.990 | 0.995 | 0.998 | 0.999 |
| 3 | 0.404 | 0.687 | 0.805 | 0.878 | 0.934 | 0.959 | 0.974 | 0.986 | 0.991 |
| 4 | 0.347 | 0.603 | 0.729 | 0.811 | 0.882 | 0.917 | 0.942 | 0.963 | 0.974 |
| 5 | 0.309 | 0.551 | 0.669 | 0.755 | 0.833 | 0.875 | 0.906 | 0.935 | 0.951 |
| 6 | 0.281 | 0.507 | 0.621 | 0.707 | 0.789 | 0.834 | 0.870 | 0.905 | 0.925 |
| 7 | 0.260 | 0.472 | 0.582 | 0.666 | 0.750 | 0.798 | 0.836 | 0.875 | 0.898 |
| 8 | 0.242 | 0.443 | 0.549 | 0.632 | 0.715 | 0.765 | 0.805 | 0.847 | 0.872 |
| 9 | 0.228 | 0.419 | 0.521 | 0.602 | 0.685 | 0.735 | 0.776 | 0.820 | 0.847 |
| 10 | 0.216 | 0.398 | 0.497 | 0.576 | 0.658 | 0.708 | 0.750 | 0.795 | 0.823 |
| 11 | 0.206 | 0.380 | 0.476 | 0.553 | 0.634 | 0.684 | 0.726 | 0.772 | 0.801 |
| 12 | 0.197 | 0.365 | 0.457 | 0.532 | 0.612 | 0.661 | 0.703 | 0.750 | 0.780 |
| 13 | 0.189 | 0.351 | 0.441 | 0.514 | 0.592 | 0.641 | 0.683 | 0.730 | 0.760 |
| 14 | 0.182 | 0.338 | 0.426 | 0.497 | 0.574 | 0.623 | 0.664 | 0.711 | 0.742 |
| 15 | 0.176 | 0.327 | 0.412 | 0.482 | 0.558 | 0.606 | 0.647 | 0.694 | 0.725 |
| 16 | 0.170 | 0.317 | 0.400 | 0.468 | 0.542 | 0.590 | 0.631 | 0.678 | 0.708 |
| 17 | 0.165 | 0.308 | 0.389 | 0.456 | 0.529 | 0.575 | 0.616 | 0.622 | 0.693 |
| 18 | 0.160 | 0.299 | 0.378 | 0.444 | 0.515 | 0.561 | 0.602 | 0.648 | 0.679 |
| 19 | 0.156 | 0.291 | 0.369 | 0.433 | 0.503 | 0.549 | 0.589 | 0.635 | 0.665 |
| 20 | 0.152 | 0.284 | 0.360 | 0.423 | 0.492 | 0.537 | 0.576 | 0.622 | 0.652 |
| 21 | 0.148 | 0.277 | 0.352 | 0.413 | 0.482 | 0.526 | 0.565 | 0.610 | 0.640 |
| 22 | 0.145 | 0.271 | 0.344 | 0.404 | 0.472 | 0.515 | 0.554 | 0.599 | 0.629 |
| 23 | 0.141 | 0.265 | 0.337 | 0.396 | 0.462 | 0.505 | 0.543 | 0.588 | 0.618 |
| 24 | 0.138 | 0.260 | 0.330 | 0.388 | 0.453 | 0.496 | 0.534 | 0.578 | 0.607 |
| 25 | 0.136 | 0.255 | 0.323 | 0.381 | 0.445 | 0.487 | 0.524 | 0.568 | 0.597 |
| 26 | 0.133 | 0.250 | 0.317 | 0.374 | 0.437 | 0.479 | 0.515 | 0.559 | 0.588 |
| 27 | 0.131 | 0.245 | 0.311 | 0.367 | 0.430 | 0.471 | 0.507 | 0.550 | 0.579 |
| 28 | 0.128 | 0.241 | 0.306 | 0.361 | 0.423 | 0.463 | 0.499 | 0.541 | 0.570 |
| 29 | 0.126 | 0.237 | 0.301 | 0.355 | 0.416 | 0.456 | 0.491 | 0.533 | 0.562 |
| 30 | 0.124 | 0.233 | 0.296 | 0.349 | 0.409 | 0.449 | 0.484 | 0.526 | 0.554 |
| 31 | 0.122 | 0.229 | 0.291 | 0.344 | 0.403 | 0.442 | 0.477 | 0.518 | 0.546 |
| 32 | 0.120 | 0.226 | 0.287 | 0.339 | 0.397 | 0.436 | 0.470 | 0.511 | 0.539 |

| $\nu$ | $\alpha$ | | | | | | | | |
|---|---|---|---|---|---|---|---|---|---|
| | 0.50 | 0.20 | 0.10 | 0.05 | 0.02 | 0.01 | 0.005 | 0.002 | 0.001 |
| 33 | 0.118 | 0.222 | 0.283 | 0.334 | 0.392 | 0.430 | 0.464 | 0.504 | 0.532 |
| 34 | 0.116 | 0.219 | 0.279 | 0.329 | 0.386 | 0.424 | 0.458 | 0.498 | 0.525 |
| 35 | 0.115 | 0.216 | 0.275 | 0.325 | 0.381 | 0.418 | 0.452 | 0.492 | 0.519 |
| 36 | 0.113 | 0.213 | 0.271 | 0.320 | 0.376 | 0.413 | 0.446 | 0.486 | 0.513 |
| 37 | 0.111 | 0.210 | 0.267 | 0.316 | 0.371 | 0.408 | 0.441 | 0.480 | 0.507 |
| 38 | 0.110 | 0.207 | 0.264 | 0.312 | 0.367 | 0.403 | 0.435 | 0.474 | 0.501 |
| 39 | 0.108 | 0.204 | 0.261 | 0.308 | 0.362 | 0.398 | 0.430 | 0.469 | 0.495 |
| 40 | 0.107 | 0.202 | 0.257 | 0.304 | 0.358 | 0.393 | 0.425 | 0.463 | 0.490 |
| 41 | 0.106 | 0.199 | 0.254 | 0.301 | 0.354 | 0.389 | 0.420 | 0.458 | 0.484 |
| 42 | 0.104 | 0.197 | 0.251 | 0.297 | 0.350 | 0.384 | 0.416 | 0.453 | 0.479 |
| 43 | 0.103 | 0.195 | 0.248 | 0.294 | 0.346 | 0.380 | 0.411 | 0.449 | 0.474 |
| 44 | 0.102 | 0.192 | 0.246 | 0.291 | 0.342 | 0.376 | 0.407 | 0.444 | 0.469 |
| 45 | 0.101 | 0.190 | 0.243 | 0.288 | 0.338 | 0.372 | 0.403 | 0.439 | 0.465 |
| 46 | 0.100 | 0.188 | 0.240 | 0.285 | 0.335 | 0.368 | 0.399 | 0.435 | 0.460 |
| 47 | 0.099 | 0.186 | 0.238 | 0.282 | 0.331 | 0.365 | 0.395 | 0.431 | 0.456 |
| 48 | 0.098 | 0.184 | 0.235 | 0.270 | 0.328 | 0.361 | 0.391 | 0.427 | 0.451 |
| 49 | 0.097 | 0.182 | 0.233 | 0.276 | 0.325 | 0.358 | 0.387 | 0.423 | 0.447 |
| 50 | 0.096 | 0.181 | 0.231 | 0.273 | 0.322 | 0.354 | 0.384 | 0.419 | 0.443 |
| 100 | 0.068 | 0.128 | 0.164 | 0.195 | 0.230 | 0.254 | 0.276 | 0.303 | 0.321 |
| 200 | 0.048 | 0.091 | 0.116 | 0.138 | 0.164 | 0.181 | 0.197 | 0.216 | 0.230 |
| 500 | 0.030 | 0.057 | 0.074 | 0.088 | 0.104 | 0.115 | 0.125 | 0.138 | 0.146 |